生命科学前沿及应用生物技术

微生物遗传育种的原理与应用

蒋如璋　著

科学出版社

北　京

内 容 简 介

全书内容由微生物资源开发和遗传育种两部分组成，而侧重微生物遗传在常规育种中的应用。对微生物变异、诱变剂的诱变机制和使用方法做了全面的介绍。对微生物诱变育种和杂交育种的原理和方法做了全面深入的讨论，并以实例为引线进行了深入的解析讲解，对菌种工作者的实验设计的思路和操作具有启发和指导作用。书中虽侧重常规育种，但也做到与时俱进，这体现在噬菌体、转座子、原核生物核外遗传因子的横向转移和原生质体融合与杂交育种等章节中。

本书不是教科书，但可作为教科书知识的扩展和补充，对微生物学、微生物遗传学、微生物育种学，以及资源微生物、环保、工业发酵等专业师生和相关科研人员具有重要参考价值。

图书在版编目（CIP）数据

微生物遗传育种的原理与应用/蒋如璋著. —北京：科学出版社，2017.1
ISBN 978-7-03-050412-8

Ⅰ.①微… Ⅱ.①蒋… Ⅲ.①遗传育种-微生物遗传学 Ⅳ.①Q933
②S33

中国版本图书馆 CIP 数据核字（2016）第 262781 号

责任编辑：罗 静 王 静 高璐佳/责任校对：郑金红
责任印制：张 伟/封面设计：刘新新

科 学 出 版 社 出版
北京东黄城根北街 16 号
邮政编码：100717
http://www.sciencep.com

北京京华虎彩印刷有限公司 印刷
科学出版社发行 各地新华书店经销
*
2017 年 1 月第 一 版 开本：720×1000 B5
2018 年 1 月第三次印刷 印张：20 1/2
字数：400 000

定价：120.00 元
（如有印装质量问题，我社负责调换）

序

虽然人类确认微生物的存在只不过 300 多年，但人类与微生物的密切关系却是与生俱来，而且可能不会与亡同去的。人类大约一万年的文明，包括了人类对微生物的利用成就，只不过在漫长的岁月中人类并不知道所以然罢了。

像对谷物或家畜的利用中不断选育优良品种一样，在人类确认了微生物对自己的健康和生活的作用以后，对更有利于改善人类生活的微生物的选择便已经开始了。但那时只是凭借经验来选优汰劣，日积月累，便得到了一批较好的菌种。尽管直接挑选已有微生物中优良菌种的工作，即菌种筛选依旧在进行着，而且会持续下去，从 20 世纪 40 年代开始，由于遗传学和生物化学对微生物学的强力渗透，人们利用各种手段改变微生物的生命活动，使它们表现出更符合人类需要的性能。于是在微生物学这门学科中出现了一个分支学科：微生物遗传育种学。

按科学家的估计，地球上的微生物数量约为 10^{33}，其质量可达地球质量的千分之一左右，而微生物的种类究竟有多少，尚无确论，因为其中的大多数我们现在还无法窥见其庐山真面目，遑论其功能了。因此，在地球生物资源中，有待人类开发利用的，将主要是微生物。微生物的潜力几乎是无穷的，任何微生物的功能被人类发现与利用，都是不足为怪的。如何发现并应用具有特定功能的微生物，并且将这些功能稳定维持，是当代微生物学工作者的重要使命之一。

自采用纯培养技术以来的一百多年中，人类积累了数以万计的优良菌种，有关微生物遗传育种的著作，无论是理论阐述还是实验操作指南，在国内外出版过不少。可是，一些教师和实验室做具体工作的人们，在读过这些著作后的感觉常常是，实验指导未能顾及原理，因而只能照葫芦画瓢；专讲原理的，则根本未谈及实验操作。今天，我们终于见到了这样一本既简明解释原理，又提供具体操作指导的著作，真是久旱逢甘霖，相见恨晚。

该书作者，在大学里为微生物学，特别是为微生物遗传学的教学和科研奉献了一生，为国家培育产品和人才。现在这位八旬科学家把他数十年在课堂和实验室中的亲历经验，结合那些经过自己理解与消化后的理论基础，集中浓缩在这本 30 万字的著作里。书中既有延续数十年的传统的育种方法，也有当代风行的技术。我想，无非是为后来者留下些珍贵的亲身体验，让微生物及微生物育种工作者在类似的工作中少走弯路，事半功倍。读者只要浏览该书个别章节，就会承认我并未浮夸。

21 世纪的生命科学将为人类带来难以预料的福音，而微生物会是相当重要的资源载体，因此，无论常规的或采用最先进的遗传育种技术都将是高效应用这些微生物的有力工具，活跃在大学或研究机构的从事微生物菌种选育等微生物实验的工作者，不妨读读该书，它的最耀眼的特色，就是坚持"知行合一"的原则，让读者不仅了解了应该怎么做，还能基本了解为何要那样做，这样自然会做得更好。

我对该书在读后提出过不少意见，有些还比较尖锐，但我深深体会到，作者若没有对学科的热爱，对后辈的责任感和克服老迈造成的困难的毅力，没有朋友们的协助，怕是难以完成这本著作的。

作者嘱我为该书写点什么，这就算是读书心得吧，我实在不敢说是写序啊！

程之胜

丙申年立夏

于中国科学院微生物研究所

前　　言

　　微生物资源开发始终是不同领域应用微生物学家的一项重要任务，一个永恒的课题。因为总会有新的需求要向自然界索取。现今用于人类健康、工农业生产的所有菌种都是过去资源开发的成果。

　　现在，由于人类赖以生存的环境条件遭受到严重破坏，我们又面临着一项新的微生物资源开发任务，那就是寻找和挖掘修复被污染环境的生物资源，主要是微生物类群——真细菌域和古生菌域微生物，因为它们具有最多样的代谢类型，多样性核外可移动遗传因子，赋予它们极大的遗传变异性。它们是地球上物种数最多的类群，所蕴含的生物资源仍难以估量。

　　如何寻找和挖掘我们需要的微生物资源？又如何进行微生物菌种开发？

　　自 20 世纪 90 年代中期，随着嗜血流感杆菌基因组测序完成，此后在短短 30 年时间里完成了包括人类在内的上千种生物基因组的全序列分析，积累了海量的生物信息，进入了生物信息学时代，使分子生物学家具有了综合利用生物信息学和分子生物学技术跨域改造生物的能力——获得具新特性、产生新的对人类有用的生物产品能力。而事实也确实如此：如对大肠杆菌进行分子改造，使它成为为我们产生多种生物活性物质的平台（如利用大肠杆菌生产胰岛素）；通过转基因改变目标生物的某一特定性状，使之成为具新特性的生物品种（如转基因生物）；也可以通过精准分子育种构建高产菌株；代谢工程或称为基因组工程技术，在选定的受体菌中，建立一条新的代谢途径，用来产生目标产品；以及模块组合生物合成等重要的应用成就等。而这还只是生物信息学时代的开始。

　　然而，这只是生物信息学时代生物资源利用的一个方面，而另一重要课题是对未知微生物资源的开发和利用。据估计地球上有约 200 万种原核生物，自 20 世纪 90 年代开始，科学家综合采用多种分子生物学新技术、新方法，开展未知微生物类群的研究，其结果已证明微生物在生物圈中所起的核心作用。预期将来对不同生境的微生物群的开发研究将是生物信息学研究的一个重要方向。

　　在现实应用上，如何提高已用于生产的生物资源生产能力，尤其是数百以至上千基因决定的产物产量有关的特性，仍难以以精准的分子育种技术解决，对这些特性的改进，仍必须要以生物整体为工作对象进行操作，这就是常规育种。

　　生物的常规育种的理论基础是扎根于经典遗传学发展的全过程之中的。据估计，现在大约 99% 的用于生产的动植物品种和微生物的高产菌株，都是采用常规育种的方法和技术育成的，而且至今这种成功的实例仍在不断增加，如袁隆平的杂交水稻等，可见常规育种在生物品种改良中的重要性和不可替代性。

虽然用现代生物技术可以克隆各种对工业、环境，对人类健康有用和有益的基因产品，但在工作中经常遇到不稳定和不确定性等诸多问题，在推广应用上有很大的局限性。常规育种技术与分子育种技术不同，它是对生物整体进行工作，方法的本质就是变异加人工选择，由自发和诱发突变型或分离子中选择产量和品质优良的子代个体。表面上看似乎笨而费时，但最终成果常常是惊人的。所以，切不可认为现代生物技术能取代传统育种技术。况且在许多情况下，工程菌株同样应该采用经典育种技术提高产物产量。

20 世纪 70 年代，与重组体 DNA 技术几乎同时，通过原生质体融合获得单克隆抗体的研究（杂交瘤技术），发展为在细胞水平上突破生物种属界限，使人们能在实验室进行不同物种体细胞间实现全细胞融合形成异核体，再经核配和遗传重组，获得杂种分离子。这意味着专行无性生殖的生物的育种方法的大变革，使它们与具世代交替的真核生物一样，可按基因突变和杂交育种的模式开展育种工作。而这正是几十年来所期盼的微生物的育种模式。

转座子及转座机制的阐明，为常规生物育种提供了一个分子水平上育种的操作工具，通过转座子质粒可将任何外源基因克隆并导入不同物种的基因组，获得转基因生物品种，这已被广泛用于生物工程菌株的构建；而可转移质粒及其离体转移机制的应用，成为分子克隆操作的重要而有效的手段，正被成功而广泛用于育种实践。所有这些都将在书中从原理与操作两个方面予以讨论。

在微生物育种中，通常是按计划针对某一具体的菌种开展工作，并按程序完成筛选过程，便能达到既定的目标，但经验告诉我们，其实也不是这样的简单。如果我们的经验和基础知识底蕴不足，时常会感到茫然不知所措而贻误工作。一个好的微生物菌种工作者，应该是一位微生物学、遗传学、生物化学和分子生物学知识底蕴深厚的实践家：①了解自然界生物的存在状态和它们之间的相互关联（系统发生）。各种生物种都有着特殊的物种生态学，自然界各生物种的存在都有其生态规律，都有它的自然地位。它们在自然界既互相依存，又在生物圈的物质循环中起着各自的独特作用，所有生物种都是进化过程中的动态实体，它们是人类赖以生存的活生生的生物群体，也是我们资源开发的源泉；②了解它们的代谢过程，它们如何通过化学的和物理的过程获得食物，并通过酶促生物化学反应合成生物大分子的元件，并建成自身；③了解生物的代谢过程及代谢链自身调节与全局性调控相契合，实现遗传特性与其生存环境的统一，实现营养生长与发育两种代谢途径的转换。④了解它们如何繁殖自己，将它们的形态和特性（哪怕是十分细微的特征和特性）世代相传的分子基础和传递机制；⑤了解导致生物遗传变异的生物因子（质粒、转座子、噬菌体）和理化因子，对生物体的作用和导致遗传变异的机制，以及如何将这些因子和规律用于育种实践。

本书的章节安排是将微生物资源开发分为资源微生物分离与微生物遗传育种作为两个阶段处理。第一部分介绍微生物的起源、进化和系统发生；微生物的主要类群及各类群微生物种类的富集分离方法。第二部分为微生物遗传育种，这是微生物资源开发的延续。二者密切相关。在原理介绍方面，因篇幅所限而十分简明并只介绍与育种实践紧密相关的基础知识，同时随着分子生物学的新成就和新技术的出现，在常规育种方法中也与时俱进地介绍了多种新技术和新方法在育种中的应用，其中对质粒接合转移、转座子与分子育种、原生质体融合与杂交育种等的基本原理和应用，做了较为深入仔细的讨论，并以实例介绍这些新技术的应用操作，体现了分子生物学时代微生物经典育种技术重要发展和应用，从而体现了与时俱进，赋予常规育种新内涵。

　　书中所有章节的讲述都尽量遵循"知行合一"的原则处理和安排，使基本原理与应用紧密结合，以期达到学以致用、知行合一的效果。我期望通过对本书的阅读和理解，能使每位育种工作者都能成为活跃于微生物育种界的一个知行合一、立志创新的践行者。这乃是本书作者所期盼的。

　　在这里，作者感谢乔明强博士组织南开大学生命科学学院多名师生阅读修改书稿。感谢天津科技大学杨洪江博士对本书部分章节提出修改意见。感谢协助我检索文献资料、图表制作的同志们，他们是吴晓生博士（美国）、于秉彝博士（美国）和于利民高级工程师。最后，我还要特别感谢我的同行程光胜先生通读全稿，提出诸多重要修改意见和建议，并为本书撰写序言。

　　由于篇幅的限制在相关基本原理的阐明方面多显得过于简略，也有的因本人知识所限，难免出现错误，敬请读者批评指正。

著　者

于南开大学生命科学学院

2016 年 8 月

目　　录

第一章　生命的起源与进化

微生物是极具吸引力的生物类群，虽然它们中的许多我们肉眼看不见，但是它们无处不在，对人类的生活和地球上的自然环境都极为重要。例如，地球上的生物量（biomass）一半以上是由微生物组成的，而植物占 35%，动物只占 15%。

微生物无处不在，有的甚至能在 100℃沸腾的温泉或 110℃以上的海底火山口环境生存；另一些可以生活在 0℃以下；有些微生物可以使用硫化物产生硫酸，生活在 pH1.0（相当于 0.05mol/L 的硫酸）的环境；也有的可以生活在饱和的盐溶液中，而另有些可以生活在高山湖泊的接近蒸馏水的环境。

它们在地球生物圈的形成演进中的影响非常深刻。有些微生物类群在地球演化过程中起到了关键性作用，例如，地质化学和化石证据表明，大气中氧气的产生就是由于蓝细菌（Cyanobacteria，或称为蓝绿藻）的释氧光合作用的结果。因为氧是所有高等动植物生命形式所必需，所以这对于地球上生物，尤其是真核生物的出现和进化，以及地球地质化学的影响是极其深刻的，可以说，如果没有蓝细菌开创的释氧光合作用，就不可能有高等生命形式的出现和进化。

微生物先于人类已在地球上生活进化了约 40 亿年，所以我们实际上是生活在它们的世界里，而后来它们也生活在我们的身体里。不管你愿意还是不愿意，它们生活、定殖在我们的皮肤、肠道及身体所有的腔穴内，它们中的多数与我们是共生关系，并保护我们不受病原菌侵入，如果没有它们这些天然的微生态菌群，我们就会生病以至死亡。

人体大约由 10^{13} 个细胞组成，而估计每个人体携带着约 10^{14} 细菌，其重量 1~2kg，最大菌群定殖于肠道，每克样品有超过 10^{11} 细菌，它们主要是厌氧微生物，其中许多是互惠共生的有益菌，它们共同组成肠道的微生物群落，与宿主机体的发育和生理代谢功能存在着互利共生关系。

微生物深刻地影响和控制着地球不同环境的生态系统、深刻影响着工农业生产的方方面面，影响着人类健康和生活。例如，对人类及模式动物小鼠肠道微生物区系（microbiota）的研究，发现微生物与人类的代谢、免疫、疾病发生和抗病能力都密不可分，菌群也随着人的年龄、食性、和体质状况等而处于动态变化之中，这种变化可用作疾病（包括癌症）的诊断和对健康状况评估的"探针"。进入生物信息学时代，已真正有可能对占 99%的未知微生物种的研究做为工作主体，掌控和应用不同生境的微生物组（microbiome）必将对工农业生产、对提供可持续的能源、环境保护和修复，以及人类健康等问题的解决方面具有深刻影响和指导作用。

所以，就高等生物的遗传和代谢来说，实际上是宿主基因组与微生物群基因组互作的统合体，宿主基因组提供了各自的遗传体制和代谢类型，而微生物群基因组与宿主基因组间的默契而高效地合作和互作，才确保了高等生物的生存和繁衍。

植物与微生物的关系更为密切，每种植物的生存都与特殊的微生物种群互相依存，根瘤菌是突出的与植物共生的例子，固定大气氮为宿主提供氮源。自生固氮菌利用大气中的氮为氮源，在大气氮循环中起着重要作用。

微生物的另一重要作用是地球化学过程——地球上出现的生物化学过程。大气中的 CO_2 经植物和光合微生物（藻类和蓝细菌）通过光合作用固定为有机化合物：

$$CO_2 + H_2O \longrightarrow (CH_2O)_n + O_2$$

实际上所有生物（自然也包括人类）的能量归根结底都源自太阳能。食草动物不能利用无机物为能源，而只能依赖于植物，而一些动物则以食草动物为食。大气中的 CO_2 有 5%～10%来自动植物的呼吸，而 90%～95%来自生物降解作用（biodegradation），在此情况下，微生物利用有机物为碳源生长，使已有的有机物转变为 CO_2：

$$(CH_2O)_n + O_2 \longrightarrow CO_2 + H_2O$$

地球上，通过光合作用使 CO_2 转化为有机物，微生物又将几乎所有有机物，甚至某些化学合成的杀虫剂、除草剂等人工合成的化合物降解，返回为 CO_2，促成大气中碳循环和平衡。

在进化历程中，真细菌也早已融合为真核生物细胞组成的一部分——细胞器（线粒体和叶绿体），它们有自己的基因组和蛋白质合成机器，并与宿主细胞相对独立。在系统发生上，按它们的 16S rRNA 序列可归属于系统发生树的微生物的某一类群——变形杆菌门和蓝细菌门的某一进化早期类群。

综上所述，在生物起源和进化历程中，原核生物是地球上最早出现的，经历了地球形成后各种地质年代的变迁。数十亿年间，生物界遵循达尔文的"自然选择，适者生存"的法则，适应于各种不同的生境，进化出现了极为多样的遗传体制和代谢类型，成为我们现今的生物界。

第一节　原核生物的起源

地球形成初期是灼热的，经数亿年才逐渐冷却下来，后来自然力（雷电、紫外线、电离辐射）、水蒸气和其他气体成分相互作用，产生了最初的有机物，孕育了生命和其后的进化历程，最早的生物必定是原始的原核生物。

地球的起源和地球上生命的进化经历了漫长的过程，地球及太阳系大约形成于 50 亿年前，这个时间长度是通过不受温度和压力影响的缓慢衰变的同位素的衰变率和衰变周期推定的。钾（^{40}K）衰变为氩（^{40}Ar）的半衰期为 1.26 亿年。放射性同位素衰变方法也用于推算地层中出现生物化石的沉积岩形成的时间。

19 世纪人们就知道沉积岩中保存有动植物化石，由于没有准确确定时间的方法，时间仅是被估算的。现在已知一些生物，如恐龙绝灭成为化石是约 6500 万年前（白垩纪）发生的事。通过对化石的研究，古生物学家得出了以下几点有关生物进化的结论：接近地表的化石是最近沉积的，其中包含的化石物种比更深层的化石的结构复杂，说明近表面的化石生物是生命的更高等的类型。越深地层的生物化石结构越是简单，因而，由最古地层中的最简单的生物形式，到较近沉积岩中的较复杂生命形式间的梯度变化，证明复杂的动植物形式是由简单的生命形式进化来的。

推测早期的地球慢慢冷却下来后，由于雷电等物理因素与水和类似现在的火山喷发释放出的气体（含有大量二氧化碳、氮、二氧化硫、硫化氢）作用，出现了含碳氮的有机化合物，集中在有水的区域，成为一种营养液，被称为原生汤（primordial soup）。随着时间的推移，原生汤的浓度及有机物的成分发生改变，出现了更近乎生物产生的化合物，在若干未知原因的推动下，出现了原始生命的迹象。例如，能选择性地吸收环境中的物质和具有原始的代谢功能，出现了原始的生命，开始了生物进化历程。也就是说地球环境孕育了生命。

据早期化石提供的证据，微生物在地球上的出现，是在地球形成后的 10 亿年内发生的。但对生命出现的早期情况知之甚少，诸如生命是如何起源的？生命的最初形式是什么？地球在什么条件下才可能产生生命？由于缺少证据，现在仍难以回答这些问题。但有些过程我们可以做部分合理的推测。例如，无水，生命不可能存在；大气是无氧的，氧气又不能化学地形成，因此早期生命是厌氧型的。生命起源的另一个条件是需要有机物，难以想象细胞可以在无有机物的情况下从头开始，那么一个重要问题是：有机化合物可以由非生命产生吗？

最早包含有生物化石的是叠层石（stromatolite），是由碳酸钙和丝状微生物化石组成的多层结构。这种叠层石至今仍然存在于地球上。典型的柱形的现存叠层石出现在海岸高低潮线之间的区域，如澳大利亚的西部海湾。这些现存的叠层石含有沉积在碳酸钙及其他无机物中的微生物。化石叠层石的其他前体物是微生物席状群落（mat community），它们广泛地出现在全世界海岸线高低潮线间的环境中。在这种席状生长的生物群体中，生活着处于相应进化阶段的各种生物。40 亿年前的生物群落中，最先出现的是原核化学化能自养型微生物，并无光合细菌。大约在那个时期，在进化上，可能由于地理隔离，原核生物分为真细菌类（eubacteria）与古生菌类（archaebacteria）两个分支。

1. 生物进化与生物地质化学

虽然我们并不知晓地球上哪种生物是第一个生命实体，然而，现代研究生物进化的科学家 Carl Woese 建立的生物系统发生理论（Woese, 1977; Whitman et al., 1998），认为生命的第一种形式最可能是厌氧和嗜热的原核生物。我们今天采用实验手段绘制的生物系统发生树上，真细菌和古生菌的最老的分支正是嗜热原核生物，这是这一理论的佐证。此外，已有证据表明早期的地球不仅是无氧的，而且很温暖并且火山活动频发。Woese 认为微生物生命的祖先为原生体（progenote），是一种原始型原核生物，

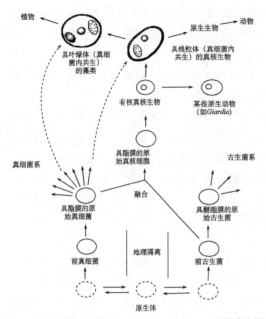

图1.1 生物主系的进化（Perry and Staley, 1997）。图中为原生体（进化系统树的根）到原核生物和真核生物可能的起源路线图。原生体（可能是无细胞膜的 RNA 型前细胞）发生地理隔离，导致具不同膜结构的原始真细菌和原始古生菌独立进化。原始真细菌细胞与前古生菌之间出现融合，产生原始真核生物。此后，一种变形菌与某种早期的真核原生生物内共生，并共进化为线粒体，后来进化为动物。而现在有些原生动物系，如梨形鞭毛虫（Giardia spp.）不具线粒体，可能是在此内共生出现之前的进化分支。叶绿体也起源于真细菌（一种蓝细菌），可能是通过与一种真核生物互惠共生，先产生单细胞藻类，再进化为高等植物

由此进化分支产生了真细菌域和古生菌域，后来经细胞内共生，最终进化形成真核生物域。原生体应具有能力浓缩所需的化合物，并进行简单的生化反应，它可能含有 RNA，但无蛋白质和 DNA。

有人推测原生体群体在地球早期进化中，曾因地理隔离形成两个分支，从而产生生物世系的两个主要体系——细胞膜中以酯键连接成拟酯的真细菌，以及在细胞膜中以醚键连接成拟酯的古生菌。然而所有关于生命起源的理论，尤其是微生物起源仍是不确定的（图1.1）。

2. 早期的真细菌和古生菌

乳酸细菌可以作为早期类型的一个异养代谢的例子。这些耐氧代谢的真细菌不需要氧气，由糖酵解途径获得能量，只需要少数种类酶，不需要以 ATP 酶和电子传输系统传输能量，只需由底物水平的磷酸化获得能量，其反应为：

$$葡萄糖+2ADP+2P_i \longrightarrow 2\ 乳酸+2ATP$$

当然，它们需要一些厌氧过程的酶和细胞膜。应该强调的是，现在的乳酸菌已经比它们的祖先复杂得多，似乎它们的合成代谢的特征已经暗示原始的无 DNA 和酯性细胞膜的某种原始的、非细胞实体的存在。

另一个可能的早期生命形式，可能是其代谢类似于产甲烷微生物的古生菌。这些生物具有简单的营养要求，有些能自养生长，由氧化氢气产生能量并利用 CO_2 作为唯一碳源合成有机物。同时，它们都是厌氧性、能生活在类似于地球早期环境的原核生物（图1.1）。

真细菌域和古生菌域都有氢细菌。有趣的是，所有现存的嗜热氢细菌都需要氧，尽管只需低浓度的氧，这可理解为在自然力的作用下，由水裂解产生微量氧的可能。

虽然，光合成细菌不是最早的微生物，但是人们相信它们是早期出现的。人们普遍认为用叶绿素型化合物进行光合成是在真细菌与古生菌分开为两个类群之后发

生的，古生菌中只有一个类群——极端嗜盐菌中包含有光合成物种，它们使用视紫红质（rhodopsin）型化合物，而非叶绿素行光合作用。最初的光合生物在它们的代谢中，可能具有类似于真细菌的紫色或绿色硫细菌类群的光合成，这些细菌使用硫化氢作为固定 CO_2 的还原剂，进行厌氧光合作用。以下为未平衡的终反应：

$$a.\ CO_2 + H_2S \xrightarrow{\text{光}} (CH_2O)_n + S^0 \qquad b.\ CO_2 + S^0 \xrightarrow{\text{光}} (CH_2O)_n + SO_4^{2-}$$

式中，$(CH_2O)_n$ 代表有机化合物。

早期地球上火山喷发的气体，对上述生物是理想的生存环境，因为它提供了丰富的 CO_2 和硫化氢。这种类型的光合作用，被统称为不释氧光合作用（anoxygenic photosynthesis）。

那时，原核生物占据了几乎一切能够生存的空间，能利用一切可利用的有机质和能源，具有不同的能量代谢和物质代谢途径，这包括化能自养型、光合自养型、化能光合型、硝化/反硝化型、异养型等多样性的营养类型。在进化历程中它们是成功的。这些代谢类型和代谢途径的确立为真核生物进化奠定了基础。

第二节　蓝细菌与陆生生物的进化

很多证据表明，自地球形成和生命起源，微生物是地球生物圈的主体。对此最为有力的证据来自有关地球上氧气产生的信息。这些事实清楚地证明地球孕育了生命，生命也改变了地球。

1. 蓝细菌与氧气产生

蓝细菌（cyanobacteria）也称蓝藻，属原核生物蓝细菌门，能进行Ⅱ型（H_2O 裂解释放 O_2）的光合作用。光合色素为叶绿素 a，这与其他类型光合细菌不同，在细胞结构上也与一般异养原核生物有区别。在电子显微镜下，蓝细菌细胞质内可见到类似于叶绿体的结构分化（图1.2）。为理解蓝细菌在氧气产生中的重要性，我们首先必须看一看它们的合成代谢。蓝细菌的光合成代谢与不释氧（Ⅰ型的）光合细菌的最大的区别是它们以水代替硫化氢作为氢供体，这与高等植物的光合成过程相同。所以，这种类型的光合成作用为

$$c.\ CO_2 + H_2O \longrightarrow (CH_2O)_n + O_2$$

这是释氧光合作用的关键反应，在所有的藻类和高等植物中都进行同样的反应：

$$HOH \xrightarrow{\text{光，叶绿素a}} 2H^+ + e^- + 1/2\,O_2$$

科学界推测蓝细菌出现于距今 35 亿年前～30 亿年前，那时地球大气仍然缺乏氧气。但是到了 25 亿年前～15 亿年前氧气已有积累，因为那时带状铁构成（banded iron formation）已在海洋中出现。在这种构成中，带状的毫米厚石英层和铁氧化物层交替存在。这些构成中含有部分氧化型的铁（FeO 和 Fe_2O_3），这些化合物只能在有氧情况

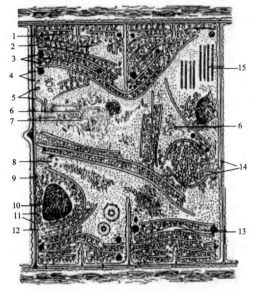

图 1.2　电子显微镜观察到的蓝细菌细胞和异型胞的构造（北京大学生命科学学院，2006）。1. 光合作用片层；2，3. 各种不同的颗粒；4. 相邻细胞的胞间连丝；5. 原生质膜；6. 核质；7. 多角小体；8. 似液泡构成；9. 加厚的横壁；10. 结构颗粒体；11. 原生质膜；12. 横壁；13. 光合作用构成的圆盘；14. 藻胆体；15. 圆柱形小体

下产生，而且只能是在氧气积累的初期，在大气中游离氧浓度很低的条件下形成。根据相关信息，氧化铁的氧源自最初进行释氧光合成作用的蓝细菌。带状铁构成不能在今天形成，因为现时大气和海洋中的氧气浓度都已太高。所以现在的铁沉积物是红层（red bed）沉积岩，因为它们含有赤铁矿（Fe_3O_4），这是铁的更高氧化形式，因而呈红色。

当蓝细菌光合作用释氧时，地球上氧气的浓度长期保持在很低水平上，这是因为氧是化学上具高度活性的，它会与当时地球上存在的大量高度还原性的化合物化合，这些还原的化合物，如亚铁的铁和硫化物，会与游离氧反应而阻止游离氧在大气中快速积累。

据地质记录显示，自由氧的积累是极为缓慢的，经过约 15 亿年（距今约 20 亿年），大气中的氧分压才达到现在大气分压的 10%～15%。因而大气中的氧是经 20 亿～30 亿年才达到现在的约 20%的水平。

显然，蓝细菌类群在地球的演化中起着特别重要的作用。地球化学及化石证据表明，大气中氧气的产生是蓝细菌的释氧光合作用的结果。那已是在原生代（proterozoicera）（25 亿年前～6 亿年前），距今大约 25 亿年前发生的。而在此之前，厌氧细菌已在地球上生活进化了约 15 亿年。大气中氧气的出现和含量的增高，使极度还原性的地球环境逐渐改变，才进化出现了好氧微生物。

臭氧层的形成阻挡了强烈的紫外线辐射，对陆生动植物生存和进化具有关键性作用。特别有趣的是，多细胞真核生物生命形式一旦出现，地球上的生物类型出现了巨大的变化，单细胞生物在生物界的主导地位，很快被有先进生物形式的多细胞真核生物取代。而适应陆地生存环境的所有生物的进化仅在不到 6 亿年的时间内实现。与此同时，原核生物已在地球上生活和进化了超过 35 亿年。

现代，有关蓝细菌的最令人兴奋的发现，是其中有些物种也能进行上述不释氧的光合反应（反应 a）。这一发现表明蓝细菌可能是由不释氧光合成细菌（类似于紫色和绿色硫细菌）进化而来。然而，这些变异体必定已经进化了上百万年，才能以水取代硫化氢作为光合成的还原剂，并因而能分解水进行释氧光合作用（反应 c）。这个重要过程的进化是通过叶绿素相关基因的遗传变异和自然选择达到的。由蓝细菌产生的氧对早期生命形式是有毒害的，幸好，当时的环境是高度还原性的。经历数千万年，生物由厌氧进化出现好氧生物须有新代谢机制出现，首先就是耐氧、抗氧能力的进化，出现了有氧呼吸的细菌。

　　2. 前寒武纪的氮循环

　　另一个重要的生物地质化学事件是氮循环的演化。生物固氮被视为地球生物圈进化中的早期过程之一。为什么认为氮固定与早期生物进化有关呢？一个原因是，它是在真核生物出现前真细菌和古生菌两域原核生物的独特过程，而且只有原核生物进行着这一过程，有些固氮菌和蓝细菌的生存与高等植物（如豆类）之间存在着密切关系。

　　另一个原因是，人们认为氮固定作用在原核生物（真细菌和古生菌）进化的早期普遍存在。例如，实际上所有的紫色和绿色硫细菌都能固定大气氮；同样，许多甲烷产生菌和蓝细菌也能固定大气氮。此外，氮固定出现在早期最厌氧的地球环境下，氮固定是为生物提供氮源的一种方式，以解决生存环境中仅限量存在的硝酸盐和氨的不足。

　　在蓝细菌产生氧气之前，氧化态氮很稀少，所有硝化细菌都需要氧气来氧化氨和亚硝酸盐，因而可能在无氧的前寒武纪时期它们并不存在。所以，在地球的早期历史中，存在有硝化作用是可疑的。再说，没有硝化细菌形成亚硝酸盐，反硝化作用也不会出现。所以氮循环在前寒武纪可能很简单，只是在紫外线作用下氮气变为 NH_3。后来，由于地球上生物量的增加，氨量已不能满足需求，促进了固氮作用的进化过程。生命出现以前，大气中含有丰富的氮气，为不能以氮气为氮源的非固氮细菌提供了选择和进化的条件。进化早期与氮固定有关的基因（*nif* 基因）在进化上出现得很早，并垂直遗传给子代。测验来自不同真细菌的 *nif H*（固氮酶基因）编码的固氮酶的氨基酸序列和相应菌种的 16S rRNA 序列，都支持 *nif* 基因独立进化说，支持 *nif H* 基因的早期进化和垂直转移的理论。因为，如果 *nif* 基因是近期产生，并由一个生物种水平转移到另一生物种，那么来自不同物种的 NifH 蛋白应彼此相似，并因而显示 16S rRNA 序列有不同的进化式样。然而，结果并非如此。这些资料支持各菌种后裔的 *nif* 基因独立进化的学说，这可以追踪到古时的共同祖先。所以，固氮酶可能是在原始真细菌系和原始古生菌系分开以前就已经出现。

　　3. 臭氧层的形成

　　高等生命形式进化的关键是地球的同温层臭氧层的形成。臭氧是同温层的氧气经紫外线光化学氧化作用产生的，因而，被认为是通过早期蓝细菌光合作用产生了氧气之后才形成的。臭氧层的重要性在于能强力吸收具有强氧化作用和诱变作用的紫外线。那些水生生命形式之所以能生存和进化，是因为紫外线的穿透能力弱，水具有强的吸收紫外线的能力，才使其在臭氧层形成以前免受影响。但是，陆生生命形式不能免受紫外线的作用，也就是说，直到臭氧层罩形成前，不可能有陆生生物的进化（图 1.3）。

　　显然，氧气和臭氧层的形成对动植物进化具有关键性作用，特别有趣的是，具多样性和体制复杂的多细胞真核生物生命形式的出现，尤其是适应陆地生存环境的所有生物的进化仅用了 6 亿年时间。原核生物已在地球上存在和进化了 35 亿年。然而，尽管原核生物的体制简单，并主要是单细胞形态，但它们具有极大的遗传多样性，这种多样性反映在不同原核生物基因组 DNA 的（G+C）mol% 的变化范围上。植物和动物的（G+C）mol% 的变化范围约为 20%，但是真细菌域的变化范围大于 50%，低的仅为 22%，而高的高达 78%（图 1.4）。

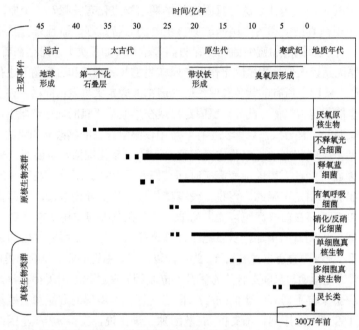

图 1.3　自距今 45 亿年前地球开始形成起，示主要地质事件的时间表（Perry and Staley，1997）。包括地球上最初出现的化石叠层的证据、带状铁形成时期及大气中氧气出现后臭氧层出现和形成的证据。图中同时标示不同真细菌、古生菌和真核生物类群出现的时间。注意人类占据地球的时间仅是地球地质年代的 1min（300 万年），不足细胞生命形式出现时间的千分之一

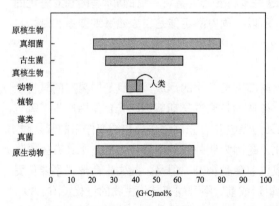

图 1.4　不同类群生物的（G+C）mol%（Perry and Staley，1997）。注意真细菌的（G+C）mol% 变化范围远大于动植物和其他生物类群，其中孢囊链霉菌属（*Streptosporangium*）的（G+C）mol% 达 78%

　　原核生物的多样性与它们的代谢过程的多样性相关，其涵盖各种厌氧的、自养的、有氧的和异养的代谢类型；适应并生活在各种不同的生态环境，包括生存在现存高等

生物的体内、体表各部分，甚至内共生于真核细胞内（线粒体和叶绿体）。相反，真核生物尽管具有巨大的形态学多样性，但是与原核生物相比，代谢类型和能力有限。比较生化研究表明，尽管原核生物与真核生物看上去差异甚远，但遗传与代谢的基本途径及遗传物质载体却是相同的。可见，真核生物是在继承原核生物亿万年确立起来的遗传与代谢基本原理和过程的基础上进化来的。所以，在进化过程中，原核生物的基因组总体就像是一个巨大的基因库，真核生物的进化正是以此为基础的。

真核生物的真实起源，现时已模糊不清了。有关真核生物进化的被科学界普遍接受的假说，是推测真核生物的进化是通过真细菌祖先与古生菌祖先之间出现的融合开始的（图 1.1）。按此理论生命共同的祖先为原生体（progenote），并认为其为生物系统发生树的根，这两个原始类群的细胞融合产生了原始的真核生物。支持真核生物源于原始真细菌与古生菌融合的证据是它们之间具有的相似性。例如，真细菌的细胞膜含有甘油通过酯键与脂肪酸连接的磷脂，而古生菌不含长链脂肪酸，在它们的膜中有以醚键连接的四醚酯，而不是酯键。这些证据表明，如果融合事件发生过，应该是在真细菌祖先已经有了它的细胞膜，并因而融入真核细胞中。

支持融合学说的另一证据是原核生物和真核生物代谢和遗传特性的比较（表 1.1）。细胞质酶如甘油醛-3-磷酸脱氢酶（GAPDH）、L-苹果酸脱氢酶和 3-磷酸甘油酸激酶基因的 DNA 序列与真细菌的很相似，而与古生菌的不同。而古生菌的 ATP 合成酶基因的序列与真核生物的相近。此外，古生菌的遗传机制更接近真核生物，如古生菌的两种 RNA 聚合酶 pol2 和 pol3 与真核生物十分相似。此外，古生菌的核糖体蛋白质、标准的启动子序列和翻译因子等都与真核生物极为相似。

表 1.1　原核生物和真核生物特性的比较（Perry and Staley，1997）

特征	真细菌	古生菌	真核生物
细胞包被			
肽聚糖	+	−	−
酯键拟酯	+	−	+
醚键拟酯	−	+	−
基因组			
由膜包围的细胞核	−	−	+
染色体	1	1	>1
DNA 构型	环状	环状	线性
有丝分裂/减数分裂	−	−	+
核糖核酸			
简单聚合酶	+	−	−
复合聚合酶	−	+	+
多种聚合酶	−	+	+
多顺反子 mRNA	+	+	−
内含子			
tRNA	−	+/−	+
rRNA	−	+/−	+
mRNA	−	−	+
启动子			
真细菌型	+	−	−

续表

特征	真细菌	古生菌	真核生物
聚合酶Ⅱ型	−	+	+
翻译			
对抗生素敏感（链霉素、青霉素）	+	−	−
对白喉毒素敏感	+	−	+
fMet tRNA	+	−	−
转录作用			
对抗生素敏感	+	−	−
转录与翻译偶联	+	+	−
细胞质结构			
细胞器	−	−	+
核糖体大小	70S	70S	80S
新陈代谢			
甘油醛-3-磷酸脱氢酶（GAPDH）	+	−	+
L-苹果酸脱氢酶	+	−	+
3-磷酸甘油酯激酶	+	−	+
ATP 合成酶	−	+	+
甲烷产生	−	+/−	−
氮固定	+/−	+/−	−
基于叶绿素的光合作用	+/−	−	+
产能硫代谢	+/−	+/−	−
极端高温	−	+/−	−

4. 内生和共生生物的进化

线粒体和叶绿体起源可用共生生物的进化理论解释，该理论认为在真核生物进化的早期，原核生物（原始线粒体和原始叶绿体型生物）与真核细胞形成胞内共生（endosym biosis），随着时间的推移，在这些共生生物中，二者变得越来越互相依存，并失去某些细菌的结构和功能，成为后来真核细胞的组成成分——线粒体和叶绿体。作为佐证，某些真核生物，如蓝氏贾第鞭毛虫（*Giadia lamblia*）（一种原生动物）没有线粒体，这暗示它们是在线粒体掺入真核生物前进化的产物。虽然如此，蓝氏贾第鞭毛虫的酯膜及其甘油醛-3-磷酸脱氢酶（GAPDH）都与真细菌很相似，说明如果融合理论是正确的，那么这种融合应出现在线粒体掺入真核细胞之前。

通过线粒体的核糖体 DNA 的 16S rRNA 序列分析，已可能将线粒体纳入生物进化的系统发生树，不管真核细胞的来源如何，线粒体都源于革兰氏阴性变形菌门（Proteobacteria）的 α-纲真细菌。

进一步支持内共生理论的证据，是在原生动物细胞内的细菌与其宿主之间发现的另类联系。例如，有的原生动物含有作为"寄生物"的细菌细胞，这些细菌为其宿主提供了独特的特性。这种关系的类型之一表现在被称为"嗜杀草履虫"（killer paramecium）上。它是一种被称为 kappa 颗粒的真细菌生活在草履虫体内，能产生一种有机合成物，杀死其他不带有 kappa 颗粒的草履虫，这些 kappa 颗粒仍有它们的肽聚糖层细胞壁。在遗传上 kappa 颗粒属于核外遗传因子。而这种共生并不像线粒体那样高度发展，可视为共生的早期阶段。另外的例子是在某些鞭毛虫和变形虫类原生动物中，它们具有被称为虫蓝藻（cyanellae）的光合作用细胞器，这种共生体类似于蓝细菌，它们具有全部真细菌的特质，包括肽聚糖。

显然，从进化的角度分析，在原核生物出现前的进化过程，主要是作为生命有别于非生物的那些特性的确立，以及生物的繁衍机制和生物化学过程中的物质和能量代谢途径的确立，那是经历了漫长的岁月完成的。而且所有这些，主要都是在看起来体制十分简单的原核生物进化阶段完成的。这就是原核生物的起源和演化占据近35亿年时间的原因。而真核生物是在原核生物进化的基础上迅速发展进化而来，所以，自单细胞真核生物产生算起，至人类出现只花了约10亿年。有趣的是，从人类进化的角度看，灵长属（*Homo*）的出现仅300万年，而智人（*Homo sapiens*）这一物种的出现至今仅有10万年。因而，人类是生物圈中的后来者，人类的生存和繁衍实际上是非常依赖于地球上的其他生物和过程的。可见，善待地球，善待一切生命，应该是每个地球人的责任。

在进化中，动植物由微生物组，以不同途径和方式整合和接受了来自原核生物的代谢途径，经历基因突变和遗传重组，及自然选择分化形成了真核生物域，而这正是真核生物域能在较短地质时间内实现暴发性进化的物质基础。

每个生物个体都是一个生命系统，是经历长期进化过程确立的，并且仍在进化之中。不同生物种的区别仅在于进化水平不同，体制不同，即细胞结构、核结构、生物个体的组织分化不同，而在对环境适应性上，难分伯仲。

真核生物的性别分化和世代交替机制的出现在其进化中起到了巨大的推动作用。如果将有性生殖定义为导致基因重组的机制，那么，所有生命形式包括病毒和噬菌体都有有性生殖现象，因为其都能以某种方式实现遗传重组。生物遗传物质的改变（基因突变）是生物遗传变异的源泉，而微生物种内和物种间也能通过准性（parasexuality）重组——体细胞间的质配和核配、接合作用（conjugation），或DNA转化作用（transformation），或由噬菌体介导的转导作用（transduction），即使是噬菌体（细菌病毒）也能通过共感染（co-infection）导致遗传物质的重组，这些是原核生物遗传变异的另一源泉。但是与具世代交替的真核生物不同，它们往往是偶发性的，并非规律性出现的事件。而真核生物尤其是高等生物，通过有性生殖，世代交替，在减数分裂过程中实现基因重组，使同一物种形成一个群体，形成一个种内共有的基因库，通过自由交配，使基因库内不同基因处于平衡状态，使物种的适应范围既稳定而又具应变能力，这就是原核生物进化过程花了35亿年，而真核生物从出现至今仅约10亿年，就成为在生物界占优势地位种群的主要原因之一。

第三节 生物的系统发生

所有生物，无论体制多么简单，如原核生物，一直到具有复杂组织器官分化的高等动植物，虽在形态结构和体制上，在生态适应能力和分布上，表现得千差万别，但从分子水平上看，生命起源于共同的祖先是毋庸置疑的，这只需纵观生物界即可得知：①所有生物的遗传物质都是核酸；②都使用同样的三联体密码子；③具有共同的基本代谢途径。这些正是生命现象的本质。而这些本质上的共性，表明所有现存的生命形式都是同源的，即有一个共同的根。显然，原核生物直至人类都存在着或近或远的亲缘关系。生物的这种同一性和统一性，正是现代生命科学研究中重组体 DNA 和原生质体融合技术操作的基础。否则，我们就无法想象，来自不同生物的基因怎么都可以在同一受体细胞（如大肠杆菌或酵母菌）中表达这一事实，以及远缘原生质体融合重组的可能。

　　所有资料都表明，地球上的生命只起源过一次。所以，现存的生命形式只能都是由共同祖先繁衍进化而来的。从进化的观点出发，我们应如何分析和记述现存生物之间的亲缘关系呢？就是说，是否有方法将表面上无法分辨的任何两种生物，清晰地区分出来，并确定它们之间的亲缘关系的远近呢？又如何确认存在巨大差异的原核生物与高等生物有共同的起源呢？

　　虽然，在我们对任何一种生物进行深入研究时，都会得到无限的知识，讲述出大量的相关故事，就如同果蝇、大肠杆菌，以至 λ 噬菌体这些经典实验生物，所积累的大量的文献资料那样。但是，要真正理解生物界，了解生命的全貌，就必须还原生物界的自然面貌，知道不同生物物种与其他物种之间的系统发生关系，或者说建立起生物界物种的进化谱系，只有这样人们才能回答：我是谁，人类在生物界的地位，以及我们为何要善待和保护我们赖以生存的环境和现存生物。

　　回到 1977 年前，我们只可通过动植物系统树（systematic tree）讨论动物之间的或植物之间的进化关系，我们可以将新发现的动植物定位在系统树的适当位置，但是却无法讨论微生物之间及生物界的不同域生物种间的进化关系，如微生物与真核生物之间的关系。真细菌与古生菌，在显微镜下，它们通常在形态上是那么相似，用来区分它们之间不同的特征实在太少。你更无法回答它们之间在进化地位上的区分。然而，只有了解了自然界生物种的系统发生的关系，才算理解了生物界。须知这正是达尔文当年想要解决而无法解决的关键问题，同时也是人类利用和保护自然界生物多样性的基础条件。而这正是现代分子分类学所要完成、必须完成，而又有条件完成的一项任务。

　　1. 生物大分子蕴含的信息

　　由于生物化学分析方法的进步，20 世纪 50 年代，蛋白质氨基酸序列分析方法的发明和应用，一批分子质量较小的蛋白质的氨基酸全序列得以阐明，有人开始比较不同来源的相同功能的蛋白质之间氨基酸序列的异同，发现其间蕴藏着与生物进化地位有关的信息，即分类上越近的物种之间，同一种功能的蛋白质的氨基酸序列同源性越高，反之则越低。于是提出了生物机体中，哪种生物大分子在进化过程中最为保守，因而可作为生物分子进化研究的主要参照物。有人曾以细胞色素 c 的氨基酸序列做比较，发现不同物种间的氨基酸序列确实是很保守的，而进化水平越近的物种之间序列差别越小，反之区别越大。这表明生物进化的历程可被记录在生物大分子的氨基酸序列之中。但考虑到并非所有生物都有细胞色素 c，所以自 20 世纪 60 年代，科学家转而寻找其他保守性强而更具共性的生物大分子。20 世纪 60 年代末 70 年代初，美国科学家 Carl Woese 开始研究和比较不同物种的核酸碱基序列，发现核糖体 RNA（5S rRNA 和 16S rRNA）是生物系统发生研究中可使用的最佳生物大分子。由于当时核酸序列分析技术水平的限制，开始只能对 5S rRNA 的核苷酸进行测序，发现了真细菌和古生菌间的差别，显示利用 rRNA 作为标志分子的可行性。

2. 作为生物进化的标志分子的 rRNA

核糖体是所有细胞生物的共性结构。在原核生物中，核糖体是一个沉降系数为 70S 的细胞内结构，在大肠杆菌中，它是由两个亚单位结合而成，其 30S 亚单位由 21 种蛋白质与 16S rRNA 结合组成；而较大的为 50S 亚单位，则由 31 种蛋白质和两种 rRNA（5S 和 23S rRNA）分子聚合组成。真细菌与古生菌的核糖体有相同的沉降系数，但在它们的生化结构和组成上还是有些区别。反映在表现型上也有不同，如表现为对抗生素的敏感性上，古生菌对抗真细菌的抗生素（如青霉素、氨基糖苷类抗生素）都具抗性。

因为核糖体是所有生物都具有的细胞蛋白质生物合成的功能结构，所以，rRNA 作为生物进化的标志分子，避免了上述以蛋白质作为标志分子的生物局限性。核糖体 RNA（rRNA）与转运 RNA（tRNA）相配合，在细胞遗传信息转移中，担当着将 DNA 携带的遗传信息翻译为氨基酸语言的多肽链氨基酸序列的核心作用，同时，rRNA 还起着维系核糖体结构和功能的作用，因而是肩负着双重功能的生物大分子。因而，推测在进化历程中，其核苷酸序列的变化是极为缓慢而有限的。然而，在亿万年进化历程中，随着新物种分化和形成，rRNA 的序列亦非一成不变，随着生物的进化，不同物种的 rRNA 的碱基序列虽有变化，但是三维结构相当保守（图 1.5）。生物界由原核生物到真核生物的进化，在系统发生树上显示亲缘关系很远，形态差别也很大；但也有形态表型可能很近，而亲缘关系却很远的，但是当比较 5S rRNA 和 16S rRNA 的三维结构时，你会发现它们之间仍可见到惊人的相似性，这就为我们提供了一个极好的衡量生物亲缘关系远近的尺度。

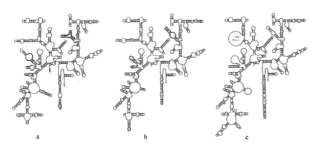

图 1.5　16S rRNA 三级结构（Perry and Staley, 1997）。图示 rRNA 结构的相似性和保守性：a. 大肠杆菌（真细菌）；b. 产甲烷球菌（古生菌）；c. 啤酒酵母（真核生物）

3. Woese 的生物系统发生树

用于分子分类的主要是 5S rRNA 和 16S rRNA 分子,5S rRNA 分子较小,约由 120 个碱基组成;而 16S rRNA 分子较大,约由 1500 个碱基组成。早期工作是分析 16S rRNA,后来是通过对它的编码基因——互补 DNA(rDNA)的序列分析完成的。根据 16S rRNA 序列分析和比对所提供的生物进化信息,第一次明确地将原核生物分为两个分支——真细菌(eubacteria)和古生菌(archaea);而真核生物(eukarya)则构成另一分支。在进化上,古生菌与真核生物的亲缘关系更接近些。

与 rRNA 微生物分子分类的早期(20 世纪 60 年代末和 70 年代中期以前)不同,由于克隆技术和 DNA 序列分析技术的进步,以及计算机及其软件的开发和应用,大大加速了基于 rRNA 的序列分析速度,通过碱基对排比,终于绘制出了一张统一的生物系统发生树(phylogenetic tree)。这才第一次将地球上看起来十分繁杂的生物界划分为三个相互关联而又相互区分的世系(lineage),或者称为三域(domain)(图 1.6)。表 1.2 列出了区分为三个域的 16S rRNA 的标签序列。

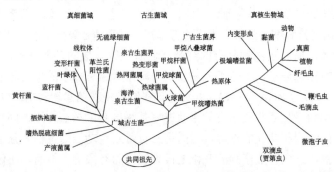

图 1.6　Woese 的生物系统发生树(Woese, 1987)。基于 16S rRNA 碱基序列比较得出的生物界三域——真细菌、古生菌和真核生物三域系统发生树,显示三域生物起源于共同祖先,即有共同的根。按生物系统发生树,现在将原核生物分为 14 个门(phylum),其中真细菌分为 11 个门,古生菌分为 3 个门。每个门也都以 rRNA 序列的特殊区域或序列为依据,使之与其他门相区别,一旦测知待测菌的标签序列,便可将它归入 14 个门的某一类群中。同一个门的细菌并不意味着表现型上有相似性,如变形菌(Proteobacteria),就是一个非常异质的微生物类群,包含所有的 4 种营养型,其中也有光合细菌,而存在于几乎所有真核生物细胞中的线粒体亦源于此类群。蓝细菌门包含单细胞和多细胞丝状体类型,行光合作用,采用卡尔文·本森循环固定 CO$_2$。该类群包括真核光合作用生物的叶绿体。而接近真细菌分支底部的产液菌和嗜热脱硫菌,是真细菌类中的嗜高温菌,反映出它们是生物适应早期环境的微生物种的遗存。古生菌分为三个门:产甲烷菌、极端厌氧的产甲烷菌和极端嗜盐菌。极端嗜盐菌生活在近饱和盐水中,行光合作用;耐高温菌为厌氧,化能自养型。它们中的多数尚不能人工培养。真核生物涵盖动物、植物、藻类、原生动物和真菌类。共同特征是具有核膜包围的细胞核,遗传物质分化为染色体,除部分低等的真菌外都有性繁殖周期,世代交替;行减数分裂时,通过染色体联会,染色单体交换实现遗传重组

该系统发生树确认地球上所有现存生物源于共同的祖先(ancestor)。也就是说,这个生物系统发生树是有根的,这个根就说明生命只起源过一次,地球上所有生物都是由共同祖先进化衍变来的。

我们通常讲的微生物,实际上包括原核微生物——真细菌和古生菌,以及真核微生物三大类群。这三个域也可由表现型来区分,如生物细胞的组成成分、细胞膜拟酯的结构成分和细胞核的结构等。表 1.1 概括了三域生物主要的表型差异。由表中项目

还可明显看出，真核生物的一些特征是介于古生菌与真细菌两域之间，而真核生物也有某些与古生菌相似。这些都反映了三域生物之间，在进化历程中曾经发生过的融合分化和进化的历程。

真细菌占环境微生物中的绝大多数，而古生菌多生活在一些极端环境（如高温、高盐）里。虽然名为古生菌，却无证据说明它们比真细菌更古老。真核微生物，包括真菌（fungi）、藻类（algae）和原生动物（protozoa）等，它们的细胞结构与原核生物相比有着质的区别（表1.1）。

与家谱一样，系统发生树也采用生物学的科或种群的后裔式样。人类家谱是跟踪一个家族的系谱，而生物系统发生树是追踪不同多样性的物种间的血统关系。生物系统发生树是以所有生物的某种共有的分子——rRNA分子序列信息，来表达物种种群之间的进化关系。所以，比较不同生物的16S rRNA序列的同源性及差别是构建分子系统发生树的基础（表1.2）。

表1.2　三域生物的16S rRNA中一些核苷酸序列出现的频度（%）（Perry and Staley，1997）

标签序列	真细菌	古生菌	真核生物
CYUAAYACAUG	83	0	0
AYUAAG	1	62	100
ACUCCUACG	97	0	0
CCCUACG	0	97	0
ACNUCYANG	0	0	100
YYUAAAG	3	97	0
AUACCCYG	93	3	0
CAACCYUYR	91	0	0
CCCG	0	100	0
UCCCUG	0	97	100
AUCACCUC	97	100	0

注：R表示腺嘌呤或鸟嘌呤；Y表示尿嘧啶或胞嘧啶；N表示任何碱基。

细菌系统发生树是以16S rRNA序列（早期使用5S rRNA）的特征性序列（标签序列）为分类的基础。现在，如果人们想确定一种新分离的细菌与已知细菌之间的系统发生关系，可直接去做待测菌种的16S rRNA序列分析，多采用由核糖体分离提取rRNA，再以与种属特异性rRNA互补的DNA片段为引物，以鸟成髓细胞瘤病毒提取的反转录酶，将16S rRNA反转录合成16S rDNA，便可直接进行待测菌种的16S rRNA序列分析（Lane et al.，1985）。接下来就是将待测定的DNA序列引入已知细菌的序列库，使之与已知序列进行比对。因为有由Carl Woese和Gary Olsen在美国伊利诺伊大学运作的核糖体rRNA资料库，它包含所有已测序细菌的16S rRNA序列资料，可以通过互联网得到它们，所以人们能很容易地完成碱基序列的比对工作。再通过应用有关软件及仔细的人工操作，便可确定所要测定的细菌在系统发生关系图上的位置，并确定种属名称。

自20世纪80年代，这一基于rRNA序列比对和矩阵分析构建的生物系统发生树已被生物学界普遍接受，在生物进化论研究中，该成就可与达尔文进化论齐名。

　　通过 16S rRNA 序列分析比对，对不同生境原核生物做了普查，估计地球上有约 200 万种原核生物，其中真细菌域菌种数约 141 万，古生菌域菌种数约为 5400 万（Schloss et al.，2016；Amann and Rossello-Mpra，2016），而实验室收集培养的微生物仅占约 1%，其余为未知菌种。

参 考 文 献

北京大学生命科学学院. 2006. 生命科学导论. 北京: 高等教育出版社.

郭晓强. 2013. 古核生物的发现者——沃兹. 科学(上海), 65: 59.

沈萍, 陈向东. 2006. 微生物学. 2 版. 北京: 高等教育出版社.

Agler MT, Ruhe J, Croll S, et al. 2016. Microbial hub taxa link host and abiotic factors to plant microbiome variation. PLOS Biology, 14(1).

Amann R, Rossello-Mpra R. 2016. After all, only millions.mBio ASM, USA, 7(4):e00999-16.

Backhed F, Ley RE, Sonnenberge JC, et al. 2005. Host-bacterial mutualism in the human intestine. Science,307(5717): 1915-1920.

Lane DJ, Pace B, Olsen GJ, et al. 1985. Rapid determination of 16S ribosomal RNA sequence for phylogenetic analyses. Proc Natl Acad Sci USA, 82:6955.

Perry JJ, Staley HT. 1997. Microbiology: Dynamics and Diversity. New York: Saunders College publishing, Harcourt Brace College Publishers.

Schloss PD, Girard RA, Martin T, et al. 2016. Status of the Archaeal and bacterial census: an update. mBio ASM, USA, 7(3):e00201-16.

van der Heijden MG,Hartmann M. 2016. Networking in the plant microbioe. PLOS Biology,14(2).

Whitman WB, Coleman DC, Wiebe WJ. 1998. Prokaryotes: The unseen majority. Proc Natl Acad Sci USA, 95: 6578.

Woese CR, Fox GE. 1977. Phylogenetic structure of the prokaryotic domain: the primary kingdoms. Proc Natl Acad Sci USA, 74:5088-5090.

Woese CR, Kandler O, Wheelis ML. 1990. Towars a natural system of organisms: proposal for the domains Archaea, Bacteria, and Eucarya. Proc Natl Acad Sci USA, 87: 4576-4579.

Woese CR. 1987. Bacterial evolution. Microbiolol Rev, 51: 221.

第二章　微生物基本类群概述

　　微生物是地球上最小、物种最多的生物,虽然它们中的多数不能用肉眼直接看到,也无法分离培养,但是它们无处不在,它们的生活和作用影响着人类生活的方方面面。它们涵盖着各种微生物类群:真细菌、古生菌、藻类、原生动物、真菌及非细胞形态的病毒和噬菌体。但是依本书的宗旨本书内容只限于真细菌、古生菌或真菌。

　　以下对与我们密切相关的微生物类群做简明概述,目的是使从事菌种研究的实际工作者,对自己工作中研究的微生物物种的进化分支有一个概括性的了解,也为新菌种的分离工作做参考。限于本书的目的不做详述,欲知详细的知识请阅读微生物教科书及有关专著。

第一节　真　细　菌　域

　　真细菌域是微生物种类最多、生态分布最广、营养类型最为多样的原核生物。按细胞壁组成,通过革兰氏染色可将它们分为阴性和阳性两大类群,以下将按此简述。

一、革兰氏阴性真细菌

　　通过 16S rRNA 分析,已鉴定出 9 个革兰氏阴性真细菌的不同的系统发生类群,各类群分别代表不同的进化世系。革兰氏阴性真细菌是真细菌域的最大类群,在形态、生理、生化特性和生态分布上都呈现极大多样性。它们可能是单细胞、多细胞或合胞体;可以以不同方式运动或固定生长;可能以二分分裂或芽殖方式繁殖,也有的通过形成特殊繁殖细胞繁殖;在营养方面可区分为异养型、光合异养型、化能合成型和氢气自养型。基于 16S rRNA 已按各自的标签序列将真细菌分为 12 个类群(图 2.1)。其中革兰氏阴性菌占 9 个门,以变形菌门涵盖物种最多,包含有最为不同种类的真细菌类群,光合成、化学自养、异养型和氢气自养型在这一门中都能找到,也包含了大多数与人类生活生产密切相关的革兰氏阴性菌种,如大肠杆菌、假单胞菌、霍乱弧菌,以及形态上特殊的柄细菌等;共生菌,如农杆菌、立克次氏体和根瘤菌也属于此门;另外几乎所有真核生物细胞都含有的线粒体及植物光合作用的细胞器——叶绿体也源自该类群真细菌。这反映出该门菌种具有复杂而漫长的进化史,因为它们能适应各种不同的生态环境并形成多样性代谢型类群,所以将它们称为变形菌门(Proteobacteria)。

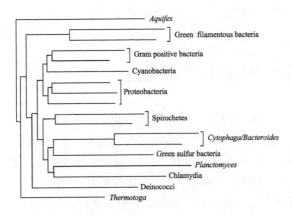

图 2.1　基于 16S rRNA 将真细菌分为 12 个系统发生类群。加上近热袍菌（*Aquifex*）分支的两个嗜热菌门共 14 个门

1. 变形菌门

革兰氏阴性菌分为不同的进化系，变形菌门的外膜主要由脂多糖组成，多数种类利用鞭毛运动，但也有不运动或依靠滑行运动的。另外，还有一类黏菌，可以聚集在一起，形成多细胞的子实体。所有的 4 种主要的细菌营养型在这一门细菌中都有，有的是行光合作用的光合异养型和光合自养型，另一些是营兼性或专性厌氧或异养型，也有的是化学化能营养型（chemolithotrophic），包括硝化菌、硫杆菌及多种氢气自养菌（表 2.1）。

表 2.1　变形菌门的光合营养、化能营养型和一碳营养型真细菌的特性

和系统发生类群（Perry and Staley，1997）

类群和亚类群	能量来源	碳源；碳代谢
Ⅰ. 光合异养型（photoheterotrophic）变形菌		
紫色硫细菌	光	CO_2；卡尔文·本森循环
紫色非硫细菌	光	CO_2 和有机物；卡尔文·本森循环
绿色硫细菌	光	CO_2；还原的 TCA 循环
绿色丝状菌	光	CO_2 或有机物；羟基丙酸酯途径
蓝细菌和 *Prochlorales*	光	CO_2；卡尔文·本森循环
日光杆菌属（*Heliobacteria*）	光	有机物；光合异养型
Ⅱ. 化学化能异养型（chemolithotrophic）变形菌		
硝化细菌	NH_3 或 NO_2	CO_2；卡尔文·本森循环
硫氧化菌	S^{2-}，S^0 或 $S_2O_3^{2-}$	CO_2；卡尔文·本森循环或异养型
披毛菌属（*Gallionella*）	Fe^{2+}	CO_2；卡尔文·本森循环
H_2 细菌	H_2	CO_2；可变
Ⅲ. 嗜甲烷型（methylotrophs）变形菌		
甲烷营养型		
Ⅰ 型	CH_4	CH_4 或 CH_3OH；核糖-磷酸酯途径
Ⅱ 型	CH_4	CH_4；丝氨酸途径

按 rRNA 碱基序列比对分析，变形菌门被分为 5 个纲，分别以希腊字母 α、β、γ、δ 和 ε 命名。变形菌中的许多菌种，尤其是 γ 纲中的许多菌种携带可转移质粒，在疾病传播和对其生存环境适应和在被污染环境的修复上起着重要作用。

1）α-变形菌纲

除光合菌种外，还有植物共生的细菌，如慢生根瘤菌属（*Bradyrhizobium*）、与动物共生的细菌（*Brucella*）。此外真核生物的线粒体的前身也属于这一纲。变形菌门还包含许多其他重要菌属，其中有醋酸杆菌（*Acetobacter*）和葡萄糖酸杆菌（*Gluconobacter*）。此外，行专性胞内寄生的衣原体（*Chlamydia*）和立克次氏体（*Rickettsia*），这两个属也归在变形菌门内。固氮菌属（*Azotobacter*）、拜叶林克氏菌属（*Beijerinckia*）、固氮螺菌属（*Azospirillum*）、黄杆菌属（*Xanthobacter*）、氮单胞菌属（*Azomonas*）是土壤中自由生活的固氮菌；固氮根瘤菌可以是自由生活的固氮菌，也可以与豆科植物结合发育为共生固氮菌。而慢生根瘤菌属（*Bradyrhizobium*）则是共生固氮菌，与豆科植物互作形成根瘤。固氮能力是原核生物所特有的，原核生物的氮同化作用最终为真核生物生长提供了含氮化合物的来源。

农杆菌属（*Agrobacterium*）的致瘤农杆菌（*A. tumefaciens*）能诱导双子叶植物形成冠瘿病，其致病因子是致瘤农杆菌携带的 Ti 质粒（tumor inducing plasmid）。在感染宿主后，质粒的 T-DNA 片段插入宿主 DNA，从而致使冠瘿形成，同时诱导宿主产生一种特殊化合物供致瘤农杆菌生长。Ti 质粒已被构建为跨域转移的质粒载体。

2）β-变形菌纲

包括很多好氧或兼性厌氧细菌，通常其降解能力可变，但也有一些无机化能种类，如能氧化氨的亚硝化单胞菌属（*Nitrosomonas*）、光合种类红环菌属（*Rhodocyclus*）和红长命菌属（*Rubrivivax*）。很多种类可以在环境样品中被发现，如产碱杆菌（*Alcaligenes*）。该纲的致病菌有奈瑟氏菌目（Neisseriales）中的引起淋病的淋病奈瑟氏菌（*Neisseria gonorrhoeae*）和引起脑膜炎的脑膜炎奈瑟氏菌（*N. meningitidis*）。在海洋中很少能发现 β-变形菌。

3）γ-变形菌纲

包括一些医学上和科学研究中很重要的类群，其中有我们熟知的肠杆菌科（Enterobacteraceae）、弧菌科（Vibrionaceae）、假单胞菌科（Pseudomonadaceae）等。

肠道菌，如大肠杆菌、肠杆菌、沙门氏菌、志贺氏菌等，其中有些是致病的，如鼠伤寒沙门氏菌（*Salmonella typhi*）、鼠疫杆菌（*Yersinia pestis*）和痢疾志贺氏菌（*Shigella dysenteriae*）。弧菌类属 γ-类群变形菌，是典型的海洋和河水中生存的菌株，其中一些是人和鱼类的病原菌。霍乱弧菌（*Vibrio cholerae*）是人类霍乱的致病菌。弧菌是发酵糖的兼性好氧菌，有些弧菌和发光细菌（*Photobacterium* spp.）为共生菌，通过细菌荧光酶实现生物发光。许多荧光细菌与鱼的发光器官共生。

γ-纲类群变形菌包括假单胞菌、黄单胞菌、凝聚团菌（*Zoogloea*）。它们好氧，氧化酶阳性，革兰氏阴性，杆状，端鞭毛运动。假单胞菌是人的机会性病原菌，或者植物病原菌，如绿脓杆菌（*Pseudomonas aeruginosa*）、丁香假单胞菌（*P. syringae*）。荧光假单胞菌（*P. fluorescens*）对人无害，是鱼的致病菌，也是许多植物的根际微生物，对植物是益生菌。可见每种菌的利害是相对的。自从采用 rRNA 分子分类后，原来的假单胞菌属已被分开为若干个不同的属，如伯克氏菌属（*Burkholderia*），其中包含多种病原菌或栖息菌如洋葱伯克霍尔德菌（*B. cepacia*）；甲基杆菌属（*Methylobacterium*），亦含有机会性病原菌；植物病原菌，如能产生黄色素的多种植物的病原菌——黄单胞菌属（*Xanthomonas*）菌。

该属的许多假单胞菌种如丁香假单胞菌（*P. syringae*）为植物病原菌，而恶臭假单胞菌（*P. putida*）能降解芳烃和人工合成的有机化合物，如甲苯、萘、水杨酸、樟脑、辛烷和卤化物等，并已证明这种能力与它们所携带的可转移大质粒编码的降解酶操纵子有关，并且许多种降解质粒可以在生活在同一环境的微生物群落的不同菌种间（主要为革兰氏阴性菌）接合转移，因而在被污染环境的修复方面具重要开发价值。

4）δ-变形菌纲

包括好氧的形成子实体的黏菌和严格厌氧的一些种类，如硫酸盐还原菌，如脱硫弧菌属（*Desulfovibrio*）、脱硫菌属（*Desulfobacter*）、脱硫球菌属（*Desulfococcus*）、脱硫线菌属（*Desulfonema*）等；硫还原菌，如脱硫单胞菌属（*Desulfuromonas*）；以及具有其他生理特性的厌氧细菌，如还原三价铁的地杆菌属（*Geobacter*）和共生的暗杆菌属（*Pelobacter*）及互营菌属（*Syntrophus*）。

5）ε-变形菌纲

此纲只有少数几个属，多数是弯曲或螺旋形的细菌，如沃林氏菌属（*Wolinella*）、螺杆菌属（*Helicobacter*）和弯曲菌属（*Campylobacter*）。它们是共生菌，生活在动物或人的消化道，如沃林氏菌在牛胃中；或人类致胃病的幽门螺杆菌（*H. pylori*）和感染肠道的弯曲杆菌。

2. 拟杆菌门

拟杆菌门（Bacteroidetes）为革兰氏阴性短杆菌。拟杆菌属（*Bacteroides*）中的普通拟杆菌（*B. vulgatus*）、狄氏拟杆菌（*B. distasonis*）、脆弱拟杆菌（*B. fragilis*）、多形拟杆菌（*B. thetaiotaomicron*）等是人类肠道的厌氧性互利共生菌，它们与厚壁菌门和放线菌门的厌氧菌组成肠道核心微生物菌群，共进化成为人类肠道的微生物群基因组（microbiome)，与肠黏膜的形成和保护、免疫系统的成熟、植物多聚糖的代谢等生理生化过程密切关联。

3. 蓝细菌门

蓝细菌是释氧光合作用的始祖。蓝细菌具典型的革兰氏阴性菌胞壁结构，具有较一般革兰氏阴性菌更为复杂的胞内结构（图2.2）。细菌叶绿素和蓝细菌的叶绿素具有相同的卟啉环，所不同的是与叶绿素分子的卟啉环相连接的侧链，使其成为不同的叶绿素，而不同的叶绿素结构又对光具有不同的吸收波段。蓝细菌含有的叶绿素与高等植物的叶绿素相同，为叶绿素 a，其吸收光波长为 440nm 和 680nm。蓝细菌光合作用时的电子受体为水，能将水裂解释放出氧气，其反应为

$$CO_2 + H_2O \longrightarrow (CH_2O)_n + O_2$$

其细胞亚显微结构，除了原核细胞拟核外，胞内有类似叶绿体的片层结构（图 2.2）。许多丝状蓝细菌有典型的多细胞结构，多数蓝细菌有特殊修饰过的营养细胞——异细胞（heterocyte），有固氮的能力。

蓝细菌目分为 4 个科。虽说蓝细菌是古老的光合原核生物，但其种群广布于全球水域，它们是适应力强、生长速度快的微生物类群，2010 年曾因太湖水体污染，导致蓝藻过度繁殖，发生江苏省无锡市人民守着太湖无水喝的状况。不过这是问题的一个方面，而另一个方面是它们的菌体富含蛋白质和维生素，现在蓝藻的颤藻科（Oscillatoriaceae）中的螺旋藻（Spirulina）已被开发为具高营养价

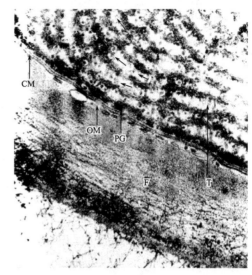

图 2.2　电镜超薄切片（Perry and Staley，1997）。示蓝细菌细胞外层结构。CM，细胞膜；PG，肽聚糖层；OM，典型的革兰氏阴性菌外膜；F，厚的纤维质外层；T，类囊体（thylakoid）膜；→，肝糖原颗粒

值的保健品，并已上市多年；在养殖业上，有报道湖北省一养猪专业户开发利用蓝藻作为猪饲料，取得极佳效果。可见事在人为，任其泛滥是害，用好了便是宝。

3. 衣原体门等

衣原体属（Chlamydia）革兰氏阴性菌的营专性胞内寄生病原菌，无细胞壁，是人类沙眼的病原菌。另几个门（热袍菌门、热微菌门、热油菌门和产液菌门）为古老的嗜热菌，它们是真细菌中的最古老类群，适应特殊环境，生长温度为 55～75℃。

二、革兰氏阳性真细菌

据《伯杰氏系统细菌学手册》（2001 版），按 16S RNA 和(G+C)含量的摩尔比，将革兰氏阳菌分为两个门，它们是厚壁菌门（Firmicutes)和放线菌门（Actinobacteria)。前者包括(G+C)比低的类群：芽胞杆菌属、梭菌属、乳杆菌属、链球菌属和支原体等；后者包括(G+C)比高的：分枝杆菌属、棒杆菌属、双歧杆菌属、丙酸菌属、放线菌属、节杆菌属、游动放线菌属、诺卡氏菌属、链霉菌属和孢囊链霉菌属等（图 2.3）。

革兰氏阳性细菌，除支原体类群外，细胞壁都具有厚的肽聚糖。在形态上由单细胞菌种到分支的丝状菌种，如链霉菌属（Streptomyces）。大多数为异养型腐生菌，只有日光杆菌属（Heliobacteria）行不释氧光合作用。革兰氏阳性菌在土壤和沉积物中分布特别丰富。也有些是动植物病原菌。有些菌种具有特殊的休眠期，形成内生孢子（如

Bacillus 属）或分生孢子（如 *Streptomyces* 属）。

革兰氏阳性菌中有许多与人类生活密切相关的细菌属，如乳酸杆菌、双歧杆菌等已被开发用于奶制品，成为被广泛用于人类肠道保健的益生菌；多种需氧芽胞杆菌是酶制剂生产菌；枯草芽胞杆菌的纳豆变种产生的溶栓酶已被开发用于心血管系统的保健；也包括重要的工业发酵生产谷氨酸的谷氨酸棒杆菌、生产丙酮和丁醇的梭状芽胞杆菌；70%临床应用的抗生素生产菌为革兰氏阳性的放线菌科，也属革兰氏阳性菌类。病原菌有肉毒杆菌（*C. botulinum*）、破伤风杆菌（*C. tetani*）、芽胞杆菌属中的炭疽芽胞杆菌（*B. anthracis*）等。

从分类和代谢的角度看，这一生物系统发生类群具有较广的（G+C）mol%范围（45%~78%）（图2.3）。在营养要求上也有明显的分化，有代谢型最简单的异养生物，如乳酸菌，也有少数为氢自养型，利用 CO_2 和 H_2 产生乙酸，而多数为异养型的土壤微生物。

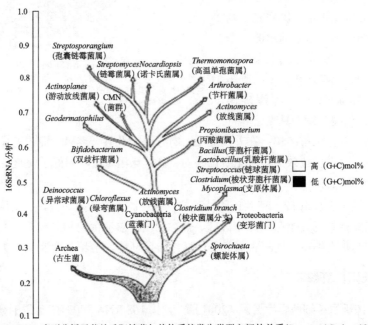

图2.3　通过16S rRNA序列分析示革兰氏阳性菌与其他系统发生类群之间的关系（Perry and Staley，1997）。低（G+C）mol%的乳酸菌和内生孢子菌 *Bacillus* 及 *Clostridium* 属于同一分支；而高（G+C）mol%的放线菌类属于另一分支

1. 乳酸菌类群

乳酸菌（*Lactobacillus*）是一个复杂的类群，可分为4个属，它们的共性是无芽孢、无细胞色素、接触酶阴性、不好氧但耐氧、耐酸，营养要求复杂，发酵糖产生乳酸。该科菌种对人类的健康和对环境的影响是人所共知的。乳酸菌在食品、乳制品和农业上也是很重要的。发酵牛奶产生的酸奶、奶酪和干酪是重要的商业乳产品。乳酸菌作为人和动物的益生菌，其菌制剂已商业化，并被广泛用于人类消化系统的保健。蔬菜

发酵生产的酸菜是亚洲人民的重要食品。

大多数乳酸菌的营养要求较为复杂，它们需要维生素、某些氨基酸和嘌呤或嘧啶才能生长。这并不奇怪，因为它们长期适应于在有机物丰富的环境中繁衍进化。乳酸杆菌属中不包含任何致病菌。乳酸菌比链球菌更耐低 pH，只在 pH 低于 5.5～6.0 时才开始生长，并使环境 pH 降至 5.0 以下，从而有效地抑制链球菌属菌的生长，这是一个细菌生态演替的例子。

2. 链球菌属

链球菌属（*Streptococcus*）有若干重要菌种，它们在培养皿上都只形成微小的菌落。乳链球菌（*S. lactis*）是牛奶和其他乳制品中常见菌种，它不致病，也不引起溶血。具有工业价值。肠链球菌（*S. faecalis*）是人肠道正常菌群，已被开发为肠道益生菌，但近年因其可能成为尿路感染病原菌，使用已不多。西藏和宁夏地区仍用于牦牛酸奶制作。

有的链球菌是病原菌，可以引起龋齿、猩红热、组织坏死、心内膜炎和风湿热，如变异链球菌（*S. mutans*）。化脓链球菌（*S. pyogenes*）引起 α-型或 β-型溶血症。肺炎链球菌（*S. pneumoniae*）是引起普通肺炎的主要菌种，在临床上已鉴定出近百种不同的血清型，至今仍是危害极大的病原菌之一。肺炎链球菌也是最初证明遗传转化物质是 DNA 的菌种。

3. 葡萄球菌属

葡萄球菌属中的表皮葡萄球菌（*Staphylococcus epidermidis*）是人类皮肤的正常微生态菌，金黄色葡萄球菌（*S. aureus*）是人类鼻咽部的正常栖居菌，但也可能成为人的病原菌，引起皮肤感染和中毒休克症状。

4. 需氧芽胞杆菌属

需氧芽胞杆菌属（*Bacillus*）主要菌种如表 2.2 所示，它们多为土壤细菌，亦包含致病菌及对人类生产生活具重要作用的菌种。

表 2.2　需氧芽胞杆菌的主要菌种及其特性（Perry and Staley，1997）

种群	主要菌种	特性
I. 卵形芽胞		
A.芽胞囊不膨大	*B. subtilis*	土壤菌，好氧，短杆菌肽产生菌
	B. licheniformis	脱氮，发酵，杆菌肽和蛋白酶产生菌
	B. megaterium	大杆状
	B. cereus	土壤菌
	B. anthracis	与 *B. cereus* 相似，但为炭疽致病菌
	B. thuringiensis	昆虫病原菌
	B. sterarothermophilus	嗜热
B. 芽胞囊膨大	*B. circulans*	菌落同心圆状
	B. popilliae	昆虫病原菌
II. 球形孢子,不发酵	*B. pasteurii*	分解尿素，高 pH 培养

需氧芽胞杆菌（*Bacillus*）是专性好氧、形成内生孢子的杆菌，一般为异养，可由土壤分离得到。由于它们对植物质有很强的分解和再利用能力，因而是多种生物酶制剂，如淀粉酶生产菌（*B. amyloliquefaciens*，*B. subtilis*）、蛋白酶生产菌种（*B. licheniformis*，*B. pumilus*），都来自该属菌种。枯草芽胞杆菌纳豆变种（*Bacillus subtilis* subsp. *nato*）能产生溶栓酶，其含菌制剂已被开发应用于心血管保健制剂，广泛用于老年人心血管疾病的防治。有些需氧芽胞杆菌，如苏云金芽胞杆菌（*B. thuringiensis*）的不同亚种产生的 δ-晶体蛋白对不同类昆虫有毒性，已被开发用于害虫的生物控制因子；编码晶体蛋白的基因已被克隆，用于构建转基因作物，如转基因玉米和大豆等。而炭疽芽胞杆菌（*B. anthracis*）则是人畜炭疽热的强毒性致病菌，曾被用于细菌武器。

5. 梭状芽胞杆菌属

梭状芽胞杆菌（*Clostridium*）是专性厌氧的芽胞杆菌，主要类群和代表菌种见表 2.3。它们没有细胞色素和电子传递系统，依赖于对不同碳源发酵时底物水平磷酸化产生的 ATP。虽为厌氧，但是不难培养，可以在有氧条件下转移，在普通的无氧容器内培养。大多数菌种可以在加有 2-巯基乙酸钠（thioglycolate）的液体培养基中生长，所以无需特别设备便可在实验室操作。

表 2.3　梭状芽胞杆菌的主要类群和代表菌种（Perry and Staley，1997）

类群或底物	发酵类型	代表菌种	独特产物或特性
解纤维素	乙酸，乳酸	*C. cellobioparum*	瘤胃微生物
	乙醇，H_2，CO_2	*C. thermocellum*	土壤，污水
糖分解	丁酸（或丁醇-丙酮）	*C. butyricum*	
		C. pasteurianum	固氮
	蛋白分解	*C. acetobutylicum*	
		C. perfringens	外伤感染(气坏疽)
双氨基酸为底物	Stickland 反应	*C. sporogens*	
		C. telani	破伤风
		C. botulinum	波特淋菌中毒
嘌呤	尿酸和嘌呤发酵为	*C. acduria*	
	乙酸，NH_3，CO_2	*C. fastidiosus*	
H_2 和 CO_2	产乙酸菌	*C. aceticum*	产生乙酸

该属菌的代谢多样，寡纤维二糖梭菌（*C. cellobioparum*）和热纤维梭菌（*C. thermocellum*）能厌氧发酵纤维素，形成纤维二糖，并最终发酵产生乙酸和乳酸、乙醇、H_2 和 CO_2 等主要终产物。它们是农业秸秆堆肥和沼气发酵菌群中的重要菌种。寡纤维二糖梭菌（*C. cellobioparum*）是反刍动物瘤胃微生物，使牛羊能以纤维素为食物生存。热纤维梭菌（*C. thermocellum*）分解土壤中的纤维素，在碳循环中起重要作用。

梭状芽胞杆菌属的一个主要类群能发酵糖（有时也能利用淀粉和蛋白质）形成丁酸、乙酸、CO_2 和 H_2。在丁酸发酵中，葡萄糖经 Embden-Meyerhof 途径产生丙酮酸，在形成乙酰辅酶 A 时，丙酮酸裂解为 CO_2 和 H_2，两个乙酰 CoA 可以聚合成乙酰基乙酰 CoA，这是丁酸的前体。有些丁酸产生菌产生很少的酸，而在延长发酵的过程中产生更多的中性产物，被称为丙酮–丁醇发酵菌，它们包括能固氮的巴氏梭菌（*C. pasteurianum*），以及丙酮丁醇梭状芽胞杆菌（*C. acetobutylicum*）。

许多梭状芽胞杆菌能分解蛋白质，厌氧将蛋白质分解为氨基酸，经发酵产生 ATP。其中有的菌种为致病菌，如破伤风杆菌（*C. tetani*）是破伤风致病菌，它是正常的环境微生物，当伤口暴露在土壤中时被感染。可以采用疫苗避免破伤风致病菌感染。肉毒杆菌（*C. botulinum*）是常见肉类污染菌，能导致严重的食物中毒。

6. 重要的棒状菌属细菌

棒杆菌的不同属的生境不同，其中有的为土壤细菌，有的是栖生于动物体内的共生菌（表 2.4）。

表 2.4　主要的棒状菌属（Perry and Staley，1997）

属（Genus）	形状	需氧	生境
节杆菌（*Arthrobacter*）	杆状–球状	好氧	土壤
棒杆菌（*Corynebacterium*）	不规则杆状，V 形	兼性好氧	土壤；动物病原菌
丙酸杆菌（*Propionibacterium*）	棒状	兼性好氧	动物肠道；奶酪
双歧杆菌（*Bifidobacterium*）	不规则杆状	厌氧	动物肠道

棒杆菌属细菌是普通的土壤细菌。谷氨酸棒杆菌（*C. glutamicum*）是用于工业生产谷氨酸的主要菌种，在有氧和加有适量生物素的条件下大量积累谷氨酸。由于其代谢调控机制不如大肠杆菌那样严谨，在精准分子育种中，已以谷氨酸棒杆菌为平台，采用重组体 DNA 及多种生物信息学技术，构建成了用于产生多种必需氨基酸的高产菌株，显示了重组体 DNA 技术在初生代谢产物高产菌种育种中的巨大潜力。

白喉棒杆菌（*C. diphtheria*）定居在人类的口腔内，平常并非致病菌，而当转变为 β 噬菌体的溶源性菌后，由于溶源性转变（lysogenic conversion），使原本无害的非致病菌转变成病原菌，产生蛋白质性外毒素，通过修饰患者的核糖体蛋白质合成中的转移因子，阻断核糖体的蛋白质合成，而引起致人死命的白喉病。

丙酸杆菌属（*Propionibacterium*），因其发酵主产物是丙酸而得名。它们是好氧发酵菌，可在两种不同的环境中分离到：典型的丙酸杆菌属菌是动物肠道菌；另一种环境是由奶酪（实际来自牛的瘤胃中）分离到。瑞士奶酪的风味就是由于丙酸菌的生长，它将奶酪中乳酸菌产生的乳酸发酵并进一步转化为丙酸、乙酸和 CO_2，在奶酪中形成特有的气孔。丙酸杆菌属的另一栖所是哺乳动物的皮肤。所有人的皮肤都能分离到痤疮丙酸杆菌（*P. acnes*），生活在分泌脂肪的腺体中，并分泌大量丙酸。不同人每平方厘米菌数可以相差上百倍，由于丙酸和乙酸是挥发性的有机酸，而使各人有不同的特征性的气味。

双歧杆菌属（*Bifidobacterium*）是一类厌氧、不规则杆状细菌，通常需要氨基糖为生长因子。发酵糖产生乙酸和乳酸，主要栖居在动物的肠道内。已被开发用于微生态活菌制剂，二裂双歧杆菌（*B. bifidus*）是随母乳进入婴儿体内的第一种在肠道内定殖的微生物。它们能在肠道内形成菌膜屏障，维持肠道系统菌系平衡，是肠道互惠共生菌，能起到维持肠道健康的作用，对消化道溃疡和肠炎有疗效。据报道亦有防癌作用。在人的一生中，随着年龄增长肠道内定殖的双歧杆菌数下降。

7. 重要的丝状细菌属

能形成菌丝的细菌普遍栖息于土壤，其中许多能形成气生菌丝，分化形成分生孢子，但无有性生殖。它们中的重要属见表 2.5。

表 2.5　重要的形成菌丝的细菌属（Perry and Staley，1997）

属（Genus）	形状	栖息	特殊特性
分枝杆菌（Mycobacterium）	杆状，有的分枝	动物病原菌	分支菌酸
诺卡氏菌（Nocardia）	或弱或强分枝	土壤	分支菌酸
红球菌（Rhdococcus）	球形或丝状菌丝	土壤；也有的为病原菌	降解碳水化合物
放线菌（Actinomyces）	丝状；也有的分枝	口腔；也有的为病原菌	兼性好氧
微单胞菌（Micromonospora）	基生和气生菌丝	土壤	单分生孢子
链霉菌（Streptomyces）	基生和气生菌丝	土壤	多分生孢子
游动放线菌（Actinoplanes）	基生和气生菌丝	土壤	移动孢子囊

链霉菌属、诺卡氏菌属、微单胞菌和游动放线菌属是丝状放线菌科中主要的属，其不同种群分布在土壤中，在腐殖质丰富的土壤中含有 $10^6 \sim 10^7$ 存活菌/g 土壤，所以是土壤环境中的主要菌群。固体培养时多能形成基生菌丝和气生菌丝，气生菌丝分化为无性分生孢子，其形态特征是分类依据之一。

丝状细菌属菌能在含有有机碳源（如葡萄糖或甘油）的无机盐培养基中生长，行有氧代谢。除简单的有机碳源外，有些菌种能利用多糖，如淀粉、果胶、几丁质甚至橡胶。生命周期中可区分为生长期和分化期，许多菌种在分化期，启动次生代谢产物——抗生素及其他生物活性物质合成，并发育形成分生孢子。约 70%商业抗生素（如链霉素、氯霉素、四环素、红霉素等）是这些属的菌，尤其是链霉菌属菌产生的。

革兰氏阳性菌另有两个门为自养菌，它们是绿色硫细菌（green sulfur bacteria）、绿色非硫细菌（green non-sulfur bacteria）。二者都是适应于特殊生境的真细菌类群。

第二节　古生菌域

通过 rRNA 序列分析，Woese 及其合作者于 20 世纪 70 年代中（Woese，1977），发现不同于一般细菌的另一个细菌类群，它的 5S rRNA 和 16S rRNA 序列与真细菌（如 E.coli）之间有明显的差别，rRNA 的 TΨC 环没有胸苷，质膜中富含四醚酯，生理生化方面的某些特性介于真细菌与真核生物之间。1977 年他们提出了生物进化的三域学说（Woese，1977；Sharpton and Gaulke，2015），将这个类群原核生物单列为古生菌域（Archaea）。这一发现引起全世界微生物学家的兴趣，经过一番争论生物界最终接受了古生菌域不同于真细菌域的结论，将原核生物分为两个独立的分支，确认古生菌为生物界的三域之一。这一发现对认识生命及生命起源进化研究具有重要意义，被认为是 20 世纪生命科学的重大成就之一。

按 16S rRNA 序列特征，Woese 将古生菌分为三个门：产甲烷古生菌门、极端嗜热古生菌门和极端嗜盐古生菌门。它们的特征如表 2.6 所示。

表 2.6　古生菌域三门的特征

类群	对氧的要求	嗜热/嗜盐	营养方式
产甲烷古生菌	厌氧	—	利用 H_2，需有机碳源
极端嗜热古生菌	厌氧	嗜热	化能自养
极端嗜盐古生菌	—	嗜盐	光合自养

从系统发生和表现型来说，产甲烷古生菌和极端嗜盐古生菌亲缘关系更紧密，而与极端嗜热古生菌关系较远。从进化上看，古生菌域似乎不是成功的分支，它们的种类和数量远不如真细菌域，它们能在大多数真细菌域菌不能生存繁衍的极端环境中生存，如有的极端嗜热菌最适生长温度高于 DNA 的变性温度。在如此高温下，是什么机制使得其染色体能维持正常的工作状态，仍是一个尚待解决的问题。同时这也为研究酶和蛋白质抗极端环境的机理、克隆和设计抗高温商业酶制剂提供了新的依据。

因为在古生菌生活的微环境里，它们与真细菌很少有直接的竞争，在温和的环境中也无力与地球上的其他生物竞争，所以它们的数量较少。

1. 产甲烷古生菌

产甲烷菌（methanogen）是古生菌域中真正的世界性分布的类群。按形态、能量的主要来源和细胞壁的组成分为 5 个科。它们是严格的厌氧菌，地球的大多数厌氧环境，包括湿润的土壤、稻谷、湖底沉积物、沼泽地、海洋沉积物和动物的肠道都是其栖息地。通常它们与厌氧的真细菌和真核生物生长在一起，形成一个生态群落，参与复杂有机物降解的厌氧食物链，产生 CH_4 和 CO_2。农村建的沼气池的发酵过程，就是混合菌群共同作用的结果，而沼气的主要成分甲烷就是产甲烷菌的代谢产物。甲烷合成的底物仅限于少数几种化合物。其主要的电子供体是 H_2 和甲酸。此外，有些产甲烷菌能利用醇类，以异丙醇、丁醇、乙醇为电子供体，依代谢型而异；也有以甲基胺或乙酸为受体的（表 2.7）。

表 2.7　不同型的甲烷产生菌的甲烷生成反应（Perry and Staley，1997）

I 型	II 型
$CO_2+4H_2 \longrightarrow CH_4+2H_2O$	$CH_3OH+H_2 \longrightarrow CH_4+H_2O$
$4HCOOH \longrightarrow CH_4+3CO_2+2H_2O$	$4CH_3OH \longrightarrow 3CH_4+H_2O+CO_2$
$CO_2+4C_3H_8O \longrightarrow CH_4+4C_3H_6O+2H_2O$	$4CH_3NH_3Cl+2H_2O \longrightarrow 3CH_4+CO_2+NH_4Cl$
III 型	$2(CH_3)_2S+2H_2O \longrightarrow 3CH_4+CO_2+2H_2S$
$CH_3COOH \longrightarrow CH_4+CO_2$	

产甲烷菌发酵是在厌氧生态环境下，由多菌种参与的过程。首先是热纤维梭状芽胞杆菌（C. thermocellum）将纤维素类物质降解为葡萄糖和纤维二糖，再由其他梭状芽胞杆菌菌种如 C. thermohydrosurficum、嗜热厌氧乙醇杆菌（Thermoanaerobacter *ethanolicus*）和致黑脱硫杆菌（*Desulfotomaculum nigrificans*）等将糖转化为乙酸盐、H_2 和 CO_2，这些正是产甲烷菌的甲烷合成代谢的底物。在产甲烷菌旺盛生长的厌氧环境中，无硫酸盐、金属氧化物和硝酸盐。甲烷产生菌发酵底物不难由真细菌和真核生物的发酵产物提供。

2. 极端嗜热古生菌

极端嗜热这种提法并不准确，因为也有真细菌及产甲烷菌是极端嗜热的。例如，真细菌中的热袍菌属（*Thermotoga*）和产液菌属（*Aquifex*）的最适生长温度为 80℃ 或高于 80℃。但大多数嗜热古生菌都高于 80℃，最嗜热的热网菌（*Pyrodictium*）的最适生长温度为 105℃，被称为超级嗜热菌。有趣的是，在高于嗜热真细菌的最适温度时，极端嗜热菌成为优势菌，而真细菌很稀少。最适温度低于 80℃ 的是产甲烷菌或者极端嗜盐菌。可见，它们占据了真细菌通常不占据或极少占据的生境。可能的解释是真细菌排斥古生菌在温和环境中生存，而古生菌只在真细菌几乎不能生长的环境中富集生长。极端嗜热古生菌可进一步区分为专性和兼性好氧，以及专性厌氧菌。好氧菌都是嗜酸菌，最适 pH 约为 2.0，专性厌氧菌多存在于 pH 近中性的环境。

极端嗜热菌不行光合作用，通常存在于地热环境，如热泉、硫质喷气田、地热海洋沉积物和海底热水出口。在这种环境中，H_2、H_2S 和 S^0 提供丰富的能源。极端嗜热菌中许多都是化能合成营养型的，*Acidianus infermus* 是一个特别有趣的例子，它是专性自养型，以 CO_2 为唯一碳源，在有氧条件下生长时，硫元素被氧化为 H_2SO_4，维持很低的 pH，因而是嗜酸菌；在厌氧条件下，H_2 被氧化，并将硫元素还原为 H_2S。因而，在有氧时 S^0 为电子供体，在无氧时为电子受体：

$$8H_2S \xleftarrow[\text{厌氧}]{+H_2} S^0 \xrightarrow[\text{有氧}]{+12O_2+18H_2O} 8H_2SO_4$$

其他极端嗜热古生菌则采用这两种硫代谢模式之一。也有的能以 S^0 作为电子受体，氧化 H_2、糖或氨基酸。出于不同原因，科学家对极端嗜热菌感兴趣。首先是它们怎么能在生命的极限温度下生存。

极端嗜热菌热网菌（*Pyrodictium*）生长的极限温度约为 110℃，对它们的生理生化研究有利于理解生命起源的条件，探索宇宙生命存在的可能性。此外，通过它们可研究适应于高达 95℃ 的酶和蛋白质的活性的分子机制。例如，*Pyroccocus* 的许多酶的最适温度为 95℃，并能在此高温下稳定数日，而在常温下无活性。热稳定性酶的商业开发是微生物工业对极端嗜热菌感兴趣的另一个热点，耐高温酶的重要性，就在于多数工业过程都在 50～100℃ 操作，在此范围内操作的酶用量较少，可以减少消费。另外，中温条件下，酶更为稳定，更抗变性因子。这类酶之一是用于洗涤的碱性蛋白酶，其最适温度为 50℃，在室温下很稳定，能抗洗涤剂中的添加成分。

工业上应用的著名例子，是广泛用于分子生物学研究中 DNA 序列分析的聚合酶链反应（polymerase chain reaction，PCR）的 DNA 聚合。PCR 使用的 *Taq* 酶基因是由栖热水生菌（*Thermus aquaticus*）中克隆得到的；后来发现另一种非常耐热的菌种强烈火球菌（*Pyrococcus furiosus*），在 105℃下繁殖率最高，113℃下也能繁殖，由该菌克隆到的 DNA 聚合酶 *Pfu*，在 100℃高温也能稳定地工作，从而大大提高了 PCR 工作效率。自 20 世纪 80 年代后，基因克隆已不再只依赖分离结构基因一种方法，在许多情况下 PCR 技术使基因克隆更便捷，大大加速了 DNA 序列分析的自动化进程，使得包括人类基因组在内的上千种生物的全基因组序列分析，在短短 15 年时间内得以完成；PCR 技术使 DNA 测序工作的成本和耗时大为降低，以至现在一种原核生物的全序列分析仅需约 6000 美元。也使得基因定点诱变变得轻而易举，约 70%的工业用酶都被定点突变改造过。此外嗜热菌的多种酶制剂如蛋白酶、木聚糖酶等已在开发利用。极端嗜热古生菌由于其独特的生理生化特性，仍是分子生物学研究和应用开发的热点之一。

3. 极端嗜盐古生菌

嗜盐古生菌共有 6 个属，亲缘关系都比较近，它们都只能在高于 1.8mol/L 的 NaCl 浓度下生长，大多数物种也能在高于 4mol/L 的 NaCl 浓度下生长。虽然如此，有些真细菌、藻类和真菌，其中包括紫色光合细菌、外硫红螺菌属（*Ectothiorhodospira*）和 *Actinolyspora*，也能生活在很高浓度 NaCl 环境中，但是它们在生理和生化上都不同于嗜盐古生菌。

嗜盐古生菌是专性或兼性好氧菌，多数能利用氨基酸、碳水化合物或有机酸为主要的能源。在厌氧条件下，地中海盐藻（*Heloferax denitrificans*）也能以硝酸盐为末端电子受体行无氧呼吸。许多嗜盐古生菌也是独特的光合作用型，但用于光合作用的色素系统不同于蓝细菌和真核生物光合作用的叶绿素，而是以视紫质素行光合作用。极端嗜盐古生菌如地中海盐藻能产生嗜盐菌素，但抗菌谱窄。

古生菌并不是如同过去认为的只是生活在那些极端的、真细菌不能与之竞争的生态环境里。以 16S rRNA 对海洋微生物鉴定发现古生菌约占 20%。可见，显得稀少，是因为难以分离培养而造成的假象。同样因为难以培养的缘故，古生菌中尚不明确有病原菌。虽然在消化道等微环境的微生物群（microbiota）中，不乏古生菌（产甲烷菌），但并无确切证据证明是某一或某些疾病的致病菌，只是牙周炎厌氧菌感染可能与产甲烷菌有关，但也未有确切证明。

第三节　真核生物域——真核微生物

真核微生物包括酵母菌、丝状真菌、蘑菇类、原生动物、地衣和藻类，这里只简述真菌和酵母菌。

除了酵母菌外，多数真菌（*Fungus*）是由分枝或不分枝的菌丝体构成，其共同特征是无叶绿体及其他行光合作用的色素，不能利用 CO_2 制造有机物，因此为腐生异养型。多数陆生。孢子繁殖。只能靠分解有机物获取碳源和能量及其他营养物质。营养生长是通过菌丝延长，生长中的真菌的基本结构为菌丝（hypha），形成一个菌落的菌丝的整体被称为菌丝体（mycelium）。在陆地生态系统中，真菌菌丝在有机物间生长，分泌酶将杂草、树叶、死树、动物尸体及其他有机大分子降解为可被利用的小分子有机物，因此，在地球物质循环中起着重要的作用。也有些真菌是动植物的病原菌。

丝状真菌生长时，核分裂常伴随菌丝内隔膜形成，但通常形成的隔膜是不完整的，中间有胞间相通的孔，成为一个多核细胞的菌丝体。真菌可以行有性或无性生殖，两种情况下都形成孢子。真菌细胞壁的主要成分是几丁质（聚氨基葡萄糖）。接合菌类的细胞壁主要由纤维素组成。酵母菌是单细胞真菌，以芽殖繁殖。多数菌种行无性繁殖，部分属具世代交替，属子囊菌门。

根据真菌的形态结构和繁殖方式将其分为5个门，它们是壶菌门（Chytridiomycota）、接合菌门（Zygomcota）、子囊菌门（Ascomycota）、担子菌门（Basidiomycota）和尚未发现有性生殖过程的高等真菌——半知菌类（fungi imperfecti）（表2.8）。

表 2.8　真菌类群

类群	特有特征	繁殖方式	举例
壶菌门	丝状合胞体	同配或异配，游离孢子	腐霉属（*Pythium*）
接合菌门	合胞体菌丝体	配子囊接合，不游动孢子	毛霉属
子囊菌门	菌丝体，分生孢子	有性生殖，形成子囊孢子	酵母菌属，脉孢霉
担子菌门	菌丝有桶状分隔	有性生殖，担孢子	多数蘑菇
半知菌类	孢子呈链状	未知有性生殖	曲霉属，木霉属

1. 接合菌门

多个根霉属（*Rhizopus*）菌种可用作米酒的酒曲（如 *R. hangchow*、*R. oryzae*），以及酿制腐乳的毛霉（*Mucor recemosus*）。毛霉孢子萌发后，营养菌丝体能穿入培养基，形成假根；菌丝迅速生长，伸入空气中，成气生菌丝，其末端形成孢子囊，产生无性孢子。环境适合时，孢子萌发，重复以上生命周期。当不同的接合型菌丝相遇时，可出现有性生殖。

2. 子囊菌门

子囊菌门是真菌中最大的一个门，约有 35 000 种。与接合菌一样，在气生菌丝顶端形成无性孢子，是在菌丝顶端形成孢子链，成熟的孢子被称为分生孢子（conidia）；将这群真菌成员集合在一起的共同特性是它们在行有性生殖时，都形成子囊（ascus）。

当不同接合型的单倍体菌丝相遇时，出现菌丝融合，发生细胞核转移，接受核的菌丝体被视为雌性并形成产囊体（ascogonium），体细胞菌丝围拢受精的产囊体形成保护结构。包含双亲核的菌丝交织生长，细胞质分割，每个细胞含有两个核，经核融合和减数分裂形成 4 个子核，最终形成 4 个或 8 个（经一次有丝分裂）子囊孢子，如粗糙脉孢菌、赤霉菌等。许多子囊菌是农作物、水果和蔬菜的病原菌。

酵母菌属于子囊菌，但不形成菌丝，行二分分裂或芽殖繁殖，不同接合型的单倍体细胞融合成为二倍体接合子，它们可以正常繁殖，人们使用的啤酒酵母就是二倍体的。当遇到不适环境，二倍体细胞被诱导出现减数分裂，成为 4 个子囊孢子，包裹在一个子囊内。

3. 担子菌门

担子菌门约有 25 000 种。包括马勃菌、黑穗病菌、蘑菇和多孔菌等。肉眼可见的子实体的形成，需两个不同接合型菌丝融合。在土壤中孢子生长成的菌丝，不完全被隔膜分开，允许核和细胞质在菌丝体内互通，但每个分隔内只有一个核。当不同接合型的两个菌丝体相遇时，发生质配，交换细胞核。新细胞核快速分裂，每个细胞内含有两个核，这种双核菌丝体生长时，细胞核因同步分裂，使新细胞保持双核，终于形成了可见的子实体并产生孢子。在发育的担子（basidium）中，双核融合，形成二倍体接合子，然后行减数分裂，在担子上形成 4 个孢子。蘑菇在它们的腮状褶片上，产生无数的孢子台，产生众多的担孢子（basidiospore）。

生活中最常见的担子菌有各种蘑菇和食用菌、木耳、灵芝等。

4. 半知菌门

半知菌门约有 25 000 种，它们是在生活周期中，失去了有性生殖阶段的一类真菌。如同子囊菌一样产生分生孢子，科学家相信它们是在生活周期中，失去有性阶段的子囊菌或担子菌。许多物种具有重要的经济意义，如青霉素和头孢霉素产生菌；生产柠檬酸、葡萄糖化酶的曲霉菌；产生纤维素酶的木霉菌属。红曲霉（*Monascus purpureus*）与我国人民的生活密切相关，可用于腐乳制作，用作天然食用色素。现在正在开发生产红曲霉素 K（Monacolin K），其药效相当于洛弗他汀，用于降血脂，但是与化学合成的他汀不同，它对人肝脏无毒性，因而具有开发前景。国内市售产品已有血脂康和和天曲（中国航天生物技术股份有限公司）等。许多菌种是植物病原菌，如马铃薯枯萎病的病原菌尖孢镰刀菌（*Fusarium oxysporum*）和芹菜叶斑病的病原菌芹菜尾孢菌（*Cercospora apii*）等。

参 考 文 献

北京大学生命科学学院. 2006. 生命科学导论. 北京: 高等教育出版社.

刘德盛, 庄惠如, 郑凌凌, 等. 2003. 螺旋藻优质高产的新方法研究. 中国工程科学, 5: 12.

沈萍, 陈向东. 2006. 微生物学. 2 版. 北京: 高等教育出版社.

Agier JC, Edouard S, Pagnier I, et al. 2015. Current and past strategies for bacterial culture in clinical microbiology. Clinical Microb Rev, 28:208.

Backhed F, Ley RE, Sonnenberge JC, et al. 2005. Host-bacterial mutualism in the human intestine. Science, 307: 1935.

Jean-Christophe L, Edouard S, Pagnier I, et al. 2015. Current and past strategies for bacterial culture in clinical microbiology. Clinical Microbiol Rev, 28: 207.

Perry JJ, Staley HT. 1997. Microbiology: Dynamics and Diversity. New York: Saunders College Publishing, Harcourt Brace College Publishers.

Sharpton TJ, Gaulke CA. 2015. Modeling the contect-dependent association between the gut microbiome,its environment, and host health. mBio,6(5): e01367.

Woese CR, Fox GE. 1977. Phylogenetic structure of the prokaryotic domain: the primary kingdoms. Proc Natl Acad Sci USA, 74: 5088-5090.

Woese CR. 1987. Bacterial evolution. Microbiolol Rev, 51: 221.

Xu J, Magnus KB, Himrod J, et al. 2003. A genomic view of the human-Bacteroides thelaiotaomicron symbiosis. Science, 299: 2074.

第三章 微生物的营养和菌种的富集分离

微生物是地球生物圈的主角,在大小和结构方面,它们中许多看上去并无显著不同,但是它们的菌种生态和营养要求各不相同,其基本区别在于它们生存所依赖的营养源和获得能量的途径和方法不同。从原核生物不同物种的营养要求和代谢类型看,基本上可归为 4 种营养型:光合自养型(photoautotroph)微生物能利用 CO_2 为碳源,以光能为能源,以 H_2、H_2O 或 H_2S 为电子供体还原 CO_2,产生(CH_2O)化合物;光合异养型(photoheterotroph)能以 H_2 或有机物为电子供体进行光合成,将 CO_2 还原为(CH_2O)化合物,在有氧和 B 族维生素存在时,这类微生物也能利用有机物生长或光合成;化学自养型(chemoautotroph)利用还原的无机化合物还原同化 CO_2,这些微生物的主要能源为 H_2、NH_3、NO_2^-、H_2S 和 Fe^{2+}。好氧菌以氧为末端电子受体,而厌氧菌利用无机硫为末端电子受体,合成(CH_2O)化合物;化学异养型(chemoheterotroph 或 heterotroph)微生物以环境中已有的有机物作为碳源和能源。所有 4 种不同营养型微生物,以不同方式获得碳源和能源后,都首先合成氨基酸、核苷酸、糖类、酯类和维生素等生物大分子结构单元或辅酶,进而在各自基因组的指令下,合成各生物种特异性大分子——核酸、蛋白质、脂类和多糖,从而构成我们见到的多样性的微生物界。这就是说虽然代谢起始的原材料和过程不同,但是在本质上,最终结果是相同的。那么,为此我们如何配制培养和分离不同营养型的微生物培养基呢?

第一节 微生物的营养

化学分析结果表明,活细胞的组成成分中 70%~80%是水分,生物体内的其他元素也很相似(表 3.1)。这个分析结果很重要,它为我们配制微生物培养基提供了依据。微生物培养基的组成,是基于对微生物细胞的元素组成分析确定的。供它们生长的培养基必须以某种形式提供这些元素,而铁等微量元素的组成可因微生物种类而异。组成所有生物细胞大分子的是表 3.1 中的前 6 种元素。

一、无机培养基的基本元素和生长因子

组成所有生物结构的元素是相同的,都是由碳、氮、氧、氢、磷、硫等 6 种基本化学元素及若干微量元素组成(表 3.1)。

1. 碳元素

所有细胞的主要组成元素是碳,它构成生物功能大分子的骨架,微生物的多样性在于它们的基因组携带的遗传信息不同,导致以各自特有的方式利用已有的碳源合成

表 3.1 细菌细胞干物质的元素组成（Hurst，1996）

元素	占干重的比例/%	元素	占干重的比例/%
碳	50	钠	1
氧	20	钾	1
氮	14	钙	0.5
氢	8	镁	0.5
磷	3	氯	0.5
硫	1	铁	0.25
铜、锌、钼、硼、硒、镍、铬、钴、钨	0.25		

和构建自身机体。例如，蓝细菌能在无机盐和水的环境中，利用光能和 CO_2 合成细胞的组分。而另一些微生物仅具有限的合成能力，因而要用比较复杂的培养基，如病原微生物肺炎链球菌；当然还有许多专性寄生菌、共生和生活在特殊环境中的微生物，实验室至今还无法以实验室培养基培养，它们正是未知菌群的绝大多数。

微生物生长使用的碳元素来源很广泛，从 CO_2、CH_4 到自然界现存的各种有机化合物（碳水化合物、肽类、有机酸和酯类等）。值得一提的是，也有些微生物能利用人工合成的有机化合物，如杀虫剂 DTT、芳香烃及一些化工合成的有机物等，这就成为以生物学方法修复被污染环境工作的生物基础。我们可以使用能利用那些污染物为碳氮源的微生物（活性污泥）清除化学污染物，这已成功地用于生产实践，在环境保护和修复中起着重要作用。但是，也有些人工合成的化合物不能被生物分解，这是因为至今生物才在近几十年刚刚遇到这些新的人工合成的化合物，还没有一种已有的酶系能识别和分解它们的特殊化学键，因而成为人类生存环境的公害。但是随着时间的推移，生物的进化，科学家相信总有一天会出现能利用现在还不能被利用的化合物的微生物。这需经历基因突变、遗传重组、自然选择的长时间进化过程，我们也可在实验室通过诱变和基因重组加速这一进程，但是这可能需要有规划和几十年或更长时间的坚持。

2. 氢元素

氢在真细菌和古生菌的生命活动中起着十分重要的作用——它不仅是有机分子结构中的原子，而且参与能量产生的复杂过程。在大多数微生物细胞膜中有携带电子的质子（H^+），通过 ATP 酶系统与 ATP 产生相关联。H_2 是自养生物细胞还原 CO_2 形成细胞碳水化合物所必需的。厌氧菌（甲烷产生菌、反硝化菌、硫酸盐还原菌），通过来自底物的电子将氢转移到特定的受体分子而获得能量；好氧微生物通过将电子和质子转移给 O_2 产生能量。可见氢元素对生物代谢的重要性。

3. 氮元素

氮是生物细胞大分子的结构单元——氨基酸、核酸、维生素等的组成元素。有些真细菌和古生菌有独特的能力固定大气 N_2，将 N_2 还原为 NH_4^+，再将 NH_4^+ 同化为细胞的成分。这种能力并不局限于极少数物种，而是分布在许多的微生物类群中，如真细菌域中的异养型还原菌，如固氮菌（*Azotobacter*）、克雷伯氏杆菌属（*Klebsiella*）、拜叶林克氏菌属（*Beijerinckia*），厌氧菌的梭状芽胞杆菌属（*Clostridium*）、项圈藻（*Anabaena*）；光合菌中的蓝细菌、紫色和绿色细菌（*Chromatinum*）、绿硫细菌（*Chlorobium*）、红螺菌属（*Rhodospirillum*）、共生根瘤菌（*Rhizobium*）、慢生根瘤菌（*Bradyrhizobium*）和古生菌域的厌氧甲烷产生菌，如甲烷球菌属（*Methanococcus*）细菌、甲烷杆菌属（*Methanobacterium*）细菌。而大多数环境微生物则依靠同化环境中的铵或还原硝酸盐获得氮素。适应于在营养丰富的环境中生长的微生物，它们只具有有限合成含氮的中间体（氨基酸、核苷酸）的能力。多数异养型细菌的生长能被富氮物质促进，如在无机盐基础培养基中加入 0.05%酵母提取物。这是由于细胞因此而节省了用于合成氨基酸、维生素 B 族、嘌呤、嘧啶及其他含氮化合物所需的能量并增强代谢活性。

4. 硫元素

硫是少数氨基酸的组成元素，并且也是维生素（生物素和硫胺素）和细胞其他必需成分的组成元素，硫通常来自加入培养基中的 $MgSO_4$。$MgSO_4$ 同时也是镁的来源。

5. 磷元素

磷元素在生命起源与进化中起着主要作用。它不仅组成 DNA 和 RNA 骨架，也是生物代谢中高能化合物和细胞膜磷脂的成分。ATP 是细胞代谢中能量交换的主要介质，在生物的繁殖和生长过程的新陈代谢中，起着不可替代的作用。因此磷酸盐是培养基中的必需成分。磷酸盐在培养基中的另一功能，是生长时的 pH 缓冲剂，有效地阻止 pH 过多偏离中性。

6. 氧元素

厌氧微生物和好氧微生物的菌体的总氧含量相等，约为 20%。然而游离氧对大多数严格的厌氧菌和一些古生菌是有毒性的，它们的氧元素由底物结合状态的氧获得。所以，厌氧生物总是利用氧化-还原势较碳水化合物高或相等的化合物为生长的底物；而在 O_2 分子存在时，好氧微生物可以以还原态的底物（如甲烷和丙烷）生长，它们通过电子传递系统，利用氧作为末端电子的受体获得能量。

7. 微量元素

此外还有若干元素也为真核生物和原核生物需要，它们通常与酶活性或者细胞的稳定性有关。这些元素包括一些阳离子：钾、钠、钙、镁、铁、钴、铜、锌、钼等。氯离子（Cl^-）也是许多微生物需要的。铁元素是代谢中电子传递链的组分，并因而是好氧生物有氧代谢过程中绝对必需的；而铜、锌、钼等，需量极小，所以统称为微量元素（trace element）。微量元素需量虽极少，但是对微生物的生长是必需的。

8. 生长因子

这是一类分子质量不大的有机化合物，包括某些氨基酸、嘌呤、嘧啶和 B 族维生素等。不同微生物对它们的需要并不相同，有些微生物不能合成它们。维生素是多种酶的辅基（酶的非蛋白质的催化部分），其所需量很少，如维生素 B_{12} 为 1ng/g 干细胞，烟酸为 250ng/g 干细胞。硫胺素（维生素 B_1）、生物素和烟酸也是许多微生物需要的。

蛋白质由 20 种氨基酸组成，而有些真细菌和古生菌因不能合成某种或某些氨基酸，而需要在补加氨基酸的培养基中才能生长。例如，人类皮肤的正常定殖菌，表皮葡萄球菌的多数菌株需要脯氨酸、精氨酸、缬氨酸、色氨酸、组氨酸和亮氨酸；乳酸菌也需要多种氨基酸。

乳酸菌和在合成培养基上不易生长的微生物，常需要加入嘌呤和嘧啶，而土壤自由生活的异养微生物，一般都可以在含有机碳源的无机盐培养基中生长，很少需要添加额外营养物质。所以那些具有特殊营养要求的菌种，可以理解为其祖先在适应于特定环境的进化过程中出现退行性进化的结果，即在其适应新环境的过程中，逐步失去了某些生物合成代谢途径。

第二节　基础培养基的配制

自养菌、许多土壤和海洋异养型微生物能在含有碳源、氮源和无机盐的培养基中生长，而另一些则需要补充少量的维生素等才能生长，所以在基础培养基配制中就应酌情添加某些营养物。

1. 无机盐溶液配制

制备适用于许多不同微生物的培养基的无机盐溶液见表 3.2。该无机盐溶液提供了钠、氯、铵（作为氮源）、钾、钙、磷酸盐、硫酸镁（作为硫源和镁源）。这一无机盐溶液可用于培养分离许多种不同的培养物，但可能对某些类群或特殊的微生物需作适当修改。这是用于一般目的的基础富集培养基配方，其中包括许多微生物所需的主要的无机化合物、维生素和微量元素，再加入适当碳源/能量来源的化合物，便可以支持多种类微生物的生长。可用来纯化或分离自由生活的微生物（即只要有碳、氮源、水和无机盐，就能繁殖的微生物）。在许多研究中，加入 0.1～2.0g/L 酵母提取物可以促进生长和增加分离菌群的数量。除了海洋或嗜盐物种外，可满足大多数微生物对氯化钠的需求量。然而，一些光合和厌氧菌的生长和代谢确实需要更多钠。许多商业制备的培养基中含有氯化钠，培养基中含低浓度氯化钠并不抑制微生物培养物的生长，钾对所有微生物是必不可少的。

表 3.2　微生物基础培养基（Hurst，1996）

无机盐溶液①	10ml
维生素溶液②	10ml
微量元素③	0.5～5ml
缓冲液	1～20g
NaOH 调 pH 至定值	

注：①每升无机盐溶液组成：NaCl 89g；NH_4Cl 100g；KCl 10g；KH_2PO_4 10g；$MgSO_4$ 20g；$CaCl_2$ 4g。②每升维生素溶液组成：盐酸吡多辛 10mg；盐酸硫胺素 5mg；核黄素 5mg；泛酸钙 5mg；硫辛酸 5mg；对氨基苯甲酸 5mg；烟酸 5mg；维生素 B_{12} 5mg；巯基乙烷磺酸 5mg；生物素 2mg；叶酸 2mg。③每升微量元素溶液组成：$MnSO_4·H_2O$ 1.0g；$Fe(NH_4)_2SO_4·6H_2O$ 0.8g；$CoCl_2·6H_2O$ 0.2g；$ZnSO_4·7H_2O$ 0.2g；$CuSO_4·2H_2O$ 0.02g；$NiCl_2·6H_2O$ 0.02g；$Na_2MoO_4·H_2O$ 0.02g；Na_2SeO_4 0.02g；$NaWO_4$ 0.02g。

作为氮源，铵为首选，但要指出的是，硝酸盐对蓝细菌和好氧土壤微生物，以及真菌的分离和富集是更好的氮源。而用来富集和分离固氮菌的培养基则应去除铵和硝酸盐。

在此基础培养基中的磷酸盐浓度低于许多其他培养基，但对支持大多数微生物生长来说已足够了。以放射性磷酸盐取代普通磷酸盐所做的系统研究结果表明，20～50μmol/L 的磷酸盐就能支持大多数细菌培养物生长；只有乳酸菌和硫杆菌是例外，它们的生长需要毫摩尔每升浓度水平的磷酸盐。高浓度磷酸盐具其缓冲功能，但是另一些化合物也可起到缓冲作用的功能，可取代磷酸盐，而不致出现沉淀或抵消微量元素的作用。

镁对细菌和真菌都是必需的。硫酸盐可作为许多微生物硫的来源，但是有些类群或物种可能需要硫化物或含硫氨基酸为硫元素来源。钙可视为高于一般微量元素需求的元素。然而，有些物种需要浓度更高，如在基础培养基中将钙的终浓度增加5～10 倍，可以大大提高甲烷产生菌嗜热自养甲烷杆菌（*Methanobacterium thermautotrophicum*）的细胞产量。有些海洋细菌需高于表 3.2 描述的基础培养基水平的镁、钙和铁。

配制无机盐溶液时应当考虑到的另一个问题是不应出现沉淀，至少在室温一年内应是稳定的，并能用于多种微生物。保藏溶液种类越少，越便于配制培养基时的操作。

上述无机培养液的保藏液可按不同要求，更改为更适合特殊的菌群和真菌的培养基。例如，20×无机盐溶液用来制备分离水体或陆地样品中的硫酸盐还原菌的培养基，其组成为（g/L）：NaCl 100、（NH$_4$）$_2$SO$_4$ 10、MgSO$_4$·7H$_2$O 4、KH$_2$PO$_4$ 6、CaCl$_2$·2H$_2$O 0.8。为使培养基中含有更多的硫化物作为电子受体，以（NH$_4$）$_2$SO$_4$ 取代 NH$_4$Cl；并将磷酸盐浓度增加至加入硫酸亚铁铵不出现沉淀的水平。100×无机盐溶液用于培养海洋细菌，其组成为（g/L）：KCl 200、NH$_4$Cl 100、MgSO$_4$·7H$_2$O 40、KH$_2$PO$_4$ 20。以氯化钾取代氯化钠，是因为不能在储备液中加入足够高浓度的 NaCl，以满足海洋微生物培养基（20～28g/L NaCl）的要求。由无机盐储备液中省去钙盐（有时也省去磷酸盐）是为了避免沉淀，而在配制培养基时再另行加入。使用 KH$_2$PO$_4$（偏酸）取代 K$_2$HPO$_4$（碱性），以减少储备液中出现沉淀或室温下微生物污染。为使保藏液易于配制，可使用含结晶水盐而不用无结晶水的盐（如硫酸镁、氯化钙）。

2. 维生素

水溶性维生素能支持或促进许多微生物的生长。表 3.2 所列出的维生素并不是针对所有微生物的，许多微生物并不需要在培养基中加入维生素。与以前不同的是，包含了巯基乙烷磺酸（mercaptoethane-sulfonic acid），这是瘤胃甲烷短杆菌（*Methanobrevibacter ruminatium*）所需要的；并增高了维生素 B$_{12}$ 的浓度，这是为满足醋酸梭状芽胞杆菌（*Clostridium aceticum*）、移动微小甲烷菌（*Methanomicribium mobile*）和脱卤拟球菌（*Dehalococcoides*）的需要。所以，当对工作菌种不熟悉时，应查阅相关菌种的营养要求的资料，决定加或不加及加哪些种维生素。

还有的微生物需要其他维生素，如反刍动物的细菌需要血晶素（hemin），脱卤或硫还原菌需要 1,4-萘醌（1,4-naphthoquinone），一些微生物需要维生素 K_1。配制血晶素的 100× 溶液时，可将 50mg 血晶素溶于 1ml 的 1mol/L NaOH 中，再将溶解的血晶素配成 100ml 保存溶液。维生素 K_1 的 5000× 保存溶液是取 0.15ml 溶于 30ml 的 95% 乙醇中。可能有的维生素需以其他化合物形式存在，如烟酰胺代替烟酸，或吡哆胺代替维生素 B_6。有些菌株（可能与宿主相关）需要辅酶的前体，如磷酸吡哆醛或硫胺素焦磷酸。但这类微生物很少遇到。

3. 微量元素溶液

所列微量元素能满足多数微生物的需要。加入硒、镍、钨（氢化酶、甲酸氢化酶等需要），并加倍了金属离子浓度。一般来说，好氧微生物仅需少量微量元素溶液（0.2～0.5ml/L）；而厌氧微生物需较大量溶液（高于 10ml/L）才能更好地生长。蓝细菌生长需要硼酸（1～5mg/L）。

4. 碳源和能源

微生物需要的碳源和能源多种多样，可以由化学化能营养型的甲烷产生菌和乙酸产生菌需要的 CO_2 和 H_2，到有些细菌需要的很复杂的含有氨基酸、碳水化合物、氮碱，直至未确定组成的有机物培养基（如酵母浸提物、肉提取物，或反刍动物的胃液）。

微生物培养基中的碳源和能源常放在一起考虑，因为许多微生物学家和从事化能有机营养研究的微生物学家，经常以单一的有机化合物满足二者的需求。不同微生物可利用的碳源和能源种类很多，无法一一测定，这些化合物中的许多也都未仔细测验过。

原则上讲，任何有机化合物都可以用作微生物的碳源和能源。有些化合物，如葡萄糖可被几乎所有微生物物种利用，而其他的化合物，如尿囊素，在缺氧情况下只被少数物种利用。用于好氧微生物培养所需底物的浓度较低（0.1～2g/L），而厌氧微生物所需的底物水平较高，大量培养时，有些微生物要求底物浓度高达 20g/L。文献中的培养已知微生物培养物的培养基配方，对菌种工作通常是很有用的指导。

以下列举一些可被微生物利用的其他底物，它们是：氨基酸及相关化合物、羧酸、挥发性脂肪酸、长链脂肪酸和拟酯、醇类、氮碱、碳水化合物、生物聚合物、芳香族化合物、烷烃、甲氧基芳香族化合物等。各种微生物物种利用底物的方式是具特异性的，因而，对底物利用的式样是微生物的表现型鉴定（分类）的依据之一。

以三羧酸循环中的丙酮酸及其中间产物作为底物，对支撑或刺激微生物生长的作用经常不被人们注意，但已证明它们是很有用的。例如，以 α-酮戊二酸作为碳源，可大大促进军团菌属（Legionella）物种的培养效果。

有些化合物在处于高浓度时，对培养物可能有毒性或不能溶解，如甲醛、碳氢化合物、一些人工合成的异型生物质化合物（xenobiotic compound）等。不溶解的或挥发性的底物常以蒸气形式，以低于毒性水平量引入培养基，并以仪器跟踪利用情况和毒性底物的消耗，来判断生物的生长情况。

如果纯的化合物不能作为底物（如油酸），可以改用另一种少有的形式加入，如吐温-80（聚乙氧基山梨聚糖单油酸）。加入 0.2g/L 吐温-80，对许多需氧和厌氧微生物生长都有强的促进作用，其原因并未完全清楚。有些培养基，包括商业培养基可能含有高达 1g/L 吐温-80。

化学化能营养型微生物的主要能源有 H_2、硫化物，以及其他还原性硫化物。其他无机能源有一氧化碳及铵或亚硝酸盐。许多化学化能营养型菌以 CO_2 为唯一碳源，而其他的可能需要有机碳化物为碳源，或作为特异性生物合成反应之需。有些有机化合物可以被自养型微生物吸收利用，其中最普通的是乙酸盐，多种甲烷产生菌和其他厌氧微生物都需要它。如果对研究无干扰的话，在培养基中加入乙酸盐（2~5g/L）对化学化能营养型菌生长是有益的。有些甲烷产生菌和反刍动物胃细菌需要支链脂肪酸如异丁酸酯、异戊酸酯和 2-甲基丁酸酯，用以合成支链氨基酸；直接加入支链氨基酸也能满足这些微生物的生长需求。

光是光合细菌生长的能源。这类微生物包含有生理上和分类上十分不同的细菌类群。其中光合自养菌能以 CO_2 为唯一碳源；而光合异养型菌能利用简单的有机化合物，如乙酸盐、丙酸盐、丙酮酸盐、马来酸盐和乙醇作为还原剂。那些能利用还原的硫化物为还原剂的厌氧光合型菌，分离时需培养在厌氧条件下操作。

紫色硫细菌和非硫紫细菌可用特殊的光波长度——近红外或红外光增富光合菌。有些光合菌可以在弱光下繁殖，如低至 10lx。而多数光合细菌推荐使用中等光强度（如 100~400lx）富集和分离。

5. 氮源

铵是本章描述的基本培养基的无机氮源。低浓度铵可常规用于好氧微生物培养，但对许多厌氧微生物的生长来说，需要铵的浓度也有不同。硝酸盐对许多土壤微生物和蓝细菌，以及对真菌的富集和分离是更好的氮源。当以硝酸盐为氮源时，它也可作为电子受体。氮气（N_2）可作为固氮菌的唯一氮源。

尿素是一种有机氮源，可以用于实验室外的田间项目中。在实验室使用时，尿素需过滤灭菌，因为若以蒸汽灭菌，其可能被水解为氨和 CO_2。有些微生物需要有机氮源，如氮碱（腺苷、胞苷、鸟苷、胸苷和/或尿苷），或者更经常用的是氨基酸。检测维生素时使用的酪素氨酸（casamino acid），可半定量地用作氨基酸源。为测定培养物对氨基酸的需求加入 2g/L 酪素氨酸即可，但为产生大量培养物需 10~20g/L。蛋白胨、酶解酪素或大豆粉、酵母浸提物等，可为需要肽或其他复杂化合物的微生物提供较为复杂的氮源。微生物，如某些乳酸菌可能需要氮碱作为微量营养源。每种氮碱成分按 1~10mg/L 计，即可满足这种需求。

6. 电子受体

许多种电子受体能支持微生物的呼吸作用，普通的是氧气（还原为水）、硝酸盐（还原为亚硝酸盐、铵或 N_2）、硫酸盐（还原为亚硫酸盐）和 CO_2（还原为甲烷或乙酸盐）等。近来增加了环境中的铁还原作用（三价铁还原为亚铁）的重要性。电子受体的加入量为 5~20mmol/L。

有些不常想到或更为不平常的可被微生物还原的电子受体是亚硝酸盐、硫代硫酸盐和硒酸盐；有机化合物也能用作电子受体，普通的是延胡索酸盐（还原为琥珀酸盐），如大肠杆菌利用延胡索酸盐、苹果酸盐或天冬氨酸盐作为电子受体进行厌氧呼吸。

第三节　有机培养基的组成和配制

对未知营养需求或者只是为了方便，人们经常采用有机培养基（组成不明确的培养基）培养。许多组成不明确的有机培养基已商品化，易于购买。用得最普遍的有机培养基是酵母浸提物。酵母浸提物中含有多数已知微生物菌株生长所需的乙酸盐、氨基酸、肽、氮碱、维生素、微量金属元素、磷酸盐等，甚至还含有可发酵的碳水化合物和核糖。在合成培养基中加入 50mg/L 酵母浸提物，就能大大提高由环境样品中分离微生物的效率。在许多商品培养基中酵母浸提物加入量为 0.5~5g/L。

微生物学家都熟悉含有蛋白胨和牛肉浸提物的营养肉汤培养基（nutrient broth），然而它对许多微生物并不是一种好的培养基，主要是因为它确实含有肽和氨基酸，但是缺少多种重要的营养物质，尤其是碳水化合物。有两种有机培养基的组成优于营养培养基，它们含有更全营养成分且使用更广，这就是胰酶水解的大豆营养培养基和平板计数培养基，二者都含 2%~2.5%的葡萄糖。平板计数培养基含有酵母浸提物和胰蛋白胨（trypticase）作为另加的成分。胰酶水解的大豆营养培养基含有胰蛋白胨和大豆蛋白胨（soytone），比平板计数培养基使用更为普遍。要注意的是，在配制固体培养基时，商业化的胰酶水解大豆营养琼脂，不同于胰酶水解的大豆营养培养基，其中省了葡萄糖。

如上所述，在无机培养基中，如果加入低浓度底物和营养物，会由环境中分离到更多种类的细菌。在环境微生物研究中，使用 1/10~1/2 量的有机培养基，会增加细菌回收数。此外，以饮用水配制培养基，有利于分离更多不同的异养菌。

1. 固体培养基

基础培养基配制方法是称取适量的培养基成分，配制成一定浓度的溶液，并调 pH 至定值。然后加入 pH 调节剂（常用碳酸钙或含 CO_2 气相下的碳酸氢钠）。固体培养基一般采用琼脂为固化剂，较为纯净的琼脂其强度、透明度较高，并且没有其他起干扰作用的有机物。一般培养基的琼脂用量为 7~20g/L。对分离嗜热菌特别有用的胶凝剂是脱乙酰吉兰糖胶（Gelrite）。这种树脂胶凝剂（5~12g/L）需二价离子交联，如加入 1g/L $MgCl_2 \cdot 6H_2O$ 才能固化；$CaCl_2 \cdot 2H_2O$ 和 $MgCl_2 \cdot 6H_2O$ 混合物（各 0.8g/L）会产生更硬的培养基。在蒸汽灭菌前，胶凝剂必须溶在培养基中。

有两种方法进行培养基灭菌：蒸汽灭菌和过滤灭菌。蒸汽灭菌采用121℃（压力1kg/cm²），保温15~20min。随着培养基体积增加，灭菌时间也要适当延长。一般来说，灭菌时间越短，温度对培养基成分的破坏越少。对10ml管分装培养基，可用5min蒸汽灭菌。用蒸汽灭菌，有些培养基成分会被分解破坏，需要过滤灭菌。按要求可选择适当孔径（0.2~0.8μm）的滤器。

2. 影响微生物生长的物理和化学因子

培养细菌和真菌需考虑若干物理的和化学的因子，包括温度、pH和氧气。对有些微生物还要考虑盐度和离子强度。

1）温度

在细菌和真菌培养中，一般易出现的问题是温度或 pH 不正确或控制不善，如果有人在微生物培养中出现了问题，首先要核查这两个因子。微生物对生长条件要求很严苛，同一物种的菌株的最适生长温度不可有 5~7℃的差别。

培养温度控制比较直接，无需细说。应当指出的是，有许多取自相同环境的样品，培养在 37℃的实验室温箱中时，微生物的回收率不如在室温培养（20~23℃）高，如果将这些样品培养在 28~30℃，也会丢失少数菌种。当然，对热温泉的样品则需要不同温度。所有物理的化学的因子的设置，都必须按照不同生境的微生物样品来判断和调节。

2）酸碱度（pH）

由宿主分离的病原菌，或是由恒定的环境中分离微生物，具有相当窄的 pH 变动范围。如军团杆菌（*Legionella*）物种的最适 pH 变动范围只有±0.05。另外培养微生物时 pH 可能会改变，如以有机酸盐作为底物，或硝酸盐被还原为氨或 N_2，或者 CO_2 被消耗，培养物 pH 会增高；发酵产生的有机酸或底物发酵不完全，是培养物 pH 下降的共同原因。

微生物培养物通用的缓冲剂是磷酸盐和三羟甲基氨基甲烷（Tris-HCl），但经常证明它们并非令人满意的缓冲剂。实验中可用于大多数微生物的两性离子有机缓冲剂有：N-二羟乙基哌嗪-N'-2-乙磺酸（HEPES）（适于组织培养），但是后来证明 N-三羟甲基甲氨基乙磺酸（TES）（pK_a7.4，适用于中性 pH 培养物）是比 HEPES 更好的中性缓冲剂；2-N-吗啉基乙磺酸（MES）（pK_a6.1），适用于略微偏酸微生物的培养；而 N-三羟甲基-3-氨基丙磺酸（TAPS）（pK_a8.4），可用于最适 pH 偏碱性的微生物等。一般来说，pH 会随生长而改变，好氧微生物较厌氧微生物培养物 pH 变化范围小，1~2g/L 缓冲剂即可控制好氧菌培养物的 pH，而对厌氧菌则需 5~20g/L。

乙酸盐（pK_a4.75）或柠檬酸盐（pK_{a1} 3.1，pK_{a2} 5.05，pK_{a3} 6.4），对那些需要更为酸性条件的微生物来说是更好的缓冲剂。要注意乙酸盐和柠檬酸盐也能作为能源和碳源而被利用。以 CO_2 气相培养的培养物，碳酸氢钠是维持 pH6~8 的好的缓冲剂。碳酸氢钠浓度

依在气相中 CO_2 的分压和培养温度而定。例如，对甲烷产生菌，气相含 20% CO_2 即可。

3）氧气

不同细菌和真菌培养物对氧气的需要和耐受力不同，有好氧的（如假单胞菌、需氧芽胞杆菌）、微嗜气性的［如军团杆菌和弯曲菌属（*Campylobacter*）的某些菌株］、兼性厌氧的（如大肠杆菌），或厌氧菌（如梭状芽胞杆菌属、双歧杆菌）。好氧菌可直接在有空气环境中培养。微嗜气性的和耐氧的厌氧微生物（如乳酸杆菌）可以将培养物放在一个广口瓶或干燥器内，再通过点燃蜡烛除去氧气的方法培养，这样还提供了富有 CO_2 的气体（现在已有微嗜气性的和耐氧厌氧微生物培养用的成熟培养设备出售）。

制备厌氧培养基的最佳方法是在无氧气流下煮沸培养基，这可以除去几乎所有的溶解氧，使之低至极限浓度（20ppb[①]），密封培养基瓶、转移入无氧箱、分装并在无氧箱内转密封管装培养基，移出，以备以后操作或杀菌。许多厌氧菌，如硫还原菌和大多数厌氧菌可以培养在厌氧培养管中。严格厌氧菌和利用气体为底物的，如产甲烷菌和产乙酸菌，应培养在密封的铝质管中，以玻璃注射器转移厌氧菌。

许多严格厌氧菌要求培养基的氧化还原势比消除氧气后还低。刃天青（resazurin）（50μg/L）可作为培养基的氧化还原势的指示剂。厌氧培养物的还原剂有半胱氨酸、亚硫酸盐、巯基乙酸盐、连二亚硫酸盐、谷胱甘肽、酵母浸提物和柠檬酸钛（Ⅲ）。如果避免使用硫化物，可用维生素 C 和铁元素。

按如下方法可配制一种通用的还原剂：称取 2g L-半胱氨酸，2g 洗过的干燥晶体 $Na_2S·9H_2O$，放入厌氧箱中，溶于 100ml 通氮气煮开的水中，分装并密封保存。使用时，每升厌氧培养基中加入 1～10ml/L 还原剂。该还原剂在无氧箱内至少可保存一年。

4）盐度和离子强度

许多来自海洋或高盐环境的微生物需要高盐培养基，这种需求可以通过简单地加入 10～20g/L NaCl 来满足。海水含有其他离子，尤其是镁，为避免沉淀，有些海洋微生物培养基需过滤灭菌。许多极端嗜盐菌可以培养在高浓度的 NaCl 溶液中，而其中有的要添加镁离子。

第四节　真菌培养基

用于培养真菌的培养基，倾向于使用硝酸盐为氮源，并将培养基 pH 调为偏酸性。由环境样品分离真菌时，一般需在培养基中加入抗生素，如链霉素和青霉素，以抑制多数真细菌的生长，并在低温（4～10℃）培养，有助于多种真菌与细菌竞争，以提高真菌的分离率。

Sabouroud 右旋糖琼脂是一种通用的真菌培养基，它的组分为（g/L）：蛋白胨 10；葡萄糖 40；琼脂 15。用盐酸调 pH 至 5.6，或者调 pH 至 6.8～7.0。为具更强的选择性

---

① 1ppb=10^{-9}

可加入庆大霉素和/或氯霉素以抑制更广范围的细菌种生长。加入环己酰亚胺（cycloheximide）抑制腐生真菌，但不抑制酵母菌。

另外两种常用于真菌培养的有机培养基为：马铃薯右旋糖培养基，含有葡萄糖和马铃薯浸出物（淀粉和微量营养物）；麦芽汁培养基，含有葡萄糖、麦芽糖、麦芽汁和酵母浸提物，它们也是真菌常用的有机培养基。

许多真菌也可以在通用的细菌培养基上富集和分离。分离到的真菌可培养在上述含有铵为氮源的基础培养基上。

Czapek-Dox 培养基是一种合成培养基，其组成为（g/L）：蔗糖 30；硝酸钠 3；磷酸氢二钾 1；硫酸镁 0.5；氯化钾 0.5；硫酸亚铁 0.01；终 pH 调至 7.3。该培养基是适用于真菌遗传学研究的基本培养基。

另外，霉菌在浅层培养瓶中更易生长。放线菌亦如此。与真菌培养有关的另一个问题是真菌孢子易污染实验室，会给实验室其他微生物操作带来不便。若在通风橱中操作可减轻这个问题。

虽然在自然界微生物无处不在，无论在什么样的生境中，都能见到它们的身影，但是就各微生物物种来说，它们的分布并不是随机的，只有在适合它们生活的环境中才能发现它们，而在不适于它们生存的环境，将不见其踪影。这就涉及物种生态学问题。

第五节　　微生物物种生态学

事实上，随着生态学研究的深入，科学家越来越深刻地认知，任何生物不仅与其赖以生存的环境密不可分，只有在适应它们生存的环境（包括温度、湿度、营养、pH）中，才能发现它们。在自然界，任何生物种都不是孤立存在的，而总是处于与不同生物类群相互作用和相互依存，当研究生物的个体生态时，如分离任何一种植物根际或叶面的微生物种群，你会发现除了有些共同的菌种外，另有许多菌种是独特的，组成特异性的核心微生物群（microbiota）。可见每种生物总是作为群落（community）的一员，而绝不孤立存在。

不同物种之间的互作，可以在不同水平上表现出来，可以是空间的或不同生物之间营养上的依存，也可能是生物化学甚至是遗传学上的依存。我们可将生物群落中的生物种之间的互作关系分为中性的、正向或负向的相互作用。中性（neutral）关系是指有关生物共存时，表现为相互既无害也无益的关系，这是因为在群落中，它们或因其稀少或因其占据不同的生态小环境，而互相漠视对方的存在，可能是共栖关系（commensal），这是一种生物得益于另一生物而又不影响那种生物生存的关系，如有的微生物定殖于动植物体表面，依靠它们的宿主产生的分泌物获得营养和能量，但并不伤害宿主。也可能是互惠共生（synergism or mutualism）关系，这是一种主动的互作，两个群体可以独立生存，但生活在一起时更好。人类和动物的一些肠道菌，以及许多植物的根际微生物与宿主是互惠共生关系的例子。作为庇护的回报，细菌产生宿主不能产生的产物，如维生素或生长刺激因子等。也有的是共生关系（symbiosis），典型例子是共生固氮菌与豆科植物的关系，固氮菌将大气中的 N_2 转化为宿主可利用的氨，而利于宿主的生长。最后是寄生（parasitism）关系，这是其中的一个群体得益，而使另一个群体受伤害。典型的例子如噬菌体和病毒与其宿主的关系。

竞争现象（competition）在生物界是一种普遍现象，表现为两个生物群体，因在共同的小生境中数量太多而遭受到共存损害的关系。在自然界这种互作关系并非固定，在正常情况下，可以是种内的，也可能是种间的，体现了生物遗传性与生存环境间的互作，最终那些较为适应的和更为适应具体生态环境的生物种或菌株会逐渐成为优势菌群，而较为不适应的种会越来越少，以至最终消失。这就是自然选择、适者生存的消长过程。这种进化过程在自然界从未停歇过。此外，一种和谐的关系也可能转变成为对另一方有害的。这就如同机会性病原菌那样，如绿脓杆菌在环境中无处不在，健康的人群可以漠视其存在，而对于免疫力低下或烧伤或肺纤维性囊肿患者来说，它就是非常烈性的病原菌。

在自然界生物总是以群落存在，只要条件适宜，地球上的每一克土样和海洋的每一滴水中，都会含有 $10^5 \sim 10^6$ 微生物，它们是多种生物共同生活在一起的生物群落。因为各地的自然条件，如营养、温度、湿度、光照、含盐量和酸碱度等的不同，所定殖的生物种类也必定会有明显差别。例如，同样是异养型土壤微生物，在不同生态条件下，存在的种类和数量可能相差甚远；而且，同一地点不同垂直深度的生物种类分布和数量也不相同；此外，在类似的环境条件下，会出现大致相同的生物物种（动物、植物及微生物）相互依存地集合成一个生态上的功能单位，这个功能单位就是生态学上所说的群落（community），成为特定生境的微生物组。所以，群落可定义为在一定空间和时间，多种生物种群的功能集合体。从生态系统来说，生物群落对自然环境的维持和发展至关重要，一旦遭到破坏，对当地动物和植物，以至整体发展都将是致命性的。这种例子在国内比比皆是。所以，任何一个群落的生物组成必定是多样性的，而且不同生物之间存在着相互依存性。

要考虑的第二个问题是个体生态学（autecology）或者说是一个物种的生态学。所以既要考虑微环境中具体微生物种，也要考虑到生活在一定自然环境中的物种群体及其相互间的依存关系，我们所要寻找的微生物种就在特定生物群落之中。因为，微生物很小，这种研究对我们常具有挑战性，并且经常是很辛苦的。但是这是微生物资源开发者所要做的工作，而对于我们要分离目标菌种的应用微生物工作者来说，微生物个体生态学原理，应是指导我们寻找和分离资源微生物的基本指导原理之一。例如，如果我们要分离用于卤化物污染的生物修复的细菌，就应该到被污染的环境，进行立体取样（地表、水体、污泥沉积层），而不同样品中含有的菌种不同，有好氧的、兼性好氧的或厌氧的，采用的具体方法也不相同。就是说，我们在分离我们所想要的菌种前，就必须查找和分析有关物种的生态资料，了解适合它的生态环境、对理化因子的要求、营养类型和营养要求、它们与其他生物的依存关系等，只有这样才能提高工作效率，顺利地分离到想要获得的目标微生物种。

第六节　微生物的富集分离

如果我们有了菌种生态学知识，就应能利用适当的培养基并控制使用适当的培养条件限制其他非目标微生物的生长，就可能由天然样品中，分离得到我们所感兴趣的菌种。如上所述，微生物除了碳源和氮源外，还需与能量和电子传递有关的元素（微量元素和维生素等）。在已知细菌类群生长需求的基础上，我们便可配制培养基来选择想要筛选的微生物菌种。当然，对那些特殊类型的微生物，如光合细菌、嗜热菌和特殊微生态菌类，可查阅有关文献资料。还应指出，我们即使尽可能考虑到微生物的营养要求，仍有约占原核生物种的 99%的大多数微生物不能在实验室培养，这是因为我们对它们营养要求的特殊性的认识仍有局限性。

1. 富集法的应用

富集培养（enrichment cultivation）法的原理，最早是由植物学家 M. Beijerink（1851~1931）基于微生物生态学的原理应用于环境微生物研究的方法。每种生境的生物都生活在其所适应的环境：营养、温度、pH、盐度、渗透压等，因此模拟这些条件就可能分离到相关的微生物，除非所要分离的那种微生物在样品中并不存在或不能被培养。按此技术由自然环境中分离到了许多不同生理型的微生物。例如，以无氮基础培养基可分离得到自由生活的自生固氮菌（*Azotobacterium*），由花生根瘤中分离到共生固氮菌（*Rhizobium*）。许多其他类群的微生物，如硫酸盐还原菌（*Desulfovibria*）、甲烷产生菌、乳酸杆菌等也可在来自特殊环境的样品中分离培养到，因而对奠定现代微生物的生理和生态学研究起到了重要作用。所以，通过对培养基组成和物理因素的控制，由特定生态环境分离特殊类型微生物的方法，就被称为微生物富集培养法。正确使用这一方法便能有效地分离到各种代谢类型的微生物。

微生物生长的基本要求已在本章第一节中讨论过，其营养需求可按对相关微生物的认知，在培养基制备中予以满足，而其生长所要求的物理因素，如温度、pH、氧的要求、渗透压等，可按要求调至待分离菌种生长所需的最佳状态，以确保被选择菌种的旺盛生长，而非目标菌的生长则相对处于劣势或不能生长。所以，在本质上，特殊菌种的富集分离，就是在培养皿上证明达尔文的"自然选择，适者生存"的原理。

能在设定的条件（温度、pH、底物等）下生长的，是样品中所有能生长的菌种，而 1g 土样或水样中通常含有 10^4~10^6 活菌，因而分离菌种的工作，面对的总是一个微生物群落，在第一轮培养生长的菌群中，极少只是单一菌种。

此外，就其所适应的环境来说，在许多看来十分苛刻的生态环境（高低 pH、温度、特殊的碳氮源等）中，也总能分离到一些特有的微生物种。所以，从生态学观点看，如果我们创造某种特定的环境条件，就一定能分离到我们所需的特殊的微生物类群。

微生物分离工作在技术上并不难实施，如是好氧菌，可采集有利于被筛选菌生存的生态环境的土样；而对厌氧菌则多可采集不同生境的淤泥或其他厌氧环境样品。而具体取样地点则依对待分离菌株的个体生态环境的了解确定。以下举几个操作实例作介绍。

1）好氧微生物

可用两种方法富集好氧微生物：液体富集法和直接平板富集法。无论采用哪种方法，都因缺乏严格的选择性，往往得到的是不同菌种的群体，除非分离有特殊营养要求的菌种，如苯甲酸盐利用菌可采用液体培养及直接涂平板法就能分离到所需菌种。

菌种富集操作可采用液体法和平板法，而二者的效果是不同的。液体富集是一个动态过程，在第一次富集培养时，虽然多种菌种可以繁殖，但它们的相对比例可以相去甚远，这又可分为三种情况：第一，可能是样品中有的菌种本来就很少，富集后仍占少数；第二，可能是不同菌种繁殖的相对速度不同，使得那些能快速繁殖的菌种（如芽胞杆菌、假单胞菌）占了优势；第三，可能是利用同一碳源时的适应能力不同，那些只需较短时间便能适应新环境而又生长快的菌种，就能较快繁殖起来。这就需要按工作部署和经验做进一步的鉴定筛选了。例如，在有区别的微环境采集土样，以增加目标菌类出现的概率；增加某种特殊的限制性条件，使之有利于目标菌群的分离。相比之下，平板法优于液体培养法。为得到大量的不同的微生物种，还必须耐心等待生长缓慢的菌落出现，并且在菌群中，那些占很小比例的菌种可能会在富集过程中丢失。

2）厌氧微生物

厌氧菌的富集在技术上比较困难，尤其是严格厌氧微生物，待富集的样品即使在空气中暴露 1min 也会导致其死亡，所以在分离操作前必须注意避免暴露于空气。现在已有精心设计制作的、用来分离专性厌氧微生物的工作室和无氧箱。更有一种脱氧手套箱技术，既可用于好氧微生物，也可用于厌氧微生物操作。对分离那些可短期暴露于空气、对氧气较不敏感的厌氧菌，如光合细菌的富集，可采用带玻璃塞的玻璃瓶。池塘浅水区土样含有很多光合细菌，将泥土样放入带玻璃塞的装满培养基的瓶中，培养过程中就会形成厌氧生活环境，因为存在其中的少量氧气会被样品中的好氧的和兼性好氧的微生物耗尽。厌氧微生物将利用光能，以甘油为电子供体同化 CO_2 而富集生长。

2. 不同代谢类型微生物的富集

以上讨论了分离微生物的一般考虑，以下举例介绍如何通过控制分离培养条件，以选择性底物作为唯一营养物，分离特殊代谢类型的微生物。

1）乳酸菌类

乳酸菌属异养型厌氧菌，是广泛分布的种群，只要了解它们适应的生态环境，如奶牛养殖场、奶制品厂、腌渍泡菜和饲料场等样品，采用 pH5～6 的有机培养基不难分离到相关菌种（表3.3）。

2）化学异养型好氧菌

按表 3.4 条件，可分离到若干好氧或兼性好氧的异养型微生物。应注意接种样品中含有许多不同的微生物，它们在初级富集条件下也会生长，这些生长菌也可能与被富集微生物的产物代谢有关。例如，有的可能会利用富集营养物中其他菌的代谢物生长。因此需要在限制性培养基上对目标微生物进行画线分离纯化，仔细地参考有关资料进行菌种鉴定。

表 3.3 乳酸菌的生活环境及分离（Perry and Staley，1997）

生活环境	优势菌群	栖息
降解的植物材料	植物乳酸杆菌（*Lactobacillus plantarum*）	腌渍品，泡菜，储藏饲料
	乳酸链球菌（*S. lactis*）	
牛奶场	干酪乳杆菌（*Lactobacillus casei*）	奶酪，酸奶等
	嗜酸乳杆菌（*L. acidophilus*）	
	德氏乳杆菌（*L. delbrueckii*）	
	乳酸乳杆菌（*L. lactis*）	
	肠膜明串珠菌（*Leuconostoc mesenteroides*）	
动物口腔、胃肠道	唾液链球菌（*Streptoccocus salivarius*）	正常微生态菌；龋齿
	变异链球菌（*S. mutans*）	
	唾液乳杆菌（*L. salivarius*）	
哺乳动物阴道	肠链球菌（*S. faecalis*）	肠道；尿路致病菌
	链球菌（*Streptoccocus* spp.）	正常的微生态菌
	乳酸杆菌（*Lactobacillus* spp.）	正常微生态菌

表 3.4 化能异养型好氧菌和兼性好氧菌的富集分离（Perry and Staley，1997）

碳源/能源	取样	特殊条件	微生物
乙醇	土壤	以 N_2 为氮源	固氮菌（*Azotobacter*）
尿酸	土壤，80℃，15min		苛求芽胞杆菌（*B. fastidiosus*）
葡萄糖	巴氏灭菌土壤		芽胞杆菌（*Bacillus*）
酪素，维生素 B_1	巴氏灭菌土壤	加尿素，pH9	巴氏芽胞杆菌（*B. pasteurii*）
葡萄糖，酵母汁	土壤	60℃10% NaCl，0.5% MgCl$_2$	嗜热解酯芽胞杆菌（*B. stearothermophilus*）
营养肉汤	巴氏灭菌土壤	煤体/空气（50/50）	嗜盐芽胞八球菌属（*Sporosarcina halophila*）
丙烷	土壤	60℃，培养	分枝杆菌（*Mycobacterium*）
正十六烷	土壤		解烃芽胞杆菌（*B. thermoleovorans*）
滤纸	土壤		噬细胞菌属（*Cytophaga*）
几丁质	土壤		放线菌

固氮菌是与其他菌种明显不同的菌种，它们可通过提供特殊氮源分离。为分离自由固氮菌或其他固氮菌，在培养基中必须除去可作为氮源的 NH_4^+ 和 NO_3^-，同时培养基中必须加有微量元素钼，因为钼是固氮酶的一部分。

3）厌氧化能异养型细菌

部分厌氧化能异养型细菌的分离方法见表 3.5。很低水平的 O_2 的存在就能杀死多种厌氧菌种，这些菌种在分离前就应采取特别的技术操作。

表 3.5 异养型厌氧真细菌和古生菌的富集（Perry and Staley，1997）

碳源/氮源	取样	特殊条件	微生物类群
糖+酵母汁	植物材料	pH5～6	乳酸菌
混合氨基酸	土样，巴氏灭菌		梭状芽胞杆菌（*Clostridium*）
淀粉	土样，巴氏灭菌	N_2 为氮源	巴氏梭状芽胞杆菌（*C. pasteurianum*）
尿酸+酵母汁	土样，巴氏灭菌	pH7.8	酸尿梭状芽胞杆菌（*C. acidurea*）

续表

碳/氮源	取样	特殊条件	微生物类群
有机酸	池塘泥土	硫酸盐	脱硫弧菌
	瘤胃胃液	硝酸盐	反硝化杆菌、假单胞菌
有机酸	瑞士奶酪	CO_2	甲烷产生菌
乳酸盐+酵母浸提物			丙酸菌属（*Propionibacterium*）

4）化能自养型菌

用于分离化能自养型菌的唯一碳源为 CO_2，而能源为 NH_4^+、NO_2^+、H_2S、Fe 或 H_2（表 3.6）。分离硝化细菌（氧化 $NH_4^+ \rightarrow NO_2^- \rightarrow NO_3^-$ 的细菌）需要耐心，因为在培养皿上出现菌落需要 1～4 个月；硝化细菌的分离通常要对土样做系列稀释；NH_4^+ 氧化菌的生长需通过测量培养基中亚硝酸盐浓度的增高来判断。

硫氧化自养型菌在还原为硫酸盐中起着关键作用，它们广布于不同的 pH1～9 的生境，其中有的菌种是嗜热菌。

表 3.6　化学自养型真细菌和古生菌的富集（Perry and Staley，1997）

能源	取样	特殊条件	微生物类群
H_2	土样或水	好气	氢气利用菌
NH_4^+	土样或水	好气	亚硝化单胞菌（*Nitrosomonas*）
NO_2	土样或水	好气	硝化杆菌（*Nitrobacter*）
H_2	瘤胃胃液	厌氧	甲烷产生菌
$Na_2S_2O_3$	土样或水	厌氧+KNO_3	脱氮硫杆菌（*Thiobacillus denitrificans*）
Fe^{2+}	河口的淤泥	好气，pH2.5	氧化亚铁硫杆菌（*Thiobacillus ferooxidans*）

氢气氧化菌分布在不同的分类群中，利用氢作为能源的菌出现在多个原核生物门中，这类菌的富集比较直接，因为其能化学化能生长在 H_2、CO_2 和 O_2 的气体环境中。氢气氧化菌可以在含有 CO_2/H_2 空气条件下存活，将土样撒在平板表面培养分离。

5）光合细菌

光合细菌分离的主要要求是恒定的光源。其他要求的环境条件见表 3.7。除了光源以外，光合菌生长的要求很宽。例如，不同种蓝细菌能生活在不同的粗犷的自然环境中：热泉、南极湖、沙漠和高盐区都有分布。它们是多种地衣的共生菌，也是陆地、海洋和淡水生态环境的普通定殖菌。由于光合作用时产生氧气，因此它们全都是好氧菌，可以以暴露在空气中的透光容器培养分离。

表 3.7　光合微生物的富集分离（Perry and Staley，1997）

特殊条件	样品来源	微生物类群
好气菌		
N_2 作为氮源	表面水或土样	固氮蓝细菌
NH_4^+ 作为氮源	表面水或土样	蓝细菌和藻类
厌氧菌		
甘油	池塘边淤泥	紫色或绿色非硫细菌
H_2S（高浓度）	富含硫化物的淤泥	绿色硫细菌
H_2S（低浓度）	池塘边淤泥	紫色硫细菌

　　绿色和紫色硫细菌，在光合作用时不产生氧气。在厌氧条件下培养时，紫色非硫细菌可从淤泥或池塘、沟渠、富营养的湖泊的水样分离；紫色非硫细菌利用硫化合物以外的还原剂电子受体生长。H_2 是非硫细菌光合作用的典型的电子供体。富营养的湖泊的浅底淤泥，每克含 10^6 紫色非硫细菌。其主要的富集培养基是以氢或者还原的有机化合物作为光合成的电子供体。加入 0.05%酵母浸提物，有利于分离紫色非硫细菌，此外还需要有 B 族维生素。

　　绿色硫细菌和紫色硫细菌也可以富集分离，但是较分离非硫细菌难些。它们以可溶性的硫化物为光合生长的电子受体，硫化物浓度对这些细菌的富集很重要，可通过分次加入硫化物的方法得到高密度和多物种的富集培养物，这些利用硫的光合菌可从水环境，尤其是那些厌氧的平静的环境中富集分离得到（表 3.7）。

　　在富集分离时，虽然采用的条件限制了许多菌种的生长，但得到的菌富集悬液仍然是一个混合的菌种群体，其中仍会有多种能在同一培养条件下生长的微生物。也就是说，难以一步到位地分离到目标菌种，接下来的一步就需要进行平板分离和鉴定。

参 考 文 献

北京大学生命科学学院. 2006. 生命科学导论. 北京:高等教育出版社.

Gould WD, Hagedorn C, Bardinelli TR, et al. 1985. New selective media for enumeration and recovery of fluorescent *Pseudomonads* from various habitats. Appl Envir Microbiology, 49: 28.

Hurst CJ. 1996. Manual of Environmental Microbiology // Tanner B.Cultivation of bacteria and fungi.Washington: ASM Press.

Perry JJ, Staley HT. 1997. Microbiology: Dynamics and Diversity. New York: Saunders College publishing, Harcourt Brace College Publishers.

第四章　微生物的代谢及其遗传调控

生物都能以自身特有的方式同化环境实现生长并繁衍后代，这是因为每一个生物个体都具有其特有的基因组，具有灵活而适时地对环境做出反应的能力。事实上，每个生物个体都是独特的，不管它多么微小，都可以在分子水平上将它识别出来。例如，我们每个人体内都定殖有大肠杆菌，假如我们由两个互不相识的人的粪便取样培养，分离并提取大肠杆菌基因组 DNA，经限制性内切酶，如 *Eco*R I 酶切后，进行琼脂糖电泳，再以同位素标记的 rDNA 为探针，比较不同来源菌株出现的琼脂糖电泳带的杂交带型谱，就可以证明二人携带的虽都是大肠杆菌，却是可以区分的不同菌株。这就是病原微生物中常用的分子生物学方法——核型分析（ribotyping）（Bouchet and Goldstein，2008）。这是问题的一方面。

我们通常都是由生物在特定生活条件下发育形成的外在特征（表现型）来鉴别，并将生物确定为某一物种，这是从分类学说的。但是同一个生物种的表现型并非是不变的，即使是具有相同基因型的生物，在不同条件下表现型也可能不同。例如，人类一卵双生的同胞兄弟或姐妹的指纹相似性也不是 1.00，而是约 0.95。这余下的 0.05 就是环境变异造成的。事实上，如果能为特定基因型的生物创造多种多样的生存环境条件，它就会表现出相应的可区分的不同表现型，这就是环境变异（environmental variation），或者称为表型变异（phenotypic variation）现象。

细菌为生存必须能适应广泛的环境条件，而营养通常是有限的，所以它们必须能耐受饥饿以等待合适的生存条件再次出现；它们总是要适应动态变化的环境，适应水体溶解物的种类和浓度的变化；也必须能调节对胞外营养物的吸收和利用能力；温度的波动对细菌也是问题。因为细菌没有保持自身体温的能力，所以必须能适应在广范围温度变动条件下生存。若遇到极端环境（如高温及其他威胁其生存的化合物）就会出现应激反应，调整代谢途径或发生基因突变，以维持其物种的延续。

对一个物种来说，单单在某一稳定的自然环境下生存通常是不可能的，还必须能有效地与处于相同环境中的其他物种竞争有限的营养，甚至空间。这就意味着物种只有适应环境，更有效地利用环境中的有限营养，达到生长速率不比优势种低，或有更高的生长速率，从而成为生物群落中占有较高权重的物种，才能在生存竞争中继续存在。

微生物可能遇到一种以上的可作为碳源和氮源的化合物同时存在，它们必须做出选择，通常是首先使用更高效的，而忽略其他不易被利用的化合物，避免合成额外的酶而浪费能源。就是说，细菌必须要有很强的基因组整体对环境改变的协调能力。细菌在其生命活动过程中，不仅要不时地对各代谢途径进行实时调控，而且，为了适应大环境的巨变，还需具有全局性调控能力，才能避免在竞争中失利，以至灭亡。可见，为与其赖以生存的环境统一，微生物机体内的生命过程调控机制是全方位的，既有局限性的对代谢途径活性的调控，也需有影响生物整体代谢的全局性调控机制。那么，这种协调作用是如何实现的呢？

遗传与代谢是生命的本质。为方便对不同代谢作用的叙述，常人为地将生物的代谢过程区分为相对不同的两类，其中一类为初生代谢作用（primary metabolism）。异养型微生物通过初生代谢作用分解由环境获得的有机物，使之成为可利用的碳源和氮源，再通过各个不同的生物合成途径，合成组成生物大分子必需的小分子前体化合物——氨基酸、核苷酸、脂肪酸和糖类等结构单元，然后再利用这些小分子化合物合成具物种特异性的核酸、蛋白质、拟酯、多糖等功能大分子，实现机体生长和繁衍后代。这类代谢途径在生物界表现为普遍的共性，所以也称它们为通用代谢途径（general metabolism pathway）。此外，许多微生物与高等生物一样，其生命周期可分为生长和发育两个时期，在代谢上也可区分为生长期和分化期（idiophase）。生物的生长期主要表现为量的增加，而进入分化期则表现为器官组织的分化，例如，芽胞和孢子的形成。分化期总是与有性生殖或生孢子相联系。转入分化期生物的代谢途径也会发生相应的变化，表现为新代谢途径的出现，而通用代谢途径的合成能力下降或关闭，合成一些在生长期不被合成的化合物，我们称之为分化期产物，如抗生素和生物碱等。与初生代谢途径不同，它们具物种甚至菌株特异性，其中有些合成产物对生物自身的功能也并不明确，但是与其生理和环境的变化和适应密切相关。在微生物液体培养物中，若以分化期合成化合物产生量对生长速度作图，发现这类化合物合成途径只在生长转换期和平衡期才被启动，说明它们对生物生存生长是非必需的。所以为了描述方便，这类化合物常被称为次生代谢产物（secondary metabolic product）。代谢途径的转换及初生代谢作用过程对环境条件（如营养、pH、温度等）都很敏感。因为，生物的代谢过程是一个错综复杂的代谢网，它自始至终都是在生物基因型与其赖以生存的环境的互作中进行和实现的。

为方便叙述，我们还是按初生代谢和次生代谢两个类型的代谢途径的调控机制分开介绍。虽然这两种代谢途径的区分是相对的。

第一节　初生代谢物合成途径及其调控机制

依生物的机体复杂程度，由单细胞的原核生物到复杂的多细胞真核生物的基因组DNA 编码几百甚至数以万计的功能基因，生物的所有特性都源自这些基因的直接或间接的产物，以及它们间的互作和组装的结果（表现型）。但是，生物的所有细胞内的活动并不都是相同的，尽管它们具有相同的基因组。即使是单细胞的细菌细胞的表型和行为也依其生存环境而异，因为细菌基因组的基因在不同条件下并不总是同时和相同水平地表达。不同时间和不同生存环境下，基因的表达或关闭受到基因表达调节基因产物的多重控制。

一、从基因型到表现型

由于微生物体制简单，细胞直接与外界环境接触，对生存环境的物理的和化学的变化反应非常直接，表现为它们能瞬间改变代谢过程以适应相应环境条件的变化，反映为代谢途径的瞬时调节：mRNA 转录的开启和关闭、适时地调节体内各代谢途径的工作强度，使胞内代谢途径、表达水平和代谢活性与所处环境相适应。从力能学观点来说，就是以最有效的方法控制转录作用的起始和代谢链的活性水平，以阻止不必要的能量消耗和无用蛋白质的合成。这些当然对生物的生存是有利的。然而，细胞内也有些基因呈组成型表达，如核糖体蛋白、rRNA 等，其水平并不受一般机制调控，而只取决于自身启动子的强度和全局性调节因子的作用；多数基因的转录起始，受控于接受外界环境信号的传感器蛋白及途径特异性调节蛋白的调控作用。此外，生物还有一种机制是高于各代谢途径调节之上的调控作用，它能使生物各不同代谢系统整体的代谢水平下降或提高（如碳源和氮源的代谢），直至在恶劣环境下，一种与核糖体结合的四磷酸鸟嘌呤合成酶被激活并催化合成鸟苷四磷酸（ppGpp），其作用是使细胞进入近于休眠状态的全局性调节作用（global regulation），在代谢特性上，往往转为次生代谢过程和形态发生，或进入休眠状态。实验表明，细菌细胞适应环境并与环境条件之间的互作关系是极其严谨而精细地协调一致的。

由于不同调控机制的作用，同一基因型可因不同生存条件呈不同的表现型，如果遇到多种不同生存条件，那么相同基因型就可能表现出多种不同的表现型，因为，我们所观察到的生物的表现型都是生物遗传性与环境互作的结果。那么基因型的作用是什么呢？

1）反应范围

这里要引入一个新的概念——反应范围（reaction norm）。基因型的作用就是决定生物与环境互作的反应范围（图 4.1）。同一基因型的个体在不同条件下生长发育成的个体的具体表现型可以是不同的，推理，如果能为同一基因型生物提供 n 种不同的生存条件，就有可能表现出 N 种不同的表现型，其中有些可以被区分，而另一些可能因为差别甚微而难以区分。也有可能出现基因突变。所有这些表现型都是同一个基因型通过与具体环境互作的结果。举一个例子，对比由蔬菜垃圾中分离到的 10 种丝状真菌，将它们分别在不同条件下培养，会发现它们的生长速率、菌落特征不同。在不同培养基（马铃薯右旋糖、Czapek-Dox、酵母汁木质纤维素）培养基平板上，25℃培养 7 天，可以观察到其菌落直径、培养特征（质地、外观、背面颜色等）都不相同，而且各种真菌生孢子的过程明显随培养基而异（Hatada et al., 1994）。所以，每个生物个体的表现型，都是特定基因型在具体生存条件下生长发育的结果。同样，我们可以预期一旦其赖以生存的环境条件的改变超出了特定基因型的反应范围，该基因型生物的应答方式将表现为或者死亡或者通过基因突变出现新的基因型，改变其反应范围，以适应新环境而免于死亡。例如，将灰色链霉菌先在正常培养基 28℃培养 10h 后，加入 0.5%～

15%（终浓度）乙醇或二甲基亚砜，或 100～500μg/ml 链霉素，培养一定时间（如 5h）后，收集菌丝体，洗涤，稀释，涂布平板，其培养结果是出现一定比例的不生孢子的光秃突变型，而与链霉素合成相关的性状，包括链霉素抗性、链霉素产生能力和 A 因子的产生及有关的酶基因发生相当高比例的突变，表现为多向性突变（pleiotropic mutation），这就是链霉菌的应激反应。在应激反应条件下，生物遗传机制表现为，通过易错修复机制导致基因突变，改变原基因型的反应范围。

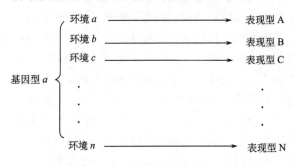

图 4.1　示基因型与表现型之间的关系。基因型决定生物的反应范围。原则上讲生物的表现型总是"力图"与其所处的生活环境相统一。相同基因型在不同环境中生存会有不同的表现型

2）如何区分环境变异与遗传性变异

如何区分环境变异与遗传性变异，这是我们在工作中经常遇到并需要回答的问题。其实很简单，如上所述，就是比较不同菌株对不同环境的反应范围。以大肠杆菌的乳糖利用为例，野生型大肠杆菌在以乳糖为唯一碳源的培养基中生长时，所有细胞表现为产生 β-半乳糖苷酶；而当转接至葡萄糖培养基（不含乳糖）中生长时，全部菌体都表现为不产生 β-半乳糖苷酶。细菌群体表现型的这种随环境改变而改变的现象，我们称之为倾群性（cline）变异现象，这是一种适应环境的生理现象。若在野生型大肠杆菌群体中，因基因突变产生的个别与乳糖利用有关的突变型菌株，它们在含乳糖的培养基和含葡萄糖的培养基中生长时，都产生 β-半乳糖苷酶，那么，在表现型的倾群性观察中，它们背离了野生型的倾群性，即具有不同于野生型大肠杆菌那样的倾群性变异现象，必定是遗传上不同的突变型菌株，而非环境变异。

3）反应范围与育种

无论是诱变育种还是杂交育种，都是力图得到一个新的高产菌株。一个新基因型的菌株，必定具有新的反应范围。它们不仅在相同条件下表现为比原菌株高产，而且在新的条件下可能会更高产，这就是为什么通过筛选得到一个新的高产突变型菌株后，总是要通过正交试验设计，对若干重要培养基成分和物理因子做培养条件优化实验。因为新选出的高产菌株具备高产的基因型，必须为它创造一种最佳的环境条件，才能使其优良特性表达出来，否则筛选出的基因型再优良的菌株，也无法充分显示其优越性。

二、基因表达的负调控

在大肠杆菌中，控制生物分解或合成途径相继步骤酶的基因，往往也依次排列在染色体 DNA 的一个片段上，组成一个协同表达的共转录单位——操纵子。大肠杆菌乳糖

操纵子（*lac* operon）是分解代谢途径负调控机制的经典模型，它由调节基因（regulatory gene）与编码乳糖利用有关的酶的一组结构基因（structure gene）组成（图 4.2a）。调节基因与其所调控的一组结构基因连锁或不连锁。以大肠杆菌 *lac* 操纵子为例，在其一端，有一个特异性的与阻遏蛋白结合的 DNA 序列——操纵基因（operator），其功能是接受调节基因产物的调控，决定一组结构基因转录或关闭。这就是分子遗传学上著名的 Monod 和 Jacob（1961）的操纵子模型。

1. 大肠杆菌的乳糖操纵子

现在，我们来看乳糖操纵子是如何工作的，以及在一个操纵子内，不同功能基因发生突变后的效应是怎样的。在负调控作用的情况下，调节基因产生的阻遏蛋白自身是有活性的，在诱导物不存在时，能与 DNA 结合，而阻止操纵子的转录，从而阻止 RNA 聚合酶与 DNA 模板结合，使结构基因的转录不能进行（阻遏作用）；当诱导物存在时，诱导物与阻遏蛋白结合，使之变构失去与操纵基因结合的能力，于是结构基因便开始转录（解阻遏作用），合成相应的 mRNA，并翻译合成相关的酶（图 4.2a）。基因表达的第一步是合成 RNA，在转录水平上的调控被称为转录调节（transcription regulation），这是最为有效的调控作用，因为这从源头上避免了能量的浪费。实际上，诱导作用是由于诱导物与阻遏蛋白结合，阻遏蛋白失活的解阻遏作用（de-repression）。

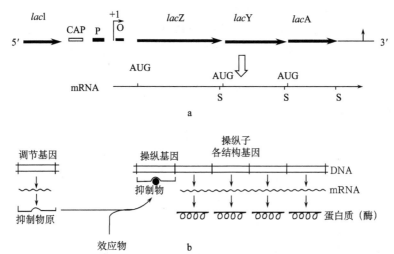

图 4.2　操纵子模型。a. *lac* 操纵子的调节基因产生一种能与操纵基因结合的阻遏蛋白，当它与操纵基因结合，便阻止 RNA 聚合酶与启动子结合，从而阻止 *lac* 操纵子转录为 mRNA。在诱导物存在时，阻遏蛋白失去与操纵子结合能力，启动 *lac* 操纵子转录；当激活物 CAP 与上游 CAP 序列结合，*lac* 操纵子与 RNA 聚合酶结合启动乳糖操纵子高效转录；b. 阻遏蛋白自身无活性，不能与相关操纵子结合，相关操纵子转录为 mRNA，而在有效应物（协阻遏物）存在时，它与无活性阻遏蛋白结合而使之具有与相关操纵子结合的活性，相关操纵子停止转录（如色氨酸操纵子）

证明这个模型是否正确的试验工作，主要是在大肠杆菌的乳糖操纵子上完成的。大肠杆菌野生型可以利用乳糖（葡萄糖-4-β-D 半乳糖苷）为唯一碳源生长，相关的酶是由乳糖操纵子的一组结构基因：*lacZ*、*lacY* 和 *lacA* 组成，它们分别是编码 β-半乳糖苷酶、乳糖透性酶和乙酰基转移酶的结构基因。乳糖操纵子的其他4个基因分别是CAP结合位点、启动子（promoter）、操纵基因（operator）和终止基因（terminator）。其实，这后4个基因都只是具特定功能的DNA序列，并不编码任何蛋白质。

操纵子学说的遗传学证明是通过基因突变和杂基因子（heterogenote）互补测验完成的。为了解乳糖操纵子的调控机制，首先要分离各种影响乳糖代谢的编码酶的基因和调控基因的突变型。经鉴定，所分离得到的突变型可分为功能上不同的两类，其中一类不能利用乳糖为碳源和能源，因而在以乳糖为唯一碳源时不能生长，所以它们的表现型是Lac⁻，另一类突变型虽能合成利用乳糖的酶，但其合成与诱导物存在无关，因此是组成型突变型。

为分析 *lac* 操纵子表达的调控机制，首先必须知道操纵子由几个基因组成，哪些基因突变影响反式作用（*trans-acting*）产物，以及哪个或哪些基因突变影响顺式作用（*cis-acting*），即只是影响与调控作用有关的特异性结合位点。要回答这些问题就必须分离相关基因突变型并进行基因互补测验。互补测验的方法之一是获得携带 *lac* 操纵子的F质粒，F′-*lac*，将它们分别导入不同的 *lac* 操纵子突变型菌株，使之成为 *lac* 操纵子局部二倍体（杂基因子）。例如，将携带不同突变型 *lac* 基因的F′-*lac* 引入不同的Lac⁻突变型菌株，观察其遗传效应，此即基因互补测验（gene complementation test）。详细请参阅《微生物遗传学》（盛祖嘉，2007）。

测验结果是，结构基因 *lacZ*、*lacY* 和调节基因 *lacI* 的产物表现为反式互补，而 *lacO* 表现为顺式作用，与结构基因间的关系表现为顺反位置相应，这说明它只是一个与LacI蛋白结合的DNA序列。过去在果蝇结构基因突变研究中，顺反位置效应只发生在同一基因内部的拟等位基因之间，即在同一基因内携带两个非等位点突变（顺式结构），与野生型基因组成二倍体时，野生型基因为显性，表现型为野生型；反之，若基因内两个点突变分别位于两个染色体上（反式结构），组成的二倍体仍为突变型，在遗传学上，这种现象被称为顺反位置效应。所以，在精细遗传学分析的顺反测验中，一个基因也被称为一个顺反子（cistron）。而这里顺反位置效应却发生在几个基因之间，这说明操纵基因与相关的结构基因组成一个在转录水平上不可分割的操作单位。所以，操纵子是一个协同转录的遗传学单位，其转录产物为一个多基因的mRNA分子（图4.2a）。

1966年，有人将乳糖操纵子的阻遏蛋白分离出来，它是由4个等同亚单位组成的蛋白质分子，相对分子质量约150 000的四聚体，它能直接与具有野生型乳糖操纵子的野生型 *O* 区域DNA序列特异性结合，从而不仅证明操纵基因是阻遏蛋白的结合位点，而且证明反馈阻遏调控机制是作用于转录水平上。

后来的研究发现 *lac* 操纵子除了接受阻遏物蛋白LacI的负调控外，还受到分解代谢物阻遏系统（catabolic repression system），俗称葡萄糖效应（glucose effect）的正调控作用的控制，这就是位于 *lacO* 上游的CAP结合位点。所以乳糖操纵子是分解代谢物阻遏调节子的一员。

2. 色氨酸操纵子

lac 操纵子编码乳糖代谢的酶系，用以获得碳素营养和能量，所以这类操纵子被称为分解代谢操纵子（catabolic operon）。但是，并非所有操纵子都与降解有机化合物有关，更多操纵子编码的酶系是合成细胞必需的小分子化合物，如核苷酸、氨基酸等，这些操纵子被称为生物合成途径的操纵子（biosynthetic operon）。

大肠杆菌的 *trp* 操纵子是合成途径操纵子中受阻遏物蛋白负调控的另一个经典例子。色氨酸是生物合成的大多数蛋白质的组成成分，所以当它在基本培养基中生长时，必须由培养基中的简单的碳源和氮源分步合成。在大肠杆菌中，*trp* 操纵子由 5 个结构基因组成，编码的酶参与由分支酸（chorismic acid）经 4 个不同步骤合成，*trp* 操纵子的表达受 TrpR 阻遏蛋白负调控，其基因与色氨酸操纵子并不连锁。

在色氨酸生物合成的可阻遏系统（repressible system）中，与乳糖操纵子中的阻遏蛋白 LacI 不同，TrpR 本身并无阻遏物活性，它不能与其操纵基因 o 结合，而只有当它与其代谢终产物色氨酸结合后，才能与操纵基因 o 结合，从而阻止 P_{trp} 启动子起始转录。也就是说，只有当合成代谢途径的终产物（协阻遏物）过量或培养基中加有色氨酸而无需再合成色氨酸的情况下，终产物与阻遏蛋白形成复合物，从而使其变构，而被激活了的阻遏蛋白获得了与其操纵子结合的活性，并与操纵基因结合，才使一组结构基因停止转录。这种现象被称为反馈阻遏作用（feedback repression）。

所以，在可诱导系统或在可阻遏系统中，负调控作用的共性是阻遏蛋白均可以以活性的或无活性的构型存在，所不同的是，在可诱导系统中，阻遏蛋白与特异性诱导物结合而失去与操纵基因结合的活性，而在可阻遏系统中，无活性阻遏蛋白与代谢链的终产物结合而被激活，才能与操纵子基因结合。

可见，阻遏蛋白是一个变构蛋白（allosteric protein），诱导物（或终产物）是别位效应物（allosteric effector），它们的结合能改变阻遏蛋白的构象，使其失去或具有与操纵基因结合的能力，从而启动或关闭相关操纵子的转录作用。

除了负调控机制外，色氨酸操纵子的转录还受到弱化作用（attenuation）调节机制的调节，其间 tRNA^{Trp} 起着重要作用。这一机制与反馈阻遏机制相辅相成，使得色氨酸操纵子在转录水平上的调节变得既严谨又灵活，使细胞的代谢始终维持在相对恒定的水平。

与 *lac* 负调控操纵子相似，不难分离到 *trp* 操纵子的组成型突变型，突变定位于 *trp*R 基因，表现为 TrpR 失去与终产物结合能力，而使 *trp* 操纵子组成型表达，即在细胞不需要合成色氨酸的情况下（如培养基中有色氨酸），细胞仍然合成色氨酸。

色氨酸组成型突变型的分离方法是，在基本培养基培养的条件下，筛选对色氨酸结构类似物 5-甲基色氨酸的抗性突变型。其实质是 5-甲基色氨酸与阻遏蛋白 TrpR 结合，使 TrpR 变构成为具活性的阻遏蛋白，与 *trp* 操纵子的操纵基因 o 结合，而阻遏色氨酸操纵子的转录作用。但是在蛋白质合成时，5-甲基色氨酸不能代替色氨酸掺入合成具活性的蛋白质，所以在类似物存在时，色氨酸操纵子不能被诱导，即使是在色氨酸饥饿时，也不能合成色氨酸，只有组成型突变型能继续合成色氨酸，所以只有 *trp* 操纵子的组成型突变型才可能在含有 5-甲基色氨酸培养基上形成菌落。这种抗性突变型可合成过量色氨酸，并分泌到胞外。所以这种突变型在受控条件下能生产色氨酸，尽管产生的色氨酸量并不高。

三、基因表达的正调控

　　因为只有当阻遏蛋白失去与操纵基因结合能力时，相应的操纵子才开始转录，所以乳糖操纵子和色氨酸操纵子都是负调控作用的例子。与此相反，在正调控系统中，只有当操纵基因与调节基因产物结合后，操纵子才开始转录。正调控系统与负调控系统一样，可以是可阻遏的，也可以是可诱导的。

　　1. 调节子

　　调节子（regulon）是同一调节基因产物调控多个非相邻结构基因的调控模式。例如，大肠杆菌的与麦芽糖吸收和代谢有关的 4 个操纵子，分别位于大肠杆菌遗传学图的 36min、75min、80min 和 95min 位置。*mal*Q、*mal*P（位于 75min）将胞内麦芽糖和其他相关聚合物转变为葡萄糖和葡萄糖-1-磷酸，*mal*K、*lam*B（位于 90min）与麦芽糖吸收有关；*mal* T（75min）编码调节蛋白 P。4 个操纵子各有自身的操纵基因，但它们都接受同一个调节基因产物 MalT 的调控，因而被称为麦芽糖调节子（maltose regulon）（图 4.3）。正调控蛋白 MalT 促进至少上述三个操纵子的表达。*mal*T 基因产物 P_1（无活性）与麦芽糖形成复合物并被激活成为 P_2，与其识别序列结合，启动受控操纵子的转录。要顺便指出的是，LamB 还是 λ 噬菌体感染大肠杆菌的吸附受体。

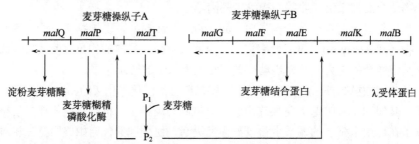

图 4.3　大肠杆菌的麦芽糖调节子（盛祖嘉，2007）。调节蛋白 P_1 与麦芽糖结合而被激活成为活性构型的 P_2，它可对 *mal*P、*mal*E 和 *mal*K 三个操纵子起正调控作用

　　进一步研究发现，实际上，调节子是基因表达调控的更为普遍使用的机制，多数情况下，如绿脓杆菌被调控的操纵子多数是不连锁的。对多种不同原核生物的操纵子研究发现调节子模式更为普遍。

　　2. 分解代谢阻遏

　　当细菌遇到环境中存在两种以上的可利用碳源时，它会如何反应呢？回答是它们将优先利用最容易利用的碳源。例如，当葡萄糖和山梨醇同时存在于培养基中时，微生物将优先利用葡萄糖，这是为什么，又是怎样实现的呢？

1）分解代谢阻遏现象

当培养基中有多种碳源可供选择时，其中必有一种是只需合成较少种类酶就能将其纳入中心代谢途径，产生能量和代谢中间产物的碳源，所以当葡萄糖存在时，自然优先使用葡萄糖。因为微生物可直接将葡萄糖转变为葡萄糖-6-磷酸，进入糖酵解途径，从而通过三羧酸循环，细胞就可以立即得到更多的 ATP 和可用于生物合成的中间代谢物。这种确保细胞优先利用最易被利用的最佳碳源和能源的机制被称为分解代谢物阻遏作用（catabolic repression），过去也称之为葡萄糖效应（glucose effect）。因为生物在含易于利用的碳源的环境中生长时，同时阻遏不易被利用碳源的操纵子的转录。由于生物利用葡萄糖耗费单位能量能产生最高的 ATP 回报，因而葡萄糖是绝大多数细菌类型最偏爱的碳源。

图 4.4 示大肠杆菌生长在同时含有葡萄糖和山梨醇培养基中的生长曲线。细胞首先使用葡萄糖，在葡萄糖耗尽后才开始利用山梨醇，而且在二者之间还存在一短暂的生长停滞期，以合成与山梨醇利用有关的酶，因而表现为二次生长曲线。

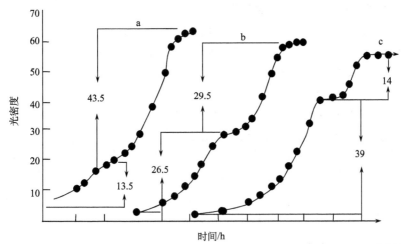

图 4.4　大肠杆菌在含葡萄糖和山梨醇的培养液中生长时的二度生长现象（盛祖嘉，2007）。a. 葡萄糖 50μg/ml，山梨醇 150μg/ml；b. 葡萄糖 100μg/ml，山梨醇 100μg/ml；c. 葡萄糖 150μg/ml，山梨醇 50μg/ml

2）cAMP 及其结合蛋白

研究最为深入的分解代谢阻遏系统是大肠杆菌及其近缘物种的依赖于环 AMP（cAMP）的调控系统。在结构上 cAMP 与核糖上接有单一磷酸基团的 AMP 相似，但磷酸基团同时与核糖的 5′羟基和 3′羟基连接而成 cAMP。cAMP 是怎样激活大肠杆菌的分解代谢物敏感的操纵子的呢？

在大肠杆菌中，cAMP 开启分解代谢物敏感的操纵子的机制已有深入研究，它是与另一由 *crp* 基因编码的 cAMP 受体蛋白 CRP（cAMP receptor protein）结合而成为分解代谢操纵子的激活物（activator），并被命名为分解代谢物基因激活物蛋白（catabolic gene activator protein，CAP）。它与其他激活蛋白一样，与 RNA 聚合酶互作，正控制 *lac*、*gal*、*ara* 和 *mal* 等操纵子的转录作用。所以这些操纵子都属于对分解代谢物敏感的操纵子，被称为 CAP 调节子。

后来的研究发现，在微生物界这一调控机制并不普遍被使用，而只有大肠杆菌及近缘菌种使用这一系统，其他多数微生物使用完全不同的系统，并与 cAMP 无关，尽管它们也表现出分解代谢物阻遏现象，但具体机制不同。这里还是以 CAP（cAMP-CRP）系统为例。

3）CAP 系统的调控作用

在大肠杆菌中，分解代谢物阻遏属于正调控作用，是通过胞内 cAMP 水平的波动达到分解代谢调控作用。也就是说，当胞内的分解代谢物浓度降低时，cAMP 的水平就增高，反之就降低。而调节 cAMP 水平的一个重要因子是依赖于磷酸烯醇式丙酮酸的糖磷酸化转移酶系统，它与包括葡萄糖在内的糖吸收相关联。该运输系统与其他糖如乳糖运输系统是竞争性的，当葡萄糖存在时，许多其他对分解代谢物敏感的操纵子都被阻遏。

3. 正负调控机制的双重调控作用

生物体内的代谢作用错综复杂，同一代谢途径可以依所处生存环境，接受正负两种调控机制的控制，使生物体内的代谢过程和强度与所处环境条件协调一致，分解代谢反馈阻遏就是其中的一种机制。

1）乳糖操纵子接受双重调控作用

乳糖操纵子的表达实际上是一个糖代谢正调控作用现象。当葡萄糖和乳糖（或其他碳源）同时存在于培养基中时，大肠杆菌总是优先利用葡萄糖，而且与利用乳糖有关的酶也不被合成（分解代谢阻遏）；甚至，向正在只含乳糖的培养基中生长的大肠杆菌培养液中加入葡萄糖后，菌体内原有的乳糖代谢酶系的合成也立刻停止了，这就是通常所说的葡萄糖效应。大肠杆菌中曾分离到一种突变型，这种突变型称为降解物阻遏蛋白突变型（CRP⁻），它能直接与 CAP 序列结合，因而在含有葡萄糖和乳糖的培养基中也合成利用乳糖的酶。

lac 操纵子的转录活性受到细菌细胞内 cAMP 水平的调控。这里，cAMP 起着协诱导物的作用，它与 CRP 结合成为激活物 CAP，并与启动子上游邻接的 CAP 位点结合，使转录活性比只有诱导物的情况下增加至少 50 倍。研究发现，在乳糖操纵子转录时，RNA 聚合酶并不直接结合在 *lac* 启动子上，而是激活物 CAP 先与 CAP 位点结合，这时 RNA 聚合酶才能识别并与启动子结合起始转录作用。所以这类操纵子的转录速率，实际上依赖于胞内 cAMP 水平的变化而波动。分解代谢阻遏是葡萄糖的分解代谢产物通过控制胞内 cAMP 的量达到的。

激活物 CAP 对 *lac* 操纵子的调控作用是研究分解代谢阻遏的模式系统。大量体内和离体试验显示启动子的上游有一短的 CAP 结合序列，只有 CRP 与 cAMP 结合后才能与 CAP 位点结合，RNA 聚合酶才能有效地与 *lac* 启动子结合，才能高效起始转录作用（图 4.5）。

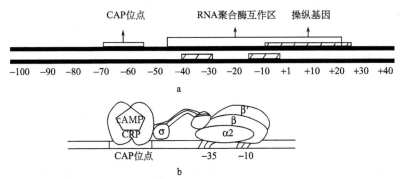

图 4.5 cAMP-CAP 复合体激活 *lac* 启动基因的机制（Snyder and Champness，1997）。a. CAP 结合位点位于启动基因上游−70，而 RNA 聚合酶结合位点位于−40～+20 并与操纵基因重叠；b. cAMP-CRP 复合体与 RNA 聚合酶全酶的 σ 亚单位接触并起始转录作用

如图所示，*lac* 操纵子的整个调控区约 100bp，图中标明 CAP 位点、启动子和操纵基因的相对位置。操纵子只有在无葡萄糖并在乳糖诱导的情况下才起始高效转录，也就是说，只有当解除葡萄糖效应，而且在解除 LacI 的阻遏作用的情况下，*lac* 操纵子才进入高效转录状态。

2）分解代谢阻遏与底物诱导作用的关系

我们前面介绍的 *lac* 操纵子的诱导和阻遏机制是 CAP 功能正常的背景下的表现型，其实，对分解代谢物敏感的操纵子的转录必须满足两个条件：必须没有更有效的可被利用的碳源（如葡萄糖）存在，而又存在着相关操纵子的诱导物（如乳糖），才能高表达。以 *lac* 操纵子为例，如果没有比乳糖更好的其他可以利用的碳源，这时 cAMP 水平很高，激活物 CAP 与 *lac* 启动子上游 CAP 位点区结合才能激活其转录作用。因而，除非诱导物（异乳糖）存在，否则即使 cAMP 水平很高，*lac* 操纵子也不能被转录，因为 LacI 蛋白与操纵基因结合阻遏了 RNA 聚合酶与启动子结合，而阻碍了转录作用的启动。

在这里 CAP 起着正调控作用，只有当乳糖存在时，CAP 与 *lac* 操纵子上游区结合后，RNA 聚合酶才能有效地与启动基因结合并起始转录，而 RNA 聚合酶自身与启动基因结合并起始转录的能力很低。试验表明，对分解代谢物敏感的操纵子都是受双重调控机制控制的。

大肠杆菌分解代谢调节作用的遗传学分析表明，*crp* 和 *cya*（腺苷环化酶）基因突变型的表现型为 Lac⁻、Gal⁻、Ara⁻、Mal⁻等的缺陷型，它们变得不能利用葡萄糖以外的糖为碳源。用遗传学术语表述，*cya* 和 *crp* 突变是多效性的（pleiotropic），使突变型菌株的表现型表现为不能使用葡萄糖以外的多种糖作为碳源和能源。这些都已得到了验证。因此，*crp* 和 *cya* 突变型需采用特殊的方法才能分离到。

四、大肠杆菌的全局性调控系统

分解代谢阻遏调控反映了细胞在遇到复杂环境时，避免同时动用多个操纵子系统，而免于资源和能量的浪费，这一系统显然应属于一种全局性调控机制（global regulatory system），表现为一个单一的调控蛋白控制多个操纵子，形成一个调节子。CAP 就是大肠杆菌的有关碳源利用的全局性调控机制，它们共同组成一个 CAP 调节子。

除此之外，研究较深入的是当生存环境变得对微生物生存不利时出现的严谨反应（stringent response），这时大肠杆菌会由与核糖体结合的鸟苷四磷酸合成酶合成 ppGpp，它是一种具有广泛生理效应的化合物，抑制 rRNA 的合成，对于 tRNA、mRNA、核糖体蛋白和蛋白质合成所需的一些蛋白质因子的合成也有不同程度的抑制作用，启动一些新功能蛋白的合成，使细菌处于因缺乏氨基酸和核苷酸而停止合成核糖体蛋白和 RNA 等的应急反应状态。严谨反应的调控蛋白为 RelA，在细胞处于饥饿等不利环境时，在 RelA 调控下使许多反应停止，随之蛋白质合成也停止，可见严谨反应也是全局性的遗传调控系统。

另一个深入研究过的全局性调控机制，是紫外线和其他诱变剂引起的 DNA 损伤诱导的 SOS 修复系统。相关操纵子都受 LexA 阻遏蛋白控制，所以称为 lexA 调节子。SOS 是 lexA 调节子的一部分。这一系统在 DNA 损伤修复和微生物对生存环境适应中起着极为重要的作用。基因组学分析显示，DNA 修复机制不能被狭义地理解为只与诱变损伤修复有关，它是在生物正常生存和繁殖过程中抵御不良环境、遗传物质复制中遗传信息的传代保真和对不利环境适应的一个极为重要的机制，事实上，如果缺少 DNA 损伤修复机制，生物将难以在不断变动的环境中生存。

还有许多带有全局性调控的机制，包括氮源利用和磷酸饥饿等的全局性调控，并可能与胞内多因子互作有关，其分子基础也已有深入研究。

以上我们只是以大肠杆菌的代谢调控机制做了简略的介绍，而且多限于对模式系统大肠杆菌的研究成果，这些知识可用作对其他菌种研究时的参考和借鉴。主要目的是使我们有一个基本概念。对我们从事实际育种的工作者来说，对微生物的代谢调控机制的了解，有助于我们思考相关调控机制在育种中的应用。调节基因突变将改变生物对生存条件的反应方式，如由可阻遏型变为组成型；而初生代谢途径调节基因突变型，虽对生物生存不利，但可过量产生受控代谢链的终产物，并将其分泌到胞外，而成为特定终产物的产生菌株。

五、代谢水平上的调节作用——反馈抑制

微生物代谢途径活性的遗传控制主要发生在两个水平上：第一是在基因转录水平上。如上所述，通过调控蛋白与操纵子的操纵基因互作，启动或阻遏相关操纵子的转录，决定相关酶合成或不合成及合成量。这是基因表达调控的最为节约而有效的方法。第二是发生在酶促反应水平上，在合成代谢途径中，通过终产物与相应代谢途径的相

关酶蛋白（通常为分支代谢途径的第一个酶）结合，致使相关酶变构而失去催化活性，使正在工作中的代谢途径的活性强度下降，以至停止。也就是说，前者影响 mRNA 的产生方式和合成量，而后者影响代谢链的活性。二者都受生物遗传性控制，如果人为地从遗传上在这两个水平上引入基因突变，就会影响到相关代谢途径酶的合成量或影响相关代谢链的活性。

1. 终产物反馈抑制

如上所述，在分解代谢中，相关酶系由于底物的存在而合成，而在合成代谢中，由于代谢终产物的积累或培养基中外源代谢物的存在而停止合成，这些机制都使生物避免了无用的生物合成过程，因而对生物的生存有利。此外，人们会发现阻遏调节机制并不完全，因为它只能使细胞在不需要这些酶时，停止合成相关的酶，但是不能调节已存在的代谢链的合成强度，这就需要另一种调节机制来补充，这就是在酶催化水平上的终产物反馈抑制（feedback inhibition）机制。也就是说当代谢终产物过量时，终产物与相关代谢链的第一个酶蛋白结合，使之变构而失去催化活性，从而阻止终产物继续合成，使无用的中间体不再积累，所以又称终产物抑制作用（end product inhibition）。显然，接受反馈抑制作用的酶与同一代谢链的其他酶不同，它有两个功能部位，一个是它的催化活性中心，催化前体化合物转化为代谢途径的终产物；另一个是能与代谢终产物结合而改变酶蛋白的变构区。所以它是一个变构酶（allosteric enzyme），也称为别位酶。这是一种具有高度灵活性的调节机制。例如，异亮氨酸是以苏氨酸为前体合成的，若向正在生长着大肠杆菌的葡萄糖无机盐培养基中加入异亮氨酸，这时菌体内将发生什么变化呢？通过分析你会发现，菌体内不仅异亮氨酸合成途径相关酶系的合成停止了（反馈阻遏），而且，先前存在的相应代谢链也停止工作。这是因为培养基中的外源异亮氨酸，使得该合成途径的第一个酶——苏氨酸脱氢酶失活（图 4.6，图 4.7），从而使整个合成链瘫痪，这就是反馈抑制现象。

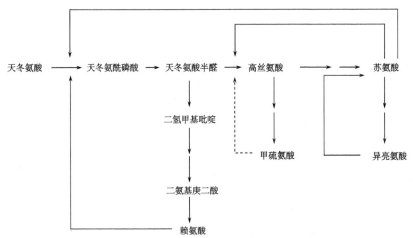

图 4.6　棒杆菌（*Corynebacterium*）和短杆菌（*Brevibacterium*）中苏氨酸生物合成途径的调控作用（Gumar and Gomes，2005）。实线示反馈抑制；虚线示反馈阻遏

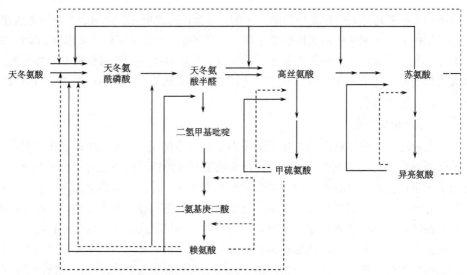

图 4.7　大肠杆菌中的苏氨酸生物合成途径的调控作用（Gumar and Gomes，2005）。实线示反馈抑制；虚线示反馈阻遏

　　比较图 4.6 和图 4.7 可见，相同代谢途径在不同菌种中的代谢调控机制也可能略有不同。由天冬氨酸到天冬氨酰磷酸这一步的酶促反应，在大肠杆菌中是由同工酶催化，并接受相应终产物的反馈阻遏调控，显示大肠杆菌的调控作用比谷氨酸棒杆菌更为严谨。这一现象对初生代谢产物的分子育种，选择确定以哪个菌种为工作平台具有参考意义。这就是在高产氨基酸分子育种的表达平台选用棒杆菌菌种的原因。

　　2. 抗代谢阻遏物和抗反馈抑制突变型的筛选

　　转录水平上的反馈阻遏和代谢水平上的反馈抑制都是由基因决定的，因此通过基因突变不难得到抗阻遏和/或抗反馈抑制的突变型菌株。操作方法是采用与代谢链天然终产物分子结构类似的化合物作为拮抗物进行抗性突变型筛选。因结构类似物与相关终产物类似，野生型菌株无法对它们进行区分，而吸收了结构类似物并与调节蛋白结合，使操纵子停止转录，也能与变构酶结合，使合成链瘫痪，致使野生型菌不能生长繁殖而致死。这时在平板上只有少数（>10^{-6}）因基因突变产生的抗性突变型能形成菌落，这些便是抗反馈阻遏和/或抗反馈抑制的突变型。

　　代谢拮抗物是指那些与生物体内正常代谢途径合成的终产物的分子结构类似的化合物（表 4.1）。因为代谢拮抗物与正常代谢终产物结构相似，所以，其不难被细胞吸收，而一旦进入细胞，就能起到“以假乱真”，搅乱细胞的代谢调控机制的作用，通过反馈阻遏和反馈抑制阻止细胞内相关代谢途径正常运行。野生型细胞便会因缺乏相关前体化合物而不能合成正常蛋白质或核酸大分子，导致细胞死亡。如果因调节基因发生突变，而使产生的阻遏蛋白成为不再能与操纵基因结合的无活性构型，或操纵基因突变为不再与正常阻遏蛋白结合，这时，代谢拮抗物就不再能阻止相关的生物合成链的操纵子转录，因而成为一个解阻遏突变型，其结果是组成型地转录 mRNA，合成相关的酶或酶系，成为一个组成型突变型，从而能无条件地合成相关代谢途径的代谢产物；或者也可能因变构酶基因突变，使其产生的酶蛋白失去与终产物结合变构的能力，成为一个抗反馈抑制突变型。二者的共同效果是都将导致相关代谢链合成的终产物积累。

表 4.1　抗结构类似物突变型菌株与其积累和分泌的代谢终产物

结构类似物	分泌产物
刀豆氨酸（canavanine）	精氨酸
5-甲基色氨酸（5-methyl-tryptophane）	色氨酸
α-氨基丁酸（α-aminobutyric acid）	缬氨酸
5,5,5-三氟亮氨酸（5,5,5-trifluoroleucine）	苏氨酸
正亮氨酸（norleucine）	甲硫氨酸
2-噻唑丙氨酸（2-thiazole alanine）	组氨酸
3,4-脱氢脯氨酸（3,4-dedydroproline）	脯氨酸
5-氨尿嘧啶（5-aminouracil）	尿嘧啶
异烟肼（isonicotinyl hydrazine）	吡哆胺
对氟苯丙氨酸（p-fluorophenylalanine）	苯丙氨酸、酪氨酸
D-酪氨酸	酪氨酸
4-氮亮氨酸（4-azaleucine）	亮氨酸
乙硫氨酸（ethionine）	甲硫氨酸
2,6-二氨基嘌呤（2,6-diaminopurine）	腺嘌呤
磺胺（sulfonamide）	对氨基苯甲酸
3-乙酰吡啶（3-acetyl pyridine）	烟碱酸

1）抗代谢拮抗物突变型的筛选方法

通常可利用基因自发突变，将实验菌培养至对数期，经离心洗涤后，取 $10^7 \sim 10^8$ 细菌直接培养在含结构类似物培养基平板上，培养 $1 \sim 2$ 天后，长出的若干独立生长的菌落，即抗拮抗物突变型菌落。

由于抗反馈阻遏和抗反馈抑制突变型都能在相应产物过量的情况下，继续合成终产物，并能定向地提高相关产物的产量，因而在诱变育种工作中其受到人们的重视。自 1958 年以来，在氨基酸、核苷酸、维生素和抗生素产生菌育种上，已广泛而富有成效地得到了应用。已经报道的用于不同菌种的结构类似物有上百种，其抗性突变型都能积累更多的相关代谢链终产物。但是通常筛选得到的抗性菌株，只是单一基因突变：抗反馈阻遏突变型或抗反馈抑制突变型。按表现型，它们都能导致终产物分泌量提高。在大肠杆菌中曾分离到一个抗苏氨酸结构类似物，α 氨基-β 羟基缬草酸突变型，其苏氨酸分泌量为 1.9g/L，研究发现该菌株的高丝氨酸脱氢酶的活性不再被苏氨酸抑制，因此它是一株抗反馈抑制突变型。显然，如果使一个代谢途径在两个水平上的调控作用都发生突变，那么相应终产物的分泌量，会比单一水平基因突变的菌株高。然而要通过基因突变，获得同时携带抗反馈抑制和反馈阻遏双重突变的概率几乎为零，那该如何操作才能得到两个调节水平上的双重突变型呢？

一个可能的方法是分级筛选，先在较低浓度拮抗物培养基上筛选得到一级抗拮抗物突变型；然后再在较高浓度的同一拮抗物培养基上筛选二级抗拮抗物突变型，这样就有可能得到同一菌株同时携带抗反馈阻遏和抗反馈抑制的双重基因突变的突变型。已有人以色氨酸结构类似物 5-甲基色氨酸筛选得到大肠杆菌的双水平反馈抗性突变型的报道。实验中将一级抗性突变型点接高浓度拮抗物平板,筛选那些在高浓度拮抗物平板上不长或生长较弱的菌株,作为二级拮抗物抗性菌株筛选的出发菌株,筛选抗更高浓度拮抗物的抗性突变型。此方案是否可行可由预备实验决定。

按推理,在表现型上抗反馈阻遏与抗反馈抑制二者应有差异,抗反馈抑制的菌株相应的酶的合成量应与野生型相同,而抗反馈阻遏突变型的相应酶合成量应高于野生型。因此,按测定我们可将所得抗性突变型分为两个不同的表现型。当然,这要求较为细致的工作,有一定难度,但在条件许可时仍可做到。例如,三氯亮氨酸是亮氨酸的结构类似物,以它为生长抑制剂,在鼠沙门氏菌中筛选得到多个抗性突变型,经检测其中一类突变型的异丙基苹果酸脱氢酶并不被亮氨酸抑制,而且胞内含量也未增高;而另一类突变型的酶的活性被亮氨酸抑制,但细胞内酶活是野生型的 10 倍。这说明前者为抗反馈抑制突变型,而后者为抗反馈阻遏突变型。二者都表现为亮氨酸分泌量提高,这也符合预期。

2)定点突变法构建抗双重反馈突变型菌株

在生物信息学时代,许多应用上有重要意义的菌株的基因组全序列已知,可采用分子生物学方法,先将抗反馈抑制的突变基因克隆到质粒上,从 DNA 资料库对比确定变构酶功能域的位置,然后经定点诱变,改变酶的别位调控序列,使所合成的酶不再与终产物结合,而成为抗反馈抑制的突变型酶。再通过接合作用或转座子转移方法将基因插入到宿主基因组特定的位点;或者将抗反馈抑制突变型菌株的突变型基因克隆到一个转座子质粒上,经转化引入抗阻遏突变型菌株,便可筛选得到双重抗反馈突变型。

3. 分支合成代谢途径的反馈调节

可是,细胞内的合成代谢途径经常是分支而又错综复杂的,如果像图 4.8 那样,代谢终产物 P_1、P_2 和 P_3 都是由共同的前体经分支合成途径产生,而这些终产物分别都能抑制代谢途径的第一个酶的活性,那么,这样的调节控制对生物自然是不利的。因为假定培养基中存在着大量的终产物 P_1,而缺少终产物 P_2 和 P_3,若单一终产物 P_1(或 P_2 或 P_3)单独起反馈抑制作用,生物将因不能合成 P_2 和 P_3 而停止生长。实际上,在不同的微生物中,存在着不同的可以避免这一困难的反馈抑制机制,就如同图 4.8 中所示的分支反馈抑制、同工酶反馈抑制、协同反馈抑制和累积反馈抑制等。

在协同反馈抑制(co-operate feedback inhibition)系统中,单一代谢产物对于合成代谢途径中的第一个酶都没有反馈抑制作用,只有当三种终产物都过量的情况下,才出现反馈抑制现象;在累积反馈抑制(cumulative feedback inhibition)系统中,每一种终产物对于合成代谢途径中的第一个酶都有反馈抑制作用,但是只有共同作用时才达到最大的反馈抑制效应;在同工酶反馈抑制(isozyme feedback inhibition)系统中,各合成代谢途径的第一个酶是各自都具调节部位的变构酶。

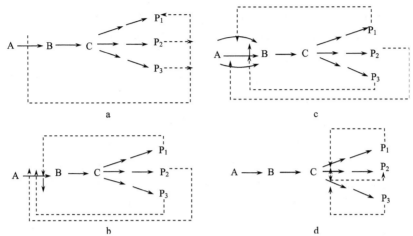

图 4.8　在分支的合成代谢调节中的三种反馈抑制模式（盛祖嘉，2007）。a. 协同反馈抑制；　b.累积反馈抑制；
c. 同工酶反馈抑制；　d. 对分支后第一个酶的反馈抑制。实线为酶促反应，虚线为反馈抑制

　　对初生代谢途径及其调控机制的研究，为我们提供了通过基因突变进行初生代谢产物高产菌株育种的思路和方法，经过多年的努力人们曾经筛选得到一些必需氨基酸和核苷酸（如赖氨酸、甲硫氨酸、酪氨酸及肌苷酸）的产生菌株。但是除了微生物酶制剂、谷氨酸、肌苷酸和柠檬酸的高产菌株具有生产价值外，其他初生代谢产物的高产菌株产物产生能力并不理想，生产能力始终未有大的提高，只有在进入重组体 DNA时代，尤其是进入生物信息学时代，使用分子信息学方法和技术，采用重组体 DNA方法，有的放矢地改变或置换起瓶颈作用的反应步骤的酶基因，即所谓的精准育种方法，并采用代谢工程技术调整合成代谢的代谢流，才使初生代谢产物产生菌株的构建取得突破性进展。所以初生代谢产物高产菌株的育种应寄希望于分子生物学新技术的应用。此外，具新的理化特性的酶制剂的开发也离不开精准育种技术和方法的应用。

第二节　　次生代谢途径的遗传调控

　　前面着重介绍了初生代谢，包括相互关联的酶促分解代谢和合成代谢途径的调控机制。初生代谢是为生物提供大分子生物合成的中间体和能量的代谢，并进而将生物合成的中间体转变为生物生长繁殖的特异性大分子，是生物细胞生长繁殖和生命延续的基本代谢过程，在生物界初生代谢途径具有极强的保守性，在所有生物体内，初生代谢途径基本上都是相同的。基于对大肠杆菌的研究，初生代谢过程是通过反馈调节机制实现精确平衡，代谢中间物和终产物除了供细胞生长之需外，极少在胞内积累，也不分泌到胞外。初生代谢过程的另一特性是参与相关反应酶的底物和直接产物都是单一而独特的，确保了生物大分子合成前体的保真性及大分子结构和功能的专一性。

　　与初生代谢产物不同，次生代谢产物的结构和功能相当广泛，包括抗生素、色素、生态竞争作用的效应物、信息素、酶抑制剂、免疫调节因子、兴奋剂、杀虫剂、抗肿

瘤因子和动植物生长促进剂等。产物产生需启动新的次生代谢物合成途径，而产物具有不平常的结构，并且在实验条件下，它们的合成总是在对数生长期之后和平衡期，说明其产物不为细胞生长所必需；受到生长速率、反馈控制、酶失活及酶诱导作用的调控，以及环境条件的影响。与初生代谢作用不同，次生代谢产物随产生菌而异，产物的量和质都可能随条件（菌的生长发育期、培养基、培养温度等）而变。可见，次生代谢途径的调控机制远比初生代谢复杂，而且因菌种而异。

　　进入分子生物学（20 世纪 80 年代）尤其是生物信息学时代（1995 年后），对微生物次生代谢途径的遗传调控机制研究，在链霉菌模式菌种和青霉菌模式菌种的研究中已取得重要进展，至今仍是分子生物学和生物信息学研究的热点课题。

　　以下先从不同营养物对批次（fed-batch）培养物中生长的微生物和次生代谢物合成的影响（宏观水平）入手，观察在不同培养基及培养条件下，初生代谢与次生代谢途径的转换，然后以链霉菌为例简略介绍次生代谢作用的调控机制研究的进展。

一、批次培养物中的生长期和分化期

　　从应用角度考虑，我们对次生代谢物感兴趣，主要是因为许多天然的次生代谢产物具有医学的、工业的或农业应用上的重要价值。次生代谢途径与初生代谢途径不同，它们是微生物种或菌株具有的特殊代谢途径的产物。在许多情况下，它们对产生菌自身的功能往往并不明确。在合成的时间上，它们也往往是在细胞生长的后期和平衡期起始合成，并与细胞的分化和发育期相关联。

　　批次培养物的周期分为营养生长期（trophophase）和分化期（idiophase）。在营养生长期细胞吸收营养物质，通过初生代谢途径合成生物大分子的前体，继而合成生物大分子，实现细胞生长和数量的增多，生长曲线呈现为指数生长；继而进入平衡期，细胞生长速率放慢以至停止，生理和代谢过程转入分化期，并起始次生代谢产物的生物合成，出现细胞形态分化和孢子形成。显然，次生代谢产物对产生菌自身的生存并非是直接需要的。

　　不同物种的分化期产物的化学多样性和特殊结构可归属于以下不同类的有机化合物，包括氨基糖类、醌类、香豆素类、环氧化物、吩嗪类、麦角碱、配糖类、吲哚衍生物、内酯类、大环内酯类、核苷类、肽类、聚乙炔类、多烯类、吡咯类、喹啉衍生物、萜烯类和四环类等。次生代谢物与初生代谢物另一不同点是常包含不平常的化学键连接，如 β-内酰胺。分化期代谢产物典型的情况是产生特殊的化合物簇，如有关化合物产生菌至少能产生 10 种天然的青霉素、3 种新霉素、4 种短杆菌肽、10 种多黏杆菌素、20 种放线菌素、4 种制酵母素、13 种博来霉素等。随着现代快速分离和分析技术的发展，已明显增加了分离的微量化合物成分的数目。这显然与初生代谢的每条合成代谢链只合成一种终产物不同。同一簇化合物中每种成分的比例取决于遗传和环境双重因素的影响，这显然与环境因子参与的胞内调控机制与次生代谢产物合成途径的酶的特异性较低有关。与之相反，在初生代谢中，生物合成途径中的酶是高度专一性的，一种酶只接受一种底物，并只形成一种催化产物，即初生代谢酶具有高度的特异性，保证了合成产物正确无误，因为可以想象若生物必需产物的合成出现差错，将会导致生物大分子合成受阻，导致细胞死亡；而次生代谢产物结构的差错对产生菌细胞并无严重后果。此外，初生代谢产物是由许多不同的代谢途径合成的不同产物，而大多数分化期代谢产物则是由少数关键性中间代谢产物衍生合成的，如聚酮类抗生素（红霉素等）。

在营养丰富的培养基中生长的批次培养物中，抗生素的产生通常是在培养物完成生长之后，这一事实可以在培养物的生长曲线中清楚地观察到（图 4.9）。生长曲线大多可明显分出生长期和分化期，次生代谢物是在生长速率下降和停止生长的分化期合成。

在丝状微生物（真菌和链霉菌）中，生长期和分化期的区分并不很清晰，在许多丝状微生物发酵中，虽然生长速率较生长期慢，但分化期细胞干重仍继续显著增长。细胞的质量是由细胞的结构（细胞壁、细胞膜、细胞器、细胞核等）成分，以及由体内生物合成的贮存物（如多羟基化合物、拟酯、多聚磷酸和非结构性碳水化合物）组成。平衡期的非复制性生长，通常是贮存物积累的结果，在发酵终了时，贮藏物可以达到干重的 50%～60%。所以，用来衡量复制性生长的最佳参数应是 DNA 量的增加，以此为指标，经常可以明确地将生长与抗生素产生阶段区分开（图 4.9）。区分出复制生长期结束的其他参数是呼吸活力和 RNA 合成率的下降。

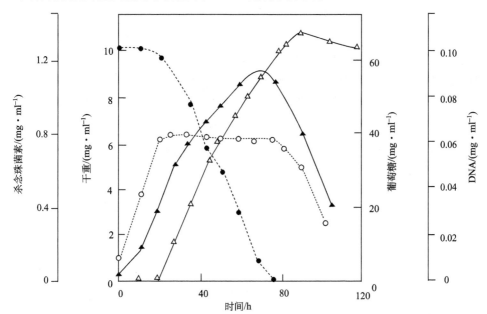

图 4.9 液体培养灰色链霉菌（*S. griseus*）的杀念珠菌素的产生与 DNA 合成和细胞干重增长的关系（Bibb，2005）。△，杀念珠菌素的浓度；▲，细胞干重；●，葡萄糖浓度；○，DNA 含量

在许多抗生素（如氯霉素、黏菌素、青霉素和杆菌肽）产生菌的发酵过程中，当它们在能支持快速生长的有机培养基中生长时，出现典型的生长期-分化期的动力学曲

线；而在支持缓慢生长的合成培养基中生长时，生长期和分化期是重叠的。控制抗生素生物合成起始的因子，可能是一种或几种限制营养生长的营养成分，其中某一种成分被耗尽便停止生长，胞内启动应激反应（stress reaction）机制，并起始分化期生物合成；在只能支持缓慢生长的合成培养基中，某些营养因子从一开始就限制菌体生长，所以在其缓慢生长的同时，也出现抗生素合成。可见，不能以产物合成时间来判断是否是一种次生代谢产物。如上所述，在理想情况下，在批次培养物中，才出现时间上分开的生长期和分化期，但实际上二者往往是重叠的，而且在一定条件下还是可逆的。一个次生代谢产物之所以称为"次生"，只是因其产物对指数生长的培养物的生长是非必需的。

　　也有一类发酵产物并非次生代谢产物，如柠檬酸发酵，它是生物的物质代谢和能量代谢循环（三羧酸循环）的一个中间产物，在微生物生物合成代谢和能量代谢产生ATP中，起着重要作用，但是因为在生物批次培养中，随着生物生长速率的下降，培养物转入分化期，培养物的物质和能量代谢迅速下降，而使原先大量需要的中间物产量下降，并因能量代谢失衡而在胞内大量积累，成为一种"废弃物"并被排出胞外。虽然在培养中柠檬酸的产生和产量曲线与抗生素产生的动力学曲线并无区别，但是，按定义它并非次生代谢产物，因为它并不涉及次生代谢产物合成途径的启动。类似地还有多种酶制剂。

　　1. 碳源分解代谢物的调节作用

　　葡萄糖是菌体生长的最佳碳源，它也干扰许多抗生素的生物合成（表4.2）。在研究改进发酵培养基时，总是以多糖或寡糖代替葡萄糖为碳源，以有利于抗生素产生。当培养基中同时含有葡萄糖和另一种较难利用的化合物为碳源时，通常在未产生抗生素前葡萄糖首先被利用，待葡萄糖耗尽后，第二种碳源才被用作生长和抗生素生物合成的碳源。这与上节讨论的分解代谢物阻遏现象一致。

表 4.2　抗生素生物合成中的分解代谢物调节作用及相关的酶（Martin and Demain，1980）

抗生素	干扰碳源	非干扰碳源
青霉素	葡萄糖	乳糖
放线菌素	葡萄糖	半乳糖
链霉素	葡萄糖	甘露聚糖，葡萄糖流加
盐屋霉素	葡萄糖	麦芽糖
吲哚霉素（indolmycin）	葡萄糖	果糖
杆菌肽	葡萄糖	柠檬酸
头孢霉素 C	葡萄糖	蔗糖
氯霉素	葡萄糖	甘油
紫霉素	葡萄葡	麦芽糖
灵（杆）菌素	葡萄糖	半乳糖
丝裂霉素	葡萄糖	低浓度葡萄糖
新霉素	葡萄糖	麦芽糖
卡那霉素	葡萄糖	半乳糖
恩镰孢菌素	葡萄糖	乳糖
嘌呤霉素	葡萄糖	甘油
新生霉素	柠檬酸盐	葡萄糖

续表

抗生素	干扰碳源	非干扰碳源
杀念珠菌素	葡萄糖	流加葡萄糖
假丝霉素	葡萄糖	流加葡萄糖
丁酰苷菌毒	葡萄糖	甘油
头霉素	甘油	天冬酰胺，淀粉

但是，并非所有微生物都表现葡萄糖效应，依微生物菌种而异，碳源调节效应也可能是葡萄糖以外的、更快被利用的碳源，而非葡萄糖。例如，柠檬酸是新生霉素产生菌雪白链霉菌（*S. niveus*）更喜欢的碳源，在培养基中同时含有葡萄糖和柠檬酸盐时，表现二次生长曲线，优先利用柠檬酸盐。在柠檬酸盐利用期，新生霉素的产生被抑制，而在利用葡萄糖的第二生长期才产生新生霉素。所以，我们不能将这一现象简单地认为是"葡萄糖效应"，而采用"分解代谢阻遏"一词更合适。

碳源分解代谢物调节的分子机制可能与抗生素产生菌的生长速率控制有关，因为缓慢地向发酵液中加入葡萄糖，消除葡萄糖效应的干扰，可以出现青霉素生物合成。类似地，缓慢流加葡萄糖可以促进大环内酯类抗生素、制念珠菌素（cadidin）和白六烯菌素（candihexin）的生物合成。所以葡萄糖似乎与阻遏抗生素生物合成途径相关的某种酶基因的表达有关。在弗氏链霉菌（*S. fradiae*）中，虽然葡萄糖干扰新霉素积累的机制还不清楚，但似与阻遏新霉素生物合成所需的磷酸酶的合成有关。而嘌呤霉素生物合成的最后一步的酶是O-去甲基嘌呤霉素合成酶，该酶被葡萄糖阻遏，而不被甘油阻遏。在卡那链霉菌（*S. kanamyceticus*）中，葡萄糖也阻遏卡那霉素的生物合成，这一效应是因为卡那霉素合成途径的最后一个酶，*N*-乙酰基卡那霉素亚氨基水解酶被阻遏，而该酶不被半乳糖阻遏（表4.2）。

在研究葡萄糖对产黄青霉（*P. chrysogenum*）青霉素生物合成的调节时，所得结果表明，葡萄糖阻遏（但非抑制）[14]C-缬氨酸掺入青霉素。在链霉素生物合成中，葡萄糖通过阻遏甘露糖苷链霉素酶的合成，干扰甘露糖苷链霉素转化为更高活性的链霉素；类似地，葡萄糖阻遏头孢霉素C乙酰基水解酶的合成，从而阻止头孢霉素C转变为较低活性的去乙酰基头孢霉素C。

除了分解代谢物调节作用外，其他机制，如pH降低或溶解氧耗尽，也可能通过碳源利用干扰抗生素的生物合成。葡萄糖干扰杆菌肽产生就是因为pH下降。然而，这种干扰并不是由于pH本身，而是培养物生长在高浓度葡萄糖培养基中，积累了游离形式的乙酸和丙酮酸所致。

在大肠杆菌中，可诱导的分解代谢物酶的阻遏与正调控效应物cAMP有关。高浓度葡萄糖间接地抑制腺苷酸环化酶的活性，因而降低胞内cAMP的水平。正效应物cAMP与cAMP受体蛋白CRP互作，形成cAMP-CRP复合物，它与编码可诱导酶的操纵子的启动序列CAP位点结合，从而激活相关基因的转录，这在大肠杆菌模式菌种上已有深入研究。但是，在产黄青霉菌中，cAMP并不能使青霉素生物合成的葡萄糖阻遏作用逆转；此外，在卡那链霉菌中，cAMP 能解除 *N*-乙酰基卡那霉素氨基水解酶的葡萄糖阻遏。在交莎霉素（turimycin）产生菌吸水链霉菌（*S. hygroscopicus*）中已发现 cAMP 及其结合蛋白，但是还不知道它们在调节交莎霉素的生物合成中起什么作用。在交莎霉素开始合成时，cAMP 含量下降，而当加入 cAMP 时促进菌体生长并干扰交莎霉素合成。这说明 cAMP 的作用未必是激活蛋白 CAP 的效应物。这表明在链霉菌中 CAP 与葡萄糖效应无关。在这里 cAMP 的功能还不明确。这种干扰也可能是由磷酸盐调节作用引起的。在灰色链霉菌发酵中，在产生链霉素时，cAMP 含量下降至峰值的 10%。这些观察表明，高 cAMP 水平并不解除对抗生素形成的阻遏，这一现象与肠道杆菌中的可诱导酶合成相反。此外，抗生素合成酶基因的转录可能被高水平的cAMP 关闭，而可能更多地与磷酸盐调节有关。可见，糖代谢对抗生素生物合成的影响不能只考虑碳源本身，其还受到其他多种因素，如氮源和磷酸盐浓度等的影响。在肠杆菌中证明的 CAP 对分解代谢物操纵子的正调控作用并不适用于抗生素产生菌。葡萄糖代谢阻遏现象在抗生素产生菌发酵中是确实存在的，但是，它是通过不同于 CAP 正调控机制实现的。

2. 氮源代谢物的调节作用

氮元素是生物大分子的组成要素，所有生物都必须有氮源才能生长。对微生物来说，可能的氮源包括氨、硝酸盐及含氮有机化合物，包括核苷酸和氨基酸等。有些微生物还可能利用大气氮（N_2）。NH_3 是大多数微生物最偏爱的氮源，所有有氮掺入的相关反应都直接利用 NH_3，或者将 NH_3 直接加到 α-酮戊二酸和谷氨酸上，使之成为谷氨酸或谷酰胺，继而以 NH_2 基形式由谷氨酸和谷酰胺转移，用于含氮化合物合成。

所以，NH_3 是生物合成反应的直接或间接的氮源，而多数其他形式的氮源，在被用于生物合成反应前，都必须还原为 NH_3。因而，与碳源一样，微生物的氮源利用也是受全局性调控机制调控的，氮源的性质和浓度将会影响次生代谢物的产生（表 4.3）。在细菌、酵母菌和霉菌中，已有关于控制氮源利用的调控机制的报道。铵及其他易被利用的氮源，如蛋白质水解物具有阻遏作用，阻止与其他氮源利用有关的酶的合成，这些酶包括亚硝酸还原酶、硝酸还原酶、精氨酸酶、胞外蛋白酶、依赖于烟碱腺苷二核苷酸的谷氨酸脱氢酶、鸟氨酸转氨酶、乙酰胺酶、苏氨酸脱氢酶、尿囊素酶，与嘌呤降解、尿素和谷氨酸运输有关的酶，以及组氨酸利用有关的酶的合成。在肠细菌中，氮分解代谢产物与调节谷酰胺合成酶有关，它不仅在谷酰胺生物合成中起作用，也调节同化含氮化合物的酶类的合成。在产气克氏杆菌（*Klebsialla aerogenes*）中，氮代谢阻遏作用是通过谷酰胺合成酶的胞内水平起作用。真菌的氮代谢物调节作用，也有酶蛋白参与，但是与在肠细菌中谷酰胺合成酶起阻遏作用不同，在真菌中，尼克酰胺腺苷二磷酸特异性的谷氨酸脱氢酶活性对氮代谢有关酶的合成起阻遏作用。在酵母和霉菌中氮代谢阻遏作用需要 NH_4^+ 代谢，阻遏作用是通过谷酰胺合成酶实现的。因为遗传学证据表明，这种酶的无活性突变型是解阻遏的。在优化用于抗生素产生的合成培养基时，往往选择被缓慢利用的氨基酸，如在链霉素发酵中优先选用脯氨酸，这与限制氮源利用有关。

表 4.3 易利用的氮源对抗生素产生的抑制作用（Sakaguchi and Okanishi，1980）

产物产生菌	抗生素
青黄链霉菌（*S.viridoflavum*）	杀念珠菌素
棒状链霉菌（*S.clavuligerus*）	头霉素
涅柔斯链霉菌（*S. nireus*）	新生霉素
抗生链霉菌（*S.antibioticus*）	竹桃霉素
天蓝色链霉菌（*S. coelicolor*）	放线菌红素
梭链孢菌（*Fusidium coceincum*）	梭链孢酸
荨麻青霉菌（*P. urticae*）	棒曲霉素
藤仓赤霉菌（*Gibberella fujikuroi*）	赤霉素

3. 磷酸盐对菌体生长和分化的影响

在多种抗生素发酵中，磷酸盐是限制菌体生长的关键性营养素。磷酸既是生物大分子的组成成分，同时也参与生物合成代谢中能量转移和转换过程，因此它对生物生长和代谢起着重要作用（Meng et al.，2011；Guyet et al.，2014）。多烯-大环内酯抗生素的产生通常被 10～300mmol/L 无机磷酸盐抑制。实际上，在正常情况下，灰色链霉菌（杀念珠菌素产生菌）培养物中，杀念珠菌素（candicidin）开始合成前 2h 磷酸盐就已耗尽。同样，金色链霉菌（*S. aureofaciens*）在生长并耗尽磷酸盐后，才开始合成四环素。在整个杀念珠菌素发酵的分化期，胞内磷酸盐都保持在很低的水平，如果在杀念珠菌素发酵开始时加入10mmol/L 磷酸盐，菌体生长明显受到促进。若胞外磷酸盐不耗尽，在整个发酵过程中都会继续生长，而且不出现抗生素合成。随着加入的磷酸盐浓度的增高，磷酸盐耗尽的时间后延，而抗生素合成起始时间也被推迟（图 4.10）。所以，杀念珠菌素的合

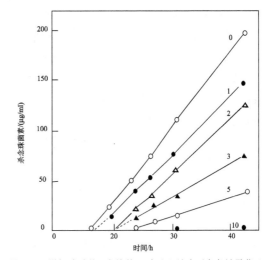

图 4.10 增加磷酸盐（在培养 0h 加入）浓度对灰色链霉菌（*S. griseus*）杀念珠菌素形成的影响（Martin and Demain，1980）。线上数值为加入的磷酸盐浓度（mmol/L）

成是自磷酸盐耗尽时开始的，类似的现象也出现在万古霉素发酵过程中。此外，在分化期开始后，加入磷酸盐会增加氧消耗、葡萄糖利用、胞内 ATP 水平和菌丝体生长，并立刻抑制杀念珠菌素产生。

从胞内代谢和能量产生来说，磷酸盐浓度影响胞内 ATP 的水平，而能量负荷改变才启动抗生素的合成。可能的机制是磷酸盐不足导致 TCA 循环活性降低、ATP 和

NADH$_2$生成量减少，菌丝生长停止（表 4.4），从而导致乙酰 CoA 和磷酸烯醇式丙酮酸（PEP）积累，而 PEP 经 PEP 羧化酶转化为草酰乙酸盐，再由羧基转移酶（在有些微生物中通过乙酰 CoA 的羧化作用形成草酰乙酸盐）作用使草酰乙酸盐和乙酰 CoA 缩合形成丙二酰 CoA。草酰乙酸盐和乙酰 CoA 缩合（或与甲基草酰乙酸 CoA 和丙酰 CoA 缩合）起始脂肪酸、四环素族、大环内酯类等的生物合成。

表 4.4　无机磷酸盐对抗生素产生的抑制作用（Sakaguchi and Okanishi，1980）

产生菌	抗生素
抗生链霉菌（*Streptomyces antibioticus*）	放线菌素
灰色链霉菌（*S. griseus*）	头霉素
金色链霉菌（*S. aureofaciens*）	金霉素，四环素
弗氏链霉菌（*S. fradiae*）	新霉素
链霉菌（*S. nivius*）	新生霉素
诺尔斯氏链霉菌（*S. noursel*）	制霉菌素
龟裂链霉菌（*S. rimosus*）	土霉素
多黏芽胞杆菌（*Bacillus polymixa*）	多黏菌素
黏质沙雷氏菌（*Serratia marcescens*）	灵杆菌素
绿脓杆菌（*Pseudomonas aeruginosa*）	绿脓杆菌素
原放线菌属（*Proactinomyces*）	瑞斯托霉素
灰色链霉菌（*S. griseus*）	链霉素
东方链霉菌（*S. orientalis*）	万古霉素
链霉菌（*Strepomyces* sp.）	紫霉素

在链霉素、新霉素、万古霉素和紫霉素发酵中，这些抗生素的磷酸酯是在其生物合成的中间步骤中形成，并通过碱性磷酸酯酶转化为生物活性物，已知这些酶也被无机磷酸盐抑制和/或阻遏。由于磷酸盐不仅是生物大分子 DNA 和 RNA 的组成部分，而且在细胞的能量代谢中起着关键性作用，因此磷代谢也受全局性调控作用控制，如大肠杆菌中它是受 PhoBR 蛋白的全局性调节。

综上所述，由于碳源、氮源和磷酸盐是微生物生长和繁殖的三要素，在生物代谢中三者处于综合平衡状态，并各自都受全局性调节控制，三者之一失衡，将使菌体生长受到限制，就会导致培养物出现应激反应，使之由生长期转换为分化期，开始次生代谢物生物合成。所以在微生物工业发酵中，对三要素进行优化控制，对产生次生代谢产物的产量至关重要。这就是为什么一个菌株在开发用于生产前总要通过正交试验法确定碳源、氮源和磷酸盐的最佳用量。按基因型决定生物对环境的反应范围原理，育种中筛选出的高产基因型菌株必须在确定的最佳培养条件下，才可能实现最佳表现型。

4. 次生代谢物合成的前体化合物与诱导物的应用

在发酵培养基中，加入某种初生代谢物能增加次生代谢产物产量，这些效应物常常是次生代谢产物的前体化合物，或者也可能是次生代谢途径的诱导物。这里我们需要确定是否只是因为前体供应的增加，还是同时包括对相关合成途径的一种或几种合成酶的诱导作用。起促进作用的前体化合物同时也是诱导物的如色氨酸，它是麦角碱生物合成中二甲基烯丙基色氨酸合成酶的诱导物；亮氨酸是杆菌肽合成酶的诱导物和前体；在顶头孢霉菌（*A. cephalosporium*）的头孢霉素合成途径中，甲硫氨酸是头孢霉素合成的前体物，也是头孢霉素合成酶、环化酶和扩环酶的诱导物；赖氨酸是棒状链霉菌（*Streptomyces clavuligerus*）头霉素合成途径的前体，也是赖氨酸氨基转移酶的诱导物；缬氨酸是弗氏链霉菌（*S. fradiae*）泰乐菌素合成的前体和缬氨酸脱水酶的诱导物；产黄青霉菌青霉素 G 合成中，苯乙酸是苯乙酸吸收系统的诱导物。分支氨基酸能促进尼可霉素的合成，苯丙氨酸促进苯二氮卓类生物碱的合成。前体化合物促进作用也在万古霉素发酵中观察到，在培养基中加入甘氨酸、苯丙氨酸、酪氨酸和精氨酸对万古霉素的产生有促进作用。所以，在遗传育种研究中，确定最佳培养基配方后，寻找提高次生代谢物产量的促进剂/诱导物也是一个思路。在这方面已有许多成功实例可循。这里只是提供一些开拓思路的参考。

二、次生代谢途径基因表达调控机制

次生代谢途径表达调控的分子机制研究晚于初生代谢物调控作用的研究，这一方面是因为产生次生代谢产物的微生物物种多样，所产生的代谢产物各不相同，这就意味着调控机制的多样性和复杂性，同时也因为次生代谢途径的中间产物不像初生代谢的中间产物和终产物那样单一，因而给分析带来难度；另一方面，从方法学说，为研究表达的调控机制，必须建立一个模式系统，建立起遗传学和生物化学分析方法，需分离和鉴定结构基因和相关调控基因突变型，才有可能得到类似于大肠杆菌操纵子模式系统的基因表达调控机制的确切结论。

但是，随着链霉菌模式菌种——天蓝色链霉菌遗传学研究的深入（Sooa-Landa et al.，2003），次生代谢途径的研究才有了较大的进展。由于 2002 年完成了天蓝色链霉菌基因组的全序列分析而进入了链霉菌的后基因组学的分子信息学时代，对经典遗传学分析方法的依赖性下降。通过离体遗传学操作，结合遗传学图和物理图谱，由 DNA 序列不难确定功能基因的位置，采用基因克隆和 PCR 技术有目的地克隆或敲除相关基因，验证它们的功能；采用基因克隆及将所克隆的基因引入原菌株或突变型菌株，确定被克隆基因的功能，便可确定所克隆 DNA 片段的功能，确定次生代谢途径的结构基因和调控基因，并很快有了重要的进展。

1. 次生代谢途径相关基因簇定位在染色体上

抗生素合成的相关基因成簇或紧密连锁地定位在染色体上。例如，将天蓝色链霉菌的含编码蓝色聚酮放线菌紫素（Act）的 35kb 的 DNA 片段，完整地转入另一原本不产生抗生素的微小链霉菌（*S. parvulus*）中，受体菌不仅能产生相应的抗生素，同时受体菌的表现型也由对 Act 敏感转变为 Act 抗性，这一结果表明，不仅抗生素合成基因是成簇定位于染色体上的，而且途径特异性调节基因和对自生抗生素的抗性基因也位于同一 DNA 片段上，是抗生素合成基因簇的组成部分。后来在其他抗生素产生菌，包括青霉素产生菌亦证明相关合成基因和合成途径的调控基因也是成簇定位在染色体上。这一事实对分子水平上研究抗生素的合成及调控机制，以及相关抗生素的分子改造具重要意义，也大大加速了次生代谢途径研究的可操作性，已取得许多重要进展。

2. 次生代谢途径调控的分子机制

体外遗传学-生物分子信息学的发展，为次生代谢途径调控机制研究创造了前所未有的开拓条件。仍以链霉菌为例，现在要了解，在批次培养的培养物生长放慢和生长停止后，菌体内的代谢过程究竟发生了怎样的变化？培养物中随着菌体密度的增高，培养物与生长环境之间发生了怎样的信息反馈？起始代谢过程转换的主控因子又是什么？通过基因突变、基因克隆和对相关基因的 DNA 序列分析及与 DNA 资料库相关基因序列对比，不难确定突变基因的原始功能，推测出了上述关于次生代谢途径调控的网络图（图 4.11）。图中的每个方框都是以遗传学和分子信息学研究的结果为依据，该图可作为对次生代谢途径遗传调控的分子机制深入研究的基础。由图可见，在营养受限，培养物生长放慢或停止后，立即出现的是应激反应机制的启动，合成应激因子 ppGpp 及 A 因子（γ-丁内酯），进而启动次生代谢及形态发生相关的层级式（cascade）调控系统。

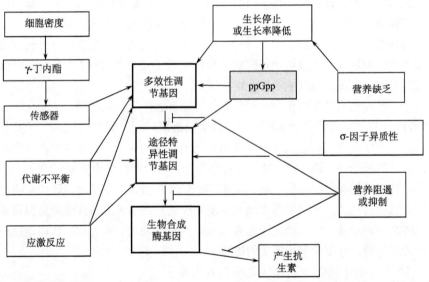

图 4.11　链霉菌中启动抗生素合成的可能因子（Bibb, 1999）。粗线示已被证明的调控作用的因子；细线示可能的、待证明的因子。⊢示阻遏作用

以下以链霉菌为例简述次生代谢途径和形态发生的若干分子调控机制。

1）鸟苷四磷酸

鸟苷四磷酸（ppGpp）是一个全局性调控因子，具广泛的生理效应，在大肠杆菌中，当氮源受限时启动应激反应，一方面停止 rRNA 的合成，另一方面合成由 relA 编码的鸟嘌呤核苷四磷酸合成酶，该酶与核糖体结合并被激活合成 ppGpp，胞内 tRNA 和 mRNA 合成活动下降，细胞逐渐进入休眠状态。这是大肠杆菌应对不良环境条件的

一个全局性调控机制。链霉菌在营养受限条件下，也出现同样的反应。

在平板上培养链霉菌时，次生代谢物总是在气生菌丝发育时产生，而在液体培养时总是在生长后期和平衡期产生，显然与营养受限，尤其氮源受限时的应激反应机制有关，此时最直接的生理反应是：在营养受限（如氮源受限）、生长停止的情况下，培养物出现如同大肠杆菌的应激反应，合成 ppGpp。无疑 ppGpp 是抗生素合成起始的一个胞内效应物。这是因营养代谢被阻遏和抑制，致使代谢失衡，出现的生理胁迫反应，在分子水平上有多少种机制起作用难以确定。因为多种生理作用发生在复杂的层级调控网络的不同层级水平上，而细胞又必须对环境和体内信号做出适时的调控反应，这都增加了厘清次生代谢途径调节机制的难度，但是可以肯定 ppGpp 参与了次生代谢途径的启动。

2）胞外信号及级联式调控作用

A 因子是一个自我调控因子（autoregulator），是多种链霉菌在次生代谢和形态分化中起着关键性作用的小分子化合物，它只在生长后期合成，随着浓度逐渐增高并通过传感器分子负调控次生代谢物合成和细胞分化过程。

A 因子最初是前苏联科学家在链霉素产生菌灰色链霉菌发酵产生链霉素的培养物中发现的化合物——γ-丁内酯（γ-butyrolactone），其结构为2-异辛酰-3R-羟甲基-γ-丁内酯（图4.12）。后来发现在许多链霉菌及放线菌的多个属都有类似化合物产生，而且产生时间是在液体培养物生长的转换期，其在多个菌种中被证明与次生代谢

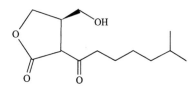

图4.12 示自生诱导物（A 因子）的化学结构。结构为 2-异辛酰-3R-羟甲基-γ-丁内酯。不同丁内酯的侧链长度不同

途径的启动有关。已被深入鉴定的链霉菌 A 因子对链霉素产生和形态分化是必需的。A 因子的合成需要的关键性基因是 *afs*A。

A 因子是负调控蛋白的效应物，它与细胞质蛋白 ArpA 结合，使之由 *adp*A 启动子释出，从而激活 *adp*A 的转录活性，而 AdpA 的作用正是激活链霉素特异性合成途径，产生链霉素的途径特异性调节基因 *str*R（图 4.13）及 *adp*A 调节子的其他成员，包括形态分化所需的基因的表达。*adp*A 是次生代谢和形态分化的唯一的依赖于 ArpA 的调节子，所以 A 因子是一个全局性负调控效应物。在转录水平上，AdpA 诱导至少 10 种蛋白质的合成，其中之一是链霉素-6-磷酸转移酶，该酶的作用与链霉素的生物合成和对链霉素自身抗性有关。在 A 因子的缺陷突变型中，整个链霉素合成基因簇基因不表达，并失去孢子形成能力。并且一旦 A 因子满足了两个过程的转档功能后，还起到调节 A 因子自身合成的功能，它正好是在链霉素产生之前合成，而在链霉素产生达最高水平时消失。

许多其他链霉菌也产生 A 因子，或者相关的侧链长度不同的 γ-丁内酯，在产生链霉素以外的抗生素的那些菌株中，γ-丁内酯也诱导相应抗生素的产生和形态分化。维吉尼亚霉素产生菌维吉尼亚链霉菌（*S. virginiae*）产生一组由 5 种不同的 γ-丁内酯组成

的维吉尼亚丁内酯（virginiae butanolide）（VB）。该菌培养 8～11h，加入合成的自生诱导剂 VB-C，能促进维吉尼亚霉素产量提高 200%；始旋链霉菌（*S. pristinaespiralis*）的普那霉素的产生也受 A 因子控制。商业产品丙内酯（propiolactone）也具活性，但自生 γ-丁内酯的活性比丙内酯高 250 倍以上。虽然天蓝色链霉菌不产生 A 因子，但产生多达 6 种自生调节因子，其中至少有一种为 γ-丁内酯，并对链霉素产生菌有喂养效应。

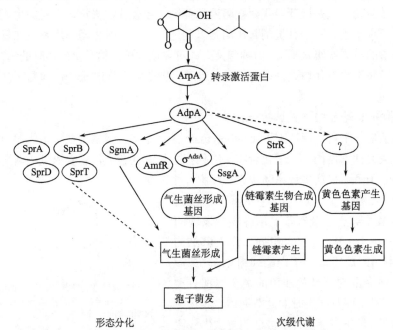

图 4.13　A 因子激活灰色链霉菌链霉素合成和形态发生相关基因的调控网络（贾素娟等，2004）。γ-丁内酯与其受体蛋白 Arp 结合使其失去负调控作用，使一系列参与次生代谢和形态发生的基因表达

　　AdpA 参与灰色链霉菌形态发生是通过对特定基因的表达调控实现的，它能正调控 *sgm*A 转录，推测 SgmA 可能与分解基生菌丝、为气生菌丝提供营养有关；AdpA 参与 AmfR 对气生菌丝形成的调控，促成其表达；*amf*R 还受到 σ^{AdsA} 因子的负调控，σ^{AdsA} 的基因突变使气生菌丝不分割，影响孢子形成。*amf*R 编码序列中含有稀少的亮氨酸密码子 TTA，这也说明了 *bld*A 突变同时表现为次生代谢受阻，也不能分化形成孢子，而成为光秃型 Bld 突变型菌落的原因。

3）tRNA^{UUA} 调节子和 σ 因子

　　tRNA^{UUA} 调节子：链霉菌的基因组 DNA 的（G+C）mol% 高达 74%，这决定了编码氨基酸的密码子碱基选择不同于一般菌种，三联体密码子第三位极少出现 A，所以编码亮氨酸的密码子 UUA 成为链霉菌抗生素生物合成途径的主调控因子之一。例如，链霉菌中有一个不产生抗生素，也不形成分生孢子的光秃突变型 Bld，经遗传学和生物信息学分析证明，Bld 的编码基因 *bld*A 是一个 tRNA 突变型，其野生型是一个带反密码子 UUA 的 tRNA，能翻译天蓝色链霉菌的放线菌紫素（Act）合成途径的特异性含亮氨酸密码子 UUA 的激活蛋白 *actII-ORF4* 基因，因而为 Act⁺。所以 *bldA* 突变型是因其反密码子突变，而不能翻译 *actII-ORF4* 和其他次生代谢途径及形态发生基因。这已由 *actII-ORF4* 读码框中的回复为 TGA（TAA→TGA）的 Act 回复突变（Act⁻→Act⁺）得到证明。

经生物分子信息学查询，在天蓝色链霉菌 8Mb 基因组序列中，含 TAA 密码子的基因仅约 100 个，而在营养生长期表达的基因全无 TAA 密码子。这表明链霉菌次生代谢途径中的主调控机制之一为 $tRNA^{UUA}$ 调节子。

4）σ 因子的调控作用

链霉菌至少有 8 个不同的 σ 因子，这一方面可理解为其适应复杂生境所需，另一方面也必定与其代谢转换和发育分化有关。在天蓝色链霉菌中分离到一个白色菌落突变型 WhiG，菌落表面生长有很长的气生菌丝，但不分割形成孢子，由生物信息学进行序列比对发现，它是一个 σ 因子突变型（聂丽平和谭华荣，2000）。σ 因子在次生代谢和形态发生中的其他作用也在研究中。

可见，次生代谢作用的遗传调控是一个比初生代谢复杂得多的课题，因为虽然统称次生代谢产物，但是不同生物的产物的结构和性质各不相同，而且往往同一生物可能同时产生一种以上的次生代谢产物，这使得对它们的合成途径及其调控机制细节的研究更难以进行。现时的研究多数仍然集中于使用模式菌种（如天蓝色链霉菌、灰色链霉菌和青霉菌等）。在细胞内由初生代谢到次生代谢有一个转换和交替过程，也为厘清次生代谢调控机制研究增添了不少困难，但由于离体遗传学和生物信息学的应用，已使生物次生代谢途径的调控研究取得了许多突破性的进展，也为实际应用开辟了新的方法和途径，取得了许多应用上的新成果。

对从事以常规育种方法育种的工作者，倒也无需深入了解与次生代谢产物合成的调节有关的分子调控机制，而对我们更为重要的是把握好微生物次生代谢产物产生的宏观调控方面，使我们选出的具优良基因型菌株在最佳培养条件下得以充分表达，达到高产的目标。而对次生代谢途径调控，在分子水平上的新知对我们的工作也常会起到启发和开拓思路的作用，作为背景知识也应适当关注。

参 考 文 献

贾素娟, 胡海峰, 许文思. 2004. A-因子在灰色链霉菌形态分化和次级代谢中的复制调控. 国外医药抗菌素分册, 25: 149-155.

聂丽平, 谭华荣. 2000. 链霉菌形态分化基因——白基因的研究. 微生物学报, 40: 444.

盛祖嘉. 2007. 微生物遗传学. 3 版. 北京: 科学出版社.

杨红文. 2010. 链霉菌次生代谢中 A 因子级联调控研究进展. 长江大学学报(自然科学版), 7: 74-76.

Bibb M. 1996. The regulation of antibiotic production in *Streptomyces coelicolor* A3(2). Microbiology, 142: 1335-1344.

Bibb MJ. 2005. Regulation of secondary metabolism in *Streptomyces*. Current Opinion in Microbiology, 8: 208.

Bouchet V, Goldstein RN. 2008. Molecular genetic basis of rybotyping. Clin Microbiol Rev, 21(2): 1-13.

Gumar D, Gomes J. 2005. Methionine production by fermentation. Biotechnol Advances, 23: 41-61.

Guyet A, Benaroud JN, Proux C, et al. 2014. Identification members of *Streptomyces* lividans AdpA reguron involved in differentiation and secondary edabolism. BMC Microbiol, 14: 81.

Hatada Y, Shinkawa H, Kinashi H, et al. 1994. Induction of pleiotropic mutation in *Streptomyces griseus* by incubation under stress condition for mycelia growth. Biosci Biotech Biochem, 58: 990-991.

Hesketh AR, Chandraet G, Shaw AD, et al. 2002. Primary and Secondary metabolism, and post-translational protein modifications, as portrayed by proteomic analysis of *Streptomyces coelicolor*. Mol Microbiology, 46: 917.

Hopwood DA. 1999. Forty years of genetics with *Streptomyces*: from in vivo to in silico. Microbiology, 145: 2183.

Jacob F, Monod J. 1961. Genetic regulatory mechanisms in the tynthrsis of proteins. J Mol Biol, 3: 318.

Martin JJ, Demain AL. 1980. Control of antibiotic biosynthesis. Microiology review, 44: 230-251.

Meng L, Li M, Yang SH, et al. 2011. Intracellular ATP levels affect secondary metabolite production in *Streptomyces* spp. Biosci. Biotechnol Bioche, 75: 1576-1581.

Mukhherjee PK, Horwitz BA, Kenerley CM, et al. 2012. Secondary metabolism in Trichoderma—a genomic perspective. Microbiol, 158: 35.

Ohnishi Y, Yamazaki H, Kato J, et al. 2005. AdpA, a central transcriptional regulator in the Afactor regulatory cascade that leads to morphological development and secondary metabolism in *Streptomyces griseus*. Biosci Biotechnol Biochem, 69: 341-439.

Sakaguchi K, Okanishi M. 1980. Molecular Breeding and Genetics of Applied Microorganisms. Kodansha Ltd. New York: Dan Academic Press.

Sharma G, Pandey RR. 2010. Influence of culture medium on growth, colony character and sporulation of fungi isolated from decaying vegetable wastes. J Yeast Fungal Res, 1: 157-164.

Snyder L, Champness W. 1997. Molecular genetics of Bacteria. Washington: ASM Press, 301.

Sooa-Landa A, Moura RS, Martin JF. 2003. The two-component PhoR=PhoP system controls both primary metabolism and secondary metabolite biosynthesis in *Streptomyces lividans*. Proc Natl Acad Sci USA, 100: 6133-6138.

van Wezel GP, McDowall KJ. 2011. The regulation of the secondary metabolism of Streotomyces: new links and experimental advances. Nat Proc Rep, 28: 1311.

Yu J, Keller N. 2005. Regulation of secondary metabolism in filamentous fungi. Annu Rev Phytopathol, 43: 437.

第五章　微生物的遗传性变异

已知核酸是生物遗传信息载体和亲子细胞间遗传信息传递的物质基础，但由于在自然条件下，碱基的构型并不是不变的，常因出现互变异构体而使相同碱基的配对特异性发生改变。例如，烯醇式鸟嘌呤导致 GC→AT 的转换突变。这种个别核苷酸的置换，在基因表达时可能导致在多肽中氨基酸序列的个别氨基酸改变，如果这种改变影响到蛋白质的正常功能，就会导致基因突变。这些已被 Watson 和 Crick（1953）的 DNA 模型及以后的生化分析所证明。由于它是自然发生的，因此也称为基因的自发突变（spontaneous mutation）。

第一节　基因突变与生物所处具体环境无关

由于微生物体制简单而微小，长时间争论的一个问题是：它们是否与高等生物一样，也具有遗传性和变异性？是否它们的形态和代谢完全依所处环境而变，因而并非与高等生物一样是一个遗传实体？这是微生物遗传学诞生前需解决的关键性问题。解决这两个问题的最为直接的命题是如何证明抗性突变型细菌是在暴露于筛选因子之前就已经存在，即突变型的出现与生物所处的环境条件无对应关系，还是由于被所接触的环境"诱导"后出现的？为解决这个问题，显然必须在方法上有所突破，因为它们体制简单而微小，无法直接发现个别突变型的存在。

1. 彷徨测验

既然采用形态观察的方法无法将它们区分并建立起一个突变型克隆，只能借助于其他方法来证明微生物的自发突变与其所处生存环境是否相关，这种方法就是 Luria 和 Delbruck（1943）设计的以统计学方法为基础完成的彷徨测验（fluctuation test）。

彷徨测验的具体操作如下：①设置一系列培养物，使每支试管含有取自同一来源的 0.2～0.5ml 敏感菌悬液，起始菌浓约为 10^3cfu/ml，设定一个对照培养物，该培养物除培养液体积较大外，其他与系列培养物并无区别；②使之在不接触筛选因子，如噬菌体的条件下培养至终点（如 16h）；③取样并与噬菌体混合，倒平板，检测各样品中的抗性细菌数。这样，按适应学说预期，无论样品来自大培养物或是分别来自小培养物，在接触噬菌体后，各平板上出现的抗性菌落数应相等，其差异可以用取样误差解释；而按基因突变假说，在对噬菌体敏感的群体中，若个别噬菌体抗性突变型个体在接触噬菌体之前已经存在，那么，在平行的系列培养物中，抗性突变细菌应依其在培养物生长过程中，突变型细菌出现时间的不同而表现出明显数量差异。因为那些较早出现抗性菌的培养物，在生长过程中会产生较多的后代，而较晚出现突变的培养物中，只有较少后代，甚至没有抗性突变型。因此，不同培养物间的抗性菌数经统计学分析，变量必定显著大于平均数。反之，若培养物中出现的抗性菌是由于接触噬菌体后，个别细菌适应环境产生的，那就应该是一个随机事件，这时，由同一培养物接种的系列培养物之间，抗性菌数的统计变量应等于平均数。

试验结果表明，彷徨变量远远大于平均数（$P \ll 0.001$），而来自相同培养物的样品的菌落平均数与变量相等（$P=0.26$）。二者相较，前者显然无法以取样误差来解释，因此与适应说或获得性状遗传说的预期不符，结论只能是抗性突变是在细菌生长过程中自发而随机发生的，与环境并不存在对应的关系，在这里噬菌体只起了筛选作用。实验结果符合突变说的预期，而否定了适应说[详细可参阅《微生物遗传学》（盛祖嘉，2007）]。

2. 影印平板法

在这里人们仍会感到上述实验毕竟是统计学分析结果，并未直接由敏感细菌培养物中分离到抗性菌株，也就是说似乎还隔着一层窗户纸，还可以找到有别于突变说的辩解理由。例如，实验还是接触了筛选因子，从而导致某种未知变异。因而仍会有人要问，能不能不接触筛选因子，而将抗性细菌筛选出来呢？

20 世纪四五十年代，在微生物遗传学研究兴起时，常以影印平板法筛选鉴定营养缺陷型（auxotroph），后来，将此法延用于筛选抗性突变型，从而用来由从未接触过噬菌体的细菌群体中，筛选出抗性突变型菌株。方法是将天鹅绒布缚在一块直径约 8cm 的圆柱形木块上，这里毛绒布的每一根毛绒毛，就如同一根根接种针，如此，就像盖印章一样，将长有菌落的母平板上的成百上千个菌落，一次性地转移到另一或几块平板上。培养后由影印平板上长出的菌落的空间位置，不难追踪到母平板上相应菌落的位置。这样便可从未接触筛选因子的平板（母平板），分离出抗性菌落。如此反复操作数次，每次减少母平板的接种菌数，便可通过影印平板法，最终在从未接触过噬菌体的情况下，从母平板上分离出抗噬菌体突变型菌株（图 5.1）。这就直接证明，微生物基因突变是随机发生的，突变是不定向的，并且与生物个体所处环境无关。

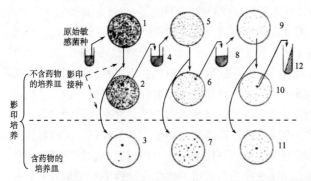

图 5.1　影印平板法间接筛选药物抗性突变型。图中 1、5、9 分别为母平板，2、6、10 为不含药平板；3、7、11 为含药平板。实验中按抗性菌落在 3、7、11 平板出现的位置，由 2、6、10 平板相应位置挑取细菌，适当稀释，进行下一轮影印平板。如此，最终由平板 10 挑出了药物抗性菌株。这样经三轮影印筛选由从未接触药物的平板上，筛选得到抗药突变型菌株

当然，后来发现情况比想象的更为复杂。在临床微生物研究中，发现了单纯按基因突变所不能解释，而更适合用适应说解释的现象。例如，抗性菌株的高频率出现和

抗性因子转移，以及致病菌相转变（phase variation）。不过，很快就证明那是因为质粒（R因子）的接合移动和细菌细胞表面抗原基因的可逆性转变，而非基因突变所致。

第二节 自发突变的突变率

微生物可以通过基因突变或遗传重组产生新的基因型。基因突变可以是自发的，也可以被环境因子诱发产生；就突变产生的新基因来说，可能有利于生物自身生存，也可能是有害的，而据实际观察，大多数基因突变会降低突变型个体的生存能力，因而对突变型个体是有害的。在自然界，不利于生物生长繁殖的突变型在传代过程中被逐渐淘汰；若基因突变对生物生长繁殖有利，将通过自然选择保留下更多的后代，即它能更为有效地利用环境并繁殖自己，使之增加在群体中的权重。而这里说的利与害的判定取决于生物的生存条件，这就是达尔文"优胜劣汰，适者生存"学说的本质。

与自然选择相悖的是人工选择。微生物经诱变或基因重组出现的各种遗传性变异，为育种工作者提供了筛选素材，其中哪些变异被保留，哪些要遭淘汰，全由育种工作者按人的意愿决定，这就是人工选择。人工选择是从人类的利益出发，以人类利益和需求为转移，这种遗传性变异和择优也是永无止境的。例如，青霉素在20世纪40年代刚被发现时，其生产能力只有20单位/ml，经30多年的育种，到20世纪70年代中期，已达到40 000单位/ml，整整提高了2000倍。可以说，在青霉素育种方面，人类已充分"挖掘"了生产菌种的青霉素产生能力的遗传性变异的潜力，达到了某种极限。当然，为达到如此高产的目的，在培养基、发酵设备和培养条件上，也做了大量工作，有了重大的乃至突破性的变革。否则，再好的菌种也不可能达到如此高产的目的。

1. 几个基本概念

为说明在人工选择与自然选择过程，便于阐述和理解菌种的遗传背景，下面首先介绍几个基本概念。

克隆（clone）：克隆是指由单一细胞进行无性繁殖，并在避免出现有性繁殖而引入遗传性变异的情况下，产生的后代的总体（群体），所以也被称为无性繁殖系。它是特定时间和空间存在的微生物菌株的实体。在有些微生物中（如芽殖酵母、丝状真菌和链霉菌），子代细胞与母细胞并存生活在一起，细胞间菌龄也有区别；而真细菌和古生菌，一般无母子细胞的区别，在一个克隆培养物中，生长着的所有细胞都可视为同龄。

菌株（strain）：菌株是一个带有特殊遗传标记的克隆。在实践中，常以字母和编号标记。如生产核黄素的阿舒多囊霉（*Crebrothecium ashbyii*）DU32，这里DU32即代表该菌种的一个菌株。一个菌株是由有关基因型来定义的，如 *E. coli* MC1061 的基因型为 *ara*D139 Δ（*ara-leu*）7696 *gal*E15 *gal*K16 Δ（*lac*）X74 *rps*L（Str^r）*hsd*R2（r$_k^-$m$_k^+$）*mcr*A *mcr*B1，为方便起见，实验室中平常称它为 *E. coli* MC1061，而不必每次都列出它的基因型。

一个菌株通常是由一个或几个不同于其他菌株的相对稳定的遗传特性定义。如果组成该菌株的抽样检查的所有单菌落都具有那些性状，就认为该菌株是纯的，否则就是不纯的，需进行分离纯化，重新将原菌株确立起来。

实验室或工业发酵中，总是要建立和收集一些用于工作的培养物，而这些培养物，实际上就是一个菌株或克隆的样本，为保证生产或实验的顺利进行，必须注意定时鉴定其基因型，确定无误后，妥善保藏。但是，即使是在一个克隆内的大量细胞，也不可能保证绝对同质，所以在鉴定时，取样必须十分仔细。例如，将培养物先做成细胞或孢子悬液，然后再从中取样。如果样品来自一个克隆的不同培养时间，样品间也会有偏差。

对利用微生物生产产品的企业来说，生产菌种是生产资料，是企业生存和发展的根本，因此保证菌种的生产性能不变至关重要。保持工作菌种稳定性的唯一可靠的方法，是按计划将特定菌株分装一批小管，进行深度低温（如液氮或-80℃超低温冰箱）保藏，这样便可保证在相当长的一段时间内，菌种质量的稳定性。经一段时间后，要有计划地对工作菌株进行分离，鉴定其原有的遗传标记是否存在，产量性状是否有变，并重新做保藏。在工业生产上，这一过程被称为菌种复壮。如发现菌株原有的特性丢失，而又无法恢复，那么这个菌株就不存在了。

在微生物工业生产上，高产菌种生产性能（基因型）是经长期人工选择，将几十以至上百个影响产量性状的正变基因集中在同一菌株上，而又在最佳条件下表达的结果。这种菌株的生产性状是极易丢失的。因为这种生产菌种的自然生活能力已变得很弱，以至于在自然界它们已无法生存。在实验室里，若管理不当，也极易因有利于其生长繁殖的任何基因的自发突变，增进了其生存能力，而降低菌株生产性能，而使菌种呈现"退化"现象。也就是说，自然选择总是在与你"争夺"你所获得的优良菌株。所以我们总应随时提防菌种退化事件的发生。

等基因菌株（isogenic strain）：等基因菌株是从同一菌株出发，采用噬菌体转导或转化的方法，引进特定的一或少数已知基因而构建的不同菌株，我们称它们互为等基因菌株。它们是遗传背景等同的菌株，而不同菌株间的区别是已知的。在研究比较相关基因的表型效应（如研究紫外线敏感突变型）或在实验室中比较分析病原微生物特定基因的致病性或是比较对药物的敏感性时，这种菌株是特别需要的。它不能通过诱发突变方法获得，因为基因突变的不定向性，不能保证只是人们所关心的基因发生突变，而其他基因不变，即未必是等基因菌株。

物种（species）：物种是一个自然群体，是由其独特的基因组决定的。不同物种之间存在着生殖隔离或不亲和性。所以在自然界，物种是遗传上相对独立的生物物种实体。生物的遗传性是相对的，而变异时有发生，因此，任何生物物种在自然界都处于进化过程之中，是处于一种遗传和变异的动态平衡状态中的一个群体。这是达尔文的"自然选择，适者生存"法则的基础。

研究表明，同一物种的任何基因都并非以单一等位基因形式存在，而每个基因总是存在着多个不同的等位基因（互为拟等位基因）形式，由于不同拟等位基因对环境有不同的适应值，即不同的反应范围，才使物种有更多的遗传潜力以适应环境的变化。由于原核生物无规则性的有性过程，各个体携带的突变型基因难以在群体内交流，因而在群体进化中作用较小，进化速率也不及有性生殖生物。

与无性繁殖生物不同，在自然界的随机交配的理想群体中，世代间基因频度和基因型频度是趋于恒定的。这些性质就如人们熟知的 Hardy-Weinberg 群体遗传学定律所描述的那样，处于一种动态平衡状态之中。理想的不变的群体并不存在，它总是不断地被突变和选择所打破。事实上，这一定律既适用于二倍体生物，也适用于单倍体生物；既适用于有性生殖生物，也适用于无性生殖的生物。只是在行无性繁殖的群体中，因为少有遗传重组发生，所以在自然界达到平衡的过程和方式与行有性生殖的群体不同。

2. 自发突变与诱发突变

微生物在每次细胞分裂时，遗传物质（基因组）首先要进行复制，并分裂分配入两个子细胞。通常两个子细胞是母细胞的完美的复制品。这样，细胞经过多次分裂后，形成一个在遗传上彼此等同的成千上万细胞组成的细胞群体，被称为一个克隆。这是遗传性的一面。然而，在一个群体中，无论是在自然界或者在实验室里，每个培养物中，都不可避免地出现在生理生化特性或形态上发生遗传性变异的个别微生物个体，也就是说，一个在遗传上同质（克隆）的培养物，在繁衍过程中，会出现新基因型的突变体。虽然突变型菌株与原菌株十分相似，但使同一克隆内的细胞变得不等同。这是因为遗传物质在复制时，偶尔出现"错误"引起基因突变（图 5.2）。

基因突变的另一原因是环境因素的诱变作用，这可分两方面来考虑，一是天体的辐射，如 X 射线、紫外线等，这些是来自自然界的能引起基因突变的物理因子，对此已有专门研究和评估，总体上说，天体辐射影响约占 1%。而影响较大的是其赖以生存的环境因素。例如，气温的剧烈变化、pH 等，能在分子水平上引起脱嘌呤或改变碱基互变异构体的平衡，导致基因突变。也可能影响细胞分裂过程，如导致植物细胞基因组倍性变化（多倍体）。二是来自其生存环境的异生物质化合物的污染，这包括农药、除草剂的广泛使用、未受严格检验的食品添加剂的泛滥、不加处理的工业废弃物大量排入江河大地、矿山开发中产生的重金属污染等，这些都是影响生物遗传变异的重要诱因，但它们并不归于自发突变的诱因。

1）自发突变的分子基础

那么，什么是真正意义上的自发突变呢？组成 DNA 的 4 种碱基的正常配对模式为 A-T 和 G-C，是指在正常情况下的配对规则。在正常情况下，其实每种碱基都可以以不同的互变异构体（tautomer）形式出现，并且处于一种动态平衡状态之中，只是二者的出现频度高低不同而已。碱基正常倾向于以 6 位酮式（胸腺嘧啶、鸟嘌呤）与 6 位氨基式（腺嘌呤、胞嘧啶）异构体存在（图 5.2c）。4 种碱基的每一种都可能因分

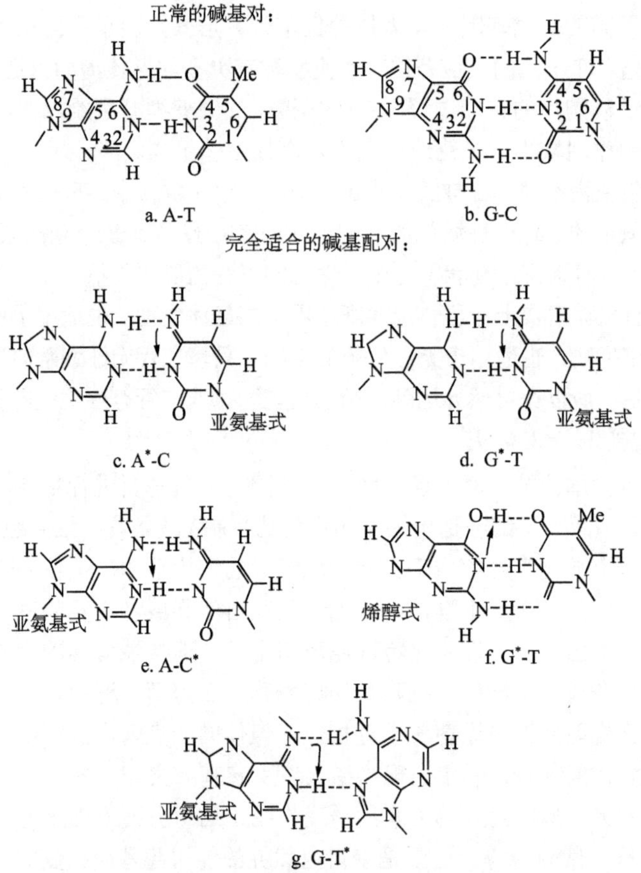

正常的碱基对：

a. A-T

b. G-C

完全适合的碱基配对：

c. A*-C （亚氨基式）

d. G*-T （亚氨基式）

e. A-C* （亚氨基式）

f. G*-T （烯醇式）

g. G-T* （亚氨基式）

图 5.2　正常构型的 AT 和 GC 配对及稀少互补异构体（*）与正常碱基间的"错误"配对（盛祖嘉，2007）

子中电子或质子重排而形成别种形式的互变异构体，如鸟嘌呤的烯醇式互变异构体。尽管出现的概率很低，大约只有 10^{-6}，但是当一种碱基以稀少互变异构体形式出现时，它就不再与正常配对的碱基配对，一种嘧啶的稀有互变异构体将与嘌呤的正常互变异构发生"错误"配对，反之亦然。例如，亚氨基式的胞嘧啶不再与鸟嘌呤配对，而与正常的腺嘌呤配对（图 5.3）。同样，烯醇式鸟嘌呤与胸腺嘧啶配对都属"正常"的了。当然碱基互变异构体也可能导致嘌呤与嘌呤或嘧啶与嘧啶配对的可能，但是由于 DNA 双链间维的限制，而不能掺入正在复制的 DNA 链中。但是它们的配对特异性却不同于酮式和氨基式结构的正常碱基，设想如果复制中的 DNA 正好掺入了稀少形式互变异构体碱基，或复制时在模板相应位置上的碱基正好处于稀少形式互变异构体状态，就会出现碱基错配，所合成的产物必定是杂合双链，在 DNA 再次复制时，双链分开，分别合成一条原型的和另一条突变型的 DNA 双链，依掺入碱基的不同，将引起碱基对的转换（transition）或颠换（transvertion）（图 5.3）。

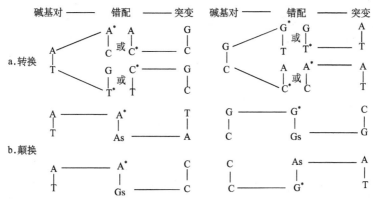

图 5.3 碱基错配引起的突变（盛祖嘉，2007）。a. 错误配对引起转换，一种嘌呤被另一种嘌呤或一种嘧啶被另一种嘧啶置换引起的突变；b. 引起颠换，一种嘌呤被一种嘧啶或一种嘧啶被一种嘌呤置换引起的突变。*表示稀有形式互变异构体

　　此外，还有一种引起自发突变的机制，就是在复制时 DNA 链出现局部环突，而导致少数碱基的缺失或插入，从而引起移码突变（frame shift mutation）（图 5.4）。在 DNA 复制时，模板链出现瞬间环突，便会导致碱基对的改变，造成多肽链氨基酸的改变。这种机制已在噬菌体突变机制研究中，在分子水平上得到了证实。

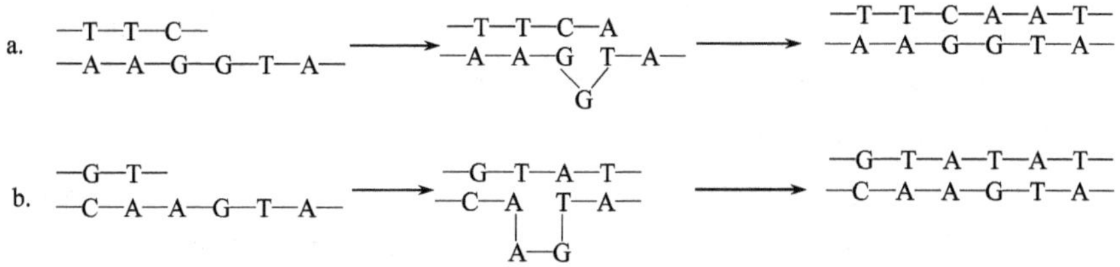

图 5.4 DNA 复制时核苷酸链环突引起的突变（盛祖嘉，2007）。a. 单一核苷酸环出，再经一次 DNA 复制后导致 CG→AT 颠换；b. 两个核苷酸环出，再经一次 DNA 复制后导致 TA→AT 颠换和 CG→TA 转换

2）正向突变与反向突变

　　细菌细胞个体微小，形态突变型不能自动地显示出来，只能通过筛选特定类型突变型才能发现它们；对突变型类型的鉴定发现，大多数细菌的突变型是自发产生，而且基因突变是不定向的。在操作上我们可将基因突变区分为正向突变（forward mutation），如由对链霉素敏感型突变为抗性（st^s→st^r）；也可能出现回复突变（reverse mutation），由突变型恢复为野生型。例如，以链霉素依赖型菌株铺不含链霉素的平板，长出的菌落便是 st^d→st^s 回复突变型。对一个特定基因来说，当它由野生型突变为突变型时，我们可以推测它能发生在该基因内的不同位点，只要能使基因失去野生型功能，就成为突变型表现型；反之，一个突变型基因发生回复突变，就未必是原来改变的那个碱基对的回复，而更可能是在同一基因内的另一位点出现一个新的点突变，该突变基因表达后，使多肽折叠形成活性构象的蛋白质，因而出现拟野生型的表现型，此乃基因内抑制突变（suppressor mutation）。但是也有原位回复的，此乃反向突变或复原突变（back mutation），一般来说，在回复突变中的反向突变概率较低。所以，回复

突变型有两种类型：回复突变和反向突变。以下所示为基因的反向突变和回复突变。

亲本基因型：······TTA CCT GTC TAA······ACT ATT GCT CAG

突变型基因型：···TTA CTT GTC TAA······ACT ATT GCT CAG

反向突变：······TTA CCT GTC TAA······ACT ATT GCT CAG

基因内抑制突变：·TTA CTT GCT TTA······ACT ATT CCT CAG

上列 4 个基因型中的第二个密码子 CCT 突变为 CTT（CCT→CTT）。反向突变是精确的回复突变，即突变型密码子又恢复为 CCT（CTT→CCT），从而恢复为野生型表现型；基因内抑制突变（回复突变）则是在同一基因内，由于另一位点的碱基对的改变，而使该基因所指令合成的蛋白质，在形成三维结构时得到某种补偿，合成的蛋白质恢复了部分或近于全部的功能。在同一基因内可能有一个以上的基因内抑制突变点，这是可以预期的。它们之间可以以杂交实验区分，除了有时在表现型上有所不同外，可以通过基因重组分析来区分。基因内抑制突变的突变点位于同一基因的两个位点，杂交时，总会因基因重组出现野生型重组子，尽管出现的概率很低；而反向突变则不会出现。

3）自发突变的热点

自发突变是在无人为的或无已知的诱变因子干扰的情况下发生的突变，那么若能考查基因内的突变点在基因内的分布，按理突变点的分布应是相对随机的，但事实上却并非如此，而是明显表现为突变热点（hot point）现象。例如，以大肠杆菌噬菌体 T4 rII 区为模式系统专门研究自发突变型的点突变的位点分布，并做精细遗传学分析，结果让人吃惊，自发突变非常明显地集中在基因的某些位点，存在着明显的突变热点现象，对所分析的噬菌体 T4 rII 区域的 2400 个自发突变位点作图，作图精确到两个碱基对之间，结果是将 2400 个点突变定位于 308 个不同的位点上，发现在 rII 区内的自发突变并不平均分布，而是有的突变位点只出现一两次，一些位点出现过几十次，而 r131 位点的突变频度多达 298 次，r17 位点则多达 517 次，而很多的位点从未出现过突变。那些高度可变的位点被称为自发突变的热点（图 5.5）。有意义的是，以 5-溴尿嘧啶诱发的 rII 区域突变也显示热点，但与自发突变的热点不同。由此，可以得出不同诱变剂的诱发突变各有不同热点的结论。

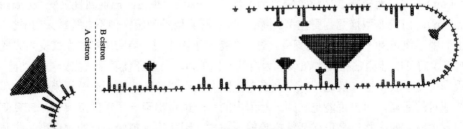

图 5.5　T4 噬菌体 rII 区 A 和 B 顺反子（截取片段）的自发突变热点（Benzer，1955）。rII 区由 A 和 B 两个基因（顺反子）组成。图中每个方块代表一次突变。A cistren 和 B cistron 分别为 A 和 B 顺反子（基因）

4）自发突变率

通常对一个特定的基因来说，突变率是每个细菌每次分裂出现突变的概率。所以自发突变率都很低，而一旦突变其稳定性却是很高的。这里的所谓突变率的恒定性，是指特定的基因，而非特定的表现型。但同一表现型可以由多个基因决定。例如，某个代谢链的终产物为 E，由其前体 A 合成终产物需经 4 个酶促步骤完成，如下：

$$A \xrightarrow{E_A} B \xrightarrow{E_B} C \xrightarrow{E_C} D \xrightarrow{E_E} E$$

而每种酶又是由一个特定基因编码，因此其间任何一个基因发生突变都会导致终产物 E 不能被合成，而表现为相同的突变型表现型。所以，在这种情况下，我们所说的突变率是指决定特定性状（表现型）的基因突变的效应，而不是指特定的基因。

由于在检测突变型的培养条件下，并不能排除亲本类型的存在，通常二者是共存的。这就给突变率的估算造成困难。因此，必须有一种方法用来估算在一定时间段内，群体中产生的突变型克隆的数量。理论上讲，如果平均 n 个亲本细胞中产生一个突变型细胞，那么突变型细胞数（这里指的是突变型频度）将按下表所列方式增加。在没有任何选择因素干扰时突变型繁殖的理想状态下的预期如表 5.1 示。

表 5.1　自发突变与突变频度（盛祖嘉，2007）

世代	亲本	突变型：新生	已有	突变型数
1	n	1	0	1
2	$2n$	2	2	4
3	$4n$	4	4+4	12
4	$8n$	8	8+8+8	32

可见，每个世代除了新出现的突变型外，还有先前突变型的后代，所以突变型数的增长高于指数增长。为区分突变率（新突变型出现的概率）和突变型频度（群体中存在的突变型菌数），必须进行技术处理，才能算出突变率。

这里介绍一种无需进行仔细的统计学分析确定突变率的方法，其原理是相当简单的。基因突变是一种小概率发生的事件，就如同在上述彷徨测验的实验中证明的，基因突变具有偶发性和随机性的特点，那么采用统计学中的小概率事件分析方法，就可计算出有关基因的自发突变率。与彷徨测验相同，先将待测菌稀释至低浓度（如 10^3 cfu/ml）（cfu 为菌落形成单位，colony forming unit），并取样检测以确定样品中有无突变型菌的培养管数。实验取样（0.5ml）分别转入系列（如 20 个）小试管中，培养至 $10^8\sim10^9$ cfu/ml 时，倒选择性（含噬菌体或抗生素）的平板，培养后计算不出现抗性菌的平板数（而不是计算各平板上出现的突变型菌落数），以消除因生长速率引起的误差，这里所用的计算突变率的标准是在培养物中是否出现突变型，以及在接触筛选因子前培养物的菌浓度。

因为突变是随机发生的，所以，突变次数可用泊桑分布（poisson distribution）公式计算：

$$P_0 = e^{-m}$$

例如，一次实验结果为，在 20 个独立小培养物中，有 11 个培养物在选择性平板上无任何突变型菌落出现，所以 P_0=11/20=0.55，则

$$m = -\ln P_0 = \ln 0.55 = 0.60$$

每个小试管中，菌悬液的平均浓度为 5.6×10^8，所以突变率为 $0.60/5.6 \times 10^8 = 1.2 \times 10^{-9}$。若干菌株部分基因的自发突变率如表 5.2。可见，基因突变虽是小概率事件，还是有规律，有其物质基础的，偶然性中有必然性。与经典遗传学早期研究一样，虽然我们并不知道自发突变的过程和具体的分子机制，但是可以根据上述数据做出合理的推测。例如，虽然菌种不同，抗链霉素突变型的突变率却是近乎相同的，说明作用的靶位点是相同的；大肠杆菌由野生型到组氨酸突变型（$h^+ \rightarrow h^-$）的突变率为 1×10^{-6}，而由组氨酸突变型回复突变为野生型（$h^- \rightarrow h^+$）的突变率为 5×10^{-8}，这可理解为组氨酸是由其前体物经多步酶催化反应的终产物，其中任何一个反应步骤发生突变都表现为组氨酸突变型，而在由组氨酸突变型回复为野生型时，只有当反向突变和相关的基因内抑制或基因外抑制基因突变出现，才能使组氨酸突变型表型变回野生型表型。另外，巨大芽胞杆菌异烟肼抗性突变与对氨基柳酸抗性突变的突变率分别为 5×10^{-5} 和 1×10^{-6}，而对两种药物的双重抗性突变型的突变率为 8×10^{-10}，这正好说明这两种药物作用的位点不同，若两个位点同时发生突变，其概率应为两个独立突变的积，数值（8×10^{-10}）与预期十分接近。

表 5.2　一些细菌的基因的自发突变率（盛祖嘉，2007）

菌种	抗性特性	突变率/（细胞/世代）
大肠杆菌（E. coli）	紫外线	1×10^{-5}
鼠沙门氏菌（Sal. typhimurium）	苏氨酸抗性	4×10^{-6}
金黄色葡萄球菌（Stap. aureus）	青霉素抗性	1×19^{-7}
大肠杆菌	抗噬菌体 T3	1×10^{-7}
大肠杆菌	抗噬菌体 T1	3×10^{-8}
大肠杆菌	组氨酸营养突变型	1×10^{-6}
大肠杆菌	组氨酸回复突变型	3×10^{-8}
大肠杆菌	半乳糖不利用	1×10^{-10}
金黄色葡萄球菌	磺胺噻唑抗性	1×10^{-9}
大肠杆菌	链霉素依赖（1000μg）	1×10^{-10}
铜绿色假单胞菌（Ps. aeruginosa）	链霉素抗性（1000μg）	4×10^{-10}
志贺氏菌（Shigella sp.）	链霉素抗性（1000μg）	3×10^{-10}
百日咳嗜血杆菌（Bordetella pertussis）	链霉素抗性（1000μg）	1×10^{-10}
巨大芽胞杆菌（B. megaterium）	异烟肼抗性	5×10^{-5}
巨大芽胞杆菌	对氨基柳酸抗性	1×10^{-6}
巨大芽胞杆菌	异烟肼/对氨基柳酸抗性	8×10^{-10}

第三节　自发突变在育种中的应用

由上可见，基因在遗传上虽是稳定的，但变异总会以一定概率发生，而且在生

物正常生活条件下，每个基因还表现出各自固有的自发突变率，即稳定性程度。也就是说，在菌群中，只要你有办法逐一地考查一定数量的细菌，如 100 亿（10^{10}）个大肠杆菌活菌，必定会发现其中存在有一个链霉素抗性菌，只是因为它们太小，而且又无可见特征将个别突变型菌区分出来，所以我们无法做到。然而可以想象，如果我们有一种由 10^{10} 中挑一的方法，我们便能轻而易举地达到上述目的。这种方法就是采用选择性因子，一次性地将所有敏感菌排除掉，只留下个别的抗性细菌。

但凡有与抗生素抗性突变型的表现型类似，在一定条件下表现为非此即彼的特性的，都可通过基因自发突变，在含筛选因子的平板上筛选出它们。而且这是这类突变型的最好筛选方法，因为该法除具可行性外，还可避免因诱变剂处理使突变型菌株的遗传背景变得复杂化的可能。这样得到的突变型菌株与野生型出发菌株必定是等基因菌株。

适于采用自发突变筛选的遗传特性有：微生物的抗药性、抗烈性噬菌体、抗反馈阻遏和解除反馈抑制的抗拮抗物突变型、去除分解代谢阻遏、某些新碳氮源化合物开发利用，以及结构基因突变型（如营养缺陷型）的回复突变型菌株的筛选等。因为在我们确定的相应的筛选条件下，只有突变型菌株能生长。

1. 药物抗性突变型菌株的筛选

抗药性突变主要是指生物对抗生素和抗拮抗物等抑制生长的因子的抗性突变型。这类突变型的筛选一般都无需诱变，在含有抗生素的培养基上，直接由敏感菌群体中筛选自发抗性突变型即可达到目的。它们都表现为能在含有药物、代谢拮抗物和有毒化合物存在的条件下生长，而在相同条件下野生型不能生长。

细菌的抗药性菌株，在实验室工作中多半用作遗传标记，这已是工作中离不开的筛选手段。在医学上，常用来鉴定临床分离的病原菌的抗药性谱，从而判断在临床上使用哪种抗生素治疗效果为佳。

由于抗生素的广泛使用，从 20 世纪 60 年代开始，病原菌已经变得越来越难控制，过去用过的抗生素原型（如青霉素、链霉素、卡那霉素 B、庆大霉素、红霉素等），几乎全都退出了临床应用，而被各种半合成抗生素取代。一些超级病原菌（如广为流行的抗药性结核杆菌及这些年出现的引起肠道疾病的所谓超级细菌），几乎对各种常用抗生素都有抗性，并因而使肺结核等疾病重新被人们视为可怕的病魔。所以，对临床病原菌分离子的抗药性鉴定，差不多已成为三甲医院微生物实验室的常规。可见，不仅实验室工作人员，而且其他方面的工作者都需要掌握抗性菌筛选知识和方法。

细菌对不同抗生素的抗性机制不同，抗性菌株可以经一步突变而获得高抗性（如链霉素和利福霉素抗性），这类突变型的筛选只需将大量（$10^{9} \sim 10^{10}$ cfu）的敏感菌涂布含抗生素的平板，所生长出来的菌落，便是抗性突变型菌群体。也有的需经多级突变获得不同水平抗性的菌株（如青霉素抗性）。其原因在于导致抗性的靶位点不同。例如，在大肠杆菌中链霉素作用的靶位点是核糖体小亚基的第 23 号蛋白，一旦突变便能抗高浓度（1000μg/ml）链霉素，这种抗性菌群中，除了链霉素抗性外，还可能有链霉素依赖性突变型，即在不含链霉素的培养基上不能生长。若以低浓度（100μg/ml）链霉素筛选抗性突变型，则可能筛选到一种抗低浓度链霉素的突变型，其突变率约为10^{-6}，其抗性机制也不同于抗高浓度链霉素的突变，遗传学分析表明它们是不同基因的突变。类似地，利福霉素抗性突变机制是 RNA 聚合酶 β 亚单位基因的突变。在大肠杆菌中，一次突变即可抗高浓度药物的例子还有抗异烟肼突变型。与之相反，许多抗生素的抗性突变并不是一次突变就能抗高浓度抗生素的，而是要经过多次突变才能成为高抗性突变型。青霉素就属这一类型。例如，在肺炎球菌培养基中加入高浓度青霉素时，不出现抗性突变型菌落，但当以低浓度青霉素培养基筛选时，平板上会出现抗性突变型，而此后增高青霉素浓度，可分离得到抗更高浓度青霉素的突变型。因而，抗性水平表现为抗性突变效应的累加现象。这种抗性累加效应反映了青霉素抗性的多基因靶位点的本质。青霉素特异性作用于与细菌胞壁质大分子合成相关的酶蛋白。以肺炎链球菌为例，同位素标记发现其与青霉素结合的蛋白质（PBP）至少有 4 种，每种蛋白质的编码基因发生突变，都会导致抗性的提高，所以表现为多级抗性突变效应。这是这种表现型的遗传学基础。具类似现象的还有金霉素、氯霉素、新霉素和四环素等。

交叉抗性现象也时有发生，如抗四环素抗性菌同时也在一定程度上抗土霉素和金霉素。这多半与所涉及的抗生素的抗性机制相似有关。而抗生素的交叉抗性现象，在医院用药时是很值得重视的。诸多抗生素的作用机制与核糖体的蛋白质合成功能有关，而作用机制又不尽相同，其中有的是作用于核糖体翻译过程的相同或者相近机制的靶位点（图 5.6），它们之间有的就可能存在交叉抗性。在医疗实践中，应避免同时使用作用机制类似的抗生素，这样会取得更好的治疗效果。

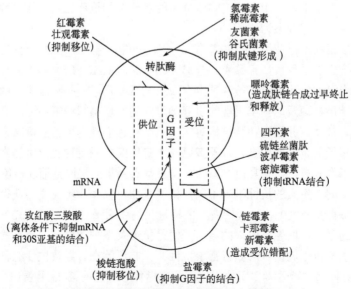

图 5.6　影响核糖体作用的抗生素的作用机制（盛祖嘉，2007）

2. 多级抗药性突变型的筛选

为简化多级抗药性突变型菌株的分离过程，有人设计了一个可以用来筛选最低抑菌浓度不确定的抗性菌株的筛选方法——梯度平板法（gradient plate technique）。方法是先在平板里倒入 20ml 营养培养基，将平板放在一适当高度的支撑物上，使平皿内培养基正好覆盖全平板，待凝后，将平板平放，再倒上 20ml 含药物的培养基，这样，药物将被底层培养基稀释，形成一个自然的含浓度梯度药物的平板。以 10^9 敏感菌涂布平板，培养后，便可看到在药物浓度低的区域显示融合生长，而在较高抗生素浓度的区域出现单菌落生长的抗性菌落（图 5.7）。在筛选抗性突变型菌株的实验中，必须要同时做一组不含药物的对照平板，结果应是在含药平板上只出现个别或少数独立生长，而对照平板应表现为覆盖生长，才能确定所得到的是否为真正的抗性菌落。有时在平板周缘长出一些散布的菌落，通常它们只是表现型变异，而非真正的抗性菌落。这一点，可通过点接含药物平板来证实。获得抗性突变型后，必须仔细考查其抗性，首先要进行单菌落分离，进一步确认其抗性特性，然后再将它们与出发菌株平行划接在含药和不含药的平板上，在不含药平板上，二者应都能生长，而只有抗性菌能在含药平板上生长。但也有个别例外，若是药物依赖型突变型菌株，则与一般抗性菌株相反，在不含药物的培养基上不能生长。

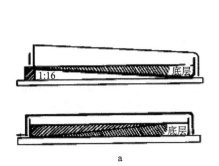 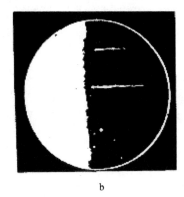

a　　　　　　　　　　　　　　　　　　b

图 5.7　含抗生素梯度浓度琼脂培养基平板的准备（a）及大肠杆菌 B/r 菌株在含有青霉素的梯度平板上的生长（b）（Szybalsky and Bryson, 1952）。平板的右侧含高浓度抗生素，敏感菌不能生长。抗性菌落出现在抗生素浓度较低区域，其中有两个菌落被用接种环划开示二级抗性菌落

3. 抗性细菌对拮抗物抗性的最低抑菌浓度

在用作遗传标记之前，还必须检测抗生素抗性细菌的平板效率，并确定其最低抑菌浓度。所谓平板效率是指抗性细菌在含抗生素平板上长出的菌落数与在不含抗生素平板上生长出的菌落数的比值。正常情况下应为 1 或近于 1。而最低抑菌浓度是指待测菌对测试抗生素的抗性程度。有时人们会发现，最低抑菌浓度会随培养基成分而变，所以，改用新培养基时，有时需再次检测菌株对药物的最低抑菌浓度。

测定最低抑菌浓度通常采用 1/2 稀释法。例如，实验中若将待测药物最高浓度设定为 500μg/ml，随后采用 1/2 稀释法稀释为每毫升 250μg、125μg、62.5μg 等。采用 10mm

直径小试管，各小试管加入含菌浓度约为 10^3cfu 培养液 1.0ml，分别在培养 18h 和 24h 后，观察各管生长情况，并与两个对照（含药的和不含药物的）培养管作比较，那个不出现轻微生长的前一管含药浓度，即待测菌对所测药物的最低抑菌浓度。

　　虽然核外基因也能导致药物抗性，但它不是基因组基因突变的结果，而是质粒介导的细胞间接合转移的结果。其区别就在于抗性特性是否具有群体特征，而基因突变一定是独立出现的。另一特征是，如果抗生素抗性是由核基因突变产生的，在进行遗传学测验时必定表现为隐性。

　　在后抗生素时代，在传染病学上，由质粒在微生物种间转移的抗生素抗性已成为一个受到普遍重视的难题。而且这种转移被发现不仅在革兰氏阴性菌之间，也可能在革兰氏阴性与革兰氏阳性菌之间转移。这就是医学界普遍反对滥用抗生素，同时也限制在动物饲料中添加抗生素的原因。因为自然界新出现的抗性质粒，不可避免地会通过不同途径转移入感染人类的病原微生物，或者也可能动物病原菌本身就是人畜共享的。在世界上我国属于对抗生素使用的控制较松的国家，有必要进一步对其规范化。

　　霉菌属于真核生物域，对细菌有效的抗生素对它们无效，因此不能用抗细菌的抗生素筛选真菌的抗性突变型，作为研究中使用的遗传标记。在真菌中可用的抗性标记，如潮霉素（hygromycin）抗性突变型；也可采用抗代谢类似物突变型，如酵母的抗 8-氮鸟嘌呤。而筛选方法与细菌的相似，可采用含药系列平板法，接入 $10^5 \sim 10^7$ 孢子，温箱培养数日，若在对照平板上无菌落生长，而含药平板上长出少数的独立菌落，一般即抗性菌落。

　　要特别指出的是，如果为实验之需，筛选或使用抗药性突变基因作为选择标记，对含菌弃物的处理，应遵守试验后实验菌活菌的环境释放规则，将试验后所有的长有抗性菌的培养皿和培养液进行灭菌处理后再作废弃处理，不得将活菌释放到环境中，以免人为造成抗性基因在环境中转移扩散，进一步增加防疫工作的潜在压力，危害人畜自身的健康。

第四节　基因的诱发突变

　　任何遗传性变异，都与自我复制的遗传物质的改变有关。由于原核生物和具应用价值的许多微生物菌种都无有性生殖机制，诱发突变就成为获得突变基因的基本方法，长期以来一直是研究微生物遗传学和微生物育种的主要手段。

　　能提高基因突变率的物理的、化学的和生物的因子统称为诱变剂。诱变剂的种类可说是与日俱增，包括多种化学化合物、射线、激光、高温休克及 pH 等。在分子水平上，不同诱变剂的作用机理也不相同。诱变剂并不只是提高基因突变率，而且会对细胞质成分造成损伤，在高剂量的情况下，可能得到你所需要的突变型，同时因对染色体和胞内其他大分子造成损伤，而使存活率下降，这些在诱变处理中是常有发生的。

在基因水平上，不同诱变剂并不表现特异性，但在基因内水平上，不同类型的诱变剂却表现出明显的差异，有不同的诱发突变热点。在 DNA 水平上，诱变剂可以引起遗传物质不同类型的损伤，如碱基置换或直接引起碱基分子改变的化合物以及移码诱变剂，而电离辐射能引起遗传物质的大损伤等。所以工作中在诱变剂的选择和使用上都应有所考虑。诱变剂虽种类繁多，但从分子水平看，可大体分为两大类：碱基置换型和移码型诱变剂。

1. 诱发突变发生

在许多情况下，基因突变只涉及有关基因内的一个核苷酸对的改变，从而改变原密码子含义而引起基因突变。其中一种情况是碱基置换突变，就是原有的碱基被另一种碱基置换。这又分为两种情况：一种嘌呤被另一种嘌呤取代，或者一种嘧啶被另一种嘧啶取代引起的基因突变，这两种核苷酸之间的置换被称为碱基对的转换（transition）突变，而嘌呤被嘧啶置换或嘧啶被嘌呤置换引起的突变被称为颠换（transvertion）突变。

从突变效应看，单一核苷酸对的置换所引起的突变有三种可能：①被改变的密码子与原密码子是简并的（同义突变）。在这种情况下，虽然在 DNA 水平上基因发生了突变，但那只是潜在的，而所合成的多肽链中的相应位置上的氨基酸并未改变。②被改变的密码子编码另一种氨基酸，因而，所合成的肽链的相应位置上的原有氨基酸被另一种氨基酸置换，从而产生错义突变。所合成的蛋白质可能是具活性的、部分活性的（如渗漏突变型）、活性随条件而改变的（条件突变型，如温度敏感突变型），或者无活性。③被改变的密码子成为链合成的终止密码子，它不编码任何氨基酸，因而被称为无义突变。在这种情况下，将合成一个多肽片段，这种突变的效应特别明显（图 5.8）。

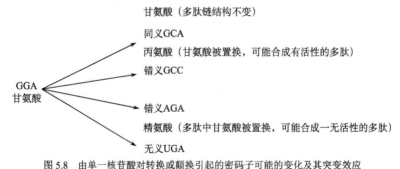

甘氨酸（多肽链结构不变）

同义 GCA

丙氨酸（甘氨酸被置换，可能合成有活性的多肽）

错义 GCC

GGA
甘氨酸

错义 AGA

精氨酸（多肽中甘氨酸被置换，可能合成一无活性的多肽）

无义 UGA

图 5.8　由单一核苷酸对转换或颠换引起的密码子可能的变化及其突变效应

移码突变是基因突变的另一种类型。它是由于 DNA 链中的正常编码的碱基序列中缺失一个（或几个）核苷酸碱基对，或增加一个（或几个）核苷酸碱基对引起的突变。由于核糖体在翻译 mRNA 时具有极性，总是从 mRNA 的 5′端起始，三个碱基为一组依次向 3′端翻译。可以想象，如果在 mRNA 的链中间插入（+）或缺失（−）一个碱基对，就会造成三合体密码子的密码组发生移动，结果是使得自移码点（+）或（−）起，往后掺入的氨基酸全部出现错误，亦很有可能在其后出现无义密码子（UAA、UAG 或 UGA），从而导致合成多肽片段，而成为移码型基因突变型（图 5.9）。由图 5.9 可见，（+）移码突变可被临近的（−）移码突变回复，反之亦然。因为密码比为 3，所以只要随后插入或缺失的碱基对数抵消了先前的移码效应，翻译阅读框架就将恢复正常。如果两次移码突变之间缺失或插入的氨基酸对所合成的蛋白质的生物活性影响不大，则可恢复野生型表型，否则仍是突变型。这些预期都已在噬菌体的移码突变研究中得到了实验证实。

```
N端       thr lys ser pro ser leu asn ala
       5' ACC AA* AGU CCA UCA CUU AAU GC        野生型
       5' ACC AAA GUC CAU CAC UUA AUG GC        双重突变型
N端       thr lys val his his leu met ala
```

图 5.9　示噬菌体 T4 溶菌酶基因的部分核苷酸序列。若野生型序列的第 2 密码子 AAAA 之间缺失 A（以*示），后又在 AAUGC 序列的 U 和 G 之间插入 G，而成为双重移码突变型。突变型溶菌酶中有 5 个氨基酸与野生型不同

从实践的观点出发，比较不同诱变剂诱变的相对效率是很难的，因为这不仅与所处理的材料有关，也由于使用方法、处理条件不同，哪怕是有细微的区别，包括处理前后的培养条件、被处理细胞的生理代谢状态等，对结果都可能带来显著的影响。

诱变作用绝不是单纯的化学反应，而在很大程度上取决于在诱变剂处理前后细胞的代谢状况；诱发突变率也不只取决于诱变剂的诱变效力，在一定程度上也与细胞的基因型有关。经常会被提出的一个问题是，在基因水平上是否诱变剂会特异性地作用于某些基因，而对另一些基因则作用较小或不起作用？以不同诱变剂测试不同基因的正向突变（forward mutation）的结果表明，在基因水平上，诱变剂并不显示有明显的特异性。经诱变处理后，不同微生物的营养缺陷突变型谱没有显著差异。这一结果与基因具有相同的分子本质相一致。此外，当观察各种诱变剂对单一基因的诱变效应时，发现不同诱变剂表现出突变热点现象，这种特异性其实无需进行精细的遗传学分析就能检测出来，只需检测回复突变率即可判断。例如，碱基类似物诱发的突变型，可被碱基类似物回复；而吖黄素诱发的突变型，不能被碱基类似物回复，只可被吖啶类回复。基于诱发突变基因的回复突变（reverse mutation）研究，不同诱变剂具有特异性的现象，不同诱变剂有不同诱变作用的点特异性倾向，这被称为诱变剂的诱变热点。例如，在进行回复突变研究时，同一基因内的两个不同的点突变，它们对不同诱变剂的敏感性不同，这与不同诱变剂的具体作用机制不同是一致的（图 5.10）。图中由乙基磺酸乙酯（EES）诱发的噬菌体突变型，不能被亚硝酸（NA）和羟胺（HA）回复，但是可被 EES 和 pH4.2 回复。由于不能被 HA 回复，可以推测原突变型的点突变为 GC→AT。

2. 诱发突变是化学的，归根结底是生物学过程

在育种工作中用作诱变育种的菌株，我们称之为出发菌株，而诱变育种的目的各不相同，如提高终产物或中间产物的产量、改进产品质量或改变原有代谢途径使之产

生新的代谢产物等。在对已经经历过多次诱变-筛选的菌株继续进行诱变时，选择什么样的诱变剂更有利于产量的进一步提高，这是我们经常要考虑的问题之一。

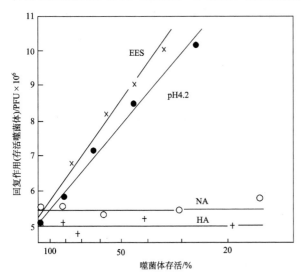

图 5.10　回复突变的诱变剂特异性（Sermonti，1968）。最初噬菌体突变型是乙基磺酸乙酯（EES）诱发的突变型，可以被 EES 和 pH4.2 回复，但不能被亚硝酸（NA）和羟胺（HA）回复

诱变剂的作用机制和诱变效应并不像人们原先想象的那么简单，也不能认为对某一菌株诱变育种有效的诱变剂对另一菌株就一定有效，这是因为我们的工作对象是不同生物种，在很大程度上生物自身的遗传性和生理特性最终决定着诱变剂的作用及效果，而化学的和物理的诱变剂直接作用机制只提供了导致基因突变的可能，出发菌株的生理状态和遗传背景及其对诱变剂的敏感性对诱变发生都有明显的影响。

生物对诱变剂的敏感性是由其基因型控制的。我们可以筛选到对特定诱变剂的致死效应有抗性的菌株，并常发现它们对其他诱变剂可能有所谓的交叉抗性现象。例如，大肠杆菌的抗辐射突变型，不仅对电离射线的抗性增强，而且对紫外线也有一定抗性。氮芥抗性菌株对电离辐射的抗性也增强；此外，也曾由大肠杆菌 K12 分离到一个自发突变率特别高的（比原菌株高出 100 倍）菌株，遗传分析证明，这种特性是由被称为增变基因（mutator）控制的。这些都说明了菌株的遗传背景对诱变效应的影响。

所以，在试验开始前，首先要考虑的是出发菌株细胞的生理状态的标准化。掺入正进行分裂或作用于复制中的 DNA 的诱变剂（如碱基类似物），处理静息状态细胞或孢子是无效的；而那些直接作用于 DNA 的诱变剂（如亚硝酸、紫外线、烷化剂或电离辐射），对静息细胞核以至纯核酸都有效，但它们还是对分裂细胞的诱变作用更强。

诱变前细胞所处的培养条件所造成的生理状态差异，对诱变和致死效应的影响亦很明显。在富含核酸碱基的培养基中生长的细菌，对紫外线的敏感性比生长在贫瘠的培养基中的更敏感。培养在含氯霉素或缺少色氨酸的培养基中的细菌突变率低。在有氧条件下，电离辐射处理更有效；而在有还原剂（如半胱氨酸）存在的条件下，电离辐射的诱变和致死率降低，说明还原剂对细胞有保护作用。有的诱变剂（如羟胺），氧的存在会增加死亡率，而并不增高诱变效率，所以在厌氧条件下处理更有效。

　　紫外线处理前后短时间内（约 1h），培养基中若富含核糖核苷酸，突变率增高，但去氧核糖核苷酸无效。可见其间 RNA 合成是很重要的。紫外线处理后，如加入氯霉素或氨基酸类似物抑制蛋白质合成，或用 6-氮尿嘧啶抑制 RNA 合成，则诱发突变率很低，说明 DNA 修复过程及突变固定都首先依赖于 RNA 和蛋白质的合成。

　　我们可做两个试验：其一，将紫外线处理过的细胞，先在基本培养基中培养一定时间后，转接入完全培养基；其二，将紫外线处理过的细胞，先在完全培养基中培养一段时间，然后转接基本培养基，最后比较二者的诱变效果（图 5.11）。

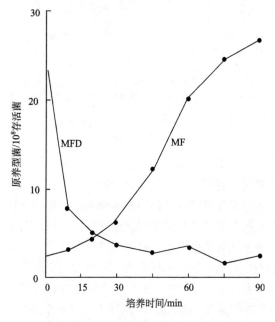

图 5.11　诱变处理后预培养对诱变效果的影响（Braun，1965）。紫外线处理过的 *thy* 缺陷型菌悬液分别培养在完全培养基（SEM）和含 1μg/ml 胸腺嘧啶的基本培养基（MT），37℃培养一定时间后，由 MT 转移到 SEM（图中 MFD）和由 SEM 转移到 MT 培养基（图中 MF），取样分别转接新培养基平板，观察野生型回复子数。可见由 SEM →MT 的回复率远高于 MT→SEM

　　由图 5.11 可见，试验一的突变频度显著低于试验二。说明前者在 DNA 复制前，出现了损伤修复，使前突变（pre-mutation）事件消除了（MFD）；而后者在修复前出现了 DNA 复制，因而使前突变固定了（MF），可见诱变后 DNA 复制作用对突变型分离是必需的。

　　处理后的培养条件，对电离辐射诱变的影响不大，而对紫外线和许多其他诱变剂则至关重要。细胞的修复机制会使致死和诱变效应消除。事实上，突变一旦发生就不能回复，然而，诱变处理后，明显存在一个短暂的可逆状态，使预突变事件消除或固定。这已在紫外线诱变作用中深入研究过。紫外线处理的主要效应是形成嘧啶二聚体，研究发现，这种二聚体在可见光作用下会急剧减少，与此同时表现为致死率和突变率大幅降低。这就是所谓的光复活作用（photoreactivation）。这是因为所有生物都编码一种能解开嘧啶二聚体的酶——光复活酶，能特异性地将已形成的嘧啶二聚体解开。后处理培养基组成与紫外线诱变效应密切相关，当细胞生长在营养丰富的培养基中时，突变频度增高；而将细菌培养在基本培养基上，或加有蛋白质合成抑制剂如氯霉素、咖啡因、吖黄素或 6-氮尿嘧啶时，则突变率大大降低，说明突变固定前，修复过程在活跃地进行着。

不同物种，以及同一物种的不同菌株的遗传背景都可能有区别，它们对诱变作用的敏感性不同。研究发现，对紫外线敏感的突变型，实际上与其 DNA 损伤修复相关机制的基因突变有关（表 5.3）。由表可见，具有正常切补修复和重组修复机制的野生型菌株，对紫外线损伤的修复能力比切补修复突变型高约 60 倍，比重组修复缺陷型高约 160 倍，比切补-重组修复双重缺陷型高 2500 倍。

表 5.3 大肠杆菌不同基因对 DNA 修复作用的影响（盛祖嘉，2007）

基因型		菌株	造成37%存活的UV剂量 /$(10^7\mathrm{J/mm}^2)$	造成37%存活时每 10^7 碱基中的胸腺嘧啶二聚体数
uvrA	recA			
+	+	野生型	500	3200
	+	切除缺陷	8	50
+		重组缺陷	3	20
		切补、重组缺陷	0.2	1.3

除这两种修复机制外，细菌细胞还有烷基无误修复作用、DNA 复制过程中的碱基错配校正机制等。所有修复机制作用的本质就在于确保 DNA 所携带的遗传信息，尽可能在任何环境条件下都准确无误地世代相传，以及即使是在极端不利的情况下，生物也有"力争"存活下来的遗传机制，这些机制在生物生存中起着至关重要的作用（见下一章"DNA 损伤的修复"部分）。

3. 诱变发生的生物学过程

突变既是化学过程也是一个生物学过程。我们不能将诱变作用简单地理解为诱变剂与 DNA 碱基之间直接的化学反应，更要将诱变剂的诱变作用理解为是一个化学-生物学的互作过程。诱变作用本身就是一个过程，首先它必须能进入细胞或作用于细胞，然后再经历一系列的生物化学过程才最终作用于 DNA。而在生物体内的染色体 DNA 并非裸露的化合物，它位于生活着的细胞的核心部位，以化学诱变剂为例：①胞外诱变剂必须通过多重胞壁屏障，显然其中透过细胞外膜是第一关。不同细胞外膜的组成结构虽有共性，但不同诱变剂透过细胞外膜和细胞膜的难易程度也不尽相同，如革兰氏阴性菌具有较强的抵抗性。②进入细胞后便遇到了细胞质屏障，不仅蛋白质有很强的缓冲作用，诱变剂化合物结构还可能会遭到胞内酶的修饰而失去诱变能力。③通过这两重屏障并作用于 DNA，引起碱基改变导致 DNA 复制错误，并激发胞内多重生物修复机制活性，进入多种修复机制参与的 DNA 损伤修复过程。而这一过程极易受胞内和胞外因子的影响，因此在诱变发生的操作中需用心处理。一切诱变发生都应理解为是诱变剂与诱变剂激发的胞内修复控制互作的最终结果。④即使在突变事件固定后，仍然存在表达延滞和分裂延滞。只有经过了上述过程，突变型基因的效应才能表达为突变型表型（图 5.12）。可见诱发突变作用，归根结底是一个生物学过程。

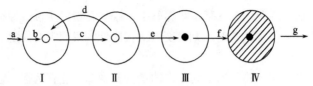

图 5.12　化学诱变剂诱变发生时的相继生物反应（Sermonti，1968）。a. 透入（Ⅰ）；　b. 与胞内物质互作；c. 初始诱变发生过程；d. 修复作用（Ⅱ）；e. 突变固定（Ⅲ）；f. 细胞的代谢作用改变（Ⅳ）；g. 形成突变型细胞克隆

1）突变延滞

诱变剂的诱变和致死效应直接依赖于试验条件、被处理细胞的生理状态和遗传背景，这些都明显地影响诱变效果。所以诱变操作程序的细节常常对诱变育种工作成败具有至关重要的意义。即使诱变剂已经作用于遗传物质，并引起 DNA 损伤，在早期这种损伤是可逆的，要等到突变固定后才得以确立，这就是突变延滞，即预突变的改变与突变状态的固定之间需有一段过渡期（图 5.12Ⅱ）。这通常与 DNA 复制有关。在复制前，在不利的培养条件下，预突变状态可轻易被中止，这在紫外线诱变时尤为明显。因而应注意要在最有利于突变固定的条件下进行诱变操作。在平板筛选前，或者在进行突变型增富处理前，将处理过的细胞在营养培养基中培养一个世代或时间更长一些，以排除 DNA 水平上变化的不确定性，而基因突变是在损伤修复过程之后出现和固定的。

2）分离延滞

突变固定后，细胞仍可能处于遗传上的异质性。在二倍体细胞中，假如等位基因之一发生隐性突变，它只能在减数分裂或有丝分裂分离后才能表现出来，即使是单倍体的微生物中，也可能因所处理细胞的多核本质而致遗传上的异质性。例如，生长中的大肠杆菌和霉菌的大分生孢子，必须经数次分裂后，一个同质性的突变型克隆才能最终确立。在遗传上处于异质状态时，采用培养基选择或者富集培养突变型都难成功，甚至采用直观筛选法（如延迟增富、影印平板等）也可能失败。因为遗传上异质的细胞会生长出扇形区，因而掩盖了突变型的表现。霉菌的处理过的孢子的培养物，可能须经再次培养才能由分生孢子获得突变型分离子。但是，高剂量诱变剂处理致死率很高，以致在同一细胞内多核存活的可能性极小，后培养过程也可省略。某些诱变剂处理下会出现镶嵌突变型菌落，即使被处理的细胞是单核的或单倍体也是如此。

裂殖酵母（*Schizosaccharomyces*）以羟胺诱变处理时，镶嵌菌落的比例可以高达90%，紫外线处理时，可达 13%～18%，以甲基磺酸乙酯、亚硝基胍（NNMG）、亚硝酸处理时，得到的镶嵌菌落比例亦相当高。所以在正常情况下，为得到纯的突变型克隆至少要经历一个世代以上的细胞分裂时间。为避免出现遗传上异质性的分离子，在霉菌中，亦可采用在双目镜下，在菌落边缘切取菌丝尖端的方法，以得到纯的突变型克隆。

3）表现型延滞

因为突变基因一般都是隐性的，所以，即使克服上述延滞后，形成的突变型细胞也未必在表现型上就表达出来。这是因为细胞里的酶系统的改变，总是落后于基因突变。例如，当一个野生型细胞突变为营养缺陷型细胞后，细胞质中原来存在的酶和代谢产物并未立即消失，须经几个世代稀释后，突变型的表型才能充分表现出来（图5.12 Ⅳ），基于这些原因，诱变后应将存活细胞培养繁殖一定时间后，再进行突变型的筛选才有效。

克服突变延滞、分离延滞、表型延滞现象，在实际工作中是一个不可回避的问题。工作中诱变剂处理和后培养条件都应按筛选方案严格执行，方能有效地工作。

综上所述，我们也可进一步理解"生命是什么"，为什么说生物不同于非生物，生物有其自身的规律。实际上，每一种现存的生物都是经历过亿万年进化的产物，也都是达尔文的"自然选择，适者生存"法则的具体物质化体现。我们应将每个生物物种的个体理解为一个生活着的遗传代谢系统，其生存和发展与环境密切相关，生物总是在其基因型提供的可能性范围内，在适应环境的过程中生存和繁衍，也在变异-选择-遗传的不息过程中不停地进化着。

第五节　诱变剂的类型

如前所述，一些诱变剂倾向于作用于嘌呤（如烷化剂），有的诱变剂倾向于作用于嘧啶（如紫外线），所以，有理由相信，因不同基因嘌呤和嘧啶的相对比例不同，碱基序列不同，因而，同一诱变剂对不同基因应有不同的剂量-诱变效应曲线。在同一基因内点突变也并不是随机分布的。

因为 DNA 分子中只有两种不同碱基对，所以，诱变剂之所以表现有热点现象，不仅与所作用的碱基对有关，而且与其毗邻的碱基序列有关。据此，我们不能认为每种诱变剂所识别和作用的就是某一特定的碱基，已有实验证明其总是倾向于"识别"并作用于特定的碱基序列中的特定碱基（童克中，1996），因而，表现为各自不同的诱变热点。由此可以预期，在诱变育种工作中，在一再使用同一种诱变剂后，采用另一种作用机制不同的诱变剂，可能会收到更好的效果。

诱变剂在分子水平上的特异性的更为直接的证据来自诱发回复突变的实验，这类突变无需精细结构分析，只需测定突变型的诱发回复率，这甚至可以在培养皿平板上完成。例如，制备含待测菌的固体培养基平板，在培养皿中央放置含定量诱变剂的滤纸片，观察培养后出现的图像：在未加诱变剂的基本培养基皿上出现的为自发突变回复子菌落（对照）；在含诱变剂滤纸片的周围明显有较多菌落生长，而在周边出现自发突变回复子菌落，表明所测诱变剂具有诱发回复突变作用；第三块平板为含完全培养基（CM）平板（对照），中央为抑菌圈，周围呈覆盖生长（图5.13）。

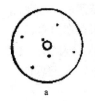 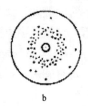

图 5.13 平板法检测诱变剂诱发突变作用。a. 基本培养基平板，未加诱变剂；b. 基本培养基平板，加有诱变剂；c. 完全培养基平板，加有诱变剂

　　滤纸片检测法可以用于不同实验目的，如待测菌的抗性谱、Ames 测验（一种检测致癌物质的微生物方法）等。回复突变实验清楚地显示碱基类似物引发的突变可被碱基类似物回复；而原黄素诱发的突变型及大多数自发突变型都不能被碱基类似物回复。由正向-回复诱发突变实验的结果，可将诱变剂明显分为两类：碱基类似物型（包括亚硝酸、EMS、低 pH 等）和原黄素（吖啶类）型。碱基类似物型引起 DNA 分子的单一碱基的置换，原黄素型引起少数碱基对的缺失或插入（表 5.4）。

表 5.4　不同类型诱变剂的诱变机制

诱变剂	诱发突变的原发效应	DNA 水平的变化
紫外线	形成嘧啶水合物，嘧啶二聚体	GC→AT 转换，移码突变
	链间交联	缺失
电离辐射	碱基羟基化，DNA 降解	AT→GC 转换，移码突变
	糖-磷酸键断裂	染色体畸变
碱基类似物	掺入作用	AT→GC，GC→AT 转换
亚硝酸	A、G、C 脱氨基	AT→GC，GC→AT 转换
	链间交联	缺失
烷化剂	碱基烷化（主要是 G）	GC→AT 转换（主要）；AT→GC 转换
	磷酸基团烷基化	糖-磷酸骨架断裂，致死
羟胺	水合胞嘧啶	GC→AT 转换
吖啶类	碱基间的插入作用	移码，（+, 插入）或（−, 缺失）

　　应该注意的是，回复突变的特异性并不意味着是发生在同一位点上的突变，事实上，原黄素回复突变插入一个碱基（+）可以纠正邻近的（−）突变。反之，缺失一个碱基（−）可以纠正邻近的（+）突变。同样，碱基类似物型的回复突变，未必是同一位点的复原，真正意义上的反向突变是较为少见的，多数是另一位点出现的突变（基因内或基因间抑制基因突变），使原突变效应回复为野生型表型。

　　诱变剂的特异性也表现在诱变引起的损伤范围上。碱基类似物从不导致多点突变，而 X 射线、氮芥、亚硝酸和紫外线能诱发产生或长或短的 DNA 链缺失，即染色体大损伤。亚硝酸和紫外线也是有效的缺失诱变剂。

参 考 文 献

曾宪贤, 武宝山, 吕杰. 2006. 离子束生物技术在生命科学中的应用. 核技术, 29: 112.
陈云琳, 刘晓娟, 闻建平. 2003. 激光诱变微生物技术的研究进展. 生物物理学报, 19: 353.
戴灼华, 王亚馥, 栗翼玟. 2008. 遗传学（第二版）. 北京: 高等教育出版社.
盛祖嘉. 2007. 微生物遗传学. 3 版. 北京: 科学出版社.

童克中. 1996. 基因及其表达. 北京: 科学出版社.

微生物诱变育种编写组. 1973. 微生物诱变育种. 北京: 科学出版社.

朱振华, 胡欣荣, 陈五岭, 等. 2007. He-Ne 光在异种间原生质体融合中的应用. 光子学报, 36: 144.

Benzer S. 1955. Fine structure of a genetic region of bacteriophage. Proc Natl Acad Sci USA, 41: 344.

Braun W. 1965. Bacterial genetics. Philadelphia and London: W. B. Saunders Company.

Hayes JD, Wolf CR. 1990. Molecular mechanisms of drug resistance. Biochem J, 272: 281.

Luria SE, Delbruck M. 1943. Mutation of bacteria from virus sensitivity to virus resistance. Genetics, 28: 491.

Nordstrom K. 1967. Induction of petite mutation in *Saccharomyces cerevisiae* by N-methyl-N'-nitro-N-nitrosoguanidine. J gen Microbiol, 48: 277.

Sermonti G. 1968. Genetics of Antibiotic-producing Microorganisms. London, New York , Sydney, Toronto: Wiley-Interscience., Wiley Interscience, a division of John Wiley and Sons Ltd.

Szybalsky W, Bryson V. 1952. Genetic studies on microbial cross resistance to toxic agents. Ⅰ. Cross resistance of Escherichia coli to fifteen antibiotics, (64): 489.

第六章 诱变剂及其使用

菌种改良是微生物发酵产品开发计划的必不可少的组成部分,优良的菌种可通过向野生型菌株引进遗传性变异,通过人工筛选获得。生物遗传性变异的源泉有两个,一是基因突变,二是遗传重组。而由于微生物体制简单,无规律性世代交替的生命周期,因此工业微生物菌种改良的主要变异源只能是基因突变,靠诱发突变和人工选择,这就是诱变育种。至今诱发育种技术仍成功地用于工业微生物生产力改良,这项十分成熟的技术,现在仍然被公认为是次生代谢产物、酶制剂、柠檬酸等微生物菌株改良方面起着主导作用的技术。其突出优点就在于所需经费少,操作简单,使用方便,通常无需特殊的贵重设备,可在一般的微生物实验室中开展工作。而且只要有一个可行性好的育种计划,并持之以恒地工作,效果将显而易见,而且最终结果总会令人感到兴奋。

提高代谢物产量的典型方法是以不同诱变剂处理目标菌株,致使菌种基因组基因随机发生改变,然后由存活菌中筛选生产能力提高的菌株。这是一个循环往复的过程,直至达到阶段性目标。由于整个过程长而繁琐,要求工作者不仅要制定合理而可行的育种计划,而且要具有耐心和毅力,为实现既定目标不懈工作。

如何选择和使用诱变剂,对诱变育种工作过程至关重要。诱变剂种类繁多,但从属性上可以分为物理诱变剂和化学诱变剂两大类。尽管它们最终都能作用于遗传物质DNA,但它们的作用过程和对碱基的具体作用有区别,也就是说它们在作用机制上各有其特异性。这就是为什么我们在具体工作中,总是要考虑几种作用机制上有区别的诱变剂(如紫外线、亚硝酸、烷化剂)在育种的适当阶段穿插使用。

在菌株改良计划中,选用诱变剂时应该考虑诱变剂作用的机制,每种诱变剂总是倾向于作用于 DNA 序列的某种碱基,如烷化剂多作用于鸟嘌呤,其次为胸腺嘧啶,多引起$GC \rightarrow AT$ 转换突变,少部分为 $AT \rightarrow GC$,而对其他碱基并无作用。此外,工业微生物育种工作者极少能预期在产量性状育种中,哪个基因突变对改进特定菌株的产量是必要的,因此总是通过反复实验确定哪种诱变剂的诱变作用更强,对改良目标菌株更好。最常用的诱变剂有紫外线、N-甲基-N′-硝基-N-亚硝基胍(MNNG)、亚硝酸和甲基磺酸乙酯(EMS)等。紫外线是使用最为方便的诱变剂之一,其诱变作用机理的研究也相当深透,除了产生高比例的嘧啶二聚体外,还包括碱基对置换、移码突变及碱基缺失,因此是一种诱变效果佳的物理诱变剂。而高效烷基化诱变剂 MNNG 和EMS,它们是诱变机理清楚而对细胞损伤小的诱变剂,基本上为 $GC \rightarrow AT$ 转换作用;亚硝酸是另一种作用机理清楚并操作简便,也值得优先选择的化学诱变剂。在工作初期,这几种诱变剂可作为首选。本章我们将分别介绍不同类型常见诱变剂的诱变机制及使用方法。

第一节　物理诱变剂及其诱变机制

物理诱变剂包括 X 射线、γ 射线、快中子、β 射线、α 射线和紫外线。而在诱变育种中使用较多的还是紫外线、X 射线、γ 射线。紫外线是非离子射线，使用最广，而 X 射线、γ 射线则是以量子为单位发射能量的射线，属于电离辐射。紫外线是不诱发物质电离的非电离辐射，但它能激发原子的电子从较低能量的运行轨道跃迁到较高能量轨道，影响分子结构的稳定性，进而诱发化学反应。从物理学上，我们知道原子核周围的每一个电子都有它固定的运行轨道，而且每个轨道上只有一个电子，越外层的电子能量越高，里层电子可以吸收外来的能量，从而促使电子由低能量轨道跃迁到较高能量的轨道上。如果激发能量大，足以使得轨道上的电子脱离原子核的引力，就会引起电离；抑或如果能量较低的轨道上没有电子，这时能量较高轨道上的电子也可跃迁到能量较低的轨道上，这时多余的能量会以电磁波的形式释放出来，X 射线和 γ 射线就属于这种类型。

原子核由质子和中子组成，质子是一种带正电荷的基本粒子，中子是不带电荷的粒子。如果有外来的快速中子将原子核中的质子轰击出去，使之电离，就会引起生物学效应，如 DNA 分子的链断裂、链间交联，导致染色体大损伤等。

X 射线和 γ 射线都属电离射线，二者十分相似，X 射线的波长为 0.06～136nm，γ 射线的波长为 0.006～1.4nm。它们是超短波光子流，在它通过的路径中，能将被击中物质的分子或原子中的电子击出而形成正离子，能量越大，产生的离子越多，所以又称它们为电离辐射。

1. 电离射线的作用机制

X 射线是遗传学家最早（1927 年）发现和使用的物理诱变剂，其作用机制比较复杂，它们是光子流，并不带有电荷，不能直接引起物质电离，只有与原子或分子碰撞时，将部分或全部能量传递给原子而产生次级电子，这些次级电子一般具有很高的能量，能产生电离，起到诱变作用。诱发的突变型谱也较广，包括基因突变、染色体畸变和染色体的各种大损伤。按直接作用说，电离辐射会引起碱基和脱氧核糖的化学键，以及糖-磷酸间化学键的破坏。通常糖-磷酸键的损伤会引起核酸链的断裂，导致染色体的大损伤。在间接作用的情况下，电离射线与细胞中 DNA 以外的物质起作用，所产生的产物再与 DNA 分子起作用，引起 DNA 碱基的变化，导致基因突变。电离辐射引起水或有机分子产生的自由基作用于 DNA 并改变碱基的配对特异性，是其诱发基因突变的主要原因。氧分子能强化电离射线引起的致死和突变效应，这与细胞中形成的过氧化氢和游离基有关：

$$2H_2O + O_2 \xrightarrow{\text{电离辐射}} H_2 + H_2O_2$$

$$H_2O + O_2 \xrightarrow{\text{电离辐射}} HO^- + HO_2$$

反应产生的活性基团中， HO⁻、过氧化物和自由基，以及它们参与的一系列连锁反应会导致 DNA 碱基的变化，形成碱基类似物，在 DNA 合成时，出现碱基错配，引起碱基对的转换或颠换突变；也可能使嘧啶 4，5-位氧化，使相邻胸腺嘧啶之间交联，形成胸腺嘧啶二聚体。嘧啶二聚体若不被修复，将影响 DNA 复制而致死。在修复过程中，也会因链间不对等交换而导致缺失突变或移码突变。电离射线除了引起基因突变外，也可因对细胞中蛋白质和其他结构成分的破坏而致死。

实际上，电离射线对生物的直接作用与间接作用是同时存在的，控制处理条件有可能改变二者的倾向。在氮气（无氧）的条件下，可增强电离射线的直接效应，这是靶的学说（target theory）的基础。在有氧条件下，间接效应增强，从而增强致死和诱变效应。在还原剂（如半胱氨酸）存在的条件下，因消除游离基使细胞得以被保护。

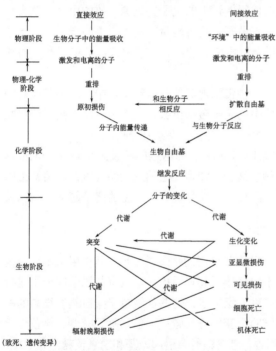

图 6.1　电离辐射作用的时相阶段（Dertinger and Jung，1975）。以水为介质估计各阶段时间分别为：物理阶段 10^{-13}s；物理-化学阶段 10^{-10}s；化学阶段 10^{-6}s；生物阶段数秒至更长

电离射线对生物的作用是一个复杂的连锁事件，可分为几个时相阶段：第一阶段为物理阶段，能量传递到路径上的物质，分子被激发和电离，产生原初产物，它们往往很不稳定，并快速发生次级反应，自发或与其邻近分子碰撞产生活性的次级产物；第二阶段为物理-化学阶段，涉及复杂的连续反应；第三阶段为化学反应阶段，这时活性产物——自由原子或自由基继续相互作用并与周围的物质起反应。如果这种连锁反应是由于系统中能量吸收所引起的，如被 DNA 分子或特殊的生物结构吸收，这种反应就称为辐射的直接作用或直接效应（图 6.1）。如果生物分子是在水溶液介质中，那么它们或许受到由水的辐射吸收所产生的可扩散的反应活性产物，如羟基自由基、氢原子或水合电子等的作用，而出现辐射的间接效应，引起生物体内分子变化，产生多种生物学效应，其中对生物体的代谢的影响特别重要。这对生物体损伤的程度和后果直接依赖于损伤能否被及时修复，若不能及时被修复就会导致生物体的死亡或遗传变异。在还原剂（如半胱氨酸）存在的情况下，起到降低射线对细胞致死和诱变作用的效果，诱变作用主要发生在间接效应阶段。

电离辐射的剂量-效应曲线：在电离辐射诱变处理时，通常致死效应随剂量增大而增高。提高处理剂量可以通过提高剂量率或延长处理时间达到，按直接作用说，效果应是相同的。通过致死效应对所接受剂量作图，绘制一条剂量-效应曲线（图 6.2a），由曲线的形状可见细胞对诱变剂的敏感性及反应类型。在严格控制的试验条件下，曲线是可重复的。图 6.2b 示紫外线对不同处理对象的剂量-效应曲线，图中的数字及延长线与纵坐标相交的截距表示细胞中的平均靶的数，当被处理细胞为单核时，呈单击曲线，若处理对象为菌团（如葡萄球菌）或多核孢子时，则为肩形曲线，将指数直线延伸使其与纵坐标相交所得数值，即被处理细胞的平均细胞核数或各菌团含细胞的平均数（图 6.2b）。这符合靶的学说理论。

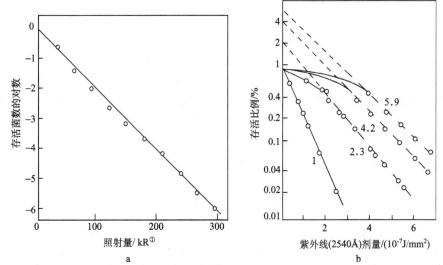

图 6.2　X 射线和紫外线处理链霉菌孢子和细菌的剂量-存活率曲线。a. 不同剂量 X 射线处理天蓝色链霉菌孢子的存活率（Sermonti，1968）；b. 紫外线处理不同细菌或孢子的剂量-存活率曲线（盛祖嘉，2007），显示其对不同处理对象得到的单击和多击曲线，图中纵坐标标明截距数字为靶的数

若在无氧（氮气）条件下，X 射线或其他电离射线处理单核细胞时，以剂量为横坐标、以存活率的对数值为纵坐标作图为一直线，即射线击中次数与存活细胞数成反比，若以存活细胞数（N）对初始细胞数（N_0）的关系可表示为

$$N / N_0 = 10^{-kd}$$

式中，k 为常数，它与所用菌株对诱变剂的敏感性有关，d 为射线剂量。

$$k = -(\log_{10} N / N_0) / d$$

由图 6.2a 可见，在剂量为 100kR[①]时，$\log_{10}$ 存活 $\log_{10} N/N_0$ 大约为 -2，因此 $k = -2/100 = -0.02$；在 300kR 剂量时，$N/N_0 = 10^{-0.02 \times 300}$，约为 10^{-6}，这一结果正符合靶的理论的预期。

----

① 1kR=0.258C/kg，余同。

　　靶的学说（直接作用说）认为单一电离作用击中敏感的靶点即能引起失活，导致细胞的死亡或突变。辐射效应被推论为一种"全或无"（all-or-nothing）类型的效应，即处理后或者致死或者存活。按照靶的学说，照射二倍体或多核细胞或结团的细菌（如金黄色葡萄球菌）时，表现为肩形曲线，说明最初的击中是无效的，这符合同源隐性致死突变是二倍体细胞死亡的主因的预期。因为，第一次击中无效，只有当在靶的中积累的隐性致死突变比例相当高时，击中其等位基因的概率才呈线性上升关系，显示核损伤是细胞致死的原因（图 6.2b）。靶的学说的另一重要推论是电离射线的生物效应与剂量成正比，而与剂量率无关，即在一定时间内只要剂量相等，一次照射与分次照射的效应相同。这一点至少在特定条件下（如无氧）的电离辐射效应，得到了证明。所以，靶的学说的本质是射线直接作用于细胞核，引起核物质变化，导致致死或突变的效应，其间无电离辐射的间接效应。所以在特定条件下是正确的。

　　后来的科学实验，试图将靶的学说与细胞的修复作用联系起来。明显地表现为指数直线的起始段有肩形弯曲部分，然后呈指数下降并随剂量增加而呈通常的紫外线的"S"形剂量-存活曲线。即使处理单倍体细胞也如此，显示为一种依赖于剂量的修复机制。这一现象在处理二倍体细胞时更为明显。

　　2. 紫外线的诱变机制

　　紫外线是一种电磁波，波长范围为 1360~3900Å，而以 2600Å 诱变作用最强。紫外线诱变一般采用紫外灯，发出的光谱相对集中在最有效波长 2560Å 左右，这是核酸最强烈吸收的波长，与紫外线的杀菌作用最有效波长重叠。

　　紫外线的诱变作用是因其作用光谱与核酸碱基的吸收光谱一致所致，能量能直接被 DNA 碱基吸收，发生光化学反应，形成嘧啶二聚体和链间交联，造成 DNA 分子损伤。其诱变作用发生在损伤修复作用阶段和复制时碱基的掺入错误。在物理诱变剂中，紫外线是研究最深入的诱变因子，DNA 大分子中的碱基是吸收紫外线的物质，而嘧啶比嘌呤大约敏感 100 倍。紫外线的作用主要形成两种化合物：嘧啶水合物和嘧啶二聚体（图 6.3），也可能引起 DNA 链间交联。按照紫外线对 T4 噬菌体的诱变研究，大约有一半突变可被吖啶类化合物回复，说明它们属于移码突变；另一半是由嘧啶结构类似物引起的转换突变。嘧啶水合物是在嘧啶的 4,5 双链上固定一个水分子生成的水合物，其结果是在 DNA 复制时，导致碱基错误配对，引起转换突变。这类突变能被碱基类似物回复，说明属于碱基对的置换，但不能被羟胺回复，就是说，原来的突变是 GC→AT 转换突变。

　　诱发的嘧啶二聚体，多数为胸腺嘧啶二聚体（TT），少数为 TC 和 CC 二聚体。通常，这些二聚体在相邻的嘧啶之间形成，少数在链间形成。二聚体若不被修复，将因影响 DNA 复制而致死。紫外线引起的 DNA 损伤会激活 lexA 调节子全局性调控系统表达，诱导 rec 系统参与修复损伤 DNA 的过程，导致移码和 DNA 大损伤，如缺失突变；rec 系统参与修复的另一直接结果是易导致 DNA 链间的不对等交换，出现移码突变。紫外线也能引起胞内酶失活，影响细胞内不可或缺的功能，破坏胞内的代谢、细胞分裂机制，而强化致死效应。

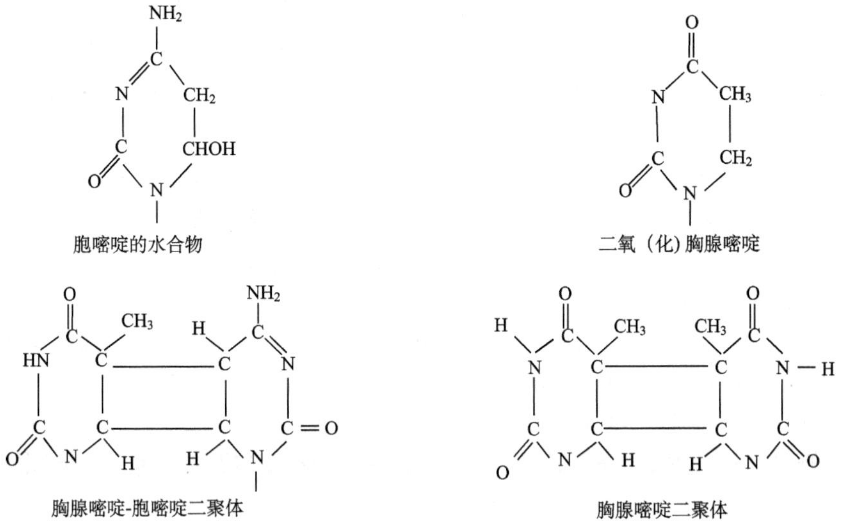

图 6.3 紫外线作用于 DNA 产生的光化学产物（盛祖嘉，2007）。波长 240～280nm 的紫外线照射最易导致形成胸腺嘧啶二聚体（TT），其次为 TC 二聚体

3. 其他物理诱变剂

离子束和激光是 20 世纪中期开发的两种新的物理诱变因子，已在生物育种上应用并有取得良好效果的报道。

1）离子束

离子束（ion beam）是特殊装置激发产生的以近乎一致的速度沿相同方向运动的离子，是我国科学家余增亮等于 1989 年首次将离子注入技术用于农作物品种改良，并获成功的一种新型的物理诱变因子。其基本原理是采用 He^{2+}、N^+、Ar^+、Zn^{2+}、Fe^+或 Cs^+ 等离子，加速至几十至几百千电子伏特（keV）的离子束注入细胞，其剂量按注入离子数计（如 20keV，3×10^{15} 离子/cm^2）。离子导入导致 DNA 链断裂、基因修饰，达到诱变的效果。其生物作用的原始过程包含能量的沉积、动量的传递、粒子的注入和电荷的交换 4 个相继步骤。与电离射线不同，它们是低能离子束，这种离子束可以通过电场和磁场调节能量并定向，其传递特征是在其通过作用物质时引起高密度的电离和激发，这一点与电离射线作用类似；而离子束注入生物体后可以以其质量、能量和电荷共同作用于生物体，因而在用作诱变剂时，具有对生物体损伤小、诱变谱广、诱变率高的特点。

已有的应用研究报道表明，在作物产量性状育种及工业微生物育种方面取得了很好的效果；其诱变的分子机制亦有报道，如以大肠杆菌质粒为材料获得的离子束诱发突变型碱基变化谱分析（李莉等，1991）。离子束是值得进一步研究和开发的新型物理诱变因子。

2）激光

激光（laser）是一类由不同化学元素激发产生的不同波长的光量子束，波长因激发元素不同，可有紫外线-近紫外-红外线。不同激光对相同菌株的有效剂量（剂量响应值）也不同，近紫外和蓝光区激光对微生物（如大肠杆菌）的生长刺激作用较其他波长强约一个数量级。当剂量增高至刺激作用最大值后，逐渐显示致死和诱变效应。

激光对生物的作用效应主要是由于热、光、压力和电磁场的综合作用，从而直接或间接引起染色体损伤、DNA 碱基缺失或变异。热效应会引起胞内酶失活，以及胞内的代谢、细胞分裂机制破坏，导致基因突变和致死；电磁场效应诱发产生自由基导致DNA 损伤。光效应通过对一定波长光量子的吸收、电子的跃迁，改变 DNA 碱基配对特异性，而引发基因突变。

激光作为一种新型物理诱变因子的使用始于 20 世纪 60 年代，其不仅操作安全简便，而且表现出辐射损伤小、正变率高的特点。其另一优点是便于与其他诱变剂结合，进行复合诱变处理，因而是一种值得进一步开发的物理诱变因子。在微生物原生质体融合实验中，激光可作为诱变因子处理原生质体，提高融合频度和扩大遗传性变异范围。

第二节　实施诱变前要处理的若干共性问题

诱变剂都具有诱变和致死双重作用，但是为了获得最佳实验效果需根据诱变剂的性质，创造适合发挥其作用机制的最佳条件，以期达到最佳诱变效果。这是问题的一个方面。另一方面是，必须考虑被处理的生物样品的生理状态，使所准备的生物样品处于对所使用诱变剂最敏感的状态。只有满足这两方面的条件，才能获得好的结果。

1. 菌悬液的制备

在诱变剂处理前，首要工作是制备菌悬液。为了尽可能使细胞均匀地与诱变剂接触和避免诱变后出现异质菌落，在诱变处理前必须尽可能使之成为单核细胞或单孢子。通常以生理盐水或缓冲液制成合适浓度的菌悬液。如遇菌体或孢子结团现象，可用灭菌玻璃珠瓶振荡打散，再用灭菌脱脂纱布棉花漏斗过滤；如遇表面多蜡质的真菌、放线菌孢子，或因细胞表面性质而易聚集成团的细菌，则可以在介质中加入 1∶1000 的非离子型表面活性剂（如吐温-80、Triton X-100 等），再用灭菌玻璃珠瓶打散；对于像枯草芽胞杆菌等芽胞杆菌，常采用孢子悬液处理，为得到单孢子悬液，则可在60℃下处理 30min，离心，重悬于生理盐水中，即可得无营养体的均一的孢子悬液。

20 世纪 80 年代后，许多实验室采用原生质体悬液诱变，由于除去细胞壁的原生质体对诱变剂更敏感，而且作用也更均一，因此重复性也更好；其另一优点是，那些不形成孢子的菌种通过原生质体化（方法见第十二章）成为单核（或多核）的原生质体后，也便于诱变剂处理并再生为单菌落，便于平板筛选。例如，夏敬林以低剂量青霉素预处理生长菌，经蜗牛酶处理谷氨酸生产菌制备原生质体，以紫外线诱变处理原生质体，经培养，挑取再生菌落进行高产菌株筛选（夏敬林，2012）；胡伟莲和戴德慧（2013）进行红曲霉诱变育种，都提供了成功的例子。

1）种龄问题

在处理细菌时，通常采用生长旺盛的对数期细胞，这样其对诱变剂较敏感，变异率较高，重复性也较好；真菌和放线菌，则应力求采用新鲜成熟的孢子。而对那些掺入型诱变剂，则应采用生长细胞。若采用原生质体，则应取中对数期营养体细胞制备原生质体。

2）菌悬液浓度问题

细菌、放线菌孢子悬液以 $10^7 \sim 10^8$ 细胞/ml 为宜；真菌孢子或酵母菌一般以 10^6/ml 细胞为宜。悬液的细胞数可以用平板计数法或直接计数法（采用血球计数板、细菌计数板）。细菌悬液也可用光密度测定法确定，需先作光密度-菌数关系曲线，以 OD_{580} 为纵坐标，菌落计数为横坐标作图，确定不同 OD 值对应的菌浓度，供确定菌数的参考。

3）菌悬液的介质问题

若用物理诱变剂处理，可用生理盐水（不用肉汤培养液）制备菌悬液；若用化学诱变剂处理，如果诱变剂作用随 pH 改变而呈不同效应（如亚硝酸、亚硝基胍、羟胺等）时，或者易分解而使 pH 改变（如硫酸二乙酯等），则应采用适当缓冲液，如磷酸缓冲液、乙酸缓冲液等。

2. 诱变剂的剂量-效应曲线

为使诱变操作做到心中有数，在使用诱变剂工作前，应对所使用诱变剂作剂量-效应曲线和剂量-诱变率曲线。

1）剂量-存活率曲线

为使诱变筛选操作做到心中有数和避免盲目操作，在诱变操作前，首先应作一诱变剂与待处理菌种的剂量-存活率曲线。方法是按要求将实验菌制备成 $10^7 \sim 10^8$/ml 浓度的单细胞或单孢子悬液，根据诱变剂要求的处理环境，菌悬液可以采用特定的缓冲剂和pH。加入一定浓度的诱变剂后，开始计算处理时间，并定时取样，终止诱变剂作用，适当稀释，进行平板计数。取半对数坐标纸，以存活菌数的对数

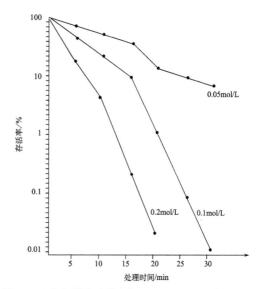

图 6.4　亚硝酸对伊纽小单胞菌（*Micromonospora inyoensis*）的剂量-效应曲线。存活率为纵坐标，亚硝酸剂量以浓度和处理时间表示。诱变剂对 DNA 的作用不仅是可能引起突变，同时也导致细胞致死

为纵坐标，诱变剂处理剂量（或处理时间）为横坐标作图，即可得一诱变剂的剂量-效应

曲线。图6.4为一组典型的剂量-效应曲线，它包含了三个不同浓度的诱变剂剂量-存活率曲线，三者之间为浓度倍增的关系，可以清楚地看出剂量与存活率的关系，从而使工作者可按自己的分析判断，采用高浓度短时间或采用低浓度长时间诱变处理方案。

　　显然，由图6.4可见0.05mol/L亚硝酸的浓度太低了些，而0.2mol/L浓度作用较强，也许用来诱变筛选营养缺陷型更合适；而0.1mol/L浓度的亚硝酸作用较为温和，或许更适合用于诱变筛选具多基因控制特性的次生代谢产物高产菌株的筛选。由图6.5可见，在以0.1mol/L亚硝酸处理得到的产量分布柱状图呈现广幅变异范围，明显增加了正变株出现的频率，因而增加了获得正变菌株的概率。而以0.2mol/L亚硝酸处理的则更多地偏向出现负变菌株。

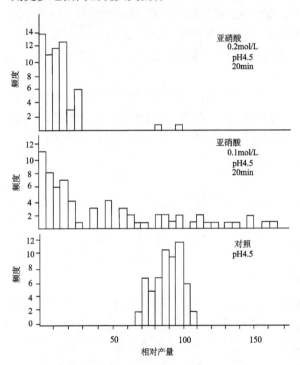

图6.5　伊纽小单胞菌紫苏霉素（sisomycin）产量柱状图（对照为100%）。示不同剂量亚硝酸处理与产量性状变异间的关系：高浓度亚硝酸处理20min（致死率约99.6%）不利于抗生素产量变异，表现为变异范围较窄；而较低浓度亚硝酸处理20min（致死率约95%）更有利于次生代谢产物产量变异，表现为变异范围明显扩大

2）剂量-诱发突变率曲线

　　一个直接确定诱变剂剂量-诱发发生效应的关系方法是测定诱变剂诱变筛选营养缺陷型频度。以亚硝基甲基脲（NMU）为例，在低剂量时，正向突变率呈线性增加并逐渐达到一个平台期，此后，由于细胞损伤过载和修复机制效力的下降，剂量继续增高而突变率反而急速下降，而存活率约20%时达到最高。显然存在一个最适诱变剂量的问题。更高致死率会导致细胞的更多损伤，而表现正变频度下降（图6.6）。

　　在实际工作中剂量与诱变率的关系，是一个总会遇到的问题。也是我们在诱变育种中，不采用人为设定高致死率诱变剂处理剂量，而强调应针对自己的工作菌株作一操作曲线的原因。这里之所以较为仔细地介绍诱变剂剂量-存活率曲线，是因为它确实对诱变育种的诱变筛选操作是很有价值的，而如果同时又有如同图 6.6 那样的曲线，这可使我们的操作建立在一种踏实而非盲目的基础上。

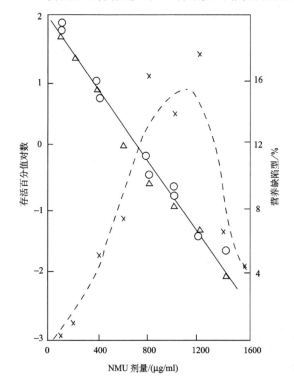

图 6.6　亚硝基甲基脲（NMU）处理短小芽胞杆菌致死与产量性状诱变效应的关系（徐功巧等，1976）。处理条件为 pH7.0，30℃，30min。—表示存活；---表示诱变

第三节　物理诱变剂的使用方法

物理诱变剂有多种，这里只介绍电离射线诱变和紫外线诱变方法，因为前者是最早用于生物诱发突变的物理因子，而后者则是诱变机制清楚、使用最多而又方便的物理诱变剂。

1. X 射线的剂量单位和使用方法

在物理学上，X 射线的剂量单位可用剂量仪测定，每毫升空气内产生的电离对数或测定能量，单位表示为尔格/克（erg[①]/g）。X 射线和 γ 射线都是高能电磁波，只是波长不同。生物学上使用的 X 射线系由 X 光机产生，而 γ 射线一般由 Co_{60} 产生，剂量单位用伦琴或组织伦琴（拉得）表示。凡能在 $1cm^3$ 空气中形成 2.08×10^9 个离子对的能量定为 1R（伦琴）；而 1g 受照射的物质，吸收 100erg 的任一射线的剂量定为 1rad（拉得）。

各种微生物对电离射线的敏感度可以相差数百倍。例如，X 射线使抗辐射小球藻 90%致死的剂量为 750kR，而对假单胞菌，相同致死率所需剂量小于 2kR，粗糙链孢

---

① 1erg=10^{-7}J

霉 30～40kR，放线菌 50kR 左右。由于不同微生物对 X 射线的敏感性差别很大，因此在工作开始时，必须先完成剂量-存活曲线。处理介质可采用生理盐水。处理后在有机培养基中培养 2～3 个世代时间后，稀释，平板筛选突变型。

2. 紫外线的剂量单位和使用方法

紫外线剂量可用单位面积接受的能量，erg/mm² 表示，这需一种专门的仪器来测量。所以，除了做紫外线效应专门科研工作的实验室外，一般都以相对剂量来衡量，采用固定紫外灯与被处理材料间的距离，剂量可以以照射时间计量。在距离为灯管长度的 1/3 范围以内，剂量率与距离成反比，而大于灯管长度 1/3，则与距离的平方成反比，并与处理时的温度无关。紫外线的杀菌和诱变作用只与剂量有关，而与剂量率无关。在总剂量相同的情况下，只要两次照射之间相隔时间不长（如 30～60min 以内），分次照射与一次照射效果相同。

1）处理前的准备

为使紫外灯的工作功率稳定，应连接稳压装置，在实际处理开始前，应先打开紫外灯预热 20min，以使其波长稳定。应注意紫外灯管的功率随使用时间而下降，新灯管以最初 100h 内下降最快，以后下降放慢。若以 100h 的功率为 100%，则 3000h 约为 80%。所以，实际上用同一紫外灯管处理相同的时间，其相对剂量也不尽相同。

一般实验室采用 15W 灯管，距离固定为 30cm。处理后取样，适当稀释，涂平板，计菌落数，以剂量（处理时间）为横坐标，相对应的存活菌数的对数或百分数为纵坐标作图。即得到被处理菌株的存活率-剂量曲线（图6.7）。这一曲线在条件（菌株、培养条件、菌龄、处理介质）不变的情况下是可以重复的。有了这样的曲线便可按前面讲过的泊桑分布公式，按照平均击中次数确定处理剂量了。例如，平均每个细菌被击中一次时的存活率 0.37，处理时间约为 10s；击中两次时的存活率为 0.135（约 30s）；平均击中三次的剂量时致死率约为 95%（约为 35s）。

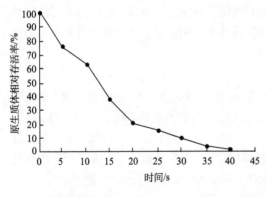

图 6.7　紫外线处理红曲霉原生质体的存活率-剂量曲线（胡伟莲和戴德慧，2013）。横坐标为处理剂量；纵坐标为存活率

2）诱变操作

（i）打开紫外灯预热 20min，使波长稳定。

（ii）将 5～10ml 菌悬液移入 9cm 直径的培养皿内，将培养皿放在诱变箱内的磁力搅拌器上，预照射培养皿盖 2～3min。

（iii）打开培养皿盖，计算处理时间，边搅拌，边处理。

（iv）处理完成后，在完全培养基中培养一定时间（2～3 个分裂周期）后，稀释，平板分离。

为避免光复活作用，上述操作步骤都应在红光下进行。所涂布的平板应以黑纸包裹后，置温箱培养。观察结果。

第四节　化学诱变剂及诱变机制

具诱变作用的化学诱变剂种类繁多，从无机化合物到各种有机化合物都可从中找到具诱变作用的化合物，其中有的农药、杀菌剂、洗涤剂、染料，及部分染发水、化妆品和食品添加剂等，如果进行科学检测，不难发现其中存在的有诱变和致癌作用的化合物。实际上，我们正处于有害化学化合物的包围之中，由于现代人生活节奏快，各种产品更新快，国家又无严格有效的监管，也有极少数科研人员和生产经营者为追逐利润而不择手段，道德底线缺失，以至于现今在我们的生活中对于有害化合物已经达到了防不胜防的地步。若以检测致畸致变的微生物系统（如 Ames 测验或大肠杆菌 λ 噬菌体溶源菌诱导释放法），去检测市场上各种食品和所使用商品中的有害化合物的话，其中的致癌有毒化合物可能不会太少。癌症高发就是一个警示指标。

虽然能起诱变作用的化合物多样，但按诱变机制不同可将它们大致分为掺入诱变剂、可与碱基起反应的诱变剂和移码诱变剂三大类。碱基类似物属掺入诱变剂，它们可以在 DNA 复制时充当正常碱基插入 DNA 复制点与正常碱基配对，但由于其结构不同于正常碱基，从而当再次复制时易出现变构，导致正常碱基被置换，而出现转换突变；可与碱基直接作用的诱变剂种类很多，其中包括烷化剂、亚硝酸和羟胺等；第三类诱变剂是移码诱变剂，它们是杂环化合物吖啶及其衍生物，具有很强的亲核性，而分子结构正好与 DNA 链的碱基对相当，所以可以插入 DNA 链相邻碱基对之间，而使 DNA 链变形，致使 DNA 复制时出现碱基配对错动，出现碱基缺失或新碱基对插入，从而在基因表达时出现密码组移动，最终出现移码突变。

1. 掺入诱变剂

碱基类似物是指那些与正常碱基结构类似的化合物，如与胸腺嘧啶结构类似的 5-溴尿嘧啶（BU），与腺嘌呤结构类似的 2-氨基嘌呤等。由于它们的结构与正常碱基类似，所以它们能取代正常碱基掺入正在复制中的 DNA 链。但是，它们毕竟又不同于正常的碱基，与鸟嘌呤（G）配对的概率增高，而终因复制错误导致 AT→GC 对碱基转换。同样，也可以解释为什么 BU 诱发的突变也可被 BU 回复；这一过程实际上与上一过程相反，在 DNA 复制时，培养基中的 BU 以烯醇式结构与 G 配对掺入 DNA 链（掺入错误），而在再次复制时，由于复制正确而导致 GC→AT 转换（图 6.8d）。可见，碱基类似物的诱变作用是掺入 DNA，并在 DNA 复制中固定而出现的。

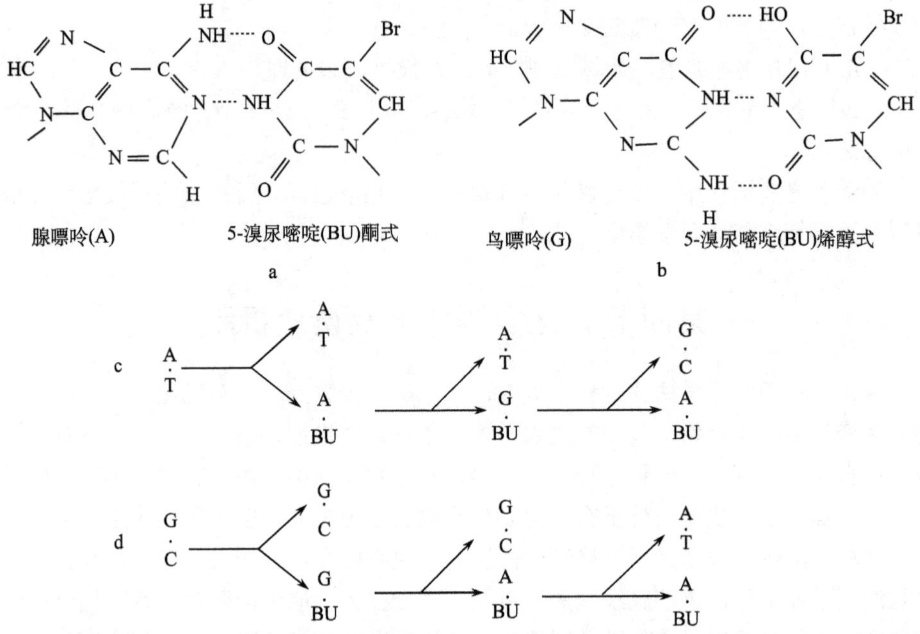

图 6.8　5-溴尿嘧啶（BU）的诱变机制（盛祖嘉，2007）。a. 5-溴尿嘧啶酮式结构与腺嘌呤配对；b. 5-溴尿嘧啶烯醇式结构与鸟嘌呤配对；c、d. 5-溴尿嘧啶的诱变机制：c. 复制错误，AT 转换为 GC；d. 掺入错误，GC 对转换为 AT 对

2. 与 DNA 碱基起作用的诱变剂

这类诱变剂很多，而且诱变作用机制也不同，下面将逐一进行讨论。

1）亚硝酸

亚硝酸不同于碱基类似物，它通过与核酸碱基作用，从而改变碱基的配对特异性，使 DNA 在复制时出现错配，导致碱基对的转换或颠换，导致基因突变。

亚硝酸是诱发突变谱广而又使用方便的一种化学诱变剂，它可以氧化脱去腺嘌呤（A）、胞嘧啶（C）、鸟嘌呤（G）分子的氨基，而以羟基取代，从而改变这些碱基的配对特异性。例如，腺嘌呤脱氨基后成为次黄嘌呤（HX），其氢键配对特异性类似于鸟嘌呤（G）（图 6.9c），所以，在 DNA 复制时，将引起 AT→GC 对的转换；而胞嘧啶脱氨基后成为尿嘧啶（U），其氢键配对特异性与胸腺嘧啶（T）类似，将引起 GC→AT 转换（图 6.9a）。G 脱氨基后成为黄嘌呤（X），其氢键的配对特异性不变，所以并不导致配对改变（图 6.9b）。而实际上，由于未知原因，在 DNA 复制时，黄嘌呤不能与任何碱基配对，因而是致死的。

亚硝酸脱氨基反应的相对速率取决于 pH、核苷酸的性质和在作用点附近的碱基序列。在中性 pH 时，DNA 分子中的鸟嘌呤的脱氨基作用比腺嘌呤和胞嘧啶快；而在 pH4.2～5，后二者的脱氨基作用的速率大约增加 90 倍，而鸟嘌呤的脱氨基速率只增高 30 倍。在以 T2 噬菌体为试验材料，以亚硝酸诱变时，其致死率和诱变效应与 pH 的关系正好与这些数字平行，即突变增加 90 倍，而致死率增加 30 倍。这也说明，在鸟嘌吟脱氨基成为黄嘌呤后，失去了模板能力，因而是致死的，这与生物化学上得出的黄嘌呤与胞嘧啶不配对的结论相一致。

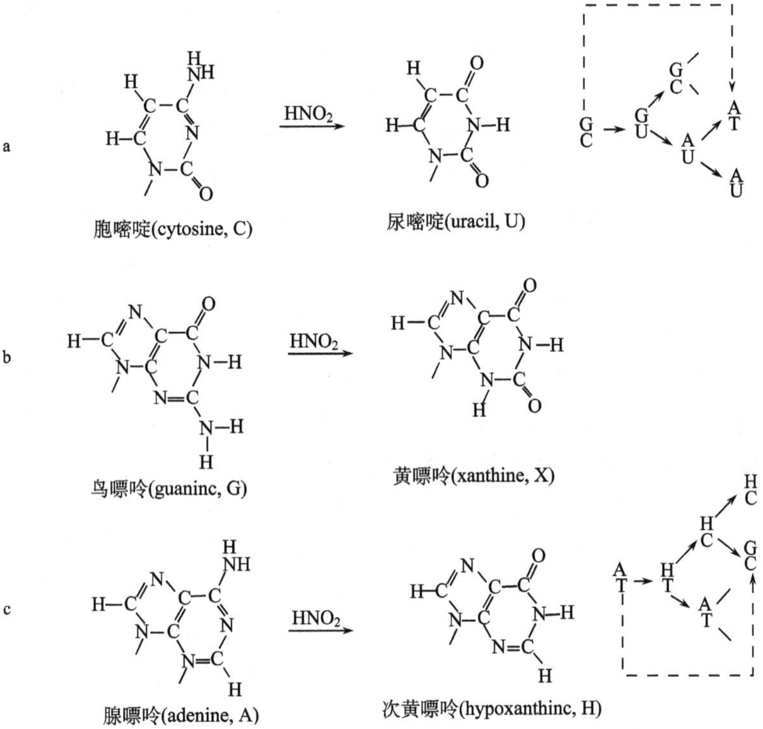

图 6.9　亚硝酸的诱变机制（盛祖嘉，2007）

亚硝酸还能引起 DNA 链间交联，其相对频率大约为脱氨基作用的 1/4。链间交联将使 DNA 钝化，影响复制，若不被修复将是致死的。由亚硝酸引起的 DNA 损伤的修复机制与将要介绍的以大肠杆菌为材料发现和证明的那些机制是相同的，尤其是其中的重组修复功能和 SOS 应急修复机制。也正是这两种修复机制修复的结果，确保了细胞的存活，而产生了较多的移码和缺失突变。

亚硝酸不稳定，易分解为水和硝酸酐（$2HNO_2 \rightarrow N_2O_3 + H_2O$），硝酸酐继续分解放出 NO 和 NO_2（$N_2O_3 \rightarrow NO\uparrow + NO_2\uparrow$）。所以采用在临用前将亚硝酸钠溶于 pH4.5 的乙酸缓冲液中，生成亚硝酸（$NaNO_2 + H^+ \rightarrow HNO_2 + Na^+$）的方法处理菌悬液。菌体经一定时间处理后，以稀释法终止反应；或用 NaOH 或 Na_2HPO_4 中和过量的亚硝酸。

2）烷化剂

烷化剂的诱变作用：与 DNA 碱基起作用的诱变剂中的烷化剂是一大类化合物，主要起诱变作用的部分是它们的功能基，按功能基数目，又将这些化合物分为单功能、双功能和三功能烷化剂。带有单一功能基的烷化剂如硫酸二甲酯、甲基磺酸乙酯（EMS）、乙烯亚胺、重氮甲烷、环氧乙烷，以及诱变作用特别强的亚硝基型烷化剂

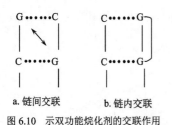

a. 链间交联　　b. 链内交联

图 6.10　示双功能烷化剂的交联作用

（如 N-甲基-N′-硝基-N-亚硝基胍，MNNG）等。带有两个功能基的如氮芥和硫芥，能将两个活性烷基转移到 DNA 分子中的电子密度较高的位置上。双功能烷化剂，可以以单一烷基使 DNA 碱基烷基化，也可能同时以两个烷基烷基化相邻或相对链的两个鸟嘌呤。如果被烷基化的两个碱基分别属两条链，会造成 DNA 链间交联（图 6.10）。但也有的虽具有两个活性烷基[如甲基磺酸甲酯（DMS）]，而只有一个烷基具有烷基化活性，所以也属单功能烷化剂。实验证明，氮芥对鸟嘌呤有高度特异性。例如，氮芥或硫芥与 DNA 碱基反应，会产生双鸟嘌呤衍生物。由 DNA 模型来看，链间交联更易发生。只有当碱基折叠而不是延展时，才能使同一条链的相邻鸟嘌呤间共价结合。链间交联阻止了 DNA 链的分开。一个链间交联如不被修复，可造成 DNA 中上千个碱基不能正常复制，因而被钝化或缺失。而在修复时，核酸内切酶切除损伤片段，在修复机制作用下，将导致 DNA 的缺失。因为其效应与电离辐射所导致的 DNA 损伤类似，所以有时氮芥也被称为拟辐射诱变剂。

育种工作中常用的烷化剂有 N-甲基-N′-硝基-N-亚硝基胍（MNNG）、甲基磺酸乙酯（EMS）和甲基磺酸甲酯（MMS）等；属于烷基硫酸酯类的化合物如硫酸二甲酯（DMS）、硫酸甲乙酯（DES）等，烷化剂在水溶液中易分解，因此浓度会随处理时间而变化，分解速度也因温度而不同（表 6.1）。如果我们知道一种烷化剂在特定条件下的半衰期，便可推算出处理的不同时间溶液中的残留诱变剂的浓度。

表 6.1　几种烷化剂在水中的半衰期（pH7.0）

烷化剂	温度/℃		
	20	30	37
硫芥子气	—	—	约 3min
甲基磺酸甲酯（MMS）	68h	20h	9.1h
甲基磺酸乙酯（EMS）	93h	26h	10.4h
硫酸二乙酯（DES）	3.34h	1h	—
N-甲基-N′-硝基-N-亚硝基胍（MNNG）	随 pH 和温度而变，pH5 最稳定		
N-亚硝基-N-甲基脲（NMU）		35h	
N-亚硝基-N-乙基脲（NEU）		85h	

烷化剂诱变的分子机制是倾向（60%～80%）作用于鸟嘌呤形成 7-烷基鸟嘌呤，7-烷基鸟嘌呤很不稳定，若不被修复将导致脱嘌呤，将是致死的。其诱变作用是它们能使鸟嘌呤第 6 位的氧甲基化，成为 O_6-甲基鸟嘌呤，改变了鸟嘌呤配对特异性，使原先的 GC 转换突变为 AT（GC→AT）（图 6.11）；也有少数使胸腺嘧啶第 4 位置 O 甲基化，从而致使 AT→GC 转换突变。

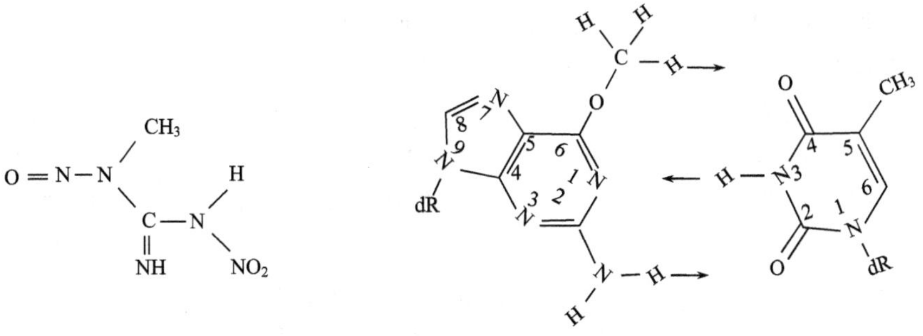

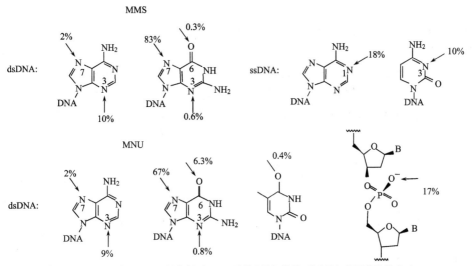

N-甲基-N′-硝基-N-亚硝基胍　　　　　　　O₆-甲基鸟嘌呤与胸腺嘧啶配对

图 6.11　示 N-甲基-N′-硝基-N-亚硝基胍（MNNG）的化学结构及 O₆-甲基鸟嘌呤与胸腺嘧啶配对

按烷化剂的亲核性和作用特性，又将其分为Ⅰ型烷化剂和Ⅱ型烷化剂。亚硝基型烷化剂属Ⅰ型烷化剂，如 N-甲基-N′-硝基-N-亚硝基胍和烷基脲等，易使鸟嘌呤 O_6 烷基化，而 MMS、EMS 氮芥等属于Ⅱ型烷化剂。二者对双链 DNA 碱基和磷酸骨架的甲基化程式如图 6.12 所示。Ⅱ型烷化剂更偏向于烷化鸟嘌呤 N_7 位置，而Ⅰ型烷化剂除了作用于鸟嘌呤 N_7，还更多地烷基化鸟嘌呤 O_6 位置，从而表现出诱变效率不同（图6.12）。

图 6.12　Ⅱ型（MMS）和Ⅰ型（MNU）烷化剂对 DNA 碱基和脱氧核糖-磷酸骨架的甲基化模式（Mishina et al.，2006）。鸟嘌呤的 N_7 是两型诱变剂主要烷基化位点；而Ⅱ型烷化剂更倾向作用于 N_7；Ⅰ型对鸟嘌呤 O_6-甲基化明显高于Ⅱ型烷化剂，这是二者诱变效应区别的分子基础。脱氧核糖-磷酸骨架的甲基化若不被修复将引起链断裂

并发突变：以 MNNG 为例，Ⅰ型烷化剂不同于其他烷化剂，还在于在处理大肠杆菌的同步生长培养物时，表现为倾向于诱变正在复制中的基因，后来又在多种原核生物，包括链霉菌等诱变中得到了证实。推测以 MNNG 诱变时，更倾向集中作用于基因组的 DNA 复制叉部位，因而曾有人通过诱变大肠杆菌同步培养物，做成大肠杆菌的

复制时间表，称为复制图，该图与遗传学图呈现一致性。说明其诱变作用确实是发生在复制叉位置。

MNNG 诱变发生集中在一个不长的正在复制的 DNA 片段的另一特殊现象为诱发并发突变（co-mutation），致使复制叉附近紧密连锁基因出现并发突变，在大肠杆菌，其范围约为基因组的 1.5%。在天蓝色链霉菌的研究中亦发现同样的现象，其影响范围大于大肠杆菌。这种高并发突变现象也在质粒诱变中出现。而 II 型烷化剂如 EMS 并不诱发并发突变。就烷化剂作用机制来说，主要都是引起 GC→AT 转换，而 MNNG 作用的特殊性似乎就在于影响了 DNA 复制体，改变 DNA 复制酶 III 特异性，造成易错复制（misreplication），从而导致并发突变。这在大肠杆菌和多种链霉菌中得到实验证实。在真核微生物诱发突变研究中，虽然也是高效诱变剂，但是并未发现并发突变现象。

MNNG 与 EMS 的诱变作用：MNNG 的诱变机制比较复杂，在不同条件下作用机制可能不同，在 pH 低于 5 时会形成 HNO_2，而其本身就是诱变剂；在碱性条件下衰变形成重氮甲烷（CH_2N_2），这是引起细菌致死和突变的主要原因，其效应可能是重氮甲烷对 DNA 碱基的烷基化引起的。而在 pH6 时，上述二者均不产生，此时的诱变效应可能是由于 MNNG 本身对碱基的烷化作用所致。

MNNG 是高效诱变剂，曾有在大肠杆菌致死率 90%，存活菌中有 42.5% 营养缺陷型的报道，这是相当高的突变率，甚至可以无需淘汰野生型而直接鉴定突变型。在鼠沙门氏菌和节杆菌的处理中，营养突变型占存活菌的 8%～10%；处理啤酒酵母时，在存活菌中有 50% 为小集落（petite mutant）突变型（线粒体突变型）。

在以 MNNG 诱变处理时，常因菌种不同而采用不同的缓冲液，其实若采用相应菌种的基本培养基为处理介质，同样可达到很好的诱变效果，只是所采用的 MNNG 浓度略有不同。处理时应避光，溶液中应避免巯基和蛋白质存在，因为它们会大大降低诱变效力。

使用较多的还有亚硝基甲基脲（NMU）和亚硝基乙基脲（NEU），同属于亚硝基类高效烷化诱变剂。对它们的作用机制研究表明，主要是对 DNA 链的鸟嘌呤烷基化。曾以 NEU 离体处理鲑鱼精子 DNA，并未得到如同 NMU 那样使鸟嘌呤 N_7 位置高度烷基化的结果，但是在处理去氧鸟苷的水溶液时，证明它对鸟嘌呤 O_6 位的烷基化效应比 NMU 高 3～4 倍。

II 型烷化剂包括甲基磺酸甲酯（MMS）、甲基磺酸乙酯（EMS）等的诱变作用共性的一面是，在与 DNA 作用时，将其活性烷基转移给 DNA 碱基。但是 I 型更多使鸟嘌呤 O_6 位置甲基化，改变碱基的配对特异性，导致碱基置换突变；第二点区别是，在原核生物中，亚硝基化合物倾向作用于 DNA 复制叉，引发局部连锁基因并发突变，而 II 类烷化剂无此作用。

3）盐酸羟胺

盐酸羟胺（$NH_2OH \cdot HCl$）在低 pH（约 6）和高浓度（0.1～1.0mol/L）时，在有氧

条件下，特异性地与 DNA 链中的胞嘧啶反应，使之成为胞嘧啶水合物（图 6.13）。改变后的胞嘧啶，特异性地与腺嘌呤配对，引起 GC→AT 对转换，但是不引起 AT→GC 转换。由于它的诱变作用是特异性的，因此，在诱变剂诱变机制研究中有其特别意义，可以用来鉴别一些诱变剂的诱变机制。它有可能与细胞内其他物质发生非特异性作用，产生 H_2O_2 而有次级诱变效应和致死。

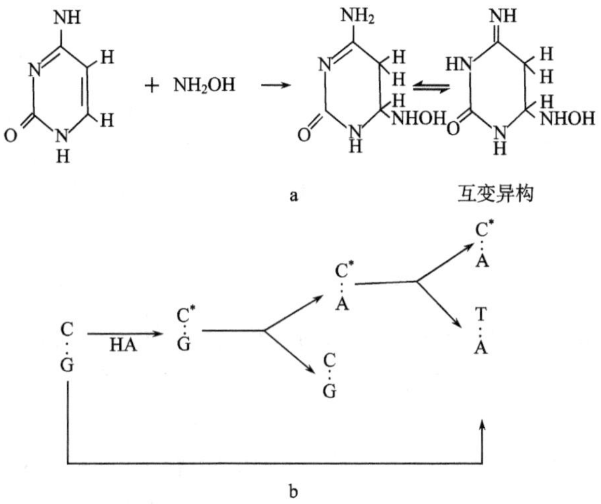

图 6.13　盐酸羟胺的诱变机制（盛祖嘉，2007）。a. 与胞嘧啶作用形成胞嘧啶水合物；b. 在 DNA 复制时发生错配导致碱基对 GC→AT 转换。C^*示水合物

4）码组移动诱变剂

移码突变是不同于以上与 DNA 碱基作用引起结构改变的各种化学诱变剂的另类诱变剂。它们并不导致 DNA 碱基的结构变化，而是通过其亲核性，将其分子插入相邻碱基之间，导致 DNA 复制时在新合成的 DNA 链中插入或缺失一至少数几个碱基，而使有关基因的洽体密码子发生错动导致基因突变。通常这类突变具有很强的效应，它们不能被一般的诱变剂回复，而只能被同类诱变剂或具有移码诱变效果的化合物回复。

吖啶类化合物是一类杂环染料，常见的吖啶化合物有原黄素、吖啶橙和 5-氨基吖啶和吖啶芥（ICR）化合物等。由于它们的亲核性，以及三个呈扁平状的杂环，在三维上，与碱基对相当（图 6.14），因此，很容易插入双链 DNA 的相邻碱基之间，使 DNA 局部变形，这样，在 DNA 复制时，由于碱基的位置错动，而导致复制出现 DNA 单链环突，出现配对错误，造成 DNA 链碱基对增减，或因修复时出现不对等交换，造成碱基序列的缺失，或者插入额外的碱基，造成编码序列的改变，所以其被称为移码诱变剂，也称为插入诱变剂（insertion mutagen）。而就其遗传效应来说，在翻译过程中，当由 mRNA 的 5′端向 3′端依次读码时，出现移码突变，自插入或缺失点起将出现氨基酸序列错误。吖啶类化合物的诱变作用及相应分析曾以大肠杆菌 T4 噬菌体为材料做过深入研究。插入位点表现有热点现象，在插入或缺失的碱基一侧常有碱基对的多次重复，如 AAAA。

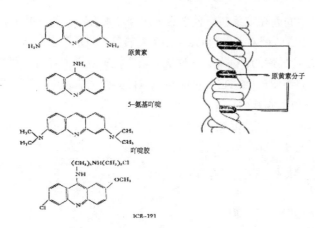

图 6.14　吖啶类化合物的诱变机制。左图示吖啶化合物和 ICR 化合物的分子结构；右图示原黄素插入 DNA 双链相邻碱基间，并示双链已出现变形

ICR（Institutes for Cancer Research）化合物则是后来美国癌症研究所合成的，将一系列烷化剂与吖啶类化合物结合起来形成的一类吖啶类似物，图中 ICR-191（吖啶芥）是实验中常用的一种，它是细菌和真核细胞的良好的插入诱变剂。因为吖啶化合物虽在处理噬菌体时具有好的诱变效果，而处理细胞却是无效的，说明这些吖啶化合物不能通过细胞外膜屏障，而 ICR 化合物则能进入细胞起诱变作用。

吖啶类诱变剂有两种作用方式，在有光的情况下，因为吖啶的荧光性，而在 DNA 分子中起能量转移者的作用，再通过氧化作用使碱基改变，可能诱发 DNA 链断裂。氧气能提高这种诱变能力。在黑暗条件下的诱变作用，则是通过其亲核性将扁平分子插入 DNA 链的相邻碱基，从而引起（+）或（-）移码突变。ICR 化合物，在处理沙门氏菌、酵母菌和链孢霉等时，在存活率相当高的情况下，得到较高比例的移码突变型，是一类值得关注的诱变剂。

移码诱变剂诱发的基因突变，可以被同类的诱变剂回复，但不能被碱基类似物、亚硝酸、烷化剂和羟胺回复，因而可与其他诱变剂的诱变作用相区别。因为移码诱变剂可以引起合成的多肽链的一级结构的明显变化，有明显的突变效应，在诱变育种中应给予一定的关注。

5）氯化锂

有些金属离子如锂和锰自身并无诱变作用，但由于它们能与胞内蛋白质和酶结合而影响细胞的代谢，能与蛋白质结合改变酶活性、影响 DNA 分子修复机制，导致遗传性改变。与诱变剂复合使用时，具有明显的协同效应，提高诱发突变率。通常用于与其他诱变剂的复合处理，起辅诱变剂作用。

第五节　DNA 损伤的修复

生物的生存和繁衍的关键是遗传信息在世代间的保真垂直传递。而一切生命体又总是处于不断变化的自然环境中，时常遭遇到环境中的物理因子和化学化合物的作用，这些因子时常会突破细胞外膜和细胞质屏障,作用于遗传物质,导致 DNA 损伤,这些损伤若不能及时修复,将导致基因突变或机体死亡。例如,由于紫外线辐射,地球上陆生生物晚出现约 20 亿年,直至大气平流层形成臭氧层,才有陆生生物的进化。复杂的 DNA 损伤修复机制是在生物进化历程中通过自然选择逐步发展起来的,而 DNA 损伤修复作用中起着核心作用的就是 lexA-recA 调节子。

lexA-recA 调节子是生物对 DNA 损伤的全局性生理反应机制,也称为微生物对生存环境的 SOS 应激反应机制。SOS 应激反应是生物消除 DNA 损伤的网络调控系统,它不仅与诱变剂诱发的各种 DNA 损伤相关,也与微生物对微生境的适应、致病性和抗生素抗性因子的传播相关联。最新研究结果显示,SOS 系统与生物的适应性和对环境改变的快速反应的全局性转录网络调控起着至关重要的作用。

生物为适应其生存环境,其代谢总是处于"以变应变"的工作状态,这包括两方面的含义:一是基础的代谢过程,其中有已经在相关章节中介绍过的分解代谢和合成代谢的应变调控机制;二是基因组的复制过程的保真和"以变应变"调控作用,后者是由 lexA-recA 调节子系统控制的。例如,当病原菌感染细胞时,只有在 lexA-recA 调节子具有正常功能时才能实现,这已在霍乱弧菌中得到证实[26]。洋葱布克氏菌需要野生型 DNA 修复机制活性状态,才能在转化三氯乙烷时存活[19],可见 DNA 修复机制在生物适应环境中的重要性,生活中的基因组是处于动态的代谢之中的,正是 LexA-RecA 修复系统确保了基因组的完整性和细胞对环境的全局性控制,才使生命具有与生俱来的自我修复能力,才能在动态环境中适应和生存。

基于生物信息学对微生物 SOS 系统的比较研究 (Martins-Pinheiro et al., 2007),不同类群生物的核心功能基因具明显的共性,而另一些基因则有分化,反映了生物进化与适应具体生存环境的改变。被大肠杆菌 LexA 识别和结合的基序为 CTGT-N8-ACAG,β-和 γ-变形菌纲的结合基序与此相同,而革兰氏阳性菌识别和结合基序与此不同,为 GAAC-N4-GTTC。以结合基序寻找筛选与之结合的蛋白质便可鉴别出 lexA-recA 调节子其他功能蛋白,在大肠杆菌中已确定该调节子有 40 个以上基因的表达受到 lexA-recA 的调控,其中包括光复活酶基因 splB、切补修复基因 uvrA、uvrB、uvrD 和 umuDC 等,以及 DNA 错配修复 (mismatch repair) 基因 mutH 等。

LexA 是一个负调控蛋白,在未被诱导时,其二聚体总是与 LexA 调节子的相关操纵子结合,阻止其表达,当遇到威胁到生物生存的恶劣环境或诱变剂处理时,出现 SOS 应激反应,在这里 RecA 蛋白起着受损伤 DNA 的传感作用,被单链 DNA 片段和酶反应产生的 DNA 断裂末端激活的 RecA 蛋白,具有辅蛋白酶 (coprotease) 活性,特异性地裂解 LexA,使其失去与操纵子结合能力,令 lexA-recA 调节子解阻遏,lexA-recA 调节子的有关操纵子表达,从而调动所有抵御 DNA 损伤的机制,修复并确保基因组的完整性,使生命活动得以正常进行,保证遗传物质的精确复制和世代延续。

DNA 损伤修复机制的阐明是 20 世纪 60 年代的重要研究成果,遗传学家主要以大肠杆菌及其噬菌体为材料,通过对紫外线诱变机制的遗传学研究,发现和证明了光复活作用、切补修复和重组修复三种主要的 DNA 损伤修复作用及机制，这些机制现今已在分子水平上得到了进一步的阐明，并且已在其他原核生物和真核生物中作了进一步的证明。在医学研究中发现修复系统与人类的疾病、癌变和衰老有密切的关系[27]。可见 DNA 修复系统已非仅限于原来意义上的损伤修复作用。它已是一个内容广泛而丰富的课题。

由比较微生物基因组学研究，已鉴定出许多相关的 DNA 修复途径，不同类群微生物具大致相同的 DNA 损伤修复途径，而其中比较清晰的还是：①直接修复作用，包括光复活作用、烷基化碱基的烷基转移和氧化去甲基作用；②切除修复机制，包括切补修复、核苷酸切除修复和错配修复；③重组修复作用，以及其他与 DNA 修复有关的蛋白质的表达控制。

为简化内容和由本书宗旨所限，以下介绍的 DNA 损伤修复机制仍是以诱变剂作用导致遗传物质的损伤修复机制为主，基本上仍使用直观简明经典图解说明。

1. DNA 损伤的直接修复

有几种 DNA 损伤可通过一步反应修复，恢复 DNA 的正常结构，这就是光复活作用、烷基化碱基的烷基转移和氧化脱甲基作用。

1) 光复活作用

光复活作用（photoreactivation）的机制是由光裂合酶（photolyase）基因 *splB* 编码的光裂合酶催化的。其基因的表达受 *lexA-recA* 调节子调控。该酶在暗处与嘧啶二聚体结合，但是只有在可见光（300～600nm）才被激活，使紫外线诱发形成的嘧啶二聚体解开，DNA 链恢复正常，所以这是一种最直接而无误的修复机制。

光复活作用是以大肠杆菌及其噬菌体为研究材料，研究紫外线诱变机制过程中发现和证明的。紫外线作用主要（90%）影响 DNA 的一条链，使相邻的两个嘧啶聚合成嘧啶二聚体，形成链内或链间交联。若二聚体不被修复，细胞将因 DNA 不能正常复制而死亡。一个未被修复的嘧啶二聚体，可以影响上千碱基对的正常复制。光复活作用是包括原核生物至脊椎动物在内的所有生物普遍存在的一种修复机制，可见，这是出现在生物进化历程早期的一种具有里程碑意义的抗紫外线机制。

2) 碱基的烷基化修饰与烷基化碱基的修复

除了深入研究过的紫外线修复机制外，对烷基化碱基的修复也有较深入的研究。DNA 碱基烷基化主要是甲基化。由生物化学，我们知道碱基甲基化也是正常的 DNA 修饰作用，这在基因表达调控、细胞分化、外来 DNA 识别方面具有重要生物学作用。限制-修饰系统在生物界是常见的修饰现象。例如，限制性内切酶的 *Bam*H I 的修饰酶——*Bam*H I 甲基化酶，使其识别序列两侧对称位置的胞嘧啶 N_4 甲基化；*Eco*R I 甲基化酶使其识别序列两侧对称位置的腺嘌呤 N_6 甲基化。不同菌种修饰酶对碱基的修饰位点为胞嘧啶的 N_4 或 C_5，腺嘌呤的修饰位置仅限于 N_6。修饰后的碱基并不影响基因的表达和 DNA 复制，因而这些位点的甲基化修饰与基因突变无关。

与正常的 DNA 修饰作用不同，I 型烷化剂（MNNG 和 MNU）的高诱变性是因为它们使 DNA 链碱基的氧原子甲基化，使鸟嘌呤甲基化成为 O_6-甲基鸟嘌呤，其次为 O_4-甲基胸腺嘧啶。O_6-甲基鸟嘌呤和 O_4-甲基胸腺嘧啶可被烷基转移酶（alkyltransferase，Ada）无误修复。在大肠杆菌中该酶基因 ada 受 MNNG 烷化剂诱导，它以非酶学机制将烷基转移到酶分子上，酶蛋白的亲核的 Cys 残基接受甲基，而使烷基化 DNA 恢复正常，烷基转移酶自身将失去活性（图 6.15）。

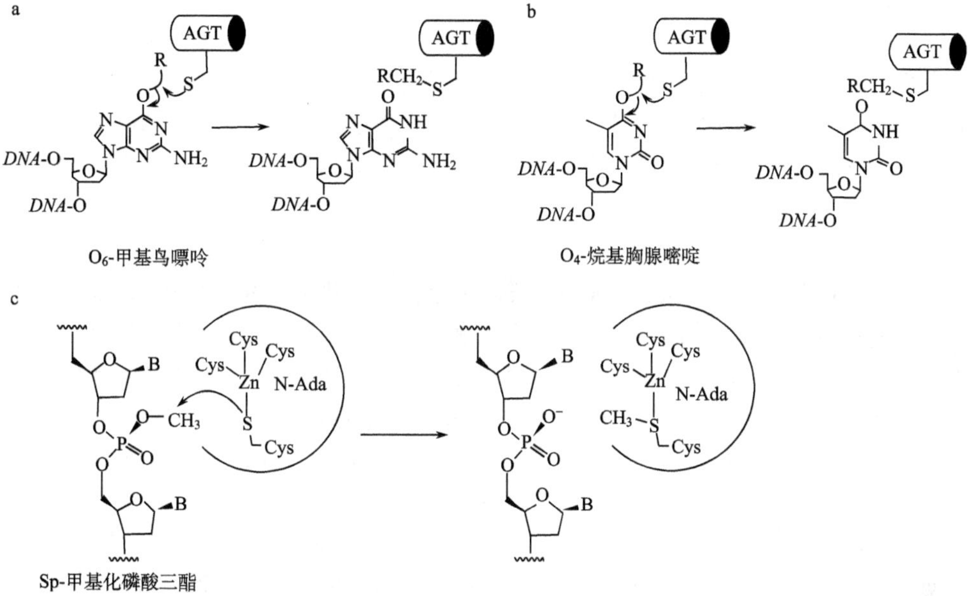

图 6.15　O_6-烷基鸟嘌呤-DNA 烷基转移酶反应（Truhlio et al.，2007）。I 型烷化剂诱发的 O_6-甲基鸟嘌呤（a）和 O_4-甲基胸腺嘧啶（b）的烷基被 O_6-甲基鸟嘌呤-DNA 烷基转移酶（AGT）转移到酶的活性的 Cys 残基上而被无误修复。（c）甲基化磷酸三酯也能被修复

以烷化剂 MMS 处理双链 DNA 时，其活性烷基常作用于（80%）鸟嘌呤 N_7 位置，使其成为 N_7-甲基鸟嘌呤，其次为 O_4-甲基胸腺嘧啶，使其成为 O_4-甲基胸腺嘧啶，其结果将导致 N_7-嘌呤由糖-磷酸骨架脱落，这一作用是自发完成的，在烷基修复机制作用和重组修复时可能会出现移码或碱基置换突变，若不被修复将是致死的。

N_7-甲基鸟嘌呤是 DNA 链上最易受烷基攻击的碱基，以 MMS 处理，70%～80%的鸟嘌呤被甲基化为 N_7-甲基鸟嘌呤，相对地说它的生物毒害并不大，通常会通过脱嘌呤移除，然后被酶修复；其次为 N_3-腺嘌呤，若不被修复会导致 DNA 复制被阻断。在大肠杆菌中，它会被 AlkA 和 N_3-腺嘌呤-DNA-糖苷酶移除。

研究发现，在大肠杆菌中，编码 O_6-甲基鸟嘌呤-DNA 甲基转移酶（O_6-methylguanine-DNA methyltransferase）的 ada 基因被 MNNG 诱导，与紫外线修复机制无重叠，紫外线敏感突变型对烷化剂并不敏感，因而烷基化碱基的修复是一个独立的系统。该酶基因虽不受紫外线诱导，但是 RecA⁻降低诱变效果，说明重组修复系统参与烷化剂的诱

变和修复过程，不同微生物类群的烷基转移酶的结构也有区别，但功能是相同的，这说明它是一种古老的修复机制。

EMS（Ⅱ型烷化剂）作用主要是形成 N_7-甲基鸟嘌呤，会引起脱嘌呤；形成磷酸三酯键，使单链断裂，若不被修复将是致死的。在重组修复缺口时会因易错（error prone）修复引入突变，这已在大肠杆菌 Rec⁻菌株上得到了验证。因为 EMS 诱发的所有 DNA 烷基化产物，在以 MNNG 诱变时也存在，所以Ⅰ型烷化剂（亚硝基烷化剂）在一定程度上也依赖这一修复系统。

大肠杆菌的另一烷基化碱基无误修复机制是氧化脱甲基作用，这是由单一基因参与完成的。*ada* 调节子的 *alk*B 操纵子受 *ada* 基因调节，通过依赖 α-酮戊二酸的氧化反应将 1-甲基腺嘌呤和 3-甲基胞嘧啶的甲基氧化，释放甲醛并使被烷基化的碱基恢复正常。AlkB⁻对诱变剂 MMS 变得非常敏感。该无误修复机制在古生菌、真核生物直至人类都存在。

2. 切补修复作用

切补修复机制（nuleotide excision repair）存在于细菌及大多数生物中，是另一种无误修复机制，属 *lex*A-*rec*A 调节子。在修复过程中，光并不参与作用，所以又称之为暗修复作用（dark repair pathway）。这是比光复活修复机制复杂得多的修复机制，最初是在大肠杆菌的一些突变型的研究中发现的。野生型大肠杆菌的表现型为 Hcr⁺（host cell reactivation，宿主细胞复活作用），不仅能修复自身 DNA 的紫外线诱发的损伤，而且能修复被紫外线照射过的噬菌体（如 T1 和 T4）的损伤 DNA。而突变型 Hcr⁻的菌株，既不能修复自身被损伤的 DNA，也不能修复受损伤的噬菌体 DNA，并因而变得对紫外线很敏感。所以，认为这种表型为 Hcr⁻的菌株与失去与 DNA 切补修复有关的特异性酶的活性有关。在大肠杆菌中发现至少有 5 个基因（*mfd*、*uvr*A、*uvr*B、*uvr*C 和 *uvr*D）与此有关，其中任何一个基因发生突变都会导致大肠杆菌出现 Hcr⁻表现型。

在大肠杆菌中，暗修复过程是多亚单位内切核酸酶（multisubunit endonuclease），在二聚体附近并跨越损伤位点将大约 12 个碱基的 DNA 单链切出，在 DNA 聚合酶Ⅰ作用下，按互补链沿 5′→3′方向修复损伤片段，最后在 DNA 连接酶的作用下，将新链与老链连接起来，恢复双链结构。所以，这一修复作用可用"切-补-连"三个步骤概括其全过程（图 6.16b）。不要将切补修复过程理解为仅限于紫外线诱变损伤，实际上，除了碱基错配外，也能修复无嘌呤嘧啶位点、烷基化嘌呤、链间交联等损伤，它是 DNA 复制前完成的复杂的精确修复过程。

3. 重组修复作用

基因突变可能是在嘧啶二聚体未被切除的情况下出现的，因为，在大肠杆菌中，曾发现在切补修复缺陷型 Hcr⁻中，紫外线可以诱发更多的基因突变，而且，对二聚体切除具有抑制作用的药物（如咖啡碱），可以增高紫外线诱发突变率；此外，重组缺

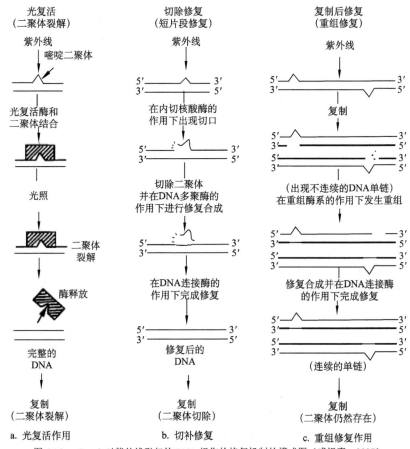

图 6.16　*E. coli* 对紫外线引起的 DNA 损伤的修复机制的模式图（盛祖嘉，2007）

陷型 *rec* 的研究证实，这类突变型不易产生基因突变，说明 Hcr⁻ 突变型被诱发产生更多的突变，正是由于重组修复机制的存在，才避免了大肠杆菌在受到较高剂量紫外线处理、DNA 受到较大损伤情况下仍有较高的存活率。重组修复作用涉及复制中的两条 DNA 双链之间的重组互换的过程。重组修复与切补修复是可以区分的，因为，切补修复发生在 DNA 复制前（复制前修复），而重组修复发生在 DNA 复制后（复制后修复）。所以，如果将紫外线处理过的 Hcr⁺Rec⁻ 菌株在涂平板前先储存于缓冲液中，预期一些受损伤的 DNA 将被修复，所以存活率要比照射后立即涂平板者高；而 Hcr⁻Rec⁺ 菌株，则没有上述效应，因为此种修复只发生在复制时和复制后。紫外线处理重组缺陷型（Rec⁻）菌株，难以产生突变型，这也说明重组修复比切补修复更易发生错误，容易因出现不对等交换，产生移码突变。

重组修复在维持基因组的完整性上起着关键性作用，因为它必须修复单链缺口、双链 DNA 断裂或者恢复复制叉。在大肠杆菌中有两个独立的途径起始重组修复作用——RecBCD 和 RecFOR 重组修复途径。重组修复机制涉及两个不同损伤 DNA 分子间的重组，使其中至少一条子 DNA 链恢复正常。这是唯一能使双链 DNA 损伤修复的系统。推测当 DNA 聚合酶III遇到嘧啶二聚体时，会跳过它并继续按互补链合成互补链，因而在新合成的双链中留下一个缺口，而其互补链却是完整的，再在 RecA 蛋白和外切核酸酶 V（由 recB、recC 和 recD 多亚单位组成的核酸酶）的协同作用下通过重组作用，最终由复制中的两个 DNA 分子（基因组）中"挽救"出一个具有活性的 DNA 分子（图 6.16c）。不难想象这一后复制修复是一个易错修复（error-proof）过程，极易出现碱基置换和移码突变。

第六节　化学诱变剂的使用方法

具诱变作用的化学化合物多样，诱变机制也不相同，这里只将若干常用诱变剂的使用方法分别予以简单介绍。在不同实验室对诱变剂的使用方法有各自的经验，这里的介绍仅供参考。

1. 碱基类似物诱变方法

最常用的为 5-溴尿嘧啶（BU），因它易出现稀少互变异构体形式插入正在复制的 DNA 链，最终导致 GC→AT 或 AT→GC 转换突变，现以 BU 为例说明其使用方法。

BU 溶液配制：称取 BU 加入无菌生理盐水中，使溶解后的终浓度为 2000μg/ml，过滤灭菌，储藏备用。

诱变处理：将培养到对数生长期的细菌，离心收集菌体，重悬于生理盐水中培养数小时或过夜，以耗尽体内营养库，以利于 BU 的掺入。

收集经饥饿处理过的菌体，重悬于基本培养基中，加入 BU 使终浓度为 10～20μg/ml，适温培养 6h，使之在生长过程中掺入复制中的 DNA。涂布适当培养基平板，筛选突变型。

如果处理孢子悬液，可采用 100～1000μg/ml 的高浓度 BU 的基本培养基，摇床培养一定时间后涂平板。

2. 亚硝酸诱变方法

乙酸缓冲液（1mol/L）：称取 6.12g 乙酸，加 H_2O 至 100ml；称取 8.2g 乙酸钠，加 H_2O 至 100ml。将乙酸钠溶液加入乙酸溶液中，混合，调 pH 至 4.5（约为 1∶1）。

亚硝酸钠溶液（0.6 mol）：称取亚硝酸钠 4.14g 加 H_2O 至 100ml。

Na_2HPO_4 溶液 0.7mol/L（pH8.6）：称取 9.94g Na_2HPO_4 加 H_2O 至 100ml。以上三溶液过滤灭菌备用。

应用举例一：处理细菌，使用浓度为 0.05mol/L。

细菌接入 5ml 有机培养基，培养至对数生长期；离心，弃上清液；以 0.85%生理盐水溶液洗一次；将菌体重悬于 2.5ml 的 0.1mol/L 乙酸缓冲液（pH4.5），然后加入 2.5ml 的 0.1mol/L 亚硝酸钠溶液，37℃处理数分钟（如 5min、10min 或按剂量-存活曲线确定的时间）；加入 0.5ml Na_2HPO_4 中和反应液；稀释涂平板；温箱培养；鉴定突变型菌株。

应用举例二：处理真菌孢子。

以 0.025mol/L 亚硝酸钠诱变处理：取 2ml 孢子悬液（10^6 孢子/ml），加入一可密封的小瓶内，加入 1ml 0.1mol/L 的亚硝酸钠溶液，1ml pH4.5 的乙酸缓冲液，这时的亚硝酸钠的浓度为 0.025mol/L，27℃保温并计时。处理若干分钟后，取出 2ml，加入 10ml 0.07mol/L pH8.6 的 Na_2HPO_4 溶液中，这时 pH 上升至 6.8 左右，诱变作用中止。稀释涂平板，温箱培养，分离鉴定突变型。

3. MNNG 的诱变方法

在可见光下，MNNG 会被分解，释放出 NO，其颜色也由土黄色变为黄绿色，所以需避光保存和处理。MNNG 有强烈的致癌作用，使用时要特别注意，称量时要戴口罩，做好皮肤防护，切勿用口吸。处理后的离心废弃物要作妥善处理，如以漂白水处理灭活。

溶液配制：称取 MNNG，溶于丙酮，使浓度为 10mg/ml（现用现配）。

诱变处理方法如下。

1）细菌

收集对数生长期的细菌，离心洗涤，悬于 0.1mol/L 的 pH 6.0 的 Tris-缩水苹果酸缓冲液，使成 $5×10^8$/ml 的菌悬液。

加入 MNNG 使终浓度为 0.1～1mg/ml（使用浓度可据预备试验确定）。

37℃处理一定时间后，稀释 20 倍，培养 6～8h 使突变固定。

稀释平板分离。

2）链霉菌

由新鲜斜面制备单孢子悬液，在生理盐水中，在混悬器上以玻璃珠打 2～4min，以致密的无菌棉过滤；离心，悬于 5ml 含 1% Triton X100 的 0.05mol/L 的 Tris-苹果酸（pH9.0），并与等体积的溶于相同缓冲液的 MNNG（2.4mg/ml）混合；30℃处理 90min，离心收集孢子，并以 0.1mol/L 的磷酸缓冲液离心洗涤 2 次，最终悬于生理盐水中；稀释后涂布适当培养基平板。

3）啤酒酵母

离心活跃生长细胞悬液，以生理盐水洗 2 次，悬于 0.9%生理盐水配制的 0.2mol/L 的乙酸缓冲液（pH5.0）中，使细胞浓度为 $2×10^7$/ml；MNNG 溶于相同缓冲液中。2ml 菌悬液与 2ml MNNG（2mg/ml）混合，25℃处理，时间依预备实验而定（20～40min）；稀释后取 0.1ml 涂布平板筛选。

4）原生质体诱变

麦角菌（*Claviceps purpurea*）在实验室条件下不产生孢子，难以制备单细胞悬液，可以将菌丝体制成悬液，采取加有 0.07mmol/L MNNG 的液体培养基，培养一定时间，收集菌丝体并原生质体化，适当稀释后倒原生质体再生平板，筛选突变型[14]。

原生质体诱变可作为一般方法用于其他菌种。

4. 亚硝基烷基脲的诱变方法

亚硝基烷基脲在水溶液中不稳定，见光会分解。在不同 pH 有不同的半衰期。在 pH 大于 5 时，分解产物之一为重氮链烃。所以应保存在低温暗处。

根据对大肠杆菌的试验，pH6.0～7.9 为佳，诱变能力相对稳定。对于诱发营养突变型来说，是一种可与 MNNG 相比拟的高效诱变剂。

配制溶液：称取 NMU 或 NEU 溶于蒸馏水中，使浓度为 1～10mg/ml。

诱变处理：以大肠杆菌为例，取对数生长期细菌，离心，悬于 pH6.0～7.9 的 Tris-缩水苹果酸缓冲液中，使菌悬液浓度为 5×10^8/ml。

加入 NMU 或 MEU 溶液，使终浓度为 100μg/ml 左右（依预备试验而定）。

保温 1～2h（测定回复突变率，可适当延长）。

稀释 10～20 倍，培养过夜。

稀释涂平板。

5. 甲基磺酸乙酯的诱变方法

甲基磺酸乙酯（EMS）和硫酸二乙酯（DES）对细菌的毒性比较低，也就是说在较低死亡率时可以得到较高比例的突变型，这种特性不仅便于操作，也有利于突变型的筛选，因此在育种实践中使用较多。

应用处理一：处理细菌。

配制 EMS 溶液：吸取 0.02～0.04ml EMS（相对分子质量 124，相对密度 1.21），加入 1ml pH7.0 的 0.1mol/L 磷酸盐缓冲液中（0.17～0.34mol/L），将试管置恒温水浴中，转动试管，使之溶解；加入 0.1ml 菌液，37℃保温一定时间；取 0.1ml 处理过的菌悬液，入 10ml 肉汤培养液培养 2～4 世代时间；进行平板分离和突变型筛选。

应用处理二：处理真菌孢子，药物浓度一般为 0.1～0.4 mol/L。

将孢子悬浮于 0.1mol/L 的 pH7.0 的缓冲液中，使孢子浓度为 10^6/ml；10ml 孢子悬液中加入 0.15ml EMS，30℃静置保温数小时；离心，洗涤，稀释，涂平板。亦可加入 0.5ml 的 25%硫代硫酸钠，中和剩余的诱变剂后，稀释涂平板。

EMS 和 DES 的杀菌作用都较弱，可以采用低浓度（0.02～0.1mol/L）长时间处理菌悬液；或者在生长过程中诱变，亦可得到很好的效果。

6. 盐酸氮芥的诱变方法

盐酸氮芥（HN-2）是一种双功能烷化剂。氮芥是极易挥发的油状物，其盐酸盐为白色粉末。使用时将氮芥盐酸盐与碳酸氢钠反应，使其释放出氮芥子气，作用于细胞，引起细胞突变或致死；待处理一定时间，以甘氨酸终止反应。

20 世纪 40 年代起，氮芥子气就被用于微生物育种，在青霉素、土霉素、金霉素的生产菌的育种中都曾获得过良好效果。

氮芥使用方法：氮芥使用浓度和处理时间由预备试验确定。

溶液配制方法如下。

氮芥活化剂：称取 NaHCO$_3$ 67.8mg，溶于 10ml 蒸馏水，过滤灭菌备用。解毒液：称取 NaHCO$_3$ 136mg，甘氨酸 120mg，溶于 100ml 蒸馏水，过滤灭菌备用。

盐酸氮芥溶液：将两只小瓶和橡皮塞灭菌，烘干；称取约 10mg 盐酸氮芥，放入其中一只小瓶中，再加入灭菌蒸馏水 2ml，使成 5mg/ml 盐酸氮芥溶液。

诱变处理：吸取 1ml 菌悬液入另一小瓶中，加入 0.6ml NaHCO$_3$ 溶液，0.4ml 氮芥溶液（即含 2mg/ml 氮芥），塞紧橡皮塞并摇匀。氮芥的作用浓度为 1mg/ml；自加入氮芥溶液 0.5min 后开始计算时间。处理一定时间后，用 1ml 注射器吸取 0.1ml 处理液，加入 9.9ml 解毒剂中，以终止氮芥作用；稀释平板分离。

氮芥对人有剧毒，接触皮肤会引起溃烂，并可能久治不愈，使用时要注意安全操作！

7. 乙烯亚胺的诱变方法

乙烯亚胺（EI）是常用的化学诱变剂之一。它是无色液体，挥发性强。具有很强的腐蚀作用，剧毒，易燃。应避光低温保存。操作时避免接触皮肤，不可用口吸。乙烯亚胺的诱变作用与氮芥相似，但使用较方便，只要用水稀释成一定浓度即可进行诱变处理。

配制 EI 溶液：取 0.5ml EI 入 50ml 容量瓶中，加 H$_2$O 至 50ml，即为 1∶100 的 EI 溶液；取 1ml 1∶100 EI 溶液入 9ml H$_2$O 中，即为 1∶1000 EI 溶液。注意配好的 EI 溶液不能贮存，久存将产生有毒的水合物，使杀菌效应提高而诱变效果降低。

诱变处理：在灭菌小瓶中加入 1ml 孢子悬液，3ml 蒸馏水，1ml 的 1∶1000 的 EI 溶液，处理浓度为 1∶5000，用橡皮塞盖紧。

处理一定时间（由预备试验确定）后，加入 Na$_2$S$_2$O$_3$ 结晶几粒，以终止反应；稀释平板分离。

8. 盐酸羟胺的诱变方法

使用量为 0.1%～5%，直接加入孢子或细菌培养液中，在适温下培养一定时间后，稀释涂平板。

9. 移码诱变剂的诱变方法

向菌悬液中加入一定量（10～50μg/ml）的吖啶类化合物，如 ICR191，培养 1 至数小时，离心除去吖啶化合物，稀释涂布平板，分离鉴定突变型。

吖啶类化合物具有质粒消除作用，将带质粒的菌株接种含一定浓度 ICR191 的培养基，培养过夜，部分带质粒细菌的质粒可能被消除，成为质粒消除菌株。而一旦被消除成为不携带质粒的菌株，除非通过接合作用或其他方法获得外源质粒，否则就不能重新回复为带质粒的菌株。这是判断有关基因或特性是否由质粒编码的一个方法。

注意吖啶类有很强的亲核力，具致癌作用，应注意操作时避免接触皮肤。

10. 氯化锂

氯化锂是一种助诱变剂，能与蛋白质结合改变酶活性、影响 DNA 修复机制。一般与其他诱变剂作复合诱变处理，能增强 AT-GC 碱基对的转换或导致碱基的缺失。常与紫外线和烷化剂联合使用，方法是将一定浓度（0.1%～1.0%）LiCl 直接加入固体培养基中，或加入处理过的菌悬液中涂平板即可。例如，张敏等在枯草芽胞杆菌几丁质酶高产菌株诱变育种中，采用紫外线+LiCl 复合诱变育种，先通过剂量-致死率作图，确定紫外线最佳诱变剂量；再以最佳诱变剂量诱变处理，然后取样分别涂布于含不同 LiCl 浓度：0.3%、0.6%、0.9%、1.2%、1.5%的培养基平板，培养后进行菌落计数，计算致死率。最终确定 0.9%为 LiCl 的最佳复合处理浓度。在红曲霉原生质体诱变育种中也取得很好的效果（胡伟莲和戴德慧，2013）。而董玉玮等在灵芝原生质体化学诱变育种研究中，单独用 LiCl 处理具致死和诱变作用，并取得了良好的诱变效果，暗示原生质体对 LiCl 的作用更为敏感，值得进一步试验。

第七节　诱变剂的复合处理

在微生物诱变育种中，有时可采用一种以上诱变剂复合处理，尤其是经历多次诱变筛选后，可以得到更好的效果（图6.17）。对一些放线菌，曾有紫外线与乙烯亚胺，紫外线与硫酸二乙酯等复合处理，产生不同程度的协同效应，获得更多的正变株的报道。

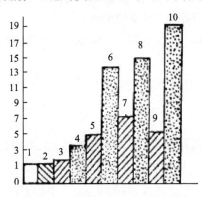

图 6.17　乙烯亚胺和紫外线处理对四环素产生菌（*S. aureofaciens* 112）形态突变的效应（微生物诱变育种编写组，1973）。1. 对照；2. 1∶7000 乙烯亚胺；3、5、7、9.紫外线处理；4、6、8、10.乙烯亚胺+紫外线。紫外线剂量（erg/mm²）分别为：3、4. 2000；5、6. 4000；7、8. 6000；9、10. 10 000

但是，不是随便两种诱变剂都可以用作复合诱变的，需事先进行组合测验，确定两种诱变剂组合是否有（1+1）>2 的效果，判别式为

$$P_{A×B}/[P_A+（100-P_A）×P_B]$$

式中，P_A 为 A 诱变剂单独诱变时的突变率，P_B 为诱变剂 B 单独诱变时的突变率，$P_{A×B}$ 为复合诱变处理时的突变率。其比值若大于 1，表示有协同效应，小于 1 则表示互有负面作用，不能用作复合处理。用于复合处理的诱变剂的选择，应考虑采用诱变机制上有区别的两种诱变剂组合，如烷化剂与紫外线、不同诱变剂与氯化锂等。非致死剂量的激光与紫外线复合处理可能也是一个很好的选择。

复合处理时所采用的剂量依预备试验而定，或可采用两种诱变剂分别击中一次的平均致死剂量。有趣的是，不同诱变剂处理的前后次序往往也是重要的。例如，在上例中紫外线处理前，先以乙烯亚胺处理，表现有协同效应，反之则无协同效应（表6.2）。

表6.2　以紫外线与乙烯亚胺复合处理红霉素产生菌时的产量性状的诱变效应

处理方法	测定菌株数	正变菌株数	正变频率/%
紫外线	200	1	0.5
乙烯亚胺	485	1	0.2
紫外线/乙烯亚胺	690	5	0.7
乙烯亚胺/紫外线	526	9	1.7
对照200	200	0	0

此外还发现，在紫外线处理前，先用不足以引起突变的低浓度乙烯亚胺处理，这时即使以很高剂量的紫外线处理也不出现突变率下降的现象。低浓度的氮芥（0.1%）与紫外线复合处理时，亦有类似现象。因此在复合处理中，诱变剂的选择及处理次序往往是很重要的。不同菌种亦可能不同，所以，具体方案应由使用前的预实验确定。

第八节　诱变剂和剂量选择问题

各种生物的遗传物质都是由相同的4种碱基组成，其区别主要是碱基比及碱基排列顺序不同，以及不同菌种或菌株的遗传背景的差异，因而表现出对同一诱变剂的敏感性不同。所以，同一种诱变剂对不同物种的诱变作用既有普遍性的一面，也表现出诱变剂诱变作用的强弱差别的一面。从遗传学上讲，由于各种生物或同一种生物的不同菌株因基因型不同，对同一种诱变剂的透性及损伤的修复机制等可能不同，诱变剂表现不同效应。因为有这些复杂情况，所以，对一个新菌株，在诱变工作开始之前，可先选择两三种在诱变机制上有区别、诱变效果好的诱变剂，分别作其剂量-存活曲线，以确定选用哪种诱变剂及处理剂量。

1. 诱变剂的选择

在工作中，我们总是希望能在较短时间内取得较好实验效果，在实际工作中，虽然也想了不少办法，但工作量大仍然是主要矛盾。因此，选用高效诱变剂通常是一个受到普遍关注的问题。自20世纪60年代以来，确实发现了一些高效诱变剂，*N*-甲基-*N'*-硝基-*N*-亚硝基胍（MNNG）就是其中之一。它对大肠杆菌、短杆菌、节杆菌、放线菌及真菌的诱变效应都很强，处理后不经淘汰野生型，即可得到12%甚至更高比例的营养缺陷型；而一般诱变剂的诱变效率只有百分之零点几至百分之几。所以，MNNG对用于诱变产生氨基酸和核苷酸营养缺陷型来说，应是不错的选择。但在产量性状育种中，应注意它对原核生物具有诱发并发突变的特性，为避免引进起负面作用的突变基因，必须注意要在低剂量（平均击中为1~2的剂量）进行诱变处理，因为，产量性状是多基因控制的遗传特性，若控制不好，将导致引起产量下降的负突变，而出现负变频度远高于产量提高的正突变。

对那些已经经过长期诱变选育过程的高产菌株，采用复合处理往往可以得到较好的效果。例如，华北制药厂在土霉素高产菌育种中，采用紫外线和氯化锂复合处理，就曾得到很好的结果；对于产量不高，经过努力育种效果又不太明显的菌种，则可穿插使用能造成染色体大损伤的、作用机制不同的诱变剂（如亚硝酸、氮芥或电离射线等），打破菌株内在的遗传平衡状态，可能会开拓一个新的易变空间。在青霉素和链霉素的高产菌株的育种史上都曾有过这样的例子。

2. 存活、突变与致死

这里说的致死是诱变剂处理导致的细胞死亡，其间的具体机制随诱变剂而异。我们应分析和比较不同诱变剂导致的致死和诱发突变的机制的共性和区别，以助于我们对诱变剂及其剂量的选择。

1）致死与基因突变作用是否是同一过程的平行效应？

诱变剂处理的致死效应并不都是诱变剂作用于 DNA 引起 DNA 损伤造成，更可能是因为影响了细胞质内某种"不可或缺"的功能，包括对合成代谢功能和细胞结构成分、基因表达过程相关机制、DNA 复制和细胞分裂功能等的作用和影响，对这些功能的深度损伤往往不能修复，因而是致死的；而 DNA 碱基的改变或 DNA 链结构的改变，这些损伤对生物的效应可因依诱变剂而异，若被修复则消除诱变处理效应，若变异固定则成为突变型，其中也不乏致死突变。所以诱变剂对遗传物质的最终影响并不是一开始就确定的。电离辐射处理对细胞存活来说，"不可或缺"的功能的损伤显然是多方面的，远多于其诱变作用，电离辐射的致死效应多发生在次级作用阶段（图 6.1）。紫外线不仅作用于核酸碱基，同时也作用于胞内蛋白质（因为蛋白质的紫外线吸收峰为 2800Å 左右），影响胞内代谢作用，因而表现为致死效应远高于诱变效应。这一点在与高效诱变剂 MNNG 相比较时，表现得尤为清楚。以 MNNG 处理大肠杆菌，在存活率为 61% 时，在存活菌中有 28.1% 为营养缺陷型。这表明它对 DNA 碱基的直接诱变作用很强，而对"不可或缺"的功能的影响很小。这种影响大大低于电离射线、紫外线及多种其他非烷基类化合物（如亚硝酸等）的诱变和致死效应。可见，不同诱变剂的致死效应主要与对不可或缺的功能的损伤有关。因为这种功能位点多而分散，因而更易导致被处理细胞死亡。

已知 MNNG 及其他烷化剂主要作用于 DNA 碱基中的鸟嘌呤，导致 GC→AT 的转换突变，而对细胞质及其他胞内功能结构和分子的功能损伤较少，其胞质内的作用靶点主要也集中于核酸分子（tRNA、rRNA 和 mRNA）的碱基，影响细胞内的基因表达过程，使细胞致死，而对细胞质其他成分并无大的影响，从而表现高诱变率伴随高存活率的现象。由此我们可以推出另一个结论，诱变剂处理导致基因突变和细胞致死是由两种相对独立的作用机制导致的结果：诱变剂引起细胞死亡的主要原因是使细胞质内的酶和蛋白质变性，阻断了 DNA 修复、细胞分裂机制和生物代谢等功能，而诱变发生则是 DNA 碱基的改变，以及激发细胞易错修复机制所致。基于这一分析，在我们做诱变处理时，就应权衡诱变作用与致死二者的关联性，显然诱变剂的剂量与实验条件（受处理细胞的生长阶段、pH、温度、诱变剂的浓度、处理时间等）应掌控在存活率最高的情况下，得到最高突变率为佳，并尽可能采用致死率低而且具高效诱变作用的剂量，而使诱变效果最大化。

2）如何确定诱变剂的最适诱变剂量

在实际工作中，我们总是要面对诱变剂及剂量的选择，在诱变育种工作正式开始前，也总要先确定好诱变剂及处理条件。最好能作一如同图 6.5 那样的剂量-致死曲线和图 6.6 诱变剂剂量-诱变效应曲线。由于由图可以判断该诱变剂处理应采用的最适处理剂量，是确定最适剂量的更为可靠的方法。但是，如果你急于开展工作不想作较为准确的剂量-诱变效应曲线，仍应作诱变剂量-存活率曲线，在此基础上不妨根据统计学中研究小概率事件随机分布的泊松分布公式，人为地决定采用的诱变剂量。

按泊松分布公式：

$$P_0 = e^{-m}$$

当 $m=1$ 时，

$$P_0 = e^{-1} = 0.37$$

式中，P 为概率，m 为群体中每个细胞平均被击中次数。当 $m=1$ 时，未被击中靶数（细胞数）P_0 为 0.37，即 37%。当然，由以上公式不难算出每个细胞平均被击中 1.5 次、2 次或以上次数时的存活菌百分数。若按照靶的学说，存活率为 37% 的对应剂量被称为平均致死剂量。这一数值也表示该生物对所采用诱变剂的敏感程度，所以不同生物以相同诱变剂处理，所得的曲线的斜率不同，因而，可作为出发菌株的诱变发生的操作依据。

采用多少次击中的剂量为宜，可据诱变育种的目的而定，若为筛选营养突变型，可人为地将击中次数定为 2~3，而若为多基因控制的产量性状，可定为 1~2。而高效诱变剂则可将使用剂量人为地定为 60%~80% 致死率。

3）采用什么诱变剂开始工作

如果我们的育种对象是新分离的菌株，对它还缺乏认识，这时不妨先从诱变剂诱变作用的普适性原则出发，选用一两种诱变效果好，而机制上又有区别的诱变剂开始工作，然后，再根据工作经验和进展情况，选用其他诱变剂。这里我建议不妨先从紫外线开始。紫外线是一种使用方便、易于操作，而且诱变机制全面的好诱变剂；另一种推荐使用的诱变剂是甲基磺酸乙酯（EMS），它是一种易得、易于操作、致死率较低，诱变机制清楚而诱变效果好的诱变剂。从诱变机制考虑，紫外线诱变机制是通过激发易错复制和修复机制引起 DNA 碱基置换和移码，而 EMS 则主要是直接作用于鸟嘌呤碱基，导致 GC→AT 转换。

参 考 文 献

曹小红, 杜冰冰, 鲁梅芳. 2005. N^+ 离子束注入朱曲霉诱变效应的研究. 中国食品学报. 5: 128.

董玉玮, 苗敬芝, 曹泽虹, 等. 2012. 灵芝原生质体化学诱变育种. 食品研究与开发. 33: 166.

胡伟莲, 戴德慧. 2013. 红曲霉 My₉ 原生质体诱变育种及遗传稳定性研究. 食品研究与开发, 34: 78-81.

李莉, 杨剑波, 李俊, 等. 1991. 离子束辐射对 pUC18 质粒 DNA 结构和功能影响的初步研究. 安徽农业科学, 22: 300.

盛祖嘉. 2007. 微生物遗传学. 3 版. 北京: 科学出版社.

微生物诱变育种编写组. 1973. 微生物诱变育种. 北京: 科学出版社.

夏敬林. 2012. 谷氨酸生产菌的原生质体诱变育种. 发酵科技通讯, (1): 41.

徐功巧, 赵根南, 薛禹谷. 1976. 亚硝基甲基脲对短小芽胞杆菌 AS1271 的诱变作用. 微生物学报, 16: 304.

张敏, 胡晓, 万金瑜, 等. 2010. 高产几丁质酶的枯草芽胞杆菌诱变育种及发酵条件研究. 中国农学通报, 26: 279-283.

Dertinger H, Jung H. 1975. Molecular Radiation Biology(分子放射生物学). 中国科学院生物物理研究所一室二组译. 北京: 科学出版社.

Alvarez G, Campoy S, Spricigo DA, et al. 2010. Relevance of DNA alkylation damage repair system in *Salmonella enteric* virulence. J Bact, 192: 2006.

Beata MW, Rupnik M, Hodnikm V, et al. 2014. The LexA regulated genes of *Clostridium difficile*. BMC Microbiol, 14: 88.

Braun W. 1965. Bacterial Genetics. Philadephia and London:Saunders Company Press.

Grosse N, van Loon B, Blley CR. 2014. DNA damage response and DNA repair—Dog as model? BMC Cancer, 14: 203.

Hardy PO, Chaconas G. 2013. The nucleotide repair system of *Borrelia burgdorferi* is the sole pathway involved in repair of DNA damage by UV light. J Bact, 195: 2220.

Keller U. 1983. Highly efficient mutagenesis of *Claviceps purpurea* by using protoplast. App Environ Microbiol, 46: 580.

Martins-Pinheiro M, Marques RCP, Menk C, et al. 2007. Genome analysis of DNA repair in the alpha proteobacterium *Caulobacter crescentus*. BMC Microbiol, 7: 17.

Mishina Y, Duguid EM, He C. 2006. Direct reversal of DNA alkylation damage. Chem Rev, 106: 215-232.

Nakamura T, Amanuma K, Aoki Y. 2005. Frameshift mutations induced by acrdine mustard ICR-191 in embryoand in the adult gill and hepatopancress of *rpsL* transgenic zebrafish. Mutation research, 578: 272.

Nordstrom K. 1967. Induction of petite mutation in *Saccharomyces cerevisiae* by N-methyl-N′-nitro-N–nitrosoguanidine. J Gen Microbiol, 48: 277.

Nordstrom K. 1967. Induction of the petite mutation in *Saccharomyces cerevisiae* by N-methyl-N′-nitro-N-nitrosoguanidine. J Gen Microbiol, 48: 277.

Pegg AE, Byers T. 1996. Repair of DNA O^6-alkylguanine. FASEB J, 6: 2302.

Randazzo R, Sciandrello G, Carere A, et al. 1976. Localized mutagenesis in Streptomyces coelicolor A3(2). Mutation Research, 36: 291.

Sanchez-Alberola N, Campoy S, Erill I. 2012. Analysis of the SOS response of Vibrio and other bacteria with multiple chromosomes. BMC Genomics, 13(2): 1-12.

Sermonti G. 1968. Genetics of Antibiotic-producing Microorganisms. New York, Sydney, Toronto: Wiley Interscience. Wiley Interscience, a division of John Wiley and Sons Ltd London.

Truhlio JJ, Croteau DL, Houten BV, et al. 1992. Prokaryotic nucleotic excision repair:The UvrABC system. Chem Rev, 106: 233.

Yeager CM, Bottomley PJ, Arp DJ. 2001. Requirement of repair mechanism for survival of *Burkholderia cepacia* G4 upon degradation of trichloroethylene. Appl Envir Microbiol, 67: 5384.

第七章 微生物诱变育种

微生物具有产生极其多样性有价值生物合成产物的潜在能力，是工业、农业、环保及医药卫生各领域取之不尽用之不竭的资源，这种资源就储存在所有现存微生物的基因组中，其中有的可以直接用于生产，如用于传统发酵产品的酵母菌和乳酸菌等。而大多数菌种需要通过诱变育种改造，提高产物产量后，才具有应用价值。所以在微生物发酵工业上，微生物资源开发与微生物育种二者是相辅相成、不可分割的两个部分或两个工作阶段，这就是为什么在本书头三章介绍微生物进化、分类和不同类型微生物富集分离方法。

生物正常的代谢过程产生的代谢产物量通常只满足自身生长的需求，而不会过量产生，因为代谢途径的活性是受到遗传调控机制严谨调控的；而另一方面生物的遗传稳定性是相对的，通过基因的自发或诱发突变会打破原有的遗传稳定性，产生具新的遗传特性的菌株，也可能出现合成原本不能合成的新产物的菌株。在自然界多数新出现的突变对生物自身的生存是有害的，因而被自然选择消除，但也有的突变对生物自身生存有益，起着推动生物进化的作用。在微生物育种计划中则是另一种情况，一些基因突变即使不利于微生物自身，却对人类有用，它们被筛选保留下来，成为微生物产物的生产菌株。20 世纪的微生物发酵工业就是在菌株改进计划不断推进中发展起来的。

微生物遗传学的大发展始于 20 世纪 40 年代的青霉素发酵工业的兴起。而那时的基础遗传学研究还主要集中在对突变型的产生及其性质的研究上，在基础遗传学研究中，以大肠杆菌、酵母菌和粗糙脉孢霉为实验材料，首先厘清了生物的各初生代谢途径的酶促反应步骤、酶与基因的关系，以及基因的表达调控机制等基础理论问题，为基因突变的应用奠定了理论基础。

诱发突变证明微生物的看似固有的特性，不难通过易于操作的诱变剂处理而改变，几十年来，诱变技术在微生物育种学家手中得到了极为成功的应用，取得了巨大的成就。基于基因突变和产量性状筛选，已成功实现使工业微生物初生代谢产物产生量从无到有，使次生代谢产物产量成百倍以至千倍提高，直至 20 世纪 70 年代诱变育种技术一直是微生物发酵生产能力提高的主要技术。

第一节 微生物初生代谢产物的诱变育种

生物的初生代谢是指那些合成构建生物大分子（蛋白质、核酸、多糖和拟酯）的结构单元，以及为生物提供能量的基本代谢过程，这就是生物按其遗传性指令聚合成具各物种特异性的蛋白质、核酸、多糖和拟酯等的初生代谢作用。

一、合成生物大分子的前体

　　生物生长和繁殖只有在它能以环境中现有化合物为底物合成细胞大分子时才能实现。能利用 CO_2 为碳源，N_2 为氮源的自养型微生物是生物合成能力的极限。研究已清楚地表明，自养型生物具有最广范围合成能力，而其他能以简单低分子质量化合物为底物生存的微生物则利用比较有限的生物合成途径，同化有机化合物取得能量并组成自己。在这里我们将简要地介绍发生在真细菌和古生菌中的合成代谢，包括细胞结构组成成分合成中的生物化学途径和过程。真核生物也能合成与原核生物相同或类似的细胞成分，并按大致相同的生物合成途径合成它们，所以研究细菌和真菌的代谢过程对我们理解高等生物的生物合成途径至关重要。

　　生物细胞由 4 类主要的大分子：蛋白质、核酸、多糖和拟酯组成，这些大分子都是由有限数目的小分子单体聚合而成，细胞生物合成的共同模式如图 7.1 所示。按此轮廓图，CO_2 的同化作用（固定）仅经很少步骤就进入糖酵解和三羧酸循环（TCA）中心代谢途径。所有的主要单体分子，如聚合形成生物大分子的氨基酸、嘌呤、嘧啶，很容易由糖酵解、三羧酸循环（TCA）和其他相关途径的中间体合成。

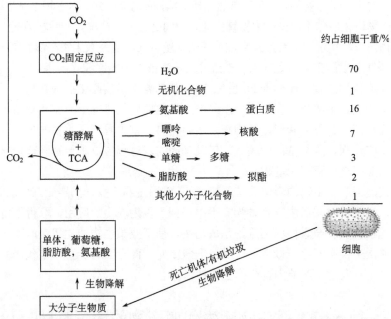

图 7.1　生物细胞的生物合成和生物降解反应概观（Perry and staley，1997）。按照此概观图，CO_2 同化（固定）反应经若干步骤进入糖酵解和三羧酸循环这一中心代谢途径，所有的生物大分子的结构单元，如氨基酸、嘌呤和嘧啶，以及脂肪酸和单糖，很容易由糖酵解和三羧酸循环中间物，经由各自的合成途径产生，然后再聚合为生物大分子。生物合成的小分子质量化合物总共有 75～100 种，包括碱基、氨基酸、糖类和脂肪酸，它们都直接或间接地来自糖代谢中间产物。细胞死亡后，经生物降解作用转变成可被利用的小分子化合物，重新进入中心代谢途径并产生 CO_2，实现自然界的碳循环

组成蛋白质的 20 种氨基酸，若以其合成前体来分可以清楚地归于 6 个家族（表7.1）。如由共同前体合成的天冬氨酸家族氨基酸，包括天冬氨酸、甲硫氨酸、赖氨酸、异亮氨酸等 6 种氨基酸；而组氨酸家族有其自己的合成途径。人们对它们的合成途径的了解将有助于对营养缺陷型的筛选和鉴定。

表 7.1　主要氨基酸合成的前体及所属家族（Perry and staley，1997）

氨基酸族	前体代谢物	氨基酸	氨基酸族	前体代谢物	氨基酸
谷氨酸	α-酮戊二酸	谷氨酸	天冬氨酸	草酰乙酸盐	天冬氨酸
		谷氨酰胺			天冬酰胺
精氨酸		脯氨酸			甲硫氨酸
丙氨酸	丙酮酸	丙氨酸			赖氨酸
		缬氨酸			苏氨酸
		亮氨酸			异亮氨酸
丝氨酸	3-磷酸甘油酸	丝氨酸	组氨酸	5-磷酸核糖-1-焦磷酸酯	组氨酸
		甘氨酸			
		半胱氨酸			
芳香族	磷酸烯醇式丙酮酸+赤藓糖-4-磷酸	苯丙氨酸			
		酪氨酸			
		色氨酸			

真细菌和古生菌中生物化学合成代谢可被整合和简化为如图 7.2 所示。75～100 种小分子质量化合物，如糖、脂肪酸和氨基酸直接或间接来自生物合成过程中的糖代谢支路。

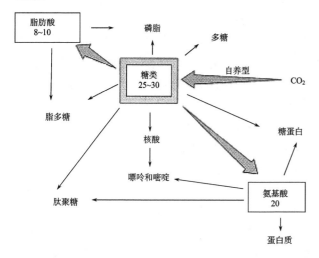

图 7.2　生物大分子合成中有限数目的化合物起着中心作用（Perry and staley，1997）。糖（如葡萄糖）是生物圈中最丰富的化合物，并且是提供微生物活细胞大分子装配的单体的源泉

在自养型生物中，这些低分子质量化合物直接或间接来自 CO_2 的固定。糖酵解与TCA 循环的整合导致前体代谢物不断并适量产生，促成有序的细胞生长和繁殖。所有前体代谢物都是由不同代谢途径合成的。12 种关键代谢物为：6-磷酸葡萄糖、6-磷酸果糖、5-磷酸核糖-4-磷酸、4-磷酸赤藓糖、3-磷酸甘油醛、3-磷酸甘油酸、磷酸烯醇式丙酮酸、丙酮酸、草酰乙酸、乙酰辅酶 A、α-酮戊二酸和琥珀酰辅酶 A。由这 12 种前体分子再经分支途径分别合成生物大分子的结构单元：氨基酸、嘌呤、嘧啶和脂肪酸

（具体代谢途径请参阅生物化学书籍）。

1. 生物大分子合成始于一碳底物

生物大分子合成归根结底是以一碳底物 CO_2 为基础的，CO_2 是支撑一切生命的最基础的底物。蓝细菌及绿色植物以光为能源，利用 CO_2，而不是依赖任何其他的难以得到的非生物作用产生的结构单元为碳源，首先合成的是碳水化合物，再通过不同代谢途径合成各种结构单元，并掺入细胞的大分子组成中，最终构建成生物细胞，这就是初生代谢作用的最终结果。后来在进化早期，逐步发展起来的与之相匹配的过程是生物降解作用（biodegradation），它反其道而行之，将大分子有机物降解为小分子化合物，最终又回到 CO_2，还原为原初的底物。也就是说，最初生物合成的核心底物 CO_2，同时也是生物降解的终产物，它仍然是 CO_2。这就是自然界的碳循环（图 7.1）。

自养型（autotroph）微生物是生物进化早期的原核生物，它们具有以 CO_2 为唯一碳源，以 N_2 为氮源合成氨基酸、核苷酸、糖类、脂肪酸等结构单元，并最终组装成细胞的所有大分子成分的能力。生命科学研究已清楚地表明，自养生物具有广泛的适应范围和生物合成能力，而其他微生物不同程度地依赖于相应的有限数目的生物合成途径，有效地利用来自环境的低分子质量底物生长繁衍。糖酵解与三羧酸循环整合的结果是，前体代谢物不断生成，并维持适当水平的代谢流，促成细胞有序的生长和繁殖。

遗传与代谢是生物不同于非生物的基本属性。真核生物继承了原核生物在进化历程中建立起来的遗传和代谢的途径和基本过程的调控法则，依照与原核生物一样的遗传信息贮存和表达的机制，以大致相同的代谢途径合成自身的细胞成分。通过研究细菌和真菌的代谢途径，使我们理解高等生物体制的生物化学过程变得相当容易，也使我们清楚地认识到地球上的生命只起源过一次，因为一切生命的初生代谢作用，从细菌至人类的遗传物质基础和代谢作用的基本途径相同，可见，地球上一切生物之间，说到底存在着或近或远的亲缘关系。

2. 大分子结构单元是经由特异性代谢途径合成的

每个生物都是遗传与代谢的实体，是以核酸和蛋白质为基础构建成的生命体系（life system）。尽管每种生物都有成千种不同的蛋白质，但都是由 20 种氨基酸聚合而成，只是由于编码它们的基因不同，所合成的蛋白质的性质和功能不同，它们的氨基酸序列也各不相同而已。同样，遗传信息大分子核酸（DNA 和 RNA）仅由 4 种核苷酸组成，却是自然界一切生物的遗传信息载体。可见，无论是蛋白质还是核酸，它们都是以细胞内经初生代谢作用合成的结构单元聚合而成。那么这些结构单元又是如何被合成的呢？

20 世纪 40 年代兴起的微生物遗传学的主要研究方向之一，就是对生物代谢途径的解析。已知所有代谢途径的终产物都是以糖酵解和三羧酸循环的某一中间物为前体，经多步酶促反应合成的。生物的许多主要代谢途径，基本上都是 20 世纪 40~60 年代逐步被认识并完成的。而生物基本代谢途径的发现和证实也主要是应用了微生物为实验材料，这应归因于其体制简单、生长快速、容易操作等优点。在这里，大肠杆菌和粗糙脉孢菌的营养缺陷型的分离及其遗传学和生物化学分析起着关键性的作用。代谢调控机制的阐明也多依赖于微生物研究，如操纵子学说的提出与阐明，就与对 λ 噬菌体的溶源化-裂解繁殖的转换、大肠杆菌乳糖代谢的遗传调控等的深入研究的成果分不开。作为生物界的同一性的有力证据之一，就是生物的这种基本代谢途径在生物界是相同或极为相似的。

　　基因与酶之间的对应关系的证据，最初来自粗糙脉孢霉的生化突变型研究。野生型脉孢霉能在只含无机盐、糖和生物素的基本培养基上生长，说明它可利用这些简单的化合物为碳源和能源合成其生长发育所需的氨基酸、碱基、多糖、维生素及其他小分子结构单元，进而聚合并组建为细胞生长和繁殖所必需的、具物种特异性的生物大分子——蛋白质、核酸、酯和糖类大分子。这些不同的中间体化合物都是分别由各个代谢途径的特异性酶分步骤催化合成的。这可以以图 7.3 中通式表示。

　　图 7.3 是一个通式，代表所有初生代谢产物的合成途径。我们将编码这些酶的基因称为相应酶蛋白的结构基因（structure gene）。

代谢途径：$X \longrightarrow\longrightarrow A \xrightarrow{a} B \xrightarrow{b} C \xrightarrow{c} D$

　　　　　前体　中间产物 I　　中间产物 II　　终产物 D

图 7.3　示合成代谢途径。箭头示反应步骤；X 为共同前体（如糖酵解和三羧酸循环的某种化合物）；小写字母代表参与反应的酶；大写字母代表各酶促反应的产物。图中示出共同前体 X 经三步合成为该合成途径的前体 A，然后经酶 a、b、c 作用分别合成中间产物 I、II 和终产物 D

　　初生代谢途径的合成过程与以后要讲的次生代谢物合成过程的重要区别是：①初生代谢合成途径的酶的专一性很强，相关的酶只识别和作用于一种特定底物，并将底物转变为专一性的产物（代谢链的中间产物或终产物），不产生任何其他结构类似物，从而保证了在聚合成生物大分子时的准确无误；②初生代谢合成途径的相继步骤环环相扣，绝不过量合成反应产物，每步反应合成的产物量只限于满足相应代谢途径的需求，最大限度节省来之不易的营养物质和能源；③初生代谢途径的这种严谨性明显地反映出其代谢调控的严谨性，这就是在微生物代谢调控机制中介绍过的，终产物对相应途径基因表达的反馈阻遏和酶促反应水平上的反馈抑制调控机制。

二、营养缺陷突变型

　　基因的国际命名法，是按基因功能采用头三个字母表示，如赖氨酸（lysine）合成途径的基因符号为 lys，腺嘌呤（adenine）合成途径的基因符号为 ade 等。营养缺陷型是指野生型菌株因基因突变而致使其合成代谢途径出现缺陷的突变型。野生型大肠杆菌能合成赖氨酸，其表现型表示为 Lys⁺，突变为赖氨酸缺陷型的表现型表示为 Lys⁻，注意基因符号与相应表现型以相同的三个字母表示，但是基因型表示为 lys，而表现型为 Lys。

被广泛研究过的生化突变型也称为营养缺陷突变型（auxotrophic mutant），是指那些原先能在最低营养条件下生长和繁殖的菌株，由于基因突变，成为需在培养基中加入原亲本所需营养之外的生长因子的突变型。所以，亲本菌株被称为原养型（prototroph）。例如，野生型大肠杆菌能在以葡萄糖为唯一碳源的无机盐培养基中生长繁殖；野生型的脉孢霉能够在含糖和生物素的无机盐培养基中生长繁殖。它们都无需额外添加其他有机营养成分。这意味着它们能以葡萄糖为唯一碳源和能源，以无机盐为营养，合成各种必需的氨基酸、核酸碱基、脂肪酸和糖类等结构单元，进而以相关的结构单元合成蛋白质、DNA、RNA、拟酯和糖类等生活细胞的各种大分子结构成分。如果发生因基因突变使相关代谢链阻断，而无法合成某种必需的结构单元，就会成为一个需要其他营养素（如某种氨基酸或核苷酸）的突变型，它们直接表现为不再能在葡萄糖无机盐培养基中生存繁殖，而只能在营养丰富的培养基或补充所需营养物的补充培养基上才能生长。所以，我们将能满足野生型菌株生长的葡萄糖无机盐培养基称为基本培养基（minimal medium，MM）；而含有丰富营养成分的有机培养基称为完全培养基（complete medium，CM）。对上述需要某种氨基酸或碱基才能生长的突变型来说，只需在葡萄糖无机盐培养基中补加其所需的单一氨基酸或碱基，相应的突变型就能生长，所以我们将针对特定突变型菌株的需要而配制的培养基称为补充培养基（complementary medium）。这里应当指出的是，所谓基本培养基是相对于不同菌种的营养需求来定的，因而因菌种而异，也就是说不同菌种的基本培养基是不同的。有些病原菌的基本培养基可以是很复杂的，以至于至今仍无法为它们配制基本培养基。合成途径的任一基因发生突变，都会使相关合成链中断，而成为营养缺陷型。由于它们的表现型表现为易于识别的非此即彼的特性，因此有时也统称为质量性状变异。这与决定产量性状的基因突变不同，后者仅表现为产物产量的高低，一般并无可见特性的明显改变，而且与多基因参与有关，所以有时被称为产量性状或数量性状。

在实践中，质量性状包括营养缺陷型、各种抗性突变型，以及可见的易于识别的一些形态突变型等。其实，这种区分只具有操作意义。因为，实际上生物体内的代谢过程是错综复杂，而又相互影响的，每一基因突变的效应都并不是单一的，只是一种主效应被我们识别了而已。例如，若给次生代谢物高产菌株中引入一个易于识别的基因的突变，成为营养缺陷型，人们将发现通常它们都表现出复变效应，产量明显降低。再如，有的单基因产物，如产淀粉酶的淀粉液化芽胞杆菌菌株，可因单一基因突变成为不能利用淀粉的突变型，说明它们是单基因控制的，但在育种工作中，照样可以按产量性状育种方法筛选淀粉酶高产菌株。这是因为基因组的任何基因的表达都不是孤立的，而与胞内代谢环境密切相关，包括相关前体库的合成、营养物的吸收、产物的运输和支路代谢途径的活性改变等。诱变育种的实质就是通过诱发突变打破菌株新陈代谢网络已有的平衡，通过人工选择达到一种有利于产量提高的新平衡的过程。质量性状，包括各种抗性基因突变型、营养缺陷型和形态变异突变型等，因为基因一旦突变，便有明显的表现型表现，所以，这类突变型通常可在选择性培养基平板上进行分离和鉴定，而产量性状则需在模拟的发酵条件下筛选和分离。

基因控制性状是通过控制特异性蛋白质合成和调控机制实现的，突变的原始效应多表现为单一特异性蛋白质的一级结构的改变。在生活状态下，不存在伸展着的多肽链，总是倾向于通过邻近氨基酸残基之间形成的氢键，蜷曲折叠为螺旋结构，被称为蛋白质的二级结构；在二级结构的基础上再次折叠，形成球形分子，被称为蛋白质的三级结构。蛋白质的三级结构的形成常有另一类蛋白质参与，它们被称为脚手架蛋白（scaffold protein），使之折叠为正确的功能结构。有些功能蛋白还可能形成同源或异源的二聚体或多聚体，被称为功能蛋白质的四级结构。多肽链折叠形成的多维构型对其生物活性至关重要，基因突变往往就是因为改变了多肽链的一级结构中的个别氨基酸，从而改变了正常的二级结构，影响到三维或四维构型的维系，使蛋白质失去原有的活性构型，最终失去生物活性。

1. 结构基因突变的效应

曾由野生型脉孢霉菌株分离得到 15 个独立的精氨酸缺陷型分离子（Arg⁻），遗传学分析发现，当将其中任何一个与野生型（Arg⁺）杂交时，后代都表现为 1 野生型：1 突变型的分离，符合孟德尔遗传学定律，说明是染色体遗传现象；而不同精氨酸缺陷型分离子之间杂交时，不只出现精氨酸缺陷型，还可能出现一定比例的野生型，说明它们是合成途径中不同基因的突变（如 *arg2* 和 *arg1*）；还有的两个突变型的杂交子代中，不出现野生型（如 *arg2* 和 *arg3*），说明它们是同一基因突变的结果，从而鉴定出精氨酸合成途径至少涉及 6 个基因（图 7.4）。

$$\xrightarrow{\textit{arg7}}\ \xrightarrow{\textit{arg6}}\ \xrightarrow{\textit{arg5}}\ \xrightarrow{\textit{arg4}}\ 鸟氨酸 \xrightarrow[\substack{\textit{arg2}\\\textit{arg3}}]{}\ 瓜氨酸 \xrightarrow{\textit{arg1}}\ 精氨酸$$

图 7.4　示脉孢霉菌株的精氨酸生物合成途径。式中 *arg1*～*arg7* 分别代表 7 个独立的精氨酸突变型 Arg⁻。由前体物质经 4 个相继步骤合成鸟氨酸，然后合成瓜氨酸和终产物精氨酸

测验的第二个方法便是补充营养法。已知鸟氨酸和瓜氨酸是精氨酸合成的中间产物，所以，可以分别配制含精氨酸、鸟氨酸或瓜氨酸的补充培养基，然后，将上述突变型分别接种在这些培养基平板上，结果发现，这 7 个突变型中，有 4 个能在含鸟氨酸或精氨酸的补充培养基上生长；有 2 组能在瓜氨酸补充培养基上生长，但不能在鸟氨酸补充培养基上生长；有 1 组只能在精氨酸上生长。但是，没有一个能在鸟氨酸上生长的突变型，在瓜氨酸补充培养基上不长的。由此推测精氨酸的合成代谢途径应如图 7.4 所示。这与生物活性证明的精氨酸合成途径一致，说明基因与酶之间确实存在着对应关系。

在分支代谢途径的情况下，如由一个共同前体分为两个支路，分别合成两种不同终产物，若其中之一途径因基因突变而受阻，会导致另一途径终产物积累。例如，合成苯丙氨酸和酪氨酸的共同前体为莽草酸，如果合成酪氨酸途径的酶失活，则可能会导致苯丙氨酸积累。

在此基础上，20 世纪 40 年代，曾有人提出"一个基因，一个多肽链"的学说。这已被试验所证明。但是，后来知道基因的直接产物并不是多肽，mRNA、tRNA 和 rRNA 才是基因的直接产物。所以实质上，应该是一个基因编码一种 RNA。

1）营养缺陷型的发现

营养缺陷型是一类在研究和应用上最为广泛的筛选突变型。在这里为了简化，我们以 X⁻泛指营养缺陷突变型。每一个 X⁻都是单一结构基因突变的结果。由于基因突变使相应的酶失活，致使由该酶催化的反应步骤被阻断，从而使该反应途径的终产物不能合成，因而表现为在基本培养基上不能生长，但是在完全培养基上它们的生长通常与原菌株无异。在合成代谢途径中，这种中间代谢步骤被阻断将导致该代谢链中间体的积累。例如，有的 Arg⁻菌株能分泌瓜氨酸和/或鸟氨酸。这种积累有时可以通过喂养试验来证明，即如果将同一代谢途径上的两个不同的 X⁻菌株，相邻地接种在固体培养基平板上，培养后会显现其中之一出现较旺盛生长，这是因为代谢链较后步骤反应受阻的 X⁻菌株，分泌出的代谢中间产物交叉"饲养了"较早步骤受阻的 X⁻菌株（图7.5）。这是测验表现型相同，而独立分离的不同的 X⁻是否为等位基因突变的检测方法之一。但应注意，不能反过来认为不出现喂养效应的就一定是等位基因突变，因为有可能相关中间产物不能分泌到胞外。

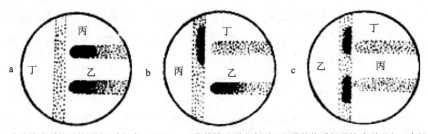

图 7.5　营养缺陷型的喂养测验（盛祖嘉，2007）。a. 营养缺陷型突变型丁积累的物质促进缺陷型丙和乙生长；b. 营养缺陷型丙积累的化合物促进突变型乙生长；c. 突变型丙、丁的积累物促进突变型乙生长。按此图可推出各突变在代谢链中的影响位置分别为乙→丙→丁，而丁为此代谢链的终产物

2）营养缺陷型的筛选

因为基因自发突变的频率总是很低，即使在诱发突变的情况下亦如此，所以试验中，如能在未进行筛选前以一种只影响原养型，而对静息细胞无影响的方法处理待分离菌悬液，淘汰大部分野生型菌，而不影响营养缺陷突变型的存活，便能起到富集营养缺陷型的作用，而利于其分离和鉴定的效果。所以，按经典的诱变筛选方法，采用物理或化学诱变剂诱变筛选营养缺陷型，一般都要经过诱变剂处理、淘汰野生型、营养缺陷型的检出和营养要求的确定等 4 个步骤。若用高效诱变剂，如 MNNG 诱变处理，或许可以省略淘汰野生型这一步。只有在使用转座子诱变发生（transposon mutagenesis）时，才可能使突变型筛选变成正筛选过程，省去淘汰野生型这一步。因为所有转座子插入突变型都是抗性突变型，野生型亲本已在转座子诱变筛选这一步被淘汰了，所要做的就是在转座子插入突变型库中鉴定营养缺陷型菌株，然而营养缺陷型占插入突变

型的比例一般也只有 1%~2%。

获得营养缺陷突变型的诱变方法与获得其他突变型的方法并无不同。但以采用高效诱变剂更好。因为在诱变剂处理后的存活细胞群体中，野生型细胞仍占绝大多数，所以，必须设法先淘汰野生型，才能更容易地检出营养缺陷型菌株。如何淘汰野生型亲本菌株呢？淘汰野生型的方法有多种，现以细菌为例做简单介绍。

青霉素富集法：青霉素是真细菌营养缺陷型富集的有效方法，其原理为青霉素是细胞壁合成的拮抗物，它能与细菌细胞壁合成有关的酶（所谓的青霉素结合蛋白）结合，使之失活，从而阻止生长中细菌的细胞壁合成，而杀死生长中的细菌。在实验条件下，营养缺陷型细菌细胞不能生长，因而不受影响。所以当经诱变处理过的细菌悬液培养在含青霉素的基本培养基中时，因野生型细菌能正常生长，而又不能合成细胞壁物质，细胞终因渗透压休克而破裂死亡；而营养缺陷型在基本培养基中，因不能生长，而不被杀死，存活下来。以大肠杆菌为例，具体操作分为以下 6 步：①诱变剂处理，使用剂量由所用诱变剂的特性及预备试验绘制的剂量-存活曲线而定，一般诱变剂剂量控制在致死率 90%~99%；②经诱变剂处理后，先在完全培养基中培养 4~6h，细菌能分裂大约两个世代，使细胞度过损伤修复、突变固定，并克服分裂延滞及表型延滞；③离心洗涤后悬于基本培养基中，37℃饥饿培养 1~2h，以耗尽细胞体内代谢库，这样才能在青霉素处理时，不伤及营养突变型细胞；④在含青霉素培养基中培养一定时间（约 5 个世代），杀死野生型。注意处理时的菌浓应控制在 10^7/ml 以内，避免营养缺陷型因被杀死细菌释放出的营养物质，促使突变型细菌生长而致死；⑤在涂布筛选培养基平板前，必须通过稀释或离心弃上清液或用青霉素酶处理，使青霉素浓度降至亚致死浓度水平，以使青霉素法对富集营养缺陷型更为有效；⑥稀释涂平板分离单菌落。

类似地，五氯苯酚（pentachlorophenol，PCP）可对青霉菌、链霉菌和芽胞杆菌起到同样效果。PCP（25~50μg/ml）能杀死萌发的孢子，而对未萌发的孢子无作用。此外，制霉菌素可用于酵母菌或其他类酵母细胞；2-脱氧-D-葡萄糖抑制酵母细胞壁合成，亦可用于酵母菌营养缺陷型的富集筛选。

饥饿法：这在丝状真菌中应用较广。例如，有人发现长喙壳状属（*Ophiostoma*）菌的生长需要维生素 B_1 和 B_6，当将其培养在不含维生素 B_1 和 B_6 的培养基中，野生型将很快死亡，推测是因为不平衡生长造成的。但如果基因突变为同时需要另一种营养因子的营养缺陷型，死亡的速率就会大为降低。后来，有人将饥饿法用于构巢曲霉（*A. nidulans*）和粗糙脉孢霉也有很好的效果。前者采用肌醇饥饿法，后者采用生物素饥饿法。方法是在不加生物素或肌醇的基本培养基中，使之饥饿一定时间（时间长短由预备试验确定），使大部分野生型孢子因不平衡生长而死亡。

操作时先将处理过的孢子倒基本培养基平板，培养一定时间后，再在平皿中倒上一层完全培养基，培养后，长出的菌落中许多就是营养缺陷型。细菌中亦有用二氨基庚二酸缺陷型或胸腺嘧啶缺陷型富集营养缺陷型的。

过滤法：适用于丝状菌（真菌和链霉菌）。原理十分简单，野生型孢子在基本培养基中生长成菌丝，而营养缺陷型不长。所以，在基本培养基中培养一定时间后，以无菌纱布棉花过滤，即可除去大部分原养型菌丝体，达到富集营养缺陷型的目的。若如此重复操作 2 或 3 次，效果更佳。

热处理法：适用于芽胞杆菌。芽胞经诱变后，培养在基本培养基中，待大部分芽胞萌发后，加热至 65℃保温 15min，将生长菌杀死，从而可达到富集营养缺陷型的目的。

3）营养缺陷型的检出

营养缺陷型的检出这一步通常是营养缺陷型筛选时，比较费力费时的繁琐工作。因为，尽管经过上述淘汰野生型的步骤，然而，除了高效诱变剂外，一般仍然是原养型占绝大多数。所以仍需设计不同的方法，以减少工作量，提高突变型检出率。即使在转座子插入诱变的情况下，虽省略了淘汰野生型这一步，但是插入突变型中大多数也并非营养缺陷型，它们仍然能在基本培养基平板上生长，同样有营养缺陷型检出的问题。

逐个检测法：将诱变处理后经富集处理过的细胞涂平板，培养后对长出的菌落逐一点接基本培养基和完全培养基平板的对应位置上，经培养如果在完全培养基平板上生长，而在基本培养基平板上不长，即可能为营养缺陷型。转接斜面，留作进一步鉴定。该法虽较为费力，优点是突变型谱较全。

夹层培养法：先在培养皿中倒上一层不含菌的基本培养基底层，培养基凝后，再倒上一层含菌的基本培养基，置温箱培养一定时间，待野生型长成可见菌落后，在平板底面用笔做上标记，然后倒上一层完全培养基，再在温箱培养一定时间，新出现的菌落很多为营养缺陷型。缺点是此法往往会丢失那些快速生长的营养缺陷型，并在细菌中常因细胞分裂延滞，在倒完全培养基后长出的菌落并不一定是营养缺陷型。也不适用于需氧芽胞杆菌。

限制营养法：将经过富集处理的细胞接入含有微量（0.02%或更少）完全培养基的基本培养基平板上，在此条件下，野生型迅速生长，成为较正常的菌落，而营养缺陷型则因营养不良，而长成较小的菌落。若要筛选某种特定的营养缺陷型（如甲硫氨酸营养缺陷型），则可在基本培养基中加入相应的纯的化合物。

影印平板法：将诱变并富集处理过的细胞群体涂布完全培养基平板，以培养长出菌落的平板作为母平板，通过影印平板法将平板上的菌落一次性地转接到基本培养基平板上，并保留母平板。待影印平板上的菌落长成后，再与母平板比较，这时会发现在少数位置上，在完全培养基平板上出现菌落，而在基本培养基平板上的相应位置上无菌落生长，这些通常就是营养缺陷型（图7.6，图7.7）。

在丝状真菌营养缺陷型检出时，平板可鉴别的菌落数很重要。为了防止霉菌蔓延生长，提高可鉴定菌落数，可在培养基中加入去氧胆酸钠（约0.2%），或山梨糖（如在蔡氏培养基中加入1%的山梨糖，0.01%的蔗糖），如果浓度合适，则可在一个平板上观察到数百个菌落，可大大提高营养缺陷型分离效率。

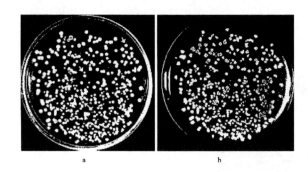

图 7.6　通过影印平板法检出营养缺陷型
（Sermonti，1969）。将完全培养基（a）上生
长的菌落影印到基本培养基（b）平板上，营
养缺陷型如 a 平板箭头所示，在基本培养基平
板不能生长的即营养缺陷型

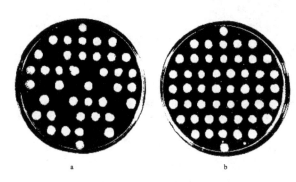

图 7.7　营养缺陷型分类（Sermonti，1969）。
示 50 个被筛选出的营养缺陷型菌株在完全培
养基上都能生长（b），其中多数也可在酪素
水解物加色氨酸水解物补充培养基平板上生
长（a），说明它们为氨基酸营养缺陷型

　　通常，无论用什么方法检出的营养缺陷型都应进行纯化并复测，以确定所分离的
菌株是否确为营养缺陷型。

4）营养要求的鉴定

　　逐步鉴定法：分别制备基本培养基、基本培养基+酸水解酪素和色氨酸、基本培养
基+水溶性维生素、基本培养基+核酸碱基 4 种补充培养基，倒平板。将在完全培养基
上生长的营养缺陷型菌落影印到上述 4 种不同平板上，培养后在基本培养基平板上不
长，而在补充培养基之一上生长的，说明需要该类物质。例如，如果同时在完全培养
基和在酪素水解物加色氨酸的补充培养基平板上生长，说明它们为需要氨基酸、铵盐
或 NO_3^- 的缺陷型（图 7.7）。然后，再通过生长谱法（auxanography）确定其对具体营
养物质的要求。

　　生长谱法：所谓生长谱法，是先在培养皿中倒入 MM 培养基底层，待培养基凝后，
再倒入含待测菌（约 10^6/ml）的 MM 培养基上层，将培养皿划分为若干个区（如 6～8
个区），分别在每个小区点上测试物质的混合物，培养后，如待测菌需某一测试物质，
则在该物质的周围呈现一混浊的生长圈。不同营养缺陷型，因营养要求不同，生长圈
出现的位置不同。这种生长图像即为生长谱（图 7.8）。

　　待测物质可以逐一测验，也可按要求混合成若干组。例如，15 种物质可分为 5 组，
21 种物质可分为 6 组，36 种物质可分成 8 组（表 7.2）。分组时应使代谢途径相关的
物质（参考本章第一节），如异亮氨酸和缬氨酸、嘌呤与维生素 B_1、甲硫氨酸与苏氨

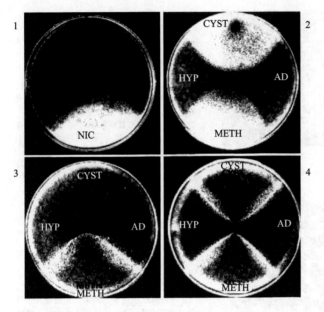

图 7.8　生长谱测验（Sermonti，1969）。1. 天蓝色链霉菌的烟酸缺陷型；2、3、4 为产黄青霉菌，需要一种以上营养物质：2. 需甲硫氨酸或半胱氨酸；3. 需要甲硫氨酸加腺嘌呤或次黄嘌呤；4. 需要甲硫氨酸或半胱氨酸加腺嘌呤或次黄嘌呤。NIC. 烟酸；CYST. 半胱氨酸；HYP. 次黄嘌呤；AD. 腺嘌呤；METH. 甲硫氨酸

酸，或苯丙氨酸-色氨酸与酪氨酸等，出现在同一平板上，以便鉴定多种营养要求的营养缺陷型。如此，便可方便而快速地确定出各突变型菌株的营养要求。工作一段时间后，如发现某一类营养缺陷型的出现概率特别高（如在构巢曲霉的营养缺陷型中，硫代硫酸盐的突变型约占 1/2），则可先将这类营养缺陷型剔除，再对其他的突变株进行鉴定。如果发现某些营养缺陷型出现频度特别低，则可减少测试物质的数目。

表 7.2　营养物分组与营养缺陷型营养要求的确定（Sermonti，1969）

组别	补加物质的代号					相应缺陷型的生长														
						A	F	J	M	O	B	C	D	E	G	H	I	K	L	N
1	A	B	C	D	E	+					+	+	+	+						
2	F	B	G	H	I		+				+				+	+	+			
3	J	C	G	K	L			+				+			+			+	+	
4	M	D	H	K	N				+				+			+		+		+
5	O	E	I	L	N					+				+			+		+	+

注：由生长谱可见，若只在单一平板上生长，则分别为需要 A、F、J、M、O 的营养缺陷型，其余均表现为在两块平板上生长，从而可据生长谱判断各 X 的营养要求。

培养基中营养物质的加入量会随菌种而不同，也会因氨基酸的构型而异。表 7.3 列出了细菌、放线菌和真菌的氨基酸、维生素和碱基的需用量，可供配制纯营养物混合物和配制补充培养基时用量的参考。

一步鉴定法：将上述各组物质按表 7.3 中所用分量分别配制成补充培养基。例如，15 种物质可按表 7.2 配置成 5 种固体的补充培养基，分别倒平板。然后，用影印平板法，按一定次序点接在完全培养基平板上的营养缺陷型，一次性转接入上述 5 种平板及基本培养基平板上，经培养后，如所测营养缺陷型在基本培养基上不长，而只在其

中一套补充培养基平板上生长，说明该营养缺陷型需要物质为 A 或 F 或 J 或 M 或 O；而在两套平板上生长，如在平板 1 和 2 上生长，则可查表确定为需化合物 B 等。根据这种平板生长模式，就可一次性确定大多数营养缺陷型的营养要求。实践中，一步法确定的大部分突变型还需用生长谱法核对。所以，上述两种方法使用时是相辅相成的。

表 7.3　配制补充培养基时各营养物质的补加量（Sermonti，1969）

营养物质	需要量/（mg/L）			营养物质	需要量/（mg/L）		
	细菌	放线菌	霉菌		细菌	放线菌	霉菌
氨基酸类							
赖氨酸	10	50	70	组氨酸	10	70	80
精氨酸	10	50	80	苏氨酸	10	50	60
甲硫氨酸	10	50	70	谷氨酸	10	50	90
胱氨酸	10	50	120	脯氨酸	10	50	60
亮氨酸	10	50	70	天冬氨酸	10	50	70
异亮氨酸	10	50	70	丙氨酸	10	50	40
缬氨酸	10	50	60	甘氨酸	10	50	40
苯丙氨酸	10	50	80	丝氨酸	10	50	50
酪氨酸	10	50	90	羟脯氨酸	10	50	70
色氨酸	10	50	100		10	50	
维生素类							
硫胺素	0.01	3	0.5	生物素	0.001	2	0.002
尼克酰胺	0.1	1	1	邻氨基苯甲酸	0.1	1	0.1
核黄素	0.5	4	1	胆碱	2	1	2
吡哆辛	0.1	2	0.5	肌醇	1	2	4
泛酸	0.1	5	2				
碱基类							
腺嘌呤	10	15	70	胸腺嘧啶	10	10	60
黄嘌呤	10	15	80	尿嘧啶	10	10	60
次黄嘌呤	10	15	70	胞嘧啶	10	10	60
鸟嘌呤	10	15	30				

注：以酸水解酪素为混合氨基酸时，需添加胱氨酸 50mg/L，色氨酸 10mg/L；d，l-型氨基酸用量为 L-型的一倍。

三、其他类型突变型的筛选

已报道有许多其他类型单一基因突变的突变型，其中有的可以追踪到是因单一酶受损所致，而另一些牵涉到更为广泛的代谢改变，也有的突变所影响的是细胞生存不可或缺的功能，如细胞的分裂机制或生物大分子合成机制等，可以按特殊的筛选方法获得。以下将介绍形态突变型、温度敏感突变型等的筛选方法。

1. 形态突变型

由肉眼观察到的菌落形态能明显区分的突变型即形态突变型。在真菌的遗传学研究中，分生孢子颜色突变型是非常有用的遗传标记。例如，野生型脉孢菌的分生孢子为粉红色，可突变为白色；青霉菌和曲霉菌的孢子突变为白色或黄色的突变型是理想的可见形态突变型，它们在遗传学研究中作为遗传标记起着重要作用。细菌菌落由光滑型变为粗糙型。枯草芽胞杆菌的生孢子突变型不产褐色素，形成透明菌落。

有时颜色变异与次生代谢物产量有关，天蓝淡红链霉菌的黑色转白菌落伴随正定霉素过量产生；替考浮游放线菌（*Actinoplanes teichomyceticus*）的分泌粉红色素突变型过量产生抗生素替考拉宁。

2. 碳源代谢的解阻遏突变型

许旺酵母（*Schwanniomyces castelli*）的抗 2-脱氧葡萄糖菌株过量产生异麦芽糖酶和淀粉酶；多形毕赤酵母的抗 2-脱氧葡萄糖突变型过量产生菊粉酶；产黄青霉菌的抗2-脱氧葡萄糖菌株过量产生青霉素 G；黑曲霉的抗 2-脱氧葡萄糖菌株过量产生柠檬酸。这些都与碳源利用有关途径的解阻遏突变有关。

3. 温度敏感突变型

这类突变型与野生型的区别只在于当培养物培养在高于最适温度时才表现为突变性状。温度敏感突变型的筛选宜采用影印平板法。例如，在筛选营养缺陷型的温度敏感突变型时，将诱变后的待测菌接种基本培养基，在标准温度下培养，待形成菌落后影印至另一基本培养基平板，并在较高温度下培养，温度敏感突变型（*tps*）表现为在高温条件下不长或微弱生长，而野生型无此影响。*tps* 突变型分为两种类型：条件性的，当它们生长在补充培养基或完全培养基上时，与野生型一样可以在较高温度生长（如营养缺陷型）；非条件性的突变型，即使在完全培养基上，它们也不能生长。推测后者的突变影响了通用代谢途径生物合成酶以外的特殊功能的酶或其他功能蛋白，如影响细胞分裂功能蛋白的突变型 Fts。所以可用于探知未知功能基因。

筛选温度敏感突变型采用的温度因菌种而异，大肠杆菌采用 40℃（正常温度为37℃），其中 23%为非条件性的突变型，其余为营养缺陷型；霉菌的正常培养温度一般为 25℃，在 35℃筛选温度敏感突变型；链霉菌一般培养温度为 30℃，采用 38℃筛选温度敏感突变型。

4. 细胞膜蛋白结构基因突变型

通过诱发突变，也可以筛选到改变细胞膜结构成分的缺陷型，从而改变细胞的分泌能力，达到提高产物产量的目的。细胞膜是半透性的，所以，有的代谢产物虽在菌体内大量积累，但不能通过细胞膜分泌到胞外；有的产物虽然能分泌到胞外，但由于分泌速率低，该物质在胞内仍因过量存在而阻止其进一步合成。可见，膜的通透性在发酵生产中，有时也是很重要的。生产上，为了增加膜的通透性，可以通过控制培养条件和培养基成分达到。例如，谷氨酸发酵中，通过控制培养基中生物素量，或通过添加表面活性剂等措施达到。但也可以通过诱变筛选与膜组分有关的营养缺陷型改变膜透性。例如，裂烃棒杆菌（*Coryneb. alkanolyticum*）原菌株以石蜡为碳源，在最适培养条件下发酵时，谷氨酸产量为 30g/L，加亚致死量青霉素后产量可达 53g/L；而诱变筛选出的油酸缺陷型，在不加青霉素的条件下可产 72g/L 谷氨酸。以乙酸为碳源发酵产生谷氨酸的硫殖短杆菌（*Breviob. thiogenitalis*）D248 的油酸缺陷型，亦有类似效应。这类缺陷型的筛选方法与上述营养缺陷型相同。

5. 渗漏突变型筛选

代谢途径的渗漏突变型（leaky mutant）是代谢链未完全失活的突变型，筛选方法是由缺陷型突变型的回复子中筛选在基本培养基上表现微弱生长的菌落，它们中许多便是具部分代谢活性抑制基因回复突变型（渗漏突变型）。若突变型基因编码的酶正好是合成途径受反馈调节的第一个酶，将会起到解反馈抑制作用，而提高终产物产量。在核苷酸、氨基酸和抗生素育种中均有应用的报道。

四、结构基因突变与育种

如何通过诱发突变改变基因，从而使相关代谢产物从无到有，又如何使产物从低产到大量产生，这是育种工作者要解决的主要问题。以下将结合氨基酸和核苷酸产生菌株是如何通过结构基因突变型获得相关产物和提高产量的突变型的例子，介绍结构基因突变在质量性状育种中的应用。

初生代谢途径的终产物都是由中心代谢途径的某一代谢物为前体经由不同分支代谢途径产生的，现在对各代谢途径的酶促反应步骤已研究得相当清楚，这些资料都可以由生化书籍及相关资料中查到。

如果所积累的中间产物或终产物是对人类有益的生物活性物质，则可用相关营养缺陷型生产。例如，用不同的 Arg⁻可生产鸟氨酸或瓜氨酸；鸟嘌呤缺陷型可生产肌苷酸等。由于体内的代谢途径错综复杂，而又是综合平衡的，同一种前体物质，可通过分支代谢途径合成几种不同的终产物。因此，当一条代谢途径受阻时，就有可能增加另一代谢途径的合成强度，因而产生某种过量的终产物并分泌到胞外。在发酵工业中，使用营养缺陷型菌株生产氨基酸、核苷酸等就是基于这一原理。

1）赖氨酸产生菌株的筛选

以赖氨酸为例说明质量性状育种的一般方法。大肠杆菌中，已知赖氨酸、甲硫氨酸和苏氨酸的共同前体为天冬氨酸（表 7.1），经若干酶促反应步骤后，产生了天冬氨酸半醛，并由此分出两条合成途径，一条是合成甲硫氨酸和苏氨酸，另一条途径是合成赖氨酸（图 7.9）。赖氨酸是人体必需的 8 种氨基酸之一，而且在谷物中它的含量很低，因而成为儿童食品中添加的辅助营养成分之一。

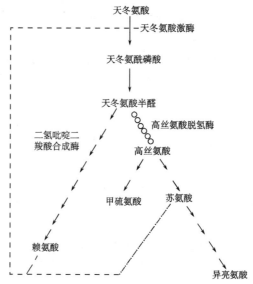

图 7.9 谷氨酸棒杆菌的赖氨酸、甲硫氨酸、苏氨酸和异亮氨酸的合成代谢途径及反馈调节。○○○○：高丝氨酸缺陷型的遗传性障碍；------：苏氨酸和赖氨酸对天冬氨酸激酶的反馈抑制

　　野生型微生物菌株并不产生胞外赖氨酸。由图可知，若要获得赖氨酸产生菌株，需诱变使之首先成为高丝氨酸缺陷型，再截断天冬氨酸半醛通向甲硫氨酸-苏氨酸合成途径，将原先的共同前体——天冬氨酸半醛引向赖氨酸合成途径。同样，若欲得到产生甲硫氨酸或苏氨酸菌株，则应筛选二氨基庚二酸缺陷型，堵塞通向赖氨酸途径的代谢流，这样就使原来不能产生赖氨酸或甲硫氨酸的野生型菌株产生赖氨酸或甲硫氨酸了。

　　如何进一步提高赖氨酸的产生能力呢？

　　在任何野生型菌株体内，初生代谢途径的代谢产物的质和量都受到严格调控，引入基因突变，打破其代谢平衡，才有可能使得突变型菌株产生某种本不可能积累的终产物。高丝氨酸突变型产生赖氨酸是有条件的，必须在加适量甲硫氨酸和苏氨酸的基本培养基中生长才能产生。若在培养基中加入适量的甲硫氨酸和苏氨酸，高丝氨酸突变型仍然不会产生赖氨酸，这是因为存在转录水平上的反馈阻遏和代谢水平上的反馈抑制机制。其原理已在第五章中介绍。

　　如何克服生物合成途径的反馈阻遏和反馈抑制呢？

　　在结构基因诱变育种中，通常总是分两步进行：第一步是通过基因突变有目的地打破已有的代谢平衡，将代谢流定向导向有利于目标产物产生的方向，从而先达到目标产物从无到有的目的；第二步再在此基础上，通过解除合成途径的调控机制，使相关代谢途径成为抗反馈阻遏/抗反馈抑制突变型，这样就能进一步提高相关终产物的产量。

　　在苏氨酸、异亮氨酸、甲硫氨酸和赖氨酸合成途径中，除了上述赖氨酸与苏氨酸的协同抑制效应外，各分支途径的第一个酶也存在反馈抑制作用，如甲硫氨酸和苏氨酸对高丝氨酸脱氢酶的反馈抑制，赖氨酸对二氢吡啶二羧酸合成酶的反馈抑制。不过在不同菌种中也有差别，在大肠杆菌中二氢吡啶二羧酸合成酶受到赖氨酸的反馈抑制；而谷氨酸棒杆菌（*Corynebacterium glutamicum*）和黄色短杆菌（*Brevibacterim flavum*）的二氢吡啶二羧酸合成酶就不被赖氨酸反馈抑制（见图 4.6 和图 4.7）。这种差别在其他代谢途径的反馈抑制中亦属常见。

　　已知人类自身不能合成赖氨酸、酪氨酸、异亮氨酸、苏氨酸、色氨酸、苯丙氨酸、甲硫氨酸、缬氨酸等 8 种氨基酸，需由食物来源补充，利用微生物不同的代谢缺陷型正是一个极好的产生人体必需氨基酸的方法。经过多年的诱变育种（营养缺陷型及抗反馈阻遏及抗反馈抑制突变）及后来与分子育种技术相结合，已以谷氨酸棒杆菌为平台，使生产菌产生 8 种必需氨基酸的能力大大提高，使之成为食品发酵工业的支柱产业之一。

2）柠檬酸高产菌株育种

　　柠檬酸是生物的物质代谢和能量代谢中心——三羧酸循环的中间产物，早已被开发为重要的微生物发酵工业产品，在食品、饮料、药物、化妆品、染料、工业和建筑领域都有着广泛用途。自 20 世纪 60 年代开始，柠檬酸生产基本上都采用黑曲霉液体发酵，因此高产菌株的育种一直受到微生物遗传学家和育种学家的重视，我国现在是世界上柠檬酸生产水平领先的国家。从本质上讲，柠檬酸虽属于中心代谢产物，在微生物生长的早期并不积累，但是在菌体生长到接近平衡期时，由于初生代谢和能量代谢水平急剧下降，过量的柠檬酸变成了细胞体内的"废物"，于是大量的柠檬酸被分泌到胞外，所以表现为产酸曲线呈现类似于次生代谢产物的产生曲线。但是，柠檬酸不是次生代谢产物，因为它不是启动次生代谢产物合成途径合成的产物。

提高柠檬酸产生能力的方法之一是通过基因突变影响三羧酸循环特异性酶的活性，有利于柠檬酸的积累。已知氟乙酸对顺乌头酸酶有特异性抑制作用，可以设想由于基因突变而使顺乌头酸酶活性下降的菌株对于氟乙酸将更为敏感，只需将经诱发突变的孢子悬液接种普通培养基平板，待长出菌落后影印含一定浓度氟乙酸培养基平板，那些不能生长的菌落便是氟乙酸敏感型菌株，再经复筛，就可得到氟乙酸敏感而又柠檬酸高产的突变型菌株。但是高产柠檬酸菌株还主要是通过常规诱变育种过程得到的。

五、初生代谢产物的分子育种

随着重组体DNA技术和DNA序列分析技术的广泛应用及微生物基因组全序列分析资料的积累，生命科学进入了分子信息学时代，基因工程和代谢工程相结合，使微生物分子育种得到了飞速发展。实际上，所谓分子育种就是基因组学-分子信息学多种新技术在工业微生物育种中的综合应用。

工业上所有利用微生物生产初生代谢产物的菌株经过几十年的诱变筛选，已取得了初步的成功，为分子育种的实施打下了基础。至此，它们的产量虽然不高，但可说是已到极限。进一步提高菌株的产物产生能力，需要更高层次的理论和技术的支撑，那就是基于重组体 DNA 技术和基因组学分析进行的精准定向的分子育种技术。这里不仅需重组体 DNA 技术的应用及代谢工程的数学建模分析，也要有微生物比较代谢途径的研究，因为同一合成途径在不同菌种中的具体反应步骤的酶的活性及代谢途径的调控机制也不尽相同。在分子水平上厘清出发菌种间代谢链的差别，对不同菌种的代谢途径进行代谢途径与代谢流的比较，对我们选用哪一菌种为基础开展工作是重要的，这样才能有的放矢而有效地在分子水平上进行代谢途径改造，最终才能得到初生代谢产物高产菌株。例如，氨基酸分子育种多采用棒杆菌或短杆菌，就是因为与大肠杆菌等相比，它们的调控机制比较松弛（见第五章图4.7和图4.8）。以L-赖氨酸分子育种为例，赖氨酸是天冬氨酸族氨基酸之一，由天冬氨酸为前体合成多种人体必需氨基酸，它们包括赖氨酸、甲硫氨酸、苏氨酸和异亮氨酸，如何通过基因工程方法使菌体内的代谢流集中到提高谷氨酸棒杆菌的L-赖氨酸产生能力呢？采用经典育种方法使野生型谷氨酸棒杆菌的代谢流（以葡萄糖计）由 1.2%增加至 24.9%。此后利用几种不同的分子生物学技术通过基因敲除、定点诱变、瓶颈效应步骤酶相关基因的置换等精确分子育种方法，才得到了现在的谷氨酸棒杆菌高产赖氨酸的工程菌株，简述如下。

（i）删除 PEP 羧激酶、葡萄糖-6-磷酸脱氢酶、苹果酸醌氧化还原酶基因，诱变降低柠檬酸合成酶活性。

（ii）删除丙酮酸脱氢酶基因，增加前体丙酮酸量。

（iii）丙酮酸羧化酶或 DAP 脱氢酶基因过量表达。

（iv）*NCg10855* 基因（编码一种碱基转移酶）和编码氨吸收系统、丙酮酸、鸟氨酸环化脱氨酶及一种未知蛋白的操纵子过量表达，才得到能产生 170g/L 赖氨酸的工程菌株。

不同初生代谢产物分子育种采用的分子生物学技术也不同（表 7.4）。

表 7.4　初生代谢产物菌株改良使用的部分新技术

遗传技术	代谢产物
基因组范围的菌株重建	氨基酸、维生素、有机酸、醇类
代谢工程（包括反向代谢过程）	氨基酸、维生素、有机酸、乙醇、肌苷酸
基因组转录表达分析	核黄素
分子育种（全基因组重排）	乳酸、乙醇

经过系统设计的基因工程和代谢工程方法和技术，才构建成谷氨酸棒杆菌高产赖氨酸的突变型工程菌株。其他氨基酸高产菌株也是采用类似精确分子育种方法获得，这才使初生代谢产物水平得以大大提高（表 7.5）。除了上述初生代谢产物育种需采用重组体 DNA 技术外，采用基因克隆技术对抗生素合成基因簇中的合成酶模块进行组合合成育种，如聚酮类抗生素的合成酶模块间组合和置换，已成为抗生素研究领域的热门方向。已有获得新特性的抗生素的报道。

表 7.5　氨基酸等发酵的产量（Adrio and Demain，2010）

产物	生产量	产物	生产量
氨基酸：		维生素：	
L-丙氨酸	114g/L	生物素	600mg/L
L-精氨酸	96g/L	核黄素	53g/L
L-组氨酸	42g/L	维生素 C	180g/L
L-羟基脯氨酸	41g/L	有机酸：	
L-异亮氨酸	40g/L	乙酸	83g/L
L-亮氨酸	34g/L	乳酸	160～200g/L
L-赖氨酸.HCl	170g/L	莽草酸	50～90g/L
L-苯丙氨酸	51g/L	丁酸	80g/L
L-脯氨酸	100g/L	乙醇	43g/L
L-丝氨酸	65g/L	鸟苷酸/肌苷酸	20g/5g/L
L-苏氨酸	100g/L	其他：	
L-色氨酸	60g/L	氨基葡萄糖	17g/L
L-酪氨酸	55g/L		

此外，据报道工业酶制剂中 70%以上也都按应用领域对不同来源酶的特性做了分子改造，使之成为具耐酸、耐碱或耐高温特性的酶制剂。米曲霉与酵母菌是酿酒工业的搭档菌种，在日本已将米曲霉的糖化酶基因克隆入酿造酵母，可直接用酵母完成酿酒过程。只因口味欠佳，应用受限。

显然，分子育种技术是另一水平的研究工作，与本书介绍的诱变育种和杂交育种虽有交叉，但基本上是两个不同水平的技术，要开展这类育种研究不仅需要有较为深广的现代分子生物学知识和技能，以及从事此类研究的设备，还需要有一个具相应水平的工作团队，按规划持之以恒地工作才能达到预期的成果。

第二节　次生代谢产物高产菌株的诱变育种

现代微生物工业始于 20 世纪 40 年代抗生素工业的兴起，这是抗生素生产具有引人入胜的大发展的时代，同时也正是微生物遗传学大发展的年代。而那时关于抗生素产生菌的遗传学知识，以及抗生素生物合成途径的知识都非常有限，甚至可说为零，除了诱发突变有关的遗传知识外，用于工业抗生素生产菌株改良的遗传学知识多半是借鉴高等生物育种方法和经验。

从历史上看，采用诱发突变方法能使相关菌种的发酵生产能力得到极大提高。遗传分析表明，这种提高产物产量的效果是多基因作用所致。诱发育种中发现至少有三类不同功能的基因涉及代谢产物的产量提高：①编码产物合成的一组结构基因，它们往往成簇定位在染色体上，包括合成途径自身的调节基因和抗自身抗生素的抗性基因；②营养运输、产物透性和分泌的膜蛋白基因及其调控；③控制提供前体和辅助因子运输的调节基因。所有这些与产量提高有关的基因估计超过 300 个。另外，也受到编码起瓶颈作用的酶基因的拷贝数的制约；受到与产物竞争前体的代谢途径的影响，显然这些基因突变都可能对产物产量有影响。这些都是诱变育种中可能发生的对产物产量提高有正变效应的基因。所有这些不同的、作用于代谢产物产生的不同阶段和水平的基因，估计涉及上千基因，这就决定了只有经过多轮的诱变筛选过程，才有可能将分散的正变基因组合到同一菌株的基因组中，最终达到产物产量提高的育种目标。这就是产量性状的诱变育种，这也是能达到此目标的唯一方法。采用基因工程技术或代谢工程方法难以或者不可能解决由多基因控制的产量性状提高的问题。

以青霉素产生菌为例，自青霉素产生菌产黄青霉菌（*P. chrysogenum*）的野生型菌株开始，经 X 射线诱变得到青霉素高产菌株 X-1612 至今已有 70 多年，通过对野生菌株的反复诱变筛选，使青霉素的产量不断提高，初生代谢和次生代谢途径代谢平衡的不断调整，使得能量代谢和物质代谢流向青霉素生物合成途径集中，使得相关基因扩增并增强表达，才得以使其产量逐步提升。当然也不能忽视在此过程中，发酵培养条件和培养基成分也做了诸多相应的调整，甚至带有根本性的改变。

进入生物分子信息时代，有人对现在的青霉素高产菌株与野生型菌株青霉素合成基因簇 DNA 序列进行比较，发现二者已发生了巨大改变：增加了青霉素生物合成基因簇（*pcb*AB、*pcb*C 和 *pen*DE）的拷贝数，高产菌株基因组包含有一个 106.5kb 的扩增区域，它是青霉素合成基因簇的一个重复 5～6 次的串联它；而这个区域在野生型产黄青霉菌（*P. chrysogenum*）NRRL 1951 和 Fleming 的原始菌株点青霉菌（*P. notatum* ATCC 9478）中只有一个拷贝，相信这还只是其基因组改变的一小部分。可见诱变筛选对改变工业菌株基因型所具有的巨大推动力（Diez et al., 1990; Rodrigrez-Saiz et al., 2005）。而这一效果只能通过诱发突变-人工选择过程才能达到，其他方法是无能为力的。虽然看起来诱变育种方法显得有点笨拙，有点繁琐，有点耗时，但是最终达到了使产生菌产物更高产的目的。

提高产量是所有微生物发酵工业工作者的一项基本任务。一个有希望的菌种能不能投产,产物产生能力往往是关键。产物再好,如果生产能力低下,也不能形成占有市场的产品,而如果菌株的生产能力提高了,就可以在设备和人力不变的情况下,使产量成倍增长,成本则成倍降低,从而取得市场竞争优势。例如,20 世纪 70 年代,天津酶制剂厂以短小芽胞杆菌(*B. pumilus*)209 生产用于洗涤剂的碱性蛋白酶,投产时的产酶能力仅 4000 单位/ml,经半年的诱变筛选得到了一个新的高产菌株 1037,其产酶能力达到了 9000 单位/ml,即经半年的诱变育种工作,使菌株生产能力翻番(蒋如璋等,1978)。蛋白酶是一个单基因表达的产物,同样可以通过无定向机制的诱变与定向的选择得到高产菌株。再如,华北制药厂在开始以龟裂链霉菌(*S. rimosus*)生产土霉素时,生产能力仅 3300 单位/ml,经过连续的诱变育种过程,1972 年达到将近 20 000 单位/ml。这充分显示产量性状诱变育种方法的巨大潜力,作者相信单纯采用基因工程方法在短期内使产量提高 6 倍是无法实现的。所以,诱变育种的实质是打破基因组基因表达的平衡,使之达到遗传上再平衡的过程的循环。可见该技术在工业微生物产量改良中,应是优先推荐使用的技术。而基因克隆技术在质量性状育种或精确分子育种上是一项基本技术,这是两个不同水平上的操作技术,那种认为现代分子生物学技术可以取代常规微生物育种技术的看法是一种偏见。

一、次生代谢产物产量正变株的筛选

次生代谢产物的育种过程,总是将注意力集中在产物产量的提高上,因此常被人们称为产量性状育种。产量性状的遗传基础与质量性状不同,它们不是由单一基因或少数基因控制,而是受多功能和多个基因制约的。其中每一个基因发生突变,只是以不同作用方式使产量有所提高(正突变),或有所下降(负突变)。高产菌株是多数作用方向相同的微效基因正向突变共同作用的总和。此外,产量性状的表现极易受环境因素(如培养基成分、培养条件等)的影响,因而,即使测定同一克隆的各分生孢子菌落的产量,所得数值也并非同一,而是在一定范围内围绕平均数波动的一组数据。所以,产量性状诱变育种,不仅筛选方法与单一基因突变的质量性状不同,而且存在一个如何衡量和评价所得数据,并从中进行正确判断,确定筛选出的菌株确为正变菌株的问题。

1. 产量性状变异性的衡量

要改进一个菌种的产量性状,首先要解决如何对相关性状进行度量,只有掌握了有关产量性状的数据资料之后,我们才能心中有数地开展工作,这就需要对相关产量性状作一些基本统计学方法的描述和分析。

1)平均数

平均数是相关群体的数量性状测量结果的一个重要描述指标。例如,当我们要对生产一种抗生素的出发菌株的不同分离子,进行单菌落培养并分别测定它们的生产能力时，我们会得到一组独立的数字。将所测得的数字相加，再除以被测定的分离子数，所得数值即为该数量性状的平均数（$\bar{x}$）。平均数是相关性状的特征性数值。它代表这个菌株的产量性状的遗传特性：

$$\bar{x} = \frac{X_1 + X_2 + X_3 + \cdots + X_n}{N} = \frac{\sum X}{N}$$

式中，$\bar{x}$ 为平均数；X_1，$X_2 \cdots X_n$ 为各分离子测定值；$\sum$ 表示相加（和）；N 为所测定的分离子数。

2）标准偏差

$\bar{x}$ 表示被测群体的平均数，而对数据的分布情况却一无所知。在实践中，我们所关心的不仅是平均数，还要了解所测样本的各个体围绕平均数的分布情况。这就必须用另一统计学数值——标准偏差来衡量，其计算方法为

$$\sigma_x = \sqrt{\frac{\left(X_1 - \bar{X}\right)^2 + \left(X_2 - \bar{X}\right)^2 + \left(X_3 - \bar{X}\right)^2 + \cdots + \left(X_n - \bar{X}\right)^2}{N-1}} = \sqrt{\frac{\sum\left(X - \bar{X}\right)^2}{N-1}}$$

式中，σ_x=标准偏差；N–1 为自由度，当 N>30 时，则可直接用 N，而不必用 N–1。

3）正态分布曲线及其与平均数和标准偏差的关系

如果我们考察一组数量性状的测定数据，并将它们由低到高排列起来，如果测定的分离子数足够多的话，你会发现它们是由低至高的连续变化的一组数值，越接近最低或最高值，出现的个体数越少，而在围绕平均数 $\bar{x}$ 左右出现的个体数最多，如果以平均数 $\bar{x}$ 为原点（O），由低向高将所有测定值的柱状体连起来，便会呈现一条钟形曲线。如果取样是随机的，那么就应得到如图 7.10 所示形态的钟形曲线。这就是统计学上的正态分布曲线。

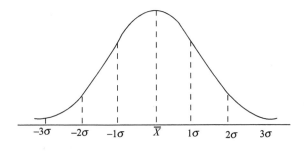

图 7.10　正态分布曲线。$\bar{x}$ 为中心点，有时也以 X_0 表示；落在距中心点±1σ 范围内的测定个体数，在理论上应占 68%；±2σ 范围内的占 95%；±3σ 范围内的占 99.7%

正态分布曲线具有如下几个特点：①它是两侧对称的。表现为近 $\bar{x}$ 的菌株数最多，而两侧依次减少；②若用标准偏差为尺度来衡量，那么 $\bar{x}$±σ 范围内包含 62.28%的被测个体数；而 $\bar{x}$±2σ 范围内的被测个体数为 95.46%；$\bar{x}$±3σ 的范围内包含 99.73%的被

测菌株，这也就是统计学上，判断两组被测定群体之间差异是否显著，为何以将 5%（$\bar{x} \pm 1.96\sigma$）和 1%（$\bar{x} \pm 2.5758\sigma$）水平为准判断差异显著性的依据，统计学上将 5%（$\bar{x} \pm 1.96\sigma$）定义为观察值与原群体数值间有显著差异；将 1%（$\bar{x} \pm 2.5758\sigma$）定义为有十分显著差异的依据。

4）标准偏差是判断正负变株的尺度

前面已经指出诱变剂的作用并不直接表现为提高产量，而只是扩大变异范围，为正变菌株筛选提供了可能性。即当比较诱变后的分离子群体和原菌株的分离子群体的测量数据时，二者的 $\bar{x}$ 通常是相同的，但标准偏差 σ 值增大了。这时，我们如何判断一个突变型菌株的产量确有提高呢？是否可以将所有大于 $\bar{x}$ 的菌株都算作正变株，反之则算作负变株呢？当然不是这样。统计学上，一般公认以 5% 的概率为判断标准，即若变异超出 $\bar{x} \pm 2\sigma$，表示测定值与群体之间有可怀疑的大差异；而 1% 的概率，可以认为测定值与群体之间存在真正差异的依据。因此，可以认为正变株应包含大于 $\bar{x} + 2\sigma$ 的全部菌株；而负变株应包括小于 $\bar{x} - 2\sigma$ 的全部菌株。当然，若以 $\bar{x} + 3\sigma$ 作为判断标准更为可靠，但考虑到数量性状的多基因控制极易受环境影响，因而表现出大的波动性，所以一般还是以 $\bar{x} + 2\sigma$ 为宜。

而实践中即使以 $\bar{x} + 2\sigma$ 为判断标准，人们会发现，当用于低产菌株育种时这个标准是大致可行的，当用于高产菌株诱变筛选时，达到这个标准仍有困难。因为要通过一次诱发突变，能筛选得到产量高于 $\bar{x} + 2\sigma$ 的正变菌株，那是很难得的。因而，实践中常采用两个标准来判断是否为正变株：根据产量提高的百分数 $(X - \bar{x}) / \bar{x} \times 100$，以及在重复筛选过程中，性状表现出的传代稳定性两个指标来判断。通常一个筛选周期只能提高 10%～20%。

2. 产量性状育种工作的部署问题

因为高产菌株与其他菌株间在形态和生长势上一般并无可见差别，所以产量性状的筛选只能采取模拟发酵罐条件来观察诱变后各分离子的产物产生能力，这就决定了筛选工作必定是繁琐而又费时费力的，所以在开始工作前，一定有一个工作量与工作效果之间的权衡问题，也就是说要有一个合理的工作部署，才能保证在力所能及的工作量范围内，达到预期的目的，保证有较高的工作效率。

由于产量性状表现有如下特点：①不同分离子的产量高低并无可见表型表现；②产量提高是渐进式的；③产量性状表现型易受环境条件影响。因此，要测定一个菌株的生产性能，只能模拟实际发酵过程，通过在严格控制的条件下的单株发酵试验，并分别进行产量测定，才能确定各分离子的优劣。这样看来，在一次诱发突变之后，挑取的单孢子菌落越多，从中选得高产菌株的概率也越高。但是，由于人力物力的限制，只能挑取一定数量的单孢子菌落进行筛选。此外，一个好的育种计划，既应考虑近期产量的提高，也要兼顾将来进一步提高产量的潜力两个方面。所以，究竟采取什么样的工作部署和筛选方案，对提高工作效率至关重要。下面将对此一一讨论。

1）测定多少单细胞分离子菌落为宜

一次诱变后，挑取多少单株进行摇瓶筛选，这取决于正变菌株出现的频度。假如正变概率为 0.1%，那么即使测定 1000 个分离子，选出高产菌株的概率也只有 63%，仍很有可能漏选正变菌株；而如果诱变后正变菌株出现概率为 1%，那么测定 300 个菌株，得到正变株的概率就达到 95%，应有把握地说测定 300 个单株，应可筛选到至少一个正变株；而这时如果测定 1000 个分离子，预期可以得到 10 个以上高产株，这样的安排如何呢？这就肯定做无用功了，不仅工作量不允许，而且也没有必要。因为产量性状的改进是渐进式的，一次得到 10 个正变株，与在一次诱变后，得到一个正变株，按理不会有大的区别。而在实际操作上，以挑取 200～300 个单株为宜。如果正变株出现概率为 2%，则只需挑取 100～150 个单株就行了（表 7.6）。由此可见，通过诱变剂和剂量的选择提高诱发突变率是多么重要，只有诱发突变率较高，才可达到事半功倍的效果。

表 7.6　正突变频度、样本大小和正变株选出的概率

样本大小（n）	至少选出一个正变株的概率/%			
正变概率（a）：	0.1	1.0	1.5	2.0
50	4.9	39.4	53.7	63.2
80	7.7	55.1	69.9	79.8
100	9.5	63.2	77.7	86.5
150	13.9	77.7	89.5	95.0
200	18.1	86.5	95.0	98.2
250	22.1	91.8	97.6	99.3
300	25.9	95.0	98.9	99.8
500	39.4	99.3	99.9	—
1000	63.2	99.9	—	—
2000	86.5	—	—	—
3000	95.0	—	—	—

2）采用三级筛选模式

在被诱变剂处理过的细胞群体中，一个真正的正变菌株，由于种种原因，往往不能一次检测就能确认，这是因为筛选过程中，不仅要考虑菌株产生产物的当前水平，而且要考虑到正变菌株高产性状的遗传稳定性，所以要采用多级筛选模型，并每次都要经传代后，再进行二级或三级筛选。在初筛（一级筛选）时，由于工作量的关系，测定的菌株数是主要矛盾，而测定的准确性是次要矛盾，所以，一级筛选时，一个菌株只接种一个摇瓶进行发酵测定；二级筛选（复筛）就不一样了，需由初筛中菌株保留若干高产菌株作复筛，那么保留多少菌株进行复筛为宜呢？最适宜数目，应由计划最终保留的菌株数而定。按经验，可由初筛菌株数与最终计划选取的正变菌株数的乘积的几何平均数而定。例如，初筛时挑取 200 个单株，终筛后计划选取两个高产菌株，则在初筛后，留作复筛的菌株数应为 $\sqrt{200 \times 2}$ =20 株；若要选取 3 株，则应由初筛中挑选出 25 株进行复筛。注意在每次复筛前都要转接斜面传代，以考查其性状的遗传稳

定性。

　　复筛时，由于测定的准确性上升为矛盾的主要方面，因此，每个菌株应接种 3～5 只摇瓶进行发酵测定。并在各级筛选时，都应接 5～10 瓶出发菌株作为对照。最后选得的菌株应进行菌种保藏。

　　根据计算机模拟试验的结果，一级筛选模式只适用于试验误差很小，而高产突变率高的情况；二级筛选模式适宜于广泛的突变分布；三级筛选模式适宜于有回复突变的情况。诱变育种的一般程序如图 7.11 所示。

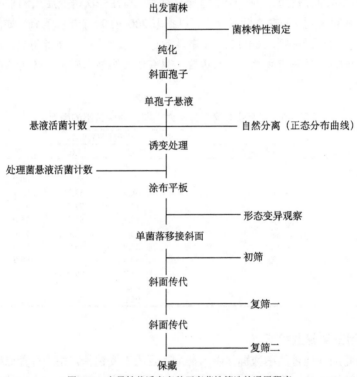

图 7.11　产量性状诱变育种正变菌株筛选的通用程序

3）采用什么样的育种模型

　　早期育种实践中采用单株筛选模型，以单一菌株为诱变育种出发菌株，经筛选周期后保留一个单一的高产菌株，并由此进入第二个筛选周期，如此循环往复地进行。但是在育种实践中常会遇到这样的情况，经过多次诱变育种筛选过程得到的高产菌株，进一步提高产量变得很困难；而另一些菌株虽然产量并不太高，但进一步提高的潜力却比较大。这反映了在诱变筛选过程中，不同高产菌株的遗传背景有明显的差异。而一个好的筛选模型不仅要考虑到当前被选菌株的产量高低，也要考虑到未来继续提高产量的潜力，而工作量应在力所能及的范围以内，于是，将诱变筛选模型做了如下改变（图 7.12）：由出发菌株经诱变处理后，挑取 200 个单孢子菌落，通过筛选得到 5

个高产菌株。然后，将这 5 个菌株作为 5 个株系分别作诱变处理，并各挑取 40 个单孢子菌落进行初筛，总共还是 200 菌株。经过初筛、复筛，最终又选出 5 个高产菌株，如此循环往复，此为多菌株筛选模型。第二轮筛选后是否一定要分别延续上一轮的 5 个株系的高产子代继续工作，即是否总是由原先的 5 个株系，经诱变筛选后，各保留 1 个高产菌株继续筛选过程呢？回答是：未必。这个过程应该是动态的。要看各出发菌株后来的表型表现，根据各个株系诱变后的变异范围而定。若其中某一出发株系变异范围很小，也无高产菌株出现，则该株系将予以淘汰，可从其他表现型变异范围广，而又有高产菌株出现的那个株系中增选补充。如此循环往复地进行。

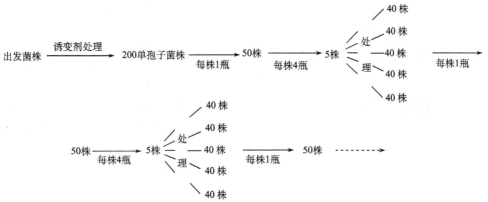

图 7.12　产量性状育种的多菌株诱变突变筛选模型（微生物育种学术讨论会，1974）

　　这个筛选模型的优点就在于，已知数量性状是多个微效基因共同作用的结果，经过诱变处理后突变发生又是随机的，所以经诱变处理后筛选出来的 5 个高产菌株的遗传基础显然是不同的，针对这 5 个菌株进行诱变，自然就是针对 5 个不同的遗传背景的菌株工作，形成 5 个遗传上异质性的群体，这就不会如同过去的单一出发菌株循环筛选的老模式那样，因遗传背景单一，而易失去进一步变异的潜力，从而避免了菌株容易出现变异枯竭现象，从而会有更多机会获得正变株。另外，在每个诱变周期，对各单株诱变发生也可采用不同作用机制的诱变剂处理，预期这样可能效果会更好。

4）怎样提高初筛效率

　　产量性状突变型的筛选，一般采用在最佳培养条件下，进行摇瓶发酵测定各菌株的产物产生能力。优点是比较可靠，缺点显然是操作繁琐、工作量大和时间长。为了解决这一矛盾，许多实验室设计了多种不同方法，力图在摇瓶筛选前，在平板上进行初筛。例如，在柠檬酸生产菌黑曲霉（A. niger）的诱变育种中，有人采用接种试纸片法，在平板培养基中加入溴甲酚绿，培养后，根据菌落直径与指示剂变色圈直径的比值进行初筛；在蛋白酶产生菌大豆曲霉（A. sojae）中，有人根据在酪蛋白半固体培养基上，出现的透明水解圈的直径与菌落直径的比值进行初筛；在头孢霉素生产菌（Cephalosporium sp.）中，有人根据菌落直径与抑菌圈直径的比值进行初筛。在这些工作中，比值大小往往表现出与摇瓶产量有一定相关性，从而提高了初筛效率，减少了摇瓶筛选的工作量。

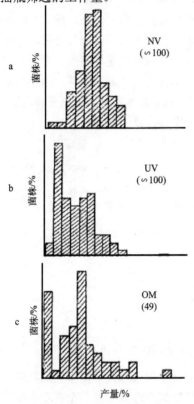

图7.13　金霉素生产菌的摇瓶发酵产量分布（Dulany and Dlany, 1967）。a. 未经处理，随机挑取菌落；b. 经紫外线处理，随机挑取菌落；c. 经紫外线处理，根据抑菌圈大小挑取菌落

曾有人在金霉素产生菌（*S. viridifaciens*）的育种中，比较过在三种情况下，菌落的摇瓶产量分布：①不经诱变处理，随机挑取菌落；②紫外线诱变处理，随机挑取菌落；③紫外线诱变处理后，根据抑菌圈大小挑取菌落，结果见图 7.13。可见，根据抑菌圈大小进行初筛的效果是显著的。

后来，也有人为了排除在平板上生长的菌落之间的干扰，又对平板初筛法做了改进，方法是先将涂布菌的平板在温箱内培养一定时间，待刚刚长出可见菌落时，用打孔器将菌落连同小块琼脂培养基取出，移至另一培养皿内，继续培养 4～5 天，这样各菌落所分泌的抗生素都在各自的小琼脂块内，然后再将它们移至铺有检测菌（敏感菌）的大盘内，恒温培养 17～18h 后，测量抑菌圈大小，挑取抑菌圈大的菌落转接斜面，进行摇瓶筛选。此法在春日霉素产生菌（*S. kasugaensis*）的高产菌株的诱变筛选中取得较好的效果。以上说明，采用适当指标进行平板初筛可以提高筛选效率。

3. 按常规方法筛选时工作效果不佳怎么办？

要进一步提高高产菌株产量往往比较困难，推测原因为：经过多次诱变筛选，使得所选出的高产菌株基因型的正变基因趋于平衡稳定，新出现的突变都将因破坏原有平衡而表现为低产；或因连续多次使用同一种诱变剂，而表现遗传变异枯竭现象；还有一种可能是环境背景单一，不适于新的高产突变型菌株的表型表达。针对这些可能性，可采取相应措施以提高高产菌株的育种效果。

1）改变环境背景

对于高产菌株来说，改变环境背景有两方面的含义。第一是通过改变环境背景，挖掘遗传变异的潜力。例如，青霉素高产菌株的筛选工作一直是在含有侧链前体的培养基中进行，而实际上青霉素产量的提高，一方面依赖 6-氨基青霉烷酸的合成能力，而另一方面依赖于前体与 6-氨基青霉烷酸结合形成青霉素的能力。长期在含前体的培养基中筛选的结果是从遗传基础上大大提高了后一种能力，而几乎使之达到了饱和的程度，以至于如果继续这样筛选收效甚微。这时如果采用不加前体的培养基，对前一种能力进行筛选，可能会收到更好的效果（图 7.14）。由正态分布图可见，在加前体的条件下，经诱变后钟形曲线偏向负变方向，正变方向全不显诱变效果；而在不加侧链前体的情况下，显现明显的诱发突变的正变效应。

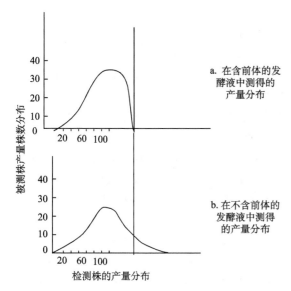

a. 在含前体的发酵液中测得的产量分布

b. 在不含前体的发酵液中测得的产量分布

图 7.14　在不同筛选条件下青霉素产量分布（Alikhanian，1962）。a. 乙酰亚胺处理后在含前体的培养基中测定的产量分布；b. 同样处理在不含前体的培养基培养测定的产量分布

改变环境背景的第二个含义是要创造更适宜的发酵培养条件，使高产菌株的高产能力充分表达出来。一个消耗大量营养的菌株未必是高产菌株，但一个高产菌株必定比低产菌株要消耗更多的营养。所以，在诱变育种过程中，对产量不相上下的高产菌株，不仅要比较它们的产量，而且要测定它们的营养消耗情况。例如，两个菌株发酵生产能力相近，或一个略低于另一个，但发酵产量较高者，在发酵终了还剩余较多的营养，而略低者营养已耗尽，这说明如果提供足够的营养，后者的产量还可能更高。华北制药厂在土霉素产生菌龟裂链霉菌的高产菌株育种中，就提供了这样的例子。随着土霉素产量的提高，相应地，培养基也不断地加以改变，摇瓶培养基中，糖由原来的 6%提高到 7%、9%直至 11%；硫酸铵量由 0.7%提高到 0.9%，直至 1.2%。把花生饼粉改为黄豆饼粉，摇床转速也由原来的 200r/min，增加到230r/min，在这样改变相应发酵条件的情况下，才选出了更高产的菌株。由这个例子也可以看到内因（遗传性）与外因（生长发育环境）之间的辩证关系。只有分析矛盾，把握矛盾的转化，避免形而上学地只把眼光集中在基因型改变上，才能使育种工作做得有声有色更有成效。其实这是普遍适用的工作方案，在育种过程中，对选出的高产菌株总是需要探索改变培养基中的营养因素，以应对经诱变后得到的高产菌株基因型的新的反应范围。

　　此外，我们在诱发突变研究中，往往以最为直接的突变效应来命名和考查其突变效应，但是实际上单一基因突变对菌株的影响并非是一因一效，实际上多半是一因多效。认识这一点很重要，经常是看上去某一基因似乎与我们研究的目标性状改进无关，而实际上却是相关联的。所以在改变遗传背景的诱变实验设计中应打破思维的局限性，要以敏锐的目光和思维观察并思考育种过程中出现的每个现象。

2）改变遗传背景

　　生物的变异性受遗传特性的控制，因此在育种过程中，出发菌株的选择和遗传背景都应在育种计划中予以考虑。在这方面有很多实例，有些野生型生产菌株，起初不易发生突变，而一旦发生一次大幅度的正突变以后，原菌株的遗传稳定性被打破，易出现高频度正向突变。这在青霉素产生菌的育种中有过报道。

　　引入形态变异：经过多次诱变筛选后，有时候出现遗传变异枯竭现象。这时引进一个明显的形态变异，如产孢子或色素形成能力等涉及全局性调控控制的遗传性变异，能使抗生素产生能力变异性显著恢复，从而提高育种效果。例如，华北制药厂在金霉素产生菌金褐链霉菌（*S. aureofuscus*）育种工作中，通过紫外线诱变得到一个高产菌株 2u-84，再经紫外线诱变处理，得到一个分泌黄色素的形态变异株，其产量只有 2u-84 菌株的 60%，但从这一菌株出发，不论是用紫外线或乙烯亚胺作为诱变剂处理，都可得到两类菌株：凡黄色加深者，产量都更低；凡是失去产黄色素能力者，产量都高于 2u-84 菌株，而且继续处理时，产量还能提高。所以，在诱变筛选过程中，有时需考虑更新遗传背景，引进一个表现型明显改变的突变，打破现有高产菌株内已建立起来的平衡状态，促使因多次诱变筛选而趋于稳定化或变异枯竭的菌株重新获得变异能力。这就是通过引进适当的质量性状突变，挖掘产量性状变异的新潜力。

　　抗代谢拮抗物突变：抗代谢拮抗物突变型的筛选操作简单，而突变型往往表现为反馈调控机制的缺陷。代谢拮抗物包括各种氨基酸、碱基和抗生素合成途径的前体化合物等。我们可以根据对次生代谢产物的合成前体的分析，有目标地选用拮抗物，筛选其抗性突变型。有些初生代谢产物拮抗突变型与合成途径反馈调控有关，有助于相关次生代谢产物的合成。常用于育种筛选计划的拮抗物如第四章表 4.1 所示。

　　另外一些营养缺陷型的回复突变也有助于次生代谢产物的提高。

　　筛选抗生素抗性突变型：微生物抗生素生物合成基因往往成簇排列成为一个协同表达的单位，接受同一调节基因调控，在基因簇中也包含有抗自身抗生素抗性的机制，所以提高抗自身抗生素能力的突变型，可提高抗生素产生能力。在赤霉菌（*Gibberella*）中诱变筛选抗高浓度氯霉素突变型，获得高产赤霉素突变型菌株；黄柄曲霉（*A. flavipes*）的抗自身抗生素突变型能大大提高自身抗生素产生能力。可见，在诱变育种过程中，有时可以穿插使用抗生素抗性突变型，来定向提高菌株的抗生素产生能力[5]。

　　改变遗传背景的其他方法：①产生抗生素菌种的育种过程中，有时会发现不产生抗生素的无活性突变型，它们往往与初生代谢途径基因缺陷或调节基因突变有关，对这种无活性菌株进行诱变，不难筛选到回复子，又恢复了产生抗生素的能力，这种能力可能并不是很高，但若以它为出发菌株进行诱变育种，可能得到不错的结果。②无孢子突变型（光秃型，Bld），在链霉菌中这是因基因突变失去由基生菌丝分化形成气生菌丝能力的突变型，它们是无抗生素活性的菌株，这是全局性调节基因突变型中的一种，影响了链霉菌的发育分化机制，因为次生代谢产物的产生是与链霉菌的分化期相关联的，所以同时也成为无活性突变型。现在已知它是一个 tRNA 突变型，起着全局性的调节功能，这也是这类高（G+C）mol%菌种特有的现象，其回复子中同样可能筛选得到产生抗生素的回复子。

二、遗传工程菌株的诱变育种

20 世纪 70 年代后，生命科学以基因克隆和原生质体融合技术的出现为标志，迈入了生物信息学时代，出现的两个突破性的进展，其一是基因克隆在分子水平上证明了生命起源的同一性和统一性。重组体 DNA 技术打破生物物种的界限，将不同来源的结构基因或一组基因克隆到一个与之本无亲缘关系或亲缘关系极远的、作为基因表达平台的受体细胞中并得到表达。例如，将人类基因克隆入大肠杆菌，使之产生具有高附加值的生物制品，如胰岛素、多种细胞因子等生物制品，发展成方兴未艾的新兴生物产业。自 1995 年完成流感嗜血杆菌（H. influenzae）基因组测序后，至今已完成了包括人类基因组 DNA 序列在内的上千种生物基因组 DNA 序列分析，使 21 世纪真正进入了后基因组时代，或称为生物分子信息学时代，人类对生命现象的本质和生命过程，以及生物界物种间的依存性关系都有了更深的理解。

其二是原生质体融合技术的开发和应用。原生质体融合在细胞水平上打破了物种界限，为分子生物学、医学和遗传及育种研究提供了新方法，使微生物杂交育种的实际应用成为现实。基因克隆和原生质体融合，这两个水平上的技术构成现今分子生物学发展的两个支撑点。

1. 遗传工程菌株还需要诱变育种吗？

答案是肯定的。尽管致力于分析的分子生物学，完成了人类及众多生物基因组的序列测定和分子信息解读，对生物的遗传物质基础、生物代谢过程等基础理论有了更为深入的了解和认知，使生物学家在改造和利用生物资源方面获得了前所未有的自由，但是在综合研究方面仍远远不能算对生命现象已经有了全面的了解和掌控能力。人类仍然不可以对生物系统为所欲为，不可以按人们的目的随意改变一种生物，哪怕是原核生物。我们不可忽略的一个基本点，那就是每个物种都是经历亿万年进化来的相对独立而稳定的生命系统，在生命系统内的一切代谢活动都处于精确的综合平衡状态，虽然人们对生物的基因表达、代谢途径及其调控作用的机制、生活周期不同阶段的转换等已有相当深度的了解，但生命活动在新陈代谢过程中，成百上千的代谢途径和代谢反应是如何整合达到如此"天衣无缝"，与其生存的环境条件之间如此地统一和协调，对这些深层次的细胞内的基础生命过程仍然知之甚少，或者可以说还很肤浅。因为从 DNA 序列分析无法解读这些问题，生物信息学至今也难以解读生命现象中的这些错综复杂的反应是如何整合和协调的。所以我们还不能按人的主观愿望，采用精确的操作轻易地改变一种生物，如提高代谢产物产量。正因为这种不确定性，决定了我们仍然要有一种具体作用于多个"未知靶点"而确有成效的技术，以完整生物细胞为"靶"，使之发生不确定的改变，再经人工定向选择符合我们需求的生物特性的技术，使之适合人类生活生产的需求，这种技术即诱变-杂交-人工选择，就是常规育种。它们看上去很是古老，却是行之有效而现时又无可取代的育种技术。须知现时用于工农业生产的 99% 的良种都是上千年传统育种的成果，如袁隆平的亩产千斤的杂交水稻，也只能采用常规育种技术才能育成。而且所谓的常规育种技术，也在与时俱进，已融合了许多分子生物学新技术，包括重组体 DNA 技术、转座子克隆技术和原生质体融合技术等。预期在未来菌种改良方面，尤其是工业微生物产物产生能力的改进，仍将以常规育种技术为主导。

在后基因组时代，工业微生物的改良所使用的常规的生物技术——诱发突变和杂交育种的作用估计仍将占 95% 以上，它们仍是未来不可缺少的通用育种技术，包括用于通过基因克隆和代谢工程构建的菌株。因为诱变剂处理是针对被处理生物的完整细胞，基因一旦发生突变，会影响生物个体的体内代谢平衡，通过筛选程序不难重新得到遗传上稳定的菌株，达到阶段性育种目标，因此基因克隆和代谢工程构建的工程菌株，应与非基因克隆菌株一样，通过诱发突变提高被克隆基因产物的生产能力，通过变异和筛选，"调动"工程菌株基因组的多重活性，推动克隆基因表达水平的提高。只要被克隆的基因插入宿主染色体并稳定传代，该技术便具可行性。所以如果操作得当，二者不仅是密不可分相辅相成，而且将大大加速基因工程菌株的产品产生能力提高，达到生产应用的目标。

2. 遗传工程菌的诱变育种的可行性分析

先举一个非工程菌育种的例子。在工业生产上芽胞杆菌蛋白酶和淀粉酶都是单基因编码的产物，但在生产上一直采用与产量性状育种相同的过程进行诱变筛选，已取得极佳效果。例如，人们曾以紫外线和 EMS 为诱变剂对短小芽胞杆菌诱变，经历三个诱变筛选周期得到生产能力翻番的碱性蛋白酶产生菌株（蒋如璋等，1978）；类似的例子还有淀粉酶生产菌株淀粉液化芽胞杆菌的诱变育种。要说明的是，这里所说的测量酶活性的单位是生产上用的单位。可见，酶制剂虽是单基因编码的产物，但是可以通过诱变"调动"细菌基因组的所有基因，按人为"设定"的方向协同动作，使原本表达水平不高的基因产物的产量成倍地提高。所以若按本章介绍的产量性状诱变育种的方法和过程，采用同样的方法和程序，定可用于单基因编码的被克隆基因产物提高产量的育种工作。事实上，国内已有工程菌株诱变育种的文献报道。戴剑漉等（2009）采用微波辐射为诱变因子对必特螺旋霉素（生枝霉素）基因工程菌（*S. spiramyceticus*），采用 2450MHz 的 800W 微波炉诱变，筛选得 NBT-UM22 菌株，其发酵产量比出发菌株提高 1.87 倍，就是一个实例，尽管所采用的并非常用诱变方法。国外也有这方面的报道。现在之所以工程菌株育种的报道还不多，主要是因为现在的大学教育过分地加强了分子生物学知识和技术的教育和训练，缺失常规育种的原理和方法的课程，使许多从事分子生物学的研究人员对常规育种技术不够重视，以及相关知识不足。相信未来会见到更多克隆菌株育种的报道。

　　总之，微生物常规育种工作者，需要综合运用微生物学、微生物遗传学和分子生物学知识武装自己，对相关的理论理解越深、掌握越好，思路就会越清晰敏捷。产量性状育种既是应用遗传学，也需要规划设计和付诸实施的灵活性和技巧，这是它的技艺性的一面了。此外，自然界一切生物的遗传性变异都来自基因突变和遗传重组，以上侧重介绍了如何利用基因突变和人工筛选提高代谢产物产量，并未介绍利用基因重组机制提高产量的方法，而一个具有开创性的育种计划，应该是由诱变育种与杂交育种两个部分组成，这些将在本书后续章节介绍。

参 考 文 献

戴菲, 李瑾, 黄运红, 等. 2011. 抗性筛选在抗生素高产菌筛选中的应用. 安徽农业科学, 39: 7248-7249.

戴剑漉, 李瑞芬, 武临专, 等. 2009. 新一代必特螺旋霉素基因工程菌的微波诱变. 中国抗生素杂志, 34: 406-411.

蒋如璋, 李志新, 舒威. 1978. 短小芽胞杆菌 209 的高产菌株的选育. 南开大学学报(自然科学版), 2: 88.

盛祖嘉. 2007. 微生物遗传学. 3 版. 北京: 科学出版社.

微生物育种学术讨论会. 1974. 微生物育种学术讨论会文集. 北京: 科学出版社.

Adrio JL, Demain AL. 2010. Recombinant organisms for production of industrial products. Bioengineered Bugs, 1: 2, 116-131.

Alikhanian SI. 1962. Induced mutagenesis in the delection of microorganisms. Adv Appl Microbiol, 4: 1.

Davies OL. 1964. Screening for improved mutants in antibiotic research. Biometrics, 20: 576.

Diez B, Gutierrez S, Barredo JL, et al. 1990. The cluster of penicillin biosynthetic genes. J Biolog Chem, 265: 16358-16365.

Dulany EL, Dlany DD. 1967. Mutant populations of *Streptomyces viridifaciens*. Trans N Y Acad Sci, 29: 782.

Perry JJ, Staley JT. 1997. Mycrobiology: Dynamics and Diversity. New York: Saunders College Publishing, Harcourt Brace college Publishers.

Rodrigrez-Saiz M, Deiz B, Barredo JL. 2005. Why did the Fleming strain fail in penicillin industry? Fungal Genet Biol, 42: 464-470.

Sermonti G. 1969. Genetics of antibiotic-producing microbiology. London, New York , Sydney, Toronto: Wiley-Interscience, a division of John Wiley and Sons Ltd.

Tanaka Y, Komatsu M, Okamoto S, et al. 2009. Antibiotic overproduction by rpsL and rsmG of various Actnomycetes. Appl Envir Microbiolo, 75: 4919-4922.

第八章　噬菌体与生物控制

　　细菌噬菌体（bacteriophage），简称噬菌体（phage），或称为细菌病毒，与宿主共同分布在土壤和动植物生长的环境中；而其另一个密度最高的自然生境是海洋。它们的多样性一方面与宿主的多样性相对应，另一方面也与其与宿主间动态适应和共进化相关。因为当噬菌体感染宿主时，总是遭遇到宿主抗性机制的限制，而面对这样的选择压力，它们总是要"想方设法"地突破这些限制机制，必须具有高度遗传性变异的能力，而这也正是遗传物质所赋予的特性。

　　在自然界的不同生境，存在着宿主菌类群和相应的庞大的噬菌体类群，它们感染宿主菌并繁殖自己，同时也常携带宿主菌基因横向转移，二者之间互作成为共进化的基础，在生态上噬菌体群体在微生物进化中起着十分重要的作用。

　　噬菌体是细菌病毒，它们感染宿主菌并操纵宿主生物合成机器复制繁殖自己，裂解宿主菌并释放出上百的噬菌体粒子，完成它们的生活周期。如果说细菌是具独立生活能力的生物个体，那么噬菌体就是一个复杂的生物分子复合体。噬菌体的基本结构是由蛋白质包裹的 DNA 或 RNA 基因组装配形成的病毒粒子，它可以游离在胞外环境中，一旦遇到适合的宿主便再次感染，利用宿主的代谢机器繁殖自己；也可潜伏在宿主体内，与宿主基因组共存，使宿主转变为溶源性菌株。噬菌体的基因组大小及形态结构的复杂性随种类不同有很大区别，在形态上可以是线状、球状、立体多角形等。差不多所有原核生物种都有各自的噬菌体种群，而且凡经过深入研究过的物种都能被一种以上的噬菌体感染。例如，以深入研究过的大肠杆菌为宿主已分离出了不少于 20 种噬菌体，它们的基因组有单链 RNA 的（如 Qβ 噬菌体）、单链 DNA 的（如 M13、ΦX174）、双链 DNA 的（如噬菌体 λ、Φ80、P1、P2、P4、P22 及 T-系列噬菌体等）。

　　关于噬菌体起源问题至今仍是个不解之谜，推测在地球上还是在有原核生物的远古时期，就有噬菌体感染细菌，而到真核生物出现，它们也是病毒攻击的对象。有三种主要理论推测病毒的起源：①起源于原生汤（primordial soup）并与较为复杂的生命形式共进化产生；②是一类源于自由生活的生物，通过感染和寄生于其他生命形式而逐渐失去其自主生存功能——即退行进化说；③病毒是"逃逸的"（escaped）核酸，不再受细胞的束缚——此即逃逸基因理论。三者孰是孰非已无从考证。

　　此外，也正因为噬菌体体制简单，简单到只通过核酸转移而控制宿主的代谢过程为其繁衍"服务"，从而成为绝佳的分子生物学研究材料，在证明遗传物质是核酸和代谢的调控机制的研究上，它们都曾起过极为重要的作用。

第一节 噬菌体及其生活周期

遗传与代谢是生物物种延续的基础，是生命现象不同于非生命的本质。具有这种能力的最小单位是细胞。就单细胞生物来说，一个细胞（如大肠杆菌）就是一个生命体系（life system），可利用环境因子自主合成各种组成自身的大分子化合物，实现细胞的生长繁殖。

病毒和噬菌体与具细胞形态的生物不同之处在于，它们自身没有生物生命活动所必需的代谢机制，而只具有反向控制宿主代谢机制进行自我复制的被蛋白质包裹着的核酸——DNA 或 RNA。每个病毒粒子（nucleocapsid）都由核酸和蛋白质衣壳（capsid）组成。所以严格说来它们只是一类生物大分子聚合体，属非细胞生物。以大肠杆菌噬菌体 T4 为例，它是具多角形的内含其基因组的头部和与颈部及尾部结构连接的病毒粒子。T4 噬菌体的尾部结构相当复杂，中央是尾轴，外面包裹着

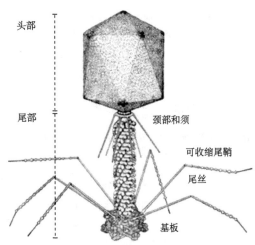

图 8.1 噬菌体 T4 的三维模式结构（Miller et al., 2003）

可以伸缩的蛋白质鞘，尾部下端为 6 根长长的尾丝，与带有 6 个钉状突起的基板相接。尾部担负着与宿主细胞表面受体分子识别感染宿主细胞的互作功能，尾部钉状突起吸着于宿主表面，将细胞壁局部水解，将其基因组注入宿主细胞内（图 8.1）。

一、烈性噬菌体和温和性噬菌体

噬菌体自身并无自主代谢能力，不能独立复制自己，它们的代谢、繁殖和生命现象全都依赖于其宿主的代谢机器。它们一旦感染宿主，便可依靠其基因组编码的蛋白质反向控制宿主的代谢机器，驾驭宿主细胞的合成代谢过程，为它合成蛋白质、复制基因组、按噬菌体的遗传指令组装成其固有形态的噬菌体颗粒，并最终使细胞裂解而释放到胞外，完成噬菌体的生命周期。

噬菌体的繁殖与宿主细胞一分为二成为两个子细胞的过程全然不同，它要经历感染（包括吸附和核酸注入宿主细胞）、遗传物质的转录和复制、衣壳蛋白的合成、噬菌体颗粒的组装和成熟噬菌体释放几个相继步骤。所以，宿主被噬菌体感染后，发生的过程并非如同细胞分裂那样的一分为二、二分为四的繁殖过程，只有在宿主细胞中完成核酸复制、头部和尾部蛋白合成和组装后，才出现可见形态的病毒粒子。所以，

从噬菌体感染至具噬菌体形态的病毒粒子出现之前，这个时期被命名为晦暗期或潜伏期（latent period），此时，菌体内并不见有噬菌体形态的噬菌体颗粒存在。完成噬菌体颗粒组装之后，在噬菌体裂解酶的作用下，使宿主细胞裂解，才释放出几十至上百的病毒粒子，完成噬菌体的繁殖周期。

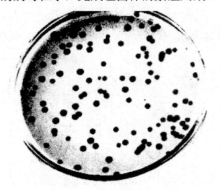

图 8.2　大肠杆菌 T4 噬菌体形成的噬菌斑（Stent and Calender，1971）。图示烈性噬菌体透明斑点

1. 烈性噬菌体

实验中，我们通常采用特定宿主菌与含噬菌体的土样、水样或怀疑被噬菌体感染的样本分离噬菌体。将样本适当稀释后，取样与含宿主菌的半固体培养基混合并倒平板，培养 12～24h 后，可观察到在宿主覆盖生长的背景上，出现若干斑点——噬菌斑（plaque）。大肠杆菌烈性噬菌体（virulent phage）的噬菌斑是透明的，说明该噬菌体感染宿主细胞后，便进入繁殖周期，致使被感染宿主全部裂解（图 8.2）。

在液体培养基中培养被噬菌体感染的细菌，可以研究噬菌体的繁殖行为，包括潜伏期、感染细胞的裂解和噬菌体释放等特性。以 T4 噬菌体为例，方法是将宿主菌与噬菌体按 1∶10 的比例混合，即感染复数（multitude of infection，moi）=10，以保证每个宿主菌都被感染，室温 5min 后，向混悬液加入抗噬菌体血清，以中和悬液中的游离噬菌体，稀释，以终止血清的中和效应；37℃保温培养，定时取样，测定培养液中的噬菌斑形成单位数（plaque forming units，pfu）。试验结果如图 8.3。由图可见，在感染的前 24min 内，未见 pfu 有明显增加，而后噬菌斑数呈指数增长，约在 30min 时达到最大值。此乃 T4 噬菌体的一级生长曲线。由图中可将曲线分为三个时期：噬菌体数上升前的时期为潜伏期或晦暗期（latent period），此期内出现的噬菌斑数代表被感染的细菌数，也被称为感染中心（infective center）。如果在潜伏期内，人为地将细菌裂解，无论用平板法还是用电子显微镜观察，都不能找到成熟形态噬菌体的踪影，这说明它并不是以像细胞分裂那样的方式繁殖自己。噬菌体数急剧增长期，表明是噬菌体成熟并破胞而出的时期。而噬菌斑数达到最大数值，便是被感染细菌被全部裂解，释放出了所有噬菌体。释放的噬菌体数与被感染细菌（感染中心数）的比值，即每个被感染细菌平均释放出的噬菌体数，被称为平均释放量（burst size）。在标准条件下，这些数据是可以重复的，这是由各噬菌体的特性决定的。

2. 温和性噬菌体

温和性噬菌体（temperate phage）与 T4 噬菌体不同，它们感染宿主后，可以与烈性噬菌体一样，借助宿主代谢机制繁殖自己并裂解宿主细胞，完成其生命周期。而另一种可能途径是潜伏下来，成为一个附加因子或插入宿主染色体、成为宿主基因组的一部分，成为原噬菌体（prophage）。

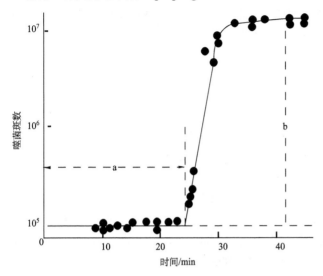

图 8.3　噬菌体 T4 一级生长曲线（盛祖嘉，2007）。潜伏期约为 24min；上升期约占 6min。a. 潜伏期；b.平衡期，平均释放量约为 100

1）λ 噬菌体

噬菌体存在的另一方式是与宿主之间建立起某种协调和谐的共存关系，使宿主菌溶源化（lysogenization），成为溶源性细菌（lysogenic strain），所携带的噬菌体为原噬菌体（prophage）。在自然界，温和性噬菌体的分布十分普遍。例如，沙门氏菌复合体自然分离的 95 个菌株中，65 个菌株释放 71 种温和性噬菌体，其中 46 种噬菌体可转导染色体标记（Schicklmaier and Schmieger，1995），可见温和性噬菌体的种类所占比例高于烈性噬菌体。在自然界，温和性噬菌体基因组通常以整合状态插入宿主基因组中；也可如同 F 因子那样，成为一个附加体，它既可插入宿主基因组，也可能以质粒状态，为一个独立的复制子存在于细胞质中。不管处于何种状态，它必定是一个可移动遗传因子，可以导致宿主菌的病原性基因或抗性质粒在其宿主范围内转移。所以溶源性菌是病原菌毒性因子的传播者，这已得到了试验室研究的进一步证明（Shousha et al.，2015）。

在温和性噬菌体中，研究最为深入的当数 λ 噬菌体。噬菌体感染宿主细菌后，起初与烈性噬菌体 T4 相似，会导致宿主细胞裂解，而随着宿主菌的繁殖，培养基中噬菌体数量的增加及培养基营养成分的下降，宿主菌的繁殖速度变缓，部分宿主细胞被溶源化

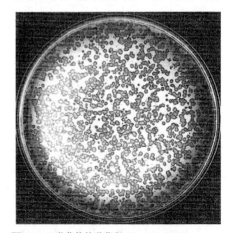

图 8.4　λ 噬菌体的噬菌斑（Snyder and Champness，1996）。图示溶源性细菌形成的浑浊并周缘透明的噬菌斑

而不再被裂解，噬菌体潜伏下来，因而在平板上形成一种与烈性噬菌体不同形态的噬菌斑，表现为中央混浊而周缘透明的噬斑（图8.4）。所以，λ噬菌体感染宿主后，因条件而异，有两个可供选择的途径：裂解途径和溶源化途径。这种选择具有依赖于环境的一方面，即在感染时，如果是处于早对数期，则倾向于烈性繁殖，而对数期后期，则倾向于溶源化；同时也与感染复数（moi）有关，在感染初期若moi小于1时，倾向于烈性生长，而大于5，则倾向于溶源化，这与它的调控开关的开启与关闭相关。溶源菌携带的噬菌体潜伏在宿主体内，并以原噬菌体状态存在。有关这种调控的分子机制可在微生物学教科书或专著中读到。

由混浊噬菌斑划接在倒有含敏感菌上层的平板上，培养后将不形成透明的噬菌斑，而会出现混浊噬菌斑，也有的呈同心圆形噬菌斑。这一现象说明带原噬菌体的细菌本身是一个溶菌源，说明在溶源化菌中，宿主与噬菌体的关系并不十分稳定，会有少部分溶源菌的原噬菌体自发转入裂解途径，繁殖自己，使宿主细胞裂解，释放出噬菌体（图8.5）。可见，在λ噬菌体的生命周期中，有两种可供选择的发育途径：裂解途径和溶源化途径。而烈性噬菌体生命周期只进入裂解途径。

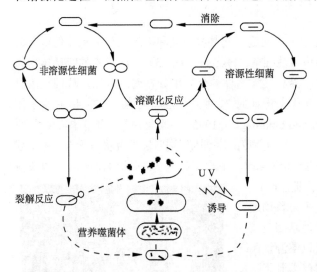

图 8.5　温和性噬菌体与溶源性细菌的关系（盛祖嘉，2007）

作为原噬菌体，λ噬菌体基因组通过点特异性重组机制整合在宿主的基因组的特定位置，其POP′位点识别宿主菌基因组的 *gal-bio*（半乳糖操纵子-生物素合成操纵子）之间的BOB′位点重组，成为细菌基因组的一部分，随细菌基因组复制并世代相传。但是这种稳定状态是相对的，是处于一种复杂的基因调控的平衡状态之中，在正常情况下，原噬菌体总以一定的概率（约 10^{-5}）从细菌基因组中脱落下来，进入繁殖周期，所以在溶源菌培养液中总是能检测到一定浓度的游离噬菌体。

原噬菌体与其宿主间关系的不稳定性，还表现在对所处生存环境的反应方面。例如，当以低剂量紫外线或以丝裂霉素C处理λ溶源菌培养物时，噬菌体就被诱导而进入烈性繁殖周期，释放出噬菌体。这正是人们欲制备大量温和性噬菌体时采用的方法。

同时，这一特性也可用来检测环境中是否有致癌污染物。

溶源性细菌的另一特性，是其对同种或近缘噬菌体具有免疫性。如 λ 噬菌体的溶源性细菌不能再被 λ 噬菌体或 φ80（λ 噬菌体的近缘种）感染。这一现象被称为对同源噬菌体的免疫性（immunity）。这是由处于溶源化状态时原噬菌体的调控机制决定的。因为在溶源性细菌中，原噬菌体为维持其溶源化状态，总要合成一种阻遏物蛋白，阻止其转入裂解周期，所以同种噬菌体的 DNA 进入溶源菌，便同样不能进入裂解繁殖过程，而最终随着细胞分裂而消失。

在 λ 噬菌体溶源性大肠杆菌中，噬菌体基因组已插入到宿主基因组中成为宿主基因组的一部分，成为原噬菌体。其插入位点并不是随机的，而是点特异性地插入宿主基因组的半乳糖操纵子（gal）和生物素合成操纵子（bio）之间的 BOB′ 位点。当它由原噬菌体状态脱落进入营养繁殖时，λ 噬菌体基因组必须要从染色体上切出，才能起始繁殖过程。这种切割通常是精确的，通过点特异性重组机制使完整的噬菌体基因组由宿主染色体上切出，复制并最终组装为正常的 λ 噬菌体粒子；但切割偶尔也会出现差错，造成噬菌体 DNA 的一端可能会丢失一个至几个结构基因，而另一端可能会多几个宿主基因（如 gal 操纵子，或者 bio 操纵子）成为 λ dgal 或 λ dbio，成为携带宿主 DNA 片段的缺陷型 λ 噬菌体，这样的噬菌体感染相关基因的突变型宿主（如 gal 突变型）时，便会出现局限性转导（specialized transduction）现象，通过同源重组使 Gal⁻ 突变型细菌经转导成为 Gal⁺ 野生型菌株（见第九章）。

2）P1 噬菌体

原噬菌体未必只有将其基因组插入宿主染色体这一种状态，大肠杆菌 P1 噬菌体像大肠杆菌 F 因子那样，可以以质粒状态存在于细菌细胞质中，也可以插入宿主染色体中，并成为与细菌染色体协调复制的原噬菌体。它也可被紫外线或丝裂霉素 C 诱导，进入烈性繁殖周期。但在其成熟时，它的基因组包裹机制与 λ 噬菌体的包裹机制不同，而是按一定长度（大约 89kb）切割 DNA，并包裹形成 P1 噬菌体颗粒。这样，便有一定概率（$10^{-5}\sim 10^{-4}$）将宿主 DNA 切割包裹成可感染的"噬菌体"颗粒，由于这种切割-包裹是随机的，即它可将宿主菌的任何染色体片段通过噬菌体感染过程转移入另一受体菌中，因而可用来进行普遍性转导（generalized transduction），并通过基因间同源重组改变受体菌的遗传特性，因而成为在大肠杆菌的经典遗传学研究中的基因定位和精细遗传学分析的难得的工具。

3. 缺陷型温和性噬菌体

在芽胞杆菌中也有宿主菌携带缺陷型噬菌体的情况，当以丝裂霉素 C 诱导液体培养物时，表现与一般溶源性菌相同的反应，细菌被裂解，也可制备得高浓度噬菌体悬液，在电镜下可见正常形态的噬菌体，但是当感染其他菌株和近缘菌种时，从不出现噬菌斑，似乎失去了重新感染宿主的能力。这在芽胞杆菌中已有报道（Steensma et al., 1978），在芽胞杆菌中其被称为噬菌体 PBS X。我们曾在短小芽胞杆菌 209 中证明其也携带有 PBS X 型缺陷型噬菌体（图 8.6）。这种噬菌体似乎并不影响宿主菌生长的稳定性。

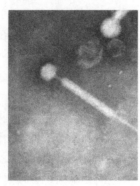

图 8.6　短小芽胞杆菌 209 携带的缺陷型温和噬菌体 pp01（蒋如璋和樊庭玉，1990）。图右可见其具多角形头部、颈，带有可收缩的尾鞘，并附着尾丝及伸出尾鞘的尾管

4. 噬菌体与疾病

这里讨论几个与温和性噬菌体调控有关的例子，其一是噬菌体间的分子寄生现象；另一些是致病性毒性调节子和致病细菌外毒素的产生的关系，这是在特定环境条件下噬菌体基因组与宿主基因组互作的结果，即所谓的噬菌体溶源化转换现象（phage conversion）。

1）噬菌体间的分子寄生

噬菌体研究中发现，分子寄生不单存在于噬菌体与其宿主之间，也可能发生在噬菌体与噬菌体之间。例如，大肠杆菌噬菌体 P2 是一种温和性噬菌体，其基因组插入在大肠杆菌 *his* 操纵子旁；而 P4 噬菌体也是一种温和性噬菌体，所不同的是，P4 噬菌体基因组只有 5 个功能基因，没有编码头部和尾部结构蛋白的基因及对宿主菌的反向调控基因。以 P4 噬菌体单独感染敏感宿主时，它可以以质粒状态存在于细胞质中，或整合到宿主染色体上，因而是一个附加体。其不能反向调控宿主的代谢功能进入繁殖周期，也无编码其衣壳蛋白的基因，因而不能独立繁殖自己。从这个意义上说，它只是一个质粒。但当携带 P2 原噬菌体的溶源性细菌，或以 P2 噬菌体感染携带 P4 原噬菌体的菌株时，人们发现一个意想不到的结果：所释放出来的噬菌体全部为噬菌体 P4，而没有 P2 噬菌体；当以 P2 和 P4 共感染敏感宿主时，所得结果相同。所以 P4 又是一个噬菌体。这是怎么回事呢？

P4 噬菌体的基因组大小只有 P2 噬菌体（33kb）的约 1/3（11.5kb）。噬菌体 P4 感染 P2 溶源菌后，P4 基因组激活 P2 原噬菌体，解阻遏，使之由染色体上脱落，并反向调控 P2 基因组，进入繁殖周期，合成噬菌体的头部蛋白和尾部蛋白，以及组装噬菌体所必需的蛋白质成分，但在组装噬菌体头部外壳时，P4 的 *sid*（size determination）基因产物起着一种脚手架蛋白的作用，按 P4 的头部尺寸将头部蛋白折叠组装成一个只有 P2 头部 1/3 大小的头部外壳（图 8.7），这种外壳只适合包装 P4 噬菌体基因组，而 P2 基因组自然被排除在外，这样裂解产物自然全部为 P4，而无 P2 噬菌体。这是多么"聪明的"一种设计！噬菌体 P4 以如此看似简单的"手段"，"征服"了噬菌体 P2，实现了其分子寄生的效果。可见，噬菌体虽小，它们与宿主的关系及在生物界起到的作用的复杂性是不可低估的。

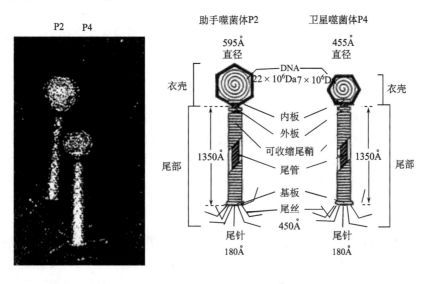

图 8.7　P2–P4 噬菌体（Shore et al.，1978）。a. 电镜图；b. P2-P4 结构的模式图。注意二者的尾部是等同的，只是头部大小有明显差别。P4 的头部的体积只有 P2 的 1/4～1/3

　　令人料想不到的是，后来在临床上发现大肠杆菌超级致病菌的致病基因岛与类似噬菌体 P4 的隐秘噬菌体——反转录噬菌体 Φ73 相关[17]，并伴随致病基因岛在肠杆菌（如沙门氏菌）间转移。这暗示在进化过程中，P4 噬菌体曾以某种方式参与了超级致病菌的产生和进化的历程。

　　2）白喉棒杆菌与噬菌体
　　人类白喉病症是由定殖在人喉部的革兰氏阳性菌，白喉棒杆菌（*Corrynebacterium diphtheria*）引起的。平时白喉棒杆菌属正常的栖息菌，对人并无大碍，但是当白喉棒杆菌携带原噬菌体 β 后，就会产生白喉毒素，引起人类白喉病症而致死，这被称为噬菌体转换现象（phage conversion）。

　　白喉毒素是 A-B 类毒素的一种，由噬菌体 β 的 *tox* 基因编码的蛋白质所致，Tox 毒蛋白在其合成时为单链，分泌到细胞外后切开为 A 和 B 两条链，再在两链间以二硫键连接形成单一蛋白质分子，亚单位 B 识别细胞受体位点，促使亚单位 A 进入细胞，并使二硫键解开，只有亚单位 A 进入胞内。白喉毒素亚单位 A 的毒性就在于，它是一个特异性的酶，特异性地将 ADP 核糖基化成 ADP-核糖，从而修饰核糖体蛋白质合成的延长因子 EF2，使之成为 EF2-G，阻止细胞核糖体的正常翻译功能而杀死宿主细胞。

　　但是有趣的是，与许多毒性基因一样，*tox* 基因的启动，依赖于宿主菌编码的依赖于铁的负调节基因 *dtx*R，它与噬菌体编码的 *tox* 基因组成一个表达调控系统。这就是白喉棒杆菌只有在成为噬菌体 β 溶源菌后才成为白喉致病菌的原因。这里牵涉到与铁离子水平相关的复杂的负调控机制，其中的复杂关系不再赘述。

3）霍乱弧菌与噬菌体

霍乱疾病是另一个毒性基因全局调控的例子。霍乱弧菌（*V. cholera*）是通过人粪便污染的水体散布的革兰氏阴性菌，是一种世界范围内周期性暴发的疾病。霍乱弧菌进入人体后，在人的小肠内繁殖，并合成霍乱毒素，作用于肠黏膜细胞引起严重腹泻。与白喉毒素相似，霍乱毒素是由类似于大肠杆菌单链 DNA 噬菌体 M13 的溶源性噬菌体的基因编码的，而霍乱毒素基因的表达是宿主与噬菌体调控基因互作的结果。

近来发现毒素基因是由一种 M13 单链 DNA 丝状噬菌体携带的，该噬菌体溶源化霍乱弧菌，插入其染色体，或者如同噬菌体 P1 那样自我复制的质粒，而霍乱毒素基因的表达受宿主基因 *tox*R 调控，该基因同时也调控细胞表面的菌毛（pili）操纵子表达，使菌体能粘连小肠黏膜而致病。

二、噬菌体是如何感染宿主菌的

在自然界噬菌体种类极其多样，有人估计其为自然界种类最多的非细胞生物类群，而另一方面每种噬菌体都只能感染为数不多的微生物物种、某一物种甚至菌株，即每种噬菌体的宿主范围是很窄的。噬菌体与细菌细胞互作的这种特异性是由对宿主吸附作用的特异性决定的，与细菌细胞表面的噬菌体吸附受体的本质和结构的特殊性相关。

噬菌体感染宿主菌是一个复杂的过程。分类学上不同类群的细菌表面和细胞壁的表面成分及结构不尽相同，因此不同噬菌体的受体的性质和定位也不相同。基于我们对噬菌体的研究和应用的需要，有必要对它们的感染机制进行分析。近 40 年来有关噬菌体与其宿主相互作用的基础研究已有很大进展，在这方面研究较深入的当数革兰氏阴性菌——大肠杆菌及其他肠杆菌及其噬菌体。实际上每种宿主菌与其噬菌体之间的互作都有其特殊性，或者说都是独特的，所以这里的介绍只是一般性的，目的只是使我们在实际工作中有所借鉴。

1. 细菌细胞包被的受体定位

革兰氏阴性菌细胞的包被结构与革兰氏阳性菌不同，在胞壁外有一层特殊的脂多糖（LPS）外膜，另一特色是有许多运输通道蛋白（多达 20 000 通道/细胞）整合在包被中，它们也都有可能是噬菌体的受体分子。

1）脂多糖受体

脂多糖是由脂肪酸与单糖组成的复杂聚合物。在结构上它由三个部分组成：拟酯 A、核心部分和侧链 O（或称为 O-抗原）。拟酯 A 通常是由两个通过 β-1,6 键连接的 D-葡萄糖胺，以酯键或亚胺键与脂肪酸连接的大分子。拟酯 A 起着疏水端作用锚定在质膜内，整体结构通过短的寡聚糖核心连接到含有多聚糖链的侧链 O 上。

有两种类型的 LPS 外膜：光滑型（S 型）具典型的 LPS 结构，它由拟酯 A、核心部分和侧链 O 组成；粗糙型（R 型），只由拟酯 A 和核心部分组成，而缺失侧链 O。

因为不同分类群细菌 O-抗原结构的极端变异性，以 S 型 LPS 为特异性受体的噬菌体显示特别窄的宿主范围；相反，由于革兰氏阴性菌的不同种属菌的 LPS 核心结构相当保守，识别 R 型 LPS 受体的噬菌体显示较广的宿主范围。

以 LPS 的 O-侧链为受体的噬菌体的共同特性是它们的吸附会导致多糖链被特异性酶解。例如，噬菌体 P22 具内切鼠李糖苷酶活性，能裂解鸭沙门氏菌（*Salmonella anatum*）和鼠伤寒沙门氏菌（*S. typhimirium*）的 O-抗原中的 Rha-1→3-Gal 键，而噬菌体 $\phi 1$ 感染约翰内斯堡沙门氏菌（*S. jahannesbury*）是因为其具有内切 1,3-N-半乳糖胺酶活性。

2）膜蛋白质受体

作为噬菌体吸附受体的结构蛋白中，已被鉴定出的如穿膜蛋白 OmpA，它有 8 个反向平行的 β 折叠结构，并以非共价键固定在内膜上，以游离的 C 端与肽聚糖连接。缺乏此蛋白质的突变型变为球形并且外膜不稳定。已发现 OmpA 参与细菌的接合过程。在溶液中 OmpA 蛋白抑制噬菌体 K3 感染活性，而 OmpA 突变型对噬菌体 K3 是抗性的。这一发现证明 OmpA 是噬菌体 K3 的受体。

孔蛋白（porin）是革兰氏阴性微生物的曾被仔细鉴定过的外膜蛋白，这些蛋白质复合体由三个亚单位组成，在细菌细胞膜中的形成通道。在大肠杆菌中这种类型的蛋白质有 OmpC 和 OmpF。噬菌体 T4 是以 OmpC 和细胞壁 LPS 组合作为受体，在实验中显示单一突变使其中一个受体缺失会降低感染效率，而失去两种受体的大肠杆菌突变型，成为 T4 噬菌体抗性菌株。噬菌体 T4 的尾丝蛋白质 gp37 起着噬菌体 T4 对宿主受体的识别作用，它的由含有多个组氨酸的 14 个氨基酸组成的区域与 OmpC 识别有关。

OmpF 是噬菌体 T2 的受体。与 T4 噬菌体相反，受体识别位点附着于噬菌体蛋白质 gp38 的超变区内，起识别作用的不是蛋白质 gp38 的末端组氨酸，而是其内部含有甘氨酸序列的区域。大肠杆菌的 *tsx* 基因突变显示对噬菌体 T6 抗性，并在其后分离出了纯的控制核苷酸运输的 Tsx 蛋白质，并被证明其具 T6 受体功能。

选择性运输的膜蛋白 LamB 是噬菌体 λ 的受体，与非特异性的孔蛋白 OmpC 和 OmpF 不同，LamB 是特异性运输麦芽糖及麦芽糖聚合体的通道蛋白。λ 噬菌体通过其尾部蛋白质 gpJ 识别 LamB，实现感染作用。沙门氏菌无 *lamB* 基因，因而对 λ 噬菌体是抗性的。但是通过基因克隆将大肠杆菌 *lamB* 基因转入沙门氏菌后，它就成为对噬菌体 λ 敏感菌株。这也进一步证明 LamB 确为 λ 噬菌体感染时的宿主菌的受体。

大肠杆菌菌株和沙门氏菌不同血清型（serovar）的细胞表面的糖缀合物是极其多样性的，大肠杆菌至少有两种血清型特异性表面糖类：脂多糖 O 抗原和荚膜多糖 K 抗原。由于噬菌体与宿主共进化的结果，其中有的噬菌体对这些抗原是特异性的，无荚膜的突变型细菌对 K 抗原特异性噬菌体是抗性的。

3）革兰氏阳性菌胞壁内的受体

革兰氏阳性菌的细胞壁的结构和化学组成与革兰氏阴性菌不同，其主要成分为肽聚糖（peptidoglycan），它占细胞干重的 40%～90%。肽聚糖是由 N-乙酰葡萄糖胺和 N-

乙酰胞壁酸组成的杂多聚物，再由 L-丙氨酸-D-谷氨酸-L-二氨基庚二酸-D-丙氨酸组成的四肽与 N-乙酰胞壁酸的羟基连接，形成紧贴质膜外的细胞壁。

磷壁酸（teichoic acid）是革兰氏阳性菌的另一至关重要的成分。它们是由甘油或核糖醇残基通过磷酸二酯键连接的水溶性多聚体，垂直穿过肽聚糖层至细胞膜表面，大多数磷壁酸含有高比例与游离羟基结合的丙氨酸，而其他常被发现的替代物，如 N-乙酰-D-葡萄糖胺或 D-葡萄糖。磷壁酸构成多数革兰氏阳性细菌的表面抗原。

在溶液中，金黄色葡萄球菌噬菌体 3C、52A、71、77、59 和 80 可被肽聚糖、磷壁酸和胞壁酸的四肽组成的复合物不可逆地失活，若缺少四肽，噬菌体的吸附是可逆的。芽胞杆菌属菌种的肽聚糖和磷壁酸与金黄色葡萄球菌的类似，唯一不同的是磷壁酸中的 N-乙酰葡萄糖胺被 D-葡萄糖取代，而枯草芽胞杆菌噬菌体 ϕ29、SP10 和 SP02 不能吸附磷壁酸中缺失 D-葡萄糖的突变型细胞表面，这说明 D-葡萄糖残基对这些噬菌体吸附起着关键性作用，其突变型就是对上述噬菌体的抗性突变型。

炭疽杆菌（B. anthracis）细胞壁中的铜离子运输蛋白 GamR 与噬菌体 γ 的吸附有关，而蜡状芽胞杆菌和苏云金芽胞杆菌细胞表面也含有 GamR 蛋白，虽然以电镜观察二者都吸附噬菌体 γ，但是其中只有蜡状芽胞杆菌对噬菌体 γ 敏感，而苏云金芽胞杆菌表现为抗性。可见苏云金芽胞杆菌在细胞表面必定缺少一种对噬菌体基因组转移进入细胞和进一步繁殖不可或缺的成分。

炭疽杆菌抗噬菌体 AP50c 的自发突变型菌株，其菌落形态表现为分泌胞外基质的黏质型，显然是细胞壁组成的变异，从而影响该噬菌体的吸附机制。因为炭疽杆菌全基因组序列已知，所以采用基于 Roche/454 全基因组序列分析法鉴定出对噬菌体 AP50c 抗性的相关基因为 csaB。17 个抗性菌株中有 5 个为置换突变，而另 12 个为移码突变，为进一步证明，分别做了 csaB 基因内移码回复突变和野生型菌株基因敲除试验，二者都导致由抗性突变型转变为敏感型，因而确认了抗性的分子机制；同样，采用 PCR 定点诱变方法，将高度保守的 270 位的 his 以 ala 取代（H270A）后，野生型表现型菌株即成为噬菌体抗性突变型。这个例子说明在生物信息学时代，噬菌体抗性基因研究的方法和实践的新趋势。

藻朊酸盐（alginate）是假单胞菌、固氮菌和一些海藻产生的胞外多糖，具有抵御恶劣环境的作用，也是假单胞菌噬菌体 F116 的吸附受体。F116 编码产生一种藻朊酸盐水解酶，增加了其在藻朊酸盐中的扩散能力并降低基质的黏度，利于噬菌体的吸附，提高噬菌体感染率；宿主菌的藻朊酸盐缺陷型对 F116 噬菌体是抗性的。

透明质酸是 N-乙酰葡萄糖胺与葡萄糖醛酸的交替聚合物，是病原链球菌产生的荚膜成分。这种致病因子干扰体内抗体的防卫机制，帮助细菌逃脱巨噬细胞的识别。有意思的是，能降解透明质酸酶的基因，通常是由插入病原菌染色体的原噬菌体编码的。编码这种酶的原噬菌体不仅能破坏细菌的透明质酸，而且能降解人的透明质酸，帮助细菌在结缔组织内扩散，因此是一个致病基因。烈性的和温和性的链球菌噬菌体都具有透明质酸酶，但是由于温和性噬菌体产生的酶的量比烈性噬菌体产生的酶的量高出数个数量级，因而温和性噬菌体更易穿过透明质酸屏障。

4）定位于荚膜多糖、鞭毛和菌毛的受体

有些噬菌体以细菌的鞭毛、菌毛、荚膜和黏液多糖为受体。例如，噬菌体 X 通过肠杆菌科菌（沙门氏菌、大肠杆菌和沙雷氏菌）的鞭毛感染；噬菌体 PBS7 能感染枯草芽胞杆菌、短小芽胞杆菌和地衣芽胞杆菌，它们的共同特点是噬菌体的尾丝附着到鞭毛的末端，在此阶段附着是可逆的，不致使噬菌体 DNA 进入宿主，只有在噬菌体移动至鞭毛基部的细胞表面，噬菌体与细胞的结合才成为不可逆的。

许多细菌形成荚膜或黏液保护层，阻断噬菌体与位于细胞壁受体间的识别点。但是有些噬菌体受体位于荚膜上，这些噬菌体的共同特征是具有类似的形态，并且它们与荚膜多糖间的互作是可逆的，荚膜只是作为初期的附着受体，噬菌体尾部具有酶解荚膜多糖的特异性酶的活性，而细菌细胞壁成分才是噬菌体不可逆结合所必需的。

已知大肠杆菌中有两类噬菌体：RNA 噬菌体，如 P17、M12、Qβ、f2 和 f4，它们都以菌毛（pili）为受体；含 DNA 的丝状噬菌体，如 Ff 和 If，它们分别吸附 F 和 I 质粒编码的菌毛末端。所以，噬菌体对宿主表面受体的特异性吸附的互作常被描述为锁（宿主受体）钥（噬菌体结合蛋白）的缔合关系，现在除了大肠杆菌及其近缘物种外，对其他噬菌体受体本质的研究还正在深入。在后基因组学时代，有了全新的研究方法，例如，采用转座子质粒插入诱变法，筛选抗噬菌体突变型，就不难破译其间锁钥关系的分子基础。

2. 噬菌体吸附及其基因组注入宿主的机制

噬菌体对宿主的不可逆吸附和 DNA 的注入是噬菌体感染宿主的两个相继的关键步骤。因为噬菌体没有特殊的运动机制，不能进行独立的运动，起初的吸附过程是噬菌体-宿主间的随机碰撞，随着噬菌体浓度与细菌细胞数的增加，发生碰撞的概率也增高，吸附率随之上升。同时，吸附率也与多种环境条件，包括非特异性的理化因素如 pH、温度，培养基中的 Ca^{2+}、Mg^{2+} 和培养物的生理状态等因素有关。所以，噬菌体对细菌细胞表面的吸附过程可分为两个阶段：可逆性吸附和不可逆性吸附。吸附作用的两个阶段对不同的噬菌体-宿主系统来说都是特异性的。在这方面的研究仍然有局限性，主要还是对肠杆菌属革兰氏阴性菌，尤其是大肠杆菌噬菌体模式系统的研究。但所得的知识仍然可以作为对其他噬菌体研究时的借鉴。

噬菌体核酸注入宿主细胞总是在不可逆吸附阶段之后，这一过程的机制对各种噬菌体来说都是特异性的。涉及电化学的膜势能、ATP 分子、肽聚糖的酶解，所有这三个因子对噬菌体遗传物质进入细菌细胞都非常重要。

吸附作用和噬菌体 DNA 注入细胞的过程都已在大肠杆菌 T-列噬菌体上做过仔细研究。这里只以噬菌体 T4 为例说明噬菌体的感染过程（图 8.8）。

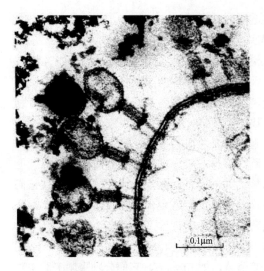

0.1μm

图 8.8　T4 噬菌体以可收缩的尾吸附于大肠杆菌的电镜照片（Stent and Calender, 1971）。噬菌体以尾部基板延伸出的短尾丝锚定在宿主的细胞壁上，尾鞘收缩，噬菌体 DNA 链由尾管远端注入细胞内

　　T4 噬菌体吸附的起始阶段是它的长尾丝附着到位于外膜表面的特异性受体上，起初是可逆的，必须三根以上尾丝附着于受体菌表面才能成功地感染，才能激发噬菌体尾部构型改变，然后基板改变成星状构型，最终以 6 根短丝不可逆地吸附在 LPS 核心区的庚糖残基上，尾鞘收缩，尾管刺穿细菌包被的外膜。整合在基板中的位于尾管末端的溶菌酶降解细胞壁的肽聚糖，当尾管接触到内膜的磷脂酰甘油残基时，发出 DNA 沿尾管输入受体细胞的信号，起始 DNA 转移。显然，噬菌体尾部并未穿过内膜，而转移过程需要内膜的电化学势能的牵引。

　　可见，噬菌体感染是一个复杂的过程，自始至终噬菌体-宿主之间在功能上是相互作用并相互配合的。

三、噬菌体的宿主范围

　　每种噬菌体都有其特异性的宿主，而感染作用实质上是噬菌体与宿主间分子互作的过程，噬菌体与吸附感染有关的分子与宿主细胞的受体分子间存在着一种锁钥关系，所以每种噬菌体都只能感染某种或某些近缘菌种或菌株，也就是说，每种噬菌体都有各自的宿主范围（host range）。有的噬菌体的宿主范围较广，能感染若干个近缘物种，而最窄的就只能感染某一菌种的特定的菌株，这主要与噬菌体-宿主间特异性分子识别有关。

1. 噬菌体的宿主范围

　　如果烈性噬菌体感染宿主的唯一途径是杀死宿主而繁殖自身，那么，从进化的角度来说，对其自身的存在和进化未必有利。其实，任何现象的背后总有一些其他未知事件发生着，这也常常是我们不了解的。如果测试更多的近缘菌种，人们可能会发现，也许对一种宿主菌来说是一个温和性噬菌体，而对另一种菌种来说，却是一个烈性噬菌体。以我们曾分离研究过的短小芽胞杆菌（*Bacillus pumilus*）的 pp 系列噬菌体为例，它们在平板上形成的噬菌斑形态各异，可形成透明的、半透明的或同心圆的噬菌斑；按血清型可区分为 6 种不同的血清型。当以不同菌种测试它们的宿主范围时，表型也各异。有意思的是，以芽胞杆菌属（*Bacillus*）不同的近缘菌种为 pp 系列噬菌体的宿主，研究噬菌体与宿主的关系时，我们发现同一种噬菌体对某一菌种来说可以是烈性的，而对另一菌种可能是温和性的。这为我们提供了一个很好的研究噬菌体-宿主关系的系统。

　　当以同一种噬菌体感染芽胞杆菌的近缘菌种时，可以明确分辨出这些噬菌体与宿主之间的复杂关系和寄主范围（表 8.1）。短小芽胞杆菌噬菌体 pp1 对短小芽胞杆菌 1037 菌株和淀粉液化芽胞杆菌 BF7658 菌株是溶源性的，可以形成混浊而呈同心圆形的噬菌斑，而且对其形成的芽胞经 80℃ 处理 10min 后的培养物仍释放噬菌体，这证明它们之间是溶源性关系；当以同一噬菌体感染多黏芽胞杆菌 AS1.441 菌株时，却是烈性噬菌体，形成透明噬菌斑，经 80℃ 处理过的芽胞培养物不出现噬菌斑，证明对多黏芽胞杆菌 AS1.441 来说，噬菌体 pp1 确为烈性噬菌体。所以噬菌体 pp1 的宿主范围应为短小芽胞杆菌 1037、289、AS1.271、AS1.326、淀粉液化芽胞杆菌 BF7658 和多黏芽胞杆菌 AS1.441。

表 8.1　短小芽胞杆菌 pp 系列噬菌体的宿主范围（蒋如璋等，1991）

菌株	pp 系列噬菌体									
	1	6	10	2	3	4	5	7	9	8
短小芽胞杆菌（*B.pumilus*）1037	(+)	(+)	(+)	(+)	(+)	(+)	(+)	(+)	(+)	(+)
384	–	–	–	–	–	–	–	(+)	(+)	(+)
578	–	–	–	–	–	–	–	(+)	(+)	(+)
289	(+)	(+)	(+)	(+)	(+)	(+)	(+)	(+)	(+)	(+)
AS1.271	(+)	(+)	(+)	(+)	(+)	(+)	(+)	(+)	(+)	(+)
AS1.326										
枯草芽胞杆菌（*B.subtilis*）										
W23	(–)	(–)	(–)	(–)	(–)	(–)	(–)	(–)	(–)	(–)
168	–	–	–	–	–	–	–	–	–	–
SB19										
ATCC6633										
AS1.338										
AS1.398										
淀粉液化芽胞杆菌 BF7658*	(+)	(+)	(+)	(+)	(+)	(+)	(+)	(+)	(+)	(+)
地衣芽胞杆菌 2709	–	–	–							
巨大芽胞杆菌 AS1.127	(–)	(–)	(–)							
苏云金芽胞杆菌 AS1.16	–									
蜡质芽胞杆菌 AS1.126	–									
多黏杆菌 AS1.441	+	+	+	+	+	+	+	+	+	+
血清型	I			II				III		IV

　　注：+，形成透明噬菌斑，不溶源化；–，不形成噬菌斑，不溶源化；（+）形成噬菌斑，溶源化；（–）不形成可见噬菌斑，但可使宿主菌溶源化。

　　* 原为国内用于生产 α-淀粉酶的枯草芽胞杆菌 BF7658，后经鉴定应为淀粉液化芽胞杆菌。

　　由于芽胞杆菌具形成芽胞的特性，噬菌体 pp1 对枯草芽胞杆菌 W23 和巨大芽胞杆菌 AS1.127 来说，在平板上不形成可见噬菌斑，但若以短小芽胞杆菌 1037 为宿主检测时，它们形成的芽胞经 80℃ 处理杀死营养体后的培养物仍可检出噬菌体，说明它们也是噬菌体 pp1 的溶源菌。所以噬菌体 pp1 的宿主范围还应包括枯草芽胞杆菌 W23 和巨大芽胞杆菌 AS1.127。这在其他非芽胞杆菌中是难以发现和证明的。

所以，以短小芽胞杆菌 1037 分离得到的温和性噬菌体，当以其他芽胞杆菌为宿主时可以是溶源性的，也可能是烈性的，甚至是隐秘性的溶源性关系，这显示噬菌体的宿主范围和与宿主之间的关系的复杂性。隐秘性溶源性意味着原噬菌体在转入烈性繁殖后，只能组装成为数不多的噬菌体，因而不能形成可见噬菌斑。

噬菌体的宿主范围会因基因突变而改变，当短小芽胞杆菌抗 pp1 噬菌体突变型菌株 578 被 10^8pfu 的 pp1 噬菌体感染时，平板上总会出现若干噬菌斑，这就是 pp1 噬菌体的宿主范围突变型，突变位点通常与尾部和宿主吸附特异性改变有关，这类突变型通常只是尾部吸附蛋白的单一氨基酸置换所致。

2. 不同噬菌体共感染对寄主范围的影响

两种或两种以上噬菌体共感染（co-infection）同一宿主菌，是噬菌体实现基因重组的主要途径，也是噬菌体遗传学研究中常用的方法。共感染的直接结果是导致不同基因间的同源重组，产生重组体噬菌体，其中不乏出现具新寄主范围的重组体噬菌体，在噬菌体遗传学研究中，此法用作噬菌体基因定位和遗传学图的绘制。

大肠杆菌 T-列噬菌体的编码尾丝蛋白的基因与宿主识别有关。噬菌体 PP01 是由酒糟中分离到的 T2 型烈性噬菌体，能感染致病性大肠杆菌 O157∶H7 菌株，其识别位点为外膜蛋白 OmpC，而 T2 噬菌体的受体为 OmpF。以噬菌体 T2 和 PP01 共感染大肠杆菌，得到两个重组体噬菌体 TPr3 和 TPr4，经限制性内切酶酶切片段长度多态性和 DNA 序列分析发现，二者分别有 18% 和 38% 的基因组来自亲本 PP01，而基因组的大部分来自噬菌体 T2，但是，宿主范围却与噬菌体 PP01 相同[25]。这个结果表明，在自然界，当多种噬菌体感染同一宿主菌时，不可避免地会出现新特性的噬菌体，因此在工作中也应当思考和分析实验中可能出现重组体噬菌体的可能性。

同样，对病毒致病性来说，在临床上共感染确是一个令人头痛的问题，这也是中国和世界疾病防控中心总是担心禽流感病毒变异为人传人的致命性病毒的理论基础。因为自然界各种生物都在进化之中，任何事件都有可能发生。这里附带要指出的是，我国每年都要发生一两次禽流感，其主要病毒型为 H7N9，它的感染受体为禽类特有而与人类不同的一种糖基化蛋白，因而正常情况下不会传染人。但是病毒在自然界传播时总会有机会与其他型流感病毒相遇，在同一宿主内共存，即共感染，这时就有可能通过遗传重组产生宿主范围改变的新型鸡流感病毒，成为危害人类的高致病性流感病毒。例如，已有报道的甲型 H1N1 流感病毒，是携带有 H1N1 亚型猪流感病毒毒株，它包含有禽流感、猪流感和人流感三种流感病毒的核糖核酸基因片段，同时拥有亚洲猪流感和非洲猪流感病毒特征。这就是世界各地一旦出现禽流感，人们都很紧张的原因，就怕在传播中出现感染人类的新型重组病毒。

第二节　用作生物控制因子的噬菌体

噬菌体和病毒在自然界普遍存在，至今还没有一种研究过的生物物种不受病毒或噬菌体侵染的。它们不时地对人类的健康、生活和生产造成严重影响，已引起各国政府的重视，其中最为突出的例子，便是自 20 世纪 80 年代以来各国政府花费了大量人力物力对艾滋病毒的防治研究。此外，噬菌体具有对宿主特异性寄生关系，如何能将它们开发为生物控制因子，也很受医学和生物防治工作者重视。

一、噬菌体疗法与疾病的生物控制

利用噬菌体与宿主间的特异性寄生关系，科学家一直力图将它们开发为生物控制因子，用来防治人畜和农作物的一些细菌性疾病。实践已证明它们是很有价值的生物控制因子，被称为"活着的药物（the living drugs）"。

1. 噬菌体在人和动物疾病控制方面的应用

自 20 世纪 20 年代发现噬菌体后，欧洲的科学家就开始尝试将它们用于处理细菌感染的抗菌制剂，用于肠道疾病和外伤感染的治疗。曾用于治疗葡萄球菌、链球菌、假单胞菌、沙门氏菌等引起的消化道、皮肤和软组织感染，并在一些病例上取得好的疗效，这一方法被称为噬菌体疗法（phage therapy）。但是到了 40 年代，由于噬菌体临床试验缺乏合适的对照及方法学上难以完善，而使其推广应用受阻；此外，也由于抗菌化学药物的开发应用和抗生素产生菌的发现及其工业化生产取得成功并快速市场化，这些药物在临床上易于通过三期临床试验，很快得到了推广应用，使噬菌体疗法的应用日渐减少。

然而，近 30 年来，由于抗生素抗性病原微生物（所谓超级细菌）日益猖獗，以及艾滋病毒传播引起人们的恐慌，噬菌体疗法重新引起人们的关注，采用烈性噬菌体治疗抗药性细菌感染被发现具有高效、安全的优点。例如，治疗抗甲氧西林的金黄色葡萄球菌（MRSA）一直是一个棘手的问题，而其噬菌体在体内和体外都可以杀灭巨噬细胞内部的 MRSA。同时因为噬菌体的高速繁殖能力，只需给予少量噬菌体就可控制抗性菌感染。

噬菌体疗法能用于人类临床的不同类型感染：通过吸入法控制眼、耳、鼻部感染；通过雾化法处理囊胞性肺纤维症（欧洲的一种易由绿脓杆菌和/或布克氏菌感染的遗传性疾病）也有显著疗效。噬菌体能有效地治疗抗药性绿脓杆菌引起的慢性中耳炎和外伤感染，而且无不良反应。同时由于噬菌体对宿主菌的特异性，还具有不影响体内微生态菌群的优点。

抗生素滥用不仅在人类临床处理上，在畜牧业动物饲养上也同样如此。为了使动物尤其是幼崽和雏鸡少生病，促使其更快生长，常规饲养中常添加一定剂量抗生素，如四环素、青霉素、红霉素等，而所添加的抗生素约有 70%会被释放到环境中，这样导致的直接后果是抗生素抗性菌的出现和扩散。由于许多病原菌是人畜相通的，或者即使非相通，在自然界也会因种间接触转移而使原本对抗生素敏感的人类致病菌成为难以控制的抗性菌，这一点已在临床上得到了反复证明。因此，控制家养动物饲料添加的抗菌药物，就成为一个世界性的难题。对此有两个解决方案，其一是添加非人用抗生素，如杆菌肽等代替人用抗生素作为饲料添加剂，但是这只能解决部分问题。而在养禽业、渔业等仍需使用人用抗生素，这样，抗多种抗生素的所谓的"超级"细菌便潜移默化地产生了。据报道，美国约 75%致病菌对一至数种抗生素是抗性的；日本50%以上葡萄球菌具多重抗药性。据统计，2013 年仅美国就有 200 万人感染了抗性细菌，致使至少 2.3 万人直接死于抗药性菌感染。中国未见相关统计。

面对这种情况，各国都在试图开发利用相关病原菌的烈性噬菌体代替抗生素预防禽畜疾病，来治疗某些细菌性感染引起的顽症的方法和技术。养殖业上，已有许多噬菌体生物防治方面应用的成功报道，用于控制禽类、牛犊、羔羊、乳猪、雏鸡和鱼类的病原菌，包括葡萄球菌、致病性大肠杆菌、克雷伯氏菌、变形杆菌、假单胞菌、弧菌等。

2. 噬菌体在植物病害防治中的应用

同样，农作物细菌性病害也是世界性的，而且更难以防治。例如，水稻三大病害之一，由水稻黄单胞菌（*Xanthomonas oryzae*）引起的水稻白叶枯病，据统计，在我国常年发病面积达 66.67 万 hm^2 以上，一般减产 10%～20%，重则减产 50%；此外还有梨火疫病（病原菌为 *Erwinia amylovora*）、姜瘟病（病原菌为 *Pseudomonas solanacearum*）、烟草青枯病（病原菌为 *Ralstinia solanacearum*）、感染桃李的枯叶病菌（*Xanthomonas prudi*）、蔬菜烂根（病原菌为 *Ewinia*）、马铃薯疮痂病（病原菌为 *Streptomyces scabies*）等细菌病也常有发生。用于防治植物细菌病的农药种类很少，而且效果不佳。随着用于人与动物噬菌体的生物防治法逐渐受到重视和应用，采用噬菌体生物防治作物疾病的研究和开发也日渐展开，并已取得生防效果。

噬菌体是细菌的天敌，具宿主特异性，是一种宿主专一性极强的生物因子，只要我们分离获得相关病原菌的烈性噬菌体并了解它们的基本特性，包括宿主范围、存活和保存条件，以及使用时需加的保护剂等，便可用于植物细菌病生物防治。美国和加拿大已普及采用噬菌体治疗控制苹果、梨的火疫病及西红柿的细菌性斑点病等。

3. 噬菌体疗法的应用难点

采用噬菌体生物控制人的烧伤及外部感染、眼耳鼻等腔穴和肺部绿脓杆菌感染已取得一些良好效果，但同时也有不便的一面。例如，若受到两种以上病原菌的共感染，就必须针对相应菌种筛选和制备不同的噬菌体制剂，虽在操作上并不难做到，但显然不如化学药物那样方便。抗性突变是一种自然现象，一般来说在临床上噬菌体抗性菌的出现对噬菌体使用并无影响。

虽然噬菌体疗法有许多优越性，仍不足以成为取代现在化学药物的标准疗法，仍有多重推广障碍。障碍之一是不能按化学药物临床规则要求，对用于临床的噬菌体进行严格的安全评估，因而增加了审批的难度，也正是因为它们是"活着的药物"。

4. 如何推广应用噬菌体生物控制技术

基于以上分析，要真正推广使用噬菌体生物控制技术，需建立一种体制和机制，统一管理推广这一特殊的生物技术。需根据需要建立三级噬菌体生物控制研发管理体制和机构。

从国家到省市分级建立隶属于医疗、农业系统的研发管理机构：国家一级应规划适于噬菌体疗法的疾病及病原菌种类；负责收集分离保藏人畜和植物病原菌及相关噬菌体；出版有关噬菌体疗法的研究成果及国外研究进展的杂志；建立中央一级噬菌体研究和应用开发单位，并指导下级临床应用单位的噬菌体疗法的实施。尽管在文献中强调能以噬菌体疗法治疗败血症，但仍然未确定噬菌体疗法是否能用于全身性感染，或者用于已证明抗生素治疗无效的慢性感染病的治疗，虽然我们相信噬菌体可能是有效的治疗剂。在植物及动物疾病防治方面，应借鉴国内外成功经验，对某些病种如桃梨火疫病和乳猪腹泻等率先推广应用。

另一任务是前瞻性研究。已知噬菌体最终杀死宿主菌的机制是其编码的溶菌酶裂解宿主菌所致（图8.9），现在已有人通过克隆噬菌体裂解酶基因，制备成纯的裂解酶制剂，进行无噬菌体的噬菌体疗法，已有实验室动物试验成功的实验报道。此乃值得探索的新课题。

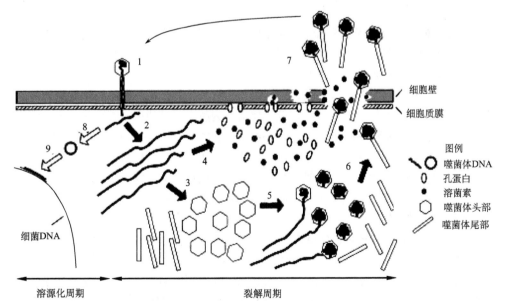

图8.9　噬菌体引发细菌裂解的模式图（Matsuzaki et al., 2005）。1. 吸附与DNA注入；2. DNA复制；3. 形成头部和尾部；4. 穴蛋白（holin）和溶菌酶的合成；5. DNA包装；6. 成熟的噬菌体颗粒；7. 破壁并释放子代噬菌体；8. 噬菌体DNA；9. 噬菌体DNA整合入宿主基因组

地方性研究单位建立宿主-噬菌体研究和应用实验室：不仅能鉴定病原细菌，同时也能如同确定抗菌谱那样，确定分离的噬菌体的特性（如是否为烈性噬菌体和宿主范围）等基础性工作，在技术上起到承上启下的作用。

二、建立目标菌-噬菌体工作系统

因抗药菌泛滥，已不可避免地进入了后抗生素时代。随着生命科学的发展，我们对噬菌体的认识已大为深化，已有成熟的方法和技术，利用它们为我们的目标服务。若要将噬菌体用于生物控制，首先必须建立起一个有效的工作系统，它包括目标菌种的分离和近缘物种的收集鉴定，以及针对目标菌种的噬菌体的分离鉴定两个方面。

1. 目标菌种的分离鉴定

目标菌种的分离和鉴定是建立工作系统的第一步。因为噬菌体是专性寄生物，只有分离鉴定出特定目标菌种，才能着手分离相关噬菌体。分离相关菌种的样品的取材按菌种生态分布而定：可以是来自活体标本，如人或动物或植物的病灶；也可是受污染环境的土样或水样。只有分离鉴定出相关病原菌，才能着手筛选和确定分离选择相关噬菌体。此外，应注意分离收集若干近缘物种或菌株（有的可由中国科学院微生物研究所菌种保藏中心或有关单位索取），以便用于检测噬菌体的宿主范围和研究噬菌体的生物学特性。每个工作菌株都需测验其与所分离噬菌体的关系：是烈性的，还是温和性的？以及确定分离菌株自身是否为溶源菌，这一点很重要，温和性噬菌体会严重关系到噬菌体疗法的成败。

2. 目标噬菌体的分离鉴定

目标噬菌体的分离鉴定是另一个关键内容。原则上说，哪里有目标细菌分布，哪里就有相关噬菌体存在。土样和水样都是噬菌体密集分布的环境，所以除了在分布有目标菌的附近外，亦可较大范围取样分离。

噬菌体与宿主之间的关系复杂，由于温和性噬菌体的生命周期依宿主菌生理状态和培养条件而变，可以表现为烈性繁殖，使宿主裂解，也可使宿主溶源化成为溶源性菌株，而人们用于生物控制的只是烈性噬菌体（图8.9），这一特性必须首先鉴别清楚，而且温和性噬菌体在自然界所占比例高于烈性噬菌体。

为了使未来工作更富成效，最好分离鉴定获得两种以上不同的噬菌体，它们有不同的宿主范围，最好不具交叉抗性，以便工作中当受体菌对其中之一突变为抗性时，可以用另一种噬菌体。

噬菌体与其宿主存在共进化体系，始终处于突变-适应-再突变-再适应的动态过程中，而且在此过程中细菌基因也可能发生横向转移，通过遗传重组使受体菌基因型改变，可能由敏感型突变为抗性菌，或有其他性状的改变，因此，在确定了工作菌株后必须保证菌株和噬菌体是纯株。在这里目标菌株与其确定的烈性噬菌体就组成我们实际应用的细菌-噬菌体工作系统。在宿主菌传代和用于制备噬菌体悬液时，总是要从实验室建立起来的纯的保藏株开始。实际应用时，还应检测新分离病原菌对噬菌体的敏感性。

3. 噬菌体疗法的展望

噬菌体疗法仍处于开发利用的初级阶段，噬菌体疗法已被成功地用于体外和黏膜组织如皮肤、上呼吸道、胃肠道系统、尿路系统、眼睛和耳的细菌感染。在美国耳部的绿脓杆菌引起的慢性炎症的控制实验已完成Ⅰ、Ⅱ期临床。然而，虽然对这些疾病治疗的情况感到乐观，但对它们能否代替抗生素治疗体内组织感染仍有疑问。因为首先在许多情况下，噬菌体进入体内会即刻被脾脏和肝脏消除，而不能作用于病灶。动物实验发现这一问题是可以克服的，λ噬菌体的一个突变型就可以不被这两个组织消除，可见要将噬菌体疗法用于深部感染还有可能，但需做大量工作。其次是噬菌体可能会引起抗体中和反应而使之失效。最后是噬菌体颗粒远大于抗生素分子，不易扩散到被感染的组织而有效地消除感染部位的病原菌。所以，其虽然显示良好的开发前景，但要更有效地用于细菌性疾病的生物防控，仍有大量的基础研究工作要做。

此外，为避免在以噬菌体治疗深部细菌感染遇到的难以达到病灶部位的诸多难题，科学家想到的解决这一难题的方案之一，是噬菌体生命周期的最终都要合成使宿主菌裂解的酶，从而释放出成熟噬菌体的过程，那么是否可能绕过直接使用噬菌体制剂，而开发利用噬菌体溶菌酶制剂，像使用抗生素那样注入体内，达到治疗的效果？

大多数有尾噬菌体在成熟晚期都产生肽聚糖水解酶（peptidoglycan hydroliase），即细胞内溶酶（endolicin或lysin）水解宿主细胞壁，将它的子代释放到环境中。噬菌体合成的细胞内溶酶包括酰胺酶（amidase），作用于N-乙酰基-胞壁酰-L-丙氨酸键、肽链内切酶（endopeptidase）切割交联肽链、乙酰基葡萄糖苷酶（glucosaminidase）或氨基葡萄糖酶（muraminidase）作用于糖苷链（图8.10）。采用细菌内溶素，胞外作用于宿主菌能快速降解肽聚糖，并对非生长状态的、对多种抗生素有抗性的细菌细胞同样有效。与抗生素相比，内溶酶的另一优势是可以使用配制的含两种不同酶切位点的酶协同作用。有趣的是，溶菌素具有物种和噬菌体特异性，因而趋向于只作用于目标菌，而并不或很少干扰正常的微生物微生态菌群。

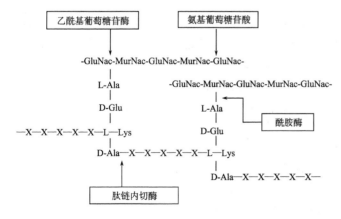

图8.10 图示革兰氏阳性菌噬菌体编码的溶菌素作用于肽聚糖的位点（Matsuzaki et al., 2005）。GlcNac和MurNac为乙酰葡萄糖胺和乙酰基-胞壁酰-L-丙氨酸；X为构成肽聚糖肽间的氨基酸连接，氨基酸的数目和种类依菌种而异

在实验室以大家鼠为模型，在体内对化脓链球菌、肺炎球菌、鼠疫杆菌和 B 族链球菌做过动物实验，效果良好；实验表明不仅对局部感染也有效，而且对全身感染也有效，因而具前瞻性开发价值。

第三节　噬菌体抗性菌株的筛选

噬菌体重新受到人们关注的另一个重要原因，是自 20 世纪 40 年代开始，多种微生物物种已经被开发并被广泛用于工业发酵，生产抗生素、氨基酸、维生素和酶制剂等，因为大量细菌细胞密集生长在一个巨大的容器内，为噬菌体繁殖创造了最佳条件。由于噬菌体侵染，严重影响奶制品、味精、酶制剂、抗生素、溶剂、杀虫剂等的生产，在发酵过程中，常表现为微生物培养物裂解，出现发酵异常，造成严重经济损失。

可见，噬菌体和病毒通过与我们赖以生存的环境中的微生物间的相互作用，从不同方面影响着人类的生产和生活。在医学和生物防治上如何有效地利用它们，而在工业上如何预防它们的危害，这成为噬菌体应用研究的另一个重要方面。在发酵工业上，如何筛选抗噬菌体的生产菌株，使发酵生产能正常进行，是一个常会遇到的问题。在我国，在 20 世纪 50～80 年代，由于生产设备水平及管理水平所限，噬菌体侵染问题常有发生，给发酵工业造成经济损失。

本节将介绍细菌病毒——噬菌体对微生物工业生产企业的危害，以及如何控制和应对噬菌体感染，如何通过筛选噬菌体抗性菌株保证生产正常进行。

为了抵御噬菌体对工业生产带来的侵害，有不同方法可供选择，如添加某种化学药品（如柠檬酸盐）降低噬菌体对宿主菌的吸附能力，或改变培养基成分和培养条件等，以降低噬菌体感染能力。但是从遗传上改变生产菌株的特性，应是解决问题的最佳方案。由于烈性噬菌体和温和性噬菌体各自与宿主之间的关系不同，筛选生产菌株的抗性突变型采用的筛选方法也不同。以下分别作介绍。

一、抗烈性噬菌体菌株的筛选

筛选抗烈性噬菌体菌株的方法有以下三种：①自发突变。最直接的方法是筛选宿主菌自发抗性突变型。这是基于任何基因的稳定性都是相对的，在传代过程中总有一定的概率发生突变，尽管突变的概率不高（通常为 $10^{-8}\sim10^{-6}$），但是不难从大量的敏感菌中定向选择到人们所需的突变型，如抗噬菌体的突变型菌株。方法是使敏感的受体菌与噬菌体直接接触，经培养，绝大多数受体菌在生长过程中被噬菌体裂解，只有其中个别抗性突变型繁殖形成菌落，它们就是噬菌体抗性菌。对抗性菌落分离纯化，再进行复筛验证，就可能得到稳定的抗噬菌体菌株。②诱发突变。诱变剂可以提高基因的突变率，提高抗性突变型菌株筛选效率。经诱变剂处理，使宿主菌改变与噬菌体感染和繁殖相关的分子机制（受体分子和/或胞内与噬菌体复制有关的调控机制）的相关基因发生突变，从而阻断噬菌体吸附感染和繁殖的机制。③原生质体融合。通过菌种间原生质体融合，实现宿主菌与其他相关菌种进行基因组重组/重排（genome suffering），由融合子的分离子中，筛选高产而具噬菌体抗性的重组子。实质上，这是杂交育种的方法，使受体菌间通过基因组间遗传重组，再在大量的融合重组子中筛选出既保持优良产量性状，又具噬菌体抗性的优良菌株。当以自发突变和诱发突变难以得到抗噬菌体菌株的情况下，此乃简单易行而有效的方法。实践表明，前两种方法就能筛选得到抗烈性噬菌体的菌株，然而也可能有例外，在采用前两种方法不能获得抗性突变型时，采用原生质体融合、基因重组/基因组重排法，几乎肯定可达到抗性菌株筛选的目的。

由噬菌体敏感型细菌变为抗性突变型，基本上是细胞壁分子结构组成的突变，改变了噬菌体吸附位点的化学组成或结构特性，破坏了噬菌体与宿主吸附感染的"锁钥"关系，从而使受体菌成为噬菌体抗性菌株。

如何快速发现和证明宿主的噬菌体抗性分子机制？一个简单而可行的方法就是制备宿主菌的转座子质粒的插入突变型库（比如获得 10^3 突变型分离子），将其制备菌悬液并以感染复数 5（moi=5）的噬菌体感染，培养至菌悬液变清或培养过夜，稀释铺含抗生素培养基平板，这时长出的菌落即为相关噬菌体的抗性菌。分离单菌落并复筛，对插入位点两侧进行基因克隆，便可进一步确定相关基因的功能。可能会发现一种以上不同的与噬菌体抗性相关的基因。再通过被克隆基因的序列分析，就可反推出与抗性有关的基因的本质。

1. 自发突变筛选噬菌体抗性菌株

虽然在前面谈到了许多有关噬菌体及噬菌体感染宿主菌的机制，而在实际应用研究工作中，总是将效果和效率放在第一位，采用方法直接筛选相关噬菌体抗性菌株，而只有在对噬菌体抗性做基础研究时，才进行抗性机制研究。

举一个噬菌体抗性菌株筛选的实际例子。在发酵工业中常因噬菌体感染造成重大经济损失，尤其是在环境管理不善的情况下，更时有发生。抗生素、食品发酵、味精生产、酶制剂工业等，都曾经受过噬菌体危害。例如，1975 年天津制药厂的四环素生产，曾因噬菌体感染一度几乎处于停产状态，损失惨重。

烈性噬菌体抗性菌株，通常是由敏感菌株中筛选自发抗性突变型获得。方法是取宿主菌悬液 1ml（$10^{7\sim8}$/ml），与噬菌体混合，使感染复数 moi 为 0.5～1，稀释入 20ml 培养液，培养一定时间后，可见菌液先由浊变清，继续培养过夜，菌液又会重新变混浊，表明噬菌体抗性菌已大量繁殖。取菌液适当稀释后，涂平板，长出的独立菌落即为可能的噬菌体抗性菌落。挑取若干单菌落，平板分离纯化后，做进一步复筛和验证，如表现型不变，保持对噬菌体抗性，而作为对照应表现为对噬菌体敏感，即可视为是对相关噬菌体的抗性菌株。筛选步骤如下。

1）噬菌体感染的证实

噬菌体感染必导致发酵异常，通常表现为发酵开始时，菌体生长良好，但随后菌体数急剧减少，以至于在显微镜下很难找到正常菌体，并伴随发酵罐温度下降、氨氮增高、pH 上升、不再积累发酵产物等异常现象。最终往往伴有杂菌污染而倒罐。然而，见到这些现象并不能证明就是噬菌体感染，还必须从异常发酵液中分离到噬菌体，并且表现为噬菌体的数量（以噬菌斑数计）与稀释倍数成反比。这样才能确定是否是噬菌体感染。并挑取单个噬斑，纯化保存备筛选抗性菌株时使用。

2）抗噬菌体菌株的筛选

一般来说，抗烈性噬菌体菌株的筛选，与抗药性菌株的筛选方法相似，采取敏感菌与噬菌体直接接触，经培养后，菌液由浊变清再由清变浊，再在含噬菌体的平板上分离单个菌落。长出的若干菌落通常就是自发突变产生的抗噬菌体突变型菌株。

下面以 20 世纪 70 年代，华北制药厂万古霉素生产菌东方链霉菌（*Streptomyces orientalis*）抗噬菌体菌株的筛选为实例，说明在工业生产上实验室筛选抗噬菌体菌株的过程。在生产上，通常采用敏感菌的自发突变筛选抗噬菌体菌株，基操作分为以下 4 步。

（i）将成熟的敏感菌斜面孢子用生理盐水洗下，转入装有玻璃珠的三角瓶中，在摇床上振荡 20min，将孢子团打散，经灭菌脱脂纱布棉花过滤，制得单孢子悬液。

（ii）用血球计数器计数孢子浓度，将浓度控制在约 10^8/ml；取 0.1ml 孢子悬液，与 0.1ml 噬菌体悬液（滴度 10^8/ml 左右，即 moi 约为 1），混合后倒固体培养基表面，30℃ 培养 12～14 天。如出现少数菌落，则它们可能是噬菌体抗性的。作为空白对照，在平皿上接种 100～200 个孢子，观察生长情况，以便计算存活率并观察形态变异。

（iii）斜面验证：将平板上长出的抗性菌落，用接种环接入已加有 0.1ml（10^7/ml）噬菌体悬液的斜面，30℃ 培养 9～10 天，如果斜面上不出现噬菌斑，长成一片白色孢子，而对照平板出现噬菌斑或不生长，则说明被测试菌株为抗性菌，并保留，选作摇瓶复筛。

（iv）摇瓶发酵试验：由平板筛选得到的抗性突变型菌株（通常需有 100～200 菌株）。尽管它们都对噬菌体是抗性的，而人们最终所关心的还是产抗生素的能力，是否保持原生产水平，是降低了还是有所提高？为此，必须以发酵培养基为基质，模拟发酵罐条件，在摇床上进行初筛和复筛，只有最终反复证明对噬菌体有抗性，而产抗生素能力不低于原菌株的抗性突变型菌株，才能被选作生产菌株。

在放线菌抗噬菌体菌株选育中，曾发现在存活菌落群体中，抗生素的产量变异幅度显著扩大，许多形态上正常的抗性菌落，其抗生素产生能力也比原菌株高。因而，有人将噬菌体视为一种诱变因子。其实这种相关性未必是真实的，更可能是因为抗性基因突变的一因多效现象。

在抗性菌株的整个筛选过程中，都要考查其遗传稳定性，因此必须对每步筛选出的菌株都要进行传代纯化，只有那些经传代仍然保持抗性并高产的菌株才最终被保留下来，进行发酵罐生产试验。

2. 自发抗性突变筛选抗性细菌的局限性

在生产上，我们曾遇到过实验证明确系烈性噬菌体感染，经反复采用自发突变筛选抗噬菌体菌株，但总遭失败，得不到噬菌体抗性菌株。这种情况曾在 20 世纪 80 年代初，天津酶制剂厂用于生产碱性蛋白酶的地衣芽胞杆菌（*B. licheniformis*）2709 受到一种烈性噬菌体侵染时遇到过。人们曾力图采用自发突变法分离该菌的噬菌体抗性菌株，但经多次实验，都未获成功。现象是当细菌接触到噬菌体后，培养液中的细菌被裂解，培养液变清，而继续培养后，菌液不再明显变浊；平板培养时，也不能得到正常形态的菌落。推测似乎这种噬菌体的受体，是一种对宿主功能重要而结构上极为保守的功能结构分子，因而一旦改变，受体菌便不能正常生存。限于当时的技术条件和方法及认知的局限性，未作进一步试验，而致最终也未能通过自发突变筛选到针对这种噬菌体的抗性菌株。

其实，当时若采取如下方法之一进一步工作，应可获得预期结果。

1）诱发突变筛选烈性噬菌体抗性菌株

采用诱变育种方法对敏感菌株进行诱变剂处理，使宿主细胞的受体位点或其他分子机制发生突变，从而阻断噬菌体感染和繁殖的过程，使之成为噬菌体抗性菌株，而不应仅限于自发突变法筛选，也许就能筛选到针对那种烈性噬菌体的抗性突变型菌株。

2）原生质体融合基因组重组法筛选噬菌体抗性菌种

原生质体融合（protoplast fusion），能打破生物界的物种在进化过程中形成的隔离，克服细胞壁障碍实现远缘、超远源种间原生质体融合，使之形成异核体并实现基因组间的遗传重组。这是在细胞水平上进行的基因工程操作技术。1990 年国内就曾有人将该技术用于谷氨酸生产菌抗噬菌体菌种筛选并获得过成功。方法如下。

（i）搜集若干芽胞杆菌属菌种（如地衣芽胞杆菌、枯草芽胞杆菌、巨大芽胞杆菌、淀粉液化芽胞杆菌、多黏芽胞杆菌、短小芽胞杆菌等），分别以不同菌种为宿主，检测噬菌体宿主范围，如表 8.1 所示。

（ii）按本书第十二章原生质体融合育种中介绍的方法，分别使地衣芽胞杆菌 2709 的原生质体与另一菌种的原生质体混合，在 PEG 和 Ca^{2+} 诱导下促成原生质体融合，使其在原生质体融合子再生过程中实现遗传重组，铺原生质体再生平板。待长成菌落后，再以噬菌体感染，筛选抗性菌株。

噬菌体抗性突变型，多是由于宿主细胞的细胞质膜和/或细胞壁成分中的噬菌体吸附识别位点发生了改变，导致噬菌体不再能起始感染过程。在通常情况下，并非因噬菌体的吸附点消失，所以，抗性突变型仍有回复突变的可能性，只是回复的概率极低（一般小于 10^{-6}）。所以，在工业上抗噬菌体菌株的筛选和应用也只是一种权宜之计，如果环境和设备得不到真正的改进，噬菌体感染还会发生。要真正解决噬菌体对生产的危害，必须同时从环境、设备和管理上下工夫。

二、抗温和性噬菌体菌株的筛选

芽胞杆菌属细菌是发酵工业上应用甚广的一个类群。例如，其中地衣芽胞杆菌、短小芽胞杆菌可用来生产碱性蛋白酶，淀粉液化芽胞杆菌可用来生产液化型 α-淀粉酶，枯草芽胞杆菌纳豆变种（*B. subtilis* subsp. *natto*）是用于保健的纳豆菌菌体及纳豆蛋白酶（溶纤酶）的生产菌种，而苏云金芽胞杆菌制剂正被用作取代化学农药的杀虫剂；另一些菌种（如多黏芽胞杆菌、枯草芽胞杆菌）则被用来生产肽类抗生素。

20 世纪 70 年代，天津酶制剂厂曾用短小芽胞杆菌生产碱性蛋白酶，投产大约一年后，出现发酵异常，后来证明是因噬菌体侵染，于是着手分离厂区噬菌体。工作过程中发现，实际情况远比想象的繁杂，分离到多种噬菌斑形态不同的噬菌体（表 8.1），而其中有两种噬菌体优势种。进一步工作发现，它们是温和性噬菌体，因为被感染的细菌在形成芽孢后，在 85℃热处理 15min，杀死噬菌体及非芽胞营养体后，以处理过的芽胞悬液接种液体培养基，经培养后，噬菌体又出现了，而且浓度达 10^5/ml 左右，而培养物中，并不能观察到细菌被裂解现象。这表明所使用的生产菌株感染的是温和性噬菌体。于是对厂区环境进行普查，分离出了多种具不同噬菌斑形态特征的噬菌体，这才有如同上面表 8.1 中的结果。

如何由敏感型生产菌中筛选抗温和性噬菌体菌株呢？由前面的关于温和性噬菌体的简要介绍可见，抗温和性噬菌体菌株的筛选方法注定不同于抗烈性噬菌体菌株的筛选方法，采用自发突变方法是不可能筛选到抗温和性噬菌体菌株的。

1. 诱发突变筛选抗性菌株

从抗性机制上，宿主菌的抗温和性噬菌体与抗烈性噬菌体并无区别，都与宿主菌与噬菌体感染过程相关的分子结构的突变有关，而二者所不同的是在表现型上如何区分抗性表现型细菌中的溶源性菌和真正的抗性菌。因为在温和性噬菌体的情况下，敏感菌接触噬菌体后，在平板上形成的菌落绝大多都是溶源性菌落，抗性菌落只占群体的约 10^{-7}，所以难以采用自发突变方法筛选抗温和性噬菌体菌株，即使是诱发突变后，虽然将突变率提高到 $10^{-5}\sim10^{-4}$，仍然不容易由存活菌落中筛选出抗性菌株，那么如何将那个别的抗温和性噬菌体的抗性细菌由溶源性菌中挑选出来呢？这就是筛选抗温和性噬菌体菌株时面临的首要难题。为此设计了如下的一个较为复杂的实验程序（图 8.11）。

1）噬菌体分离和鉴定

抗性菌株的筛选始于噬菌体分离，首先由侵染生产菌的发酵罐及厂区不同地点采样，分离噬菌体，因为出现因噬菌体侵染致使发酵异常已经经历了相当长的时间，由于厂区环境管理不善，厂区地面因喷雾干燥，普遍散布有含菌菌粉，成为噬菌体滋生的良好条件，早已滋生了大量而且可能多种不同的噬菌体，所以在工作开始时必须查明周围环境的噬菌体滋生情况，普查厂区噬菌体并分离、纯化、鉴定，保存备用（表 8.1）。否则我们的抗性菌株筛选工作会很不扎实，并可能导致后续工作无果而终。

2）宿主菌诱发突变

采用 EMS 或紫外线对敏感菌株短小芽胞杆菌 1037 诱变处理，使被处理菌与噬菌体以 moi 为 5 混合，以保证所有受体菌都被重复感染。稀释涂平板，使长成单菌落。这些单噬菌体敏感菌株菌落组成了溶源性菌和抗性细菌群体，预期抗性细菌占 $10^{-4} \sim 10^{-3}$，而溶源性菌占 99%以上。

3）平板初筛

挑选单菌落进行平板初筛这一步对节省工作量是十分重要的。方法是将诱变后，在平板生长的菌落，以牙签转接铺有敏感菌（指示菌）上层的新鲜平板，每只平板可接 100 个以上菌落，36℃培养过夜，观察菌落周围是否形成浑浊的抑菌圈，若有抑菌圈则判断为溶源性细菌。这里的指示菌采用出发菌株短小芽胞杆菌 1037。但是从表 8.1 可见，若以多黏芽胞杆菌为测试菌，预期效果会更好，会使淘汰溶源菌更富成效。

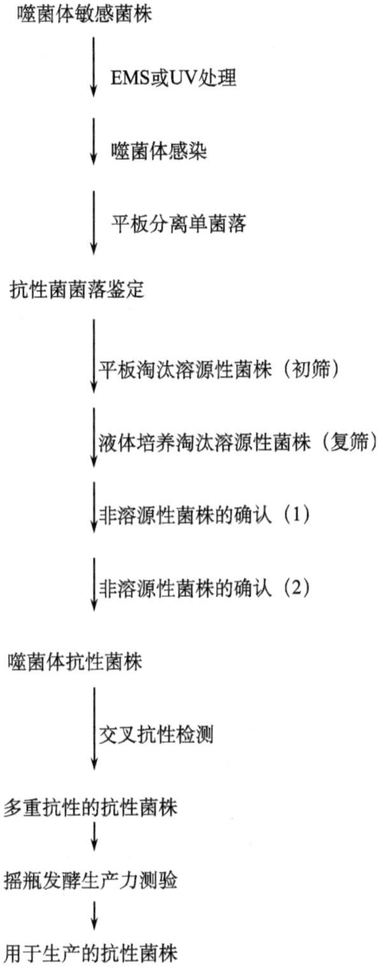

4）淘汰溶源性菌株

在这里，这一措施是专门用于芽胞杆菌的。由平板初筛挑出的不出现溶菌圈的抗性菌落，经传代纯化后，进行复筛。方法是将芽胞接入液体培养基，经 80℃热处理 20min，以杀死胞外游离噬菌体，36℃培养过夜；分别离心

噬菌体敏感菌株
↓ EMS或UV处理
↓ 噬菌体感染
↓ 平板分离单菌落
抗性菌菌落鉴定
↓ 平板淘汰溶源性菌株（初筛）
↓ 液体培养淘汰溶源性菌株（复筛）
↓ 非溶源性菌株的确认（1）
↓ 非溶源性菌株的确认（2）
噬菌体抗性菌株
↓ 交叉抗性检测
多重抗性的抗性菌株
↓ 摇瓶发酵生产力测验
用于生产的抗性菌株

图 8.11　芽胞杆菌抗温和性噬菌体菌株的筛选程序

试管培养物，取上清液，以敏感菌为指示菌，检测游离噬菌体，若仍出现噬菌斑，即为溶源菌，予以淘汰，保留那些不再出现游离噬菌体的抗性菌株。

5）噬菌体抗性菌株的确认

经复测得到的非溶源性抗性菌株，即为可能的温和性噬菌体的抗性菌株，为进一步证实其是否是真正抗性的，需将经复筛得到的菌株进行再次验证。方法是分别将各菌株培养至早对数期，加入 1μg/ml 丝裂霉素 C 诱导，观察是否裂解并释放游离噬菌体。若不释放游离噬菌体，则为备选的抗性菌株，留作下一步工作。

经上述步骤由短小芽胞杆菌 1037 诱变筛选，得到了因基因突变成为对噬菌体抗性的衍生菌株 384 和 578。但上述短小芽胞杆菌对 pp1 系列噬菌体的抗性菌株的抗性机制并未作过进一步研究。

6）交叉抗性测验

如前所述，环境中存在着多种相关而又不同的噬菌体，对未来将要用于生产的那些高产的抗性菌株来说，还必须检测它们对其他几种噬菌体是否也具有抗性。只有能同时对两种以上噬菌体具有抗性的菌株，才能作为试生产的候选菌株。按上述筛选过程由 686 个抗性菌株中得到了 30 个非溶源性抗性菌株，其中有 15 个抗性菌株对 6 种噬菌体表现不同程度的交叉抗性；这 15 个菌株中，有 12 个菌株能抗 6 种噬菌体；而交叉抗性复测证明有 11 株确系抗噬菌体 pp1～pp6 的抗性菌株（表 8.2）。

表 8.2　抗温和性噬菌体各筛选操作步骤的筛选效率（蒋如璋等，1980）

诱变剂	抗噬菌体	挑取菌株数	溶源性检测		溶源性复测		交叉抗性测验		丝裂霉素 C 诱导	
			L	NL	L	NL	R	S	R	L
EMS	pp1	150	90	60	6	14	5	9	2	3
EMS	pp2	310	244	66	8	6	6	0	3	3
UV	pp3	146	109	37	11	8	7	1	6	1
UV	pp6	80	66	14	4	2	2	0	0	2
合计		686	508	177	29	29	20	10	11	19
筛选效率/%		100	74.2	25.8	4.2	4.2	2.9	1.5	1.6	2.8

注：L 表示溶源性菌株；NL 表示非溶源性菌株；R 表示抗性菌株；S 表示敏感性菌株。

由表可见，溶源性检测的第一步就可淘汰约 75%的敏感菌株，而由敏感菌株经诱变筛选过程最终获得高产抗性菌株的概率约为 1.6%，这个概率并不算低。由不同突变型的表现型判断，这些抗温和性噬菌体的菌株，并非都由于某一特定基因突变所致，从突变型的表现型分析，可能涉及至少 2 个基因，因为以不同 pp 系列噬菌体筛选出的抗性菌株的表现型实际上是有区别的。

7）摇瓶发酵试验

摇瓶发酵试验分三步进行，第一步是采用原生产菌株的发酵培养基和培养条件测验抗性菌株的发酵产生碱性蛋白酶的能力，证明所选出的抗性菌株的产物产生能力不低于或十分接近出发菌株；第二步是以原生产菌株的发酵培养基的配方为基础，对培养基及培养条件进行优化，通过正交试验设计确定适于新菌株的最佳培养基配方和培养条件。第三步是在小型生产罐（50L）上，进行生产能力验证。

一个有意义的现象是突变型菌株在发酵罐中与对照相比，生长速度加快，产酶时间提前，产量比原敏感菌株有所提高。这与前一小节万古霉素产生菌的抗噬菌体菌株抗生素生产能力提高的现象相似，表现为一因多效现象。

附：如何大量制备高滴度噬菌体悬液？

为研究工作之需，如提取噬菌体 DNA，需要制备高浓度（$10^{11\sim12}$pfu/ml）噬菌体悬液，为此可采用如下方法（Shore et al.，1978）：若是要制备烈性噬菌体则可取 5ml 过夜培养物（约

10^9cfu/ml），离心，重悬于 50ml 新鲜培养基，培养 2～3h；离心，悬于新鲜培养基，调菌浓至 2.5×10^{10} 与 10^8 噬菌体悬液混合（控制 moi 为 0.01～0.1（依预备实验定），室温吸附感染 20min 后，分接两个 500 ml 含钙镁的有机培养基，恒温摇床培养，定时取样测菌浓（OD_{580}），并绘制生长曲线。可见在潜伏期后，进入指数生长期，注意在 $OD_{580}=0.6～0.8$ 曲线应偏离线性，随后 OD 值迅速下降，当 OD_{580} 值降至 0.4～0.5 即达到终点。若达不到这一效果，应酌情调整接种量。达到预期结果后，加入适量核酸酶和 2ml 氯仿，同时加入 RNase（1μg/ml），继续保温 30min，以促使部分尚未裂解的菌体裂解并降低培养液黏度，加入 2mmol/L Na_2-EDTA；8000r/min，4℃离心 10min，将上清液转入烧杯中。加入 3% NaCl 搅拌至溶解；加入 5%的 PEG_{6000}，搅拌至溶解，加入 0.1mol/L $MgCl_2$ 以稳定噬菌体，置 4℃ 1h；8000r/min 离心 40min；沉淀物悬于 5ml TM(50mmol/L Tris 缓冲液 pH8.0,10mol/L $MgSO_4$)缓冲液；转移入 50ml 离心管，并加入等体积氯仿，混悬 45s；10 000r/min 离心 50min；弃上清液；重悬于 5ml 缓冲液，加等体积氯仿重复抽提 1～2 次；收集噬菌体悬液，转入螺帽管中，测定噬菌体浓度，并加入两滴氯仿，4℃冰箱保藏备用；或以噬菌体缓冲液透析保存。

对于温和性噬菌体，先接种溶源菌，过夜培养，次日取 10 ml 菌液接入 500 ml 新鲜培养液，摇床培养。OD_{580} 测定菌浓，作生长曲线。待 OD_{580} 达到 0.5 左右，加入丝裂霉素 C，使其终浓度为 0.5～1.0μg/ml，继续培养，当发现生长放缓，明显偏离生长曲线后，取样 1ml 入一 10×100 小试管中，滴入一滴氯仿，摇动，若裂解即表明已达终点，向摇瓶中加入 2ml 氯仿及核酸酶，继续培养 30min，可见培养液中出现丝状菌体裂解碎片，将菌液转入离心杯内。其后操作步骤同烈性噬菌体制备。

参 考 文 献

陈晓春, 王继文, 曹永长, 等. 2005. 噬菌体在疾病治疗方面的应用及研究. 动物医学进展, 26: 32-35.

胡重怡, 蔡刘体. 2011. 噬菌体治疗作物细菌性病害的研究进展. 贵州农业科学, 39: 101-103.

蒋如璋, 樊庭玉. 1990. 短小芽胞杆菌缺陷噬菌体. 微生物学报, 30: 365-368.

蒋如璋, 李志新, 马俊荣. 1991. 短小芽胞杆菌噬菌体的分离及特性. 微生物学报, 31: 176.

蒋如璋, 李志新, 舒威, 等. 1980. 短小芽胞杆菌 1037 抗温和性噬菌体菌株的筛选及投产. 遗传, 2: 21.

裴景亮, 付玉荣. 2013. 噬菌体治疗细菌感染的研究进展. 浙江大学学报(医学版), 42: 700.

盛祖嘉. 2007. 微生物遗传学. 3 版. 北京: 科学出版社.

张利军. 2004. 噬菌体宿主特异性变化的分子机制. 第三军医大学学报, 26: 356.

Abe M, Izumoji Y, Tanji Y. 2007. Phenotype transformation including host-range transition through superinfection on T-even phages. FEMS Microbiol Lett, 269: 145.

Amavisit P, Lightfoot D, Browning GF, et al. 2003. Variation between pathogenic serovars within *Salmonella* pathognicity island. J Bacteriol, 185: 3624.

Amavisit P, Lightfoot D, Browning GF, et al. 2003. Variation between pathogenic serovars within *Salmonella* pathogenicity island. J Bacteriol, 185: 3624.

Bishop-Lilly KA, Plaut RD, Chen PE, et al. 2013. *Bacillus anthracis* mutants reveals an essential role for cell surface anchoring protein CsaB in phage AP50c adsorption. Virol Journal, 9: 246.

Jassian SAA, Limoges RC. 2014. Nature solution to antibiotic resistance: bacteriophages 'The Living Drugs'. World Microbiol Biotechnol, 30: 2153.

Labrie SJ, Samson JE, Moineau S. 2010. Bacteriophage resistance mechanisms. Nature Review, Microbiology, 8: 317.

Loc-Carrillo C, Abedon ST. 2011. Pros and cons of phage therapy. Bacteriophage, 1: 2, 111.

Matsuzaki S, Rushel M, Uchiyama J, et al. 2005. Bacteriophage therapy: a revitalized therapy against bacterial infactious diseases. J Infect Chemother, 11: 211.

Miller ES, Kutter E, Mosig G, et al. 2003. Bacteriophage T4 Genome. Microbiol Mol Biol Rev, 67: 86.

Schicklmaier P, Schmieger H. 1995. Frequency of generalized transducing phage in nature isolates of the *Salmonella typhimurium* complex. Appl Envir Microbiol, 61: 1637.

Shore D, Deho G, Tsipis J, et al. 1978. Determination of capsid size by satellite bacteriophage P4. Proc Nat Acad Sci USA, 75: 400.

Shousha A, Awaiwanont N, Sofka D, et al. 2015. Bacteriophages isolated from chicken meat and the horizontal transfer of antimicrobial resistance genes. Appl Environ Microbiol, 81: 3585.

Snyder L, Champness W. 1996. Molecular genetics of bacteria. Washington: ASM press.

Steensma HY, Robertson LA, van Elsas JD. 1978. The occurrence and taxonomic value of PBS X-like defective phages in genus *Bacillus*. Antonie van Leeuwenhoek, 44: 353.

Stent GS, Calender R. 1971. Molecular Genetics. San Francisco: W. H. Freeman and Company.

Sun J, Inouye M, Inouye S, et al. 1991. Association of a retroelement with a P4-like cryptic prophage(retronphage Φ R73)integrated into the selenocystyl tRNA gene of *Escherichia coli*. J Bacteriol, 173: 4171.

Yoset I, Nino R, Molshanski S, et al. 2014. Different approaches for using bacteriophages against antibiotic resistant bacteria. Bacteriophage, 4: e28491-1-4.

第九章　原核生物基因的横向转移

原核生物虽无有规律的有性生殖周期，却有多种导致基因重组的机制，可使供体菌染色体片段转移入受体菌，并经同源重组作用整合入受体菌染色体。由于这些导致基因重组的机制都是偶发性的，并由不同机制所导致，并且不是完整基因组参与，一般也不涉及细胞间细胞质融合，而只涉及部分染色体的转移和同源重组，所以被称为准性生殖（parasexuality）和准性重组（parasexual recombination）。所谓准性生殖是指无有性生殖机制和过程，而导致基因重组的机制。这样说来包括噬菌体在内都存在准性重组。

在自然界不同微生物物种之间有三种途径可实现 DNA 横向转移和基因重组，它们是 DNA 转化作用（transformation）、噬菌体介导的转导作用（transduction）、质粒介导的接合作用（conjugation）。即使是噬菌体那样的非细胞结构的生物因子，若用其两个遗传上不同的株系共同感染同一个宿主细胞，也会出现重组子噬菌体。这些事实足以暗示基因重组对生物界生命的延续及对生物进化进程中的重要性。那么，如何定义有性繁殖呢？就本质来说，应定义为：一切导致基因重组的机制。

通过遗传物质交换获得新特性，要比单独靠基因突变更能为自然选择提供多样化素材，更容易取得竞争优势，从而加速进化过程。这一点已在古生物化石研究中发现的由原核生物到真核生物的跳跃式进化中得到佐证（见本书第一章）。新的遗传信息的获得，对那些因环境变化而濒于灭绝的生物获得新适应性尤为重要。这些新特性可能涉及营养物质的利用、对新微环境的适应能力，也可能与抵抗某种有毒化合物有关；也可能改变细胞的某种结构，使之能更为有效地进行物质的和能量的代谢活动。而这些正是微生物在其生存的微环境中经常遇到的。原核生物中导致遗传物质交换与重组的机制是多样性的，至今在自然选择的压力下，仍在不断产生新的物种。

第一节　DNA 转化作用

细菌 DNA 转化现象，是科学界最早发现的大分子遗传物质在细菌细胞间转移和导致基因重组的机制。实验证明，某些种的细菌可以由溶液中直接吸收外源游离 DNA 分子，通过遗传重组获得新的遗传特性并传代稳定，从而也直接证明了 DNA 是遗传的物质载体。这是遗传学发展史上具里程碑意义的实验证据。

在自然界，细菌只有当它们处于感受态（competence）生理状态时，才具有由环境中吸收 DNA 的能力，细菌在感受态期，刚性的细胞壁结构会表现为具有能吸收和输送 DNA 大分子的能力，而非感受态细胞的刚性细胞壁没有吸收大分子 DNA 并穿过细胞膜的可能。现在在实验室内，这种感受态状态也可以通过化学化合物或高强度电场冲击实现，但是自然可转化细菌并不需要特殊的处理。所以，与人工感受态相对应，我们称之为自然感受态（natural competence）。出现自然感受态的细菌已在若干属菌中发现，其中有革兰氏阳性菌，也有革兰氏阴性菌，如土壤微生物枯草芽胞杆菌（*B. subtilis*）、病原微生物流感嗜血杆菌（*H.influenzae*）、引起淋病的奈瑟氏菌（*N. gonorrhoheae*）、引起肺炎的肺炎链球菌（*S.pneumoniae*）及蓝细菌的聚球藻属（*Synechococcus*）的物种。

1. 自然感受态

大多数自然可转化细菌只是在它们的生长周期的晚期，通常在达到平衡期前才能吸收外源 DNA，人们将细菌能吸收 DNA 的生理状态称为感受态期（competent stage）。

首先我们想要知道的是与感受态相关的基因及它们是如何被调控的。而在这方面人们了解最多的是枯草芽胞杆菌。枯草芽胞杆菌的感受态调节作用是通过类似于细菌许多其他系统的一种双因子调节系统实现的。当培养基中的营养快耗尽而细胞群体接近最高密度时，细胞膜中的一种探针蛋白 ComP（图 9.1）发出警示信息，高细胞密度引起 ComP 自身磷酸化为 ComP-P，然后 ComP-P 的磷酸基由 ComP-P 转移至 ComA（一种响应调节器蛋白），使之变为多个基因的转录激活蛋白，在被激活的基因中包括感受态表达需要的 *srf*A 操纵子。枯草芽胞杆菌感受态的出现之所以要求高的细胞密度，是因为在细菌繁殖放慢时才会分泌被称为感受态信息素（competence pheromone）的小分子肽。当信息素分泌量足够高时，细胞生理状态发生变化，进入感受态状态，才有能力吸取周围存在的 DNA。

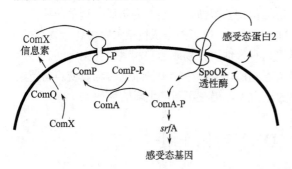

图 9.1　枯草芽胞杆菌感受态发育的调节（Snyder and Champness，1997）。细胞膜中的 ComP 蛋白感测到细胞的高密度并被磷酸化，然后其磷酸被转移给 ComA，令感受态基因转录。ComP 蛋白磷酸化与两种感受态信息素肽有关，其中之一与 *spo*OK 基因产物寡聚肽协同作用，激活 *srf*A 操纵子

感受态信息素之一是由 *comX* 基因编码的较大的多肽片段，而 *comX* 基因上游的另一个基因 *comQ*，也是感受态信息素的合成需要的，它可能就是切割 ComX 多肽的蛋白酶。一旦信息素由 ComQ 切出，ComP 就被磷酸化激活。在枯草芽胞杆菌群体中感受临界密度的第二个感受态多肽可能是与芽胞形成相关的 *spo*OK 基因，芽胞形成是一个更为复杂的发育分化过程，这里不再叙述。可见，枯草芽胞杆菌感受态与芽胞杆菌的发育分化相关联。

虽然生孢子发育的调节机制已研究得相当清楚，但对使细胞能让 DNA 透过细胞外膜的基因产物还不十分清晰。推测有些蛋白质会与 DNA 结合，而其他的蛋白质必定与形成可以输送 DNA 的细胞膜结构有关，有证据表明，多聚羟基丁酸盐可能在细胞膜中形成这种通道。然而，实际上，在相同条件下枯草芽胞杆菌中也只是个别菌株会在分化期出现感受态现象，而绝大多数菌株，在其生活周期中并不出现感受态生理状态。肺炎链球菌的感受态出现也是信息素诱导的。

1）自然转化作用时对 DNA 的吸收

在自然转化作用研究早期有三个待解决的问题：①DNA 的吸取效率；②是否只吸收同源 DNA；③是否 DNA 的互补链都被吸收并重组入受体细胞 DNA。

DNA 吸收率：DNA 吸收效率不难以生物化学方法测定。例如，以同位素标记的 DNA 与感受态细胞混合，经一段时间后，以 DNA 酶处理，这时未进入细胞的 DNA 被降解，而进入细胞的 DNA 将得以被保护。以微孔滤膜收集细胞，比较微孔滤膜上的放射活性与加入的 DNA 的总活性，就能得出被吸收的 DNA 所占的百分比，即 DNA 的吸收率。结果显示，感受态细菌的 DNA 吸收率是相当高的。

被吸收 DNA 的特异性：关于感受态细菌是否只吸收同源的 DNA 而不吸收异源 DNA，同样通过使用同位素标记异源 DNA 方法，检测抗 DNA 酶解的 DNA 的分布来确定，结果发现，有些细菌物种只吸收同种的 DNA，如淋病奈瑟氏菌（*N. gonorrehoeae*）和枯草芽胞杆菌；而另一些则可以吸收任何来源的 DNA，如嗜血流感杆菌（*H. influenza*）。

自然转化中只吸收单一 DNA 链：实验显示只有双链 DNA 能与细胞表面的特异性受体点结合，并转化细胞得到遗传重组子，但是真正参与转化的却只是单链 DNA。例如，肺炎链球菌转化的第一步是双链 DNA 结合到受体菌细胞表面，结合的 DNA 被内切核酸酶切成较小片段，互补链中的一条链被外切核酸酶降解，而另一条链进入细胞成为起转化作用的单链 DNA，通过链置换（双交换）整合到受体细胞染色体 DNA 的同源区，通过同源重组掺入基因组，被置换出的老链被降解。如果供体 DNA 和受体 DNA 序列略有区别（如基因突变），就会出现重组体菌株。降解未被吸收 DNA 单链的与膜结合的 DNA 酶的基因已在肺炎链球菌中被发现。

不同类型的自然感受态菌种吸收单链 DNA 的机制也不同。例如，嗜血流感杆菌首先将吸收的 DNA 储放在细胞表面的被称为转化体（transformasome）的分割区，新 DNA 在进入细胞质前仍为双链。所有自然转化作用的基本过程都相同，只是双链 DNA 的一条链进入受体细菌细胞内，并通过双交换与受体细胞染色体重组，整合入重组子基因组。

因为环境中难得有游离 DNA 存在，尚不知在自然界转化作用的出现情况，以及在微生物遗传物质交换中遗传转化起多大作用。但是在有的情况下，如在高密度生长的细菌群体中，有些细菌死亡并裂解，所释放出来的 DNA 若有可能逃脱胞外核酸酶的作用，便可能出现转化过程，这在临床微生物（如奈瑟氏菌）中已有报道。而如果受体菌获得的基因所表达的特性能使受体菌有更高的生存能力或新的特性，其后代便具有竞争优势，若干世代后便可能成为优势菌群。

2）以质粒转化自然感受态细菌

因为质粒和噬菌体与宿主 DNA 无同源性，所以不能转化自然感受态细胞。但当它们是二聚体时，有可能转化嗜血流感杆菌，因为其能吸收外源非同源性 DNA。

2. 人工诱导的感受态

大多数细菌物种，甚至同一物种的不同菌株，都不能自然出现感受态，这至少说明转化作用还是相当隐秘的。然而即使是这些细菌，也可以通过某种化学化合物处理，使它变为化学感受态细胞；或者可在强电场中，通过电穿孔作用（electroporation）改变细胞壁结构，迫使其吸收 DNA，这被称为电激作用和电激转化作用。

1）钙离子诱导出现的感受态

经含钙离子缓冲液处理可以使一些细菌种出现感受态，其中包括大肠杆菌和沙门氏菌，以及一些假单胞菌菌株。这种感受态诱导的机理还不清楚。

化学诱导的转化作用，一般来说效率并不很高，只有很少部分细胞可被转化，因此被转化的细胞必须涂布在选择性培养基上才能筛选得到转化子。所以用作转化的 DNA 应带有可被选择的遗传标记，如抗生素抗性基因或其他可被筛选的合成代谢基因标记。

与自然感受态不同，通过钙离子处理形成的感受态细胞，可以吸收单链的也可以吸收双链的 DNA。因此，线性的和双链环状质粒 DNA 都能被有效地导入感受态细胞。所以，钙离子诱导的感受态细胞能将质粒及噬菌体 DNA 引入细胞，尤其是大肠杆菌是实验室普遍使用的，已被广泛用于基因克隆和分子生物学研究。

2）电激转化作用

将 DNA 引入细菌细胞的另一个方法是电激作用，在此过程中与 DNA 混合的细菌短时间暴露于强电场中，这种短时电休克似乎能"迫使"细胞壁呈现通道，而 DNA 便趁势进入细胞。电激作用对大多数类型的细胞，包括大多数细菌都有效。这与上面所说的方法不同，上面的方法仅适合于某些物种，而电激转化适用面较广。同时，电激转化也可以用来向细胞中导入线性的染色体 DNA 和环状质粒 DNA。随着分子生物学的发展，现在这一技术已在科研中普遍使用。电激转化所需要的专用设备已很成熟，不难购得。

3. 原生质体转化

利用啤酒酵母（*S. cerevisiae*）原生质体研究微生物生理和大分子合成实验，始于20 世纪 50 年代，而制备原生质体方法的突破是由 Hutchison 和 Hartwell（1967）建立的制备酵母菌的原生质体的方法开始的。他们以 1mol/L 的山梨醇高渗缓冲液为稳定剂，用蜗牛酶（glusulase）降解酵母细胞壁，分离得到用于研究蛋白质生物合成的原生质体。后来很快有人发现这样制备的 *leu*2 突变型酵母的原生质体，很容易在 $CaCl_2$ 存在的情况下将突变型酵母菌转化为 Leu^+。这就是原生质体转化的开始。现在原生质体转化方法已广泛用于原核生物和真核生物，成为基因跨域转移的有效方法。

1）实现原生质体转化的前提条件

必须要制备分离得到原生质体，这就要有相应的胞壁降解酶，以除去细胞壁，使细胞成为只是由细胞质膜包裹的原生质体（protoplast），有时也会因细胞壁去除不完全仍残留部分细胞壁物质，而被称为球质体（spheroplast）。采用哪种胞壁降解酶及使用怎样的高渗稳定剂缓冲液依菌种而异，常用的高渗稳定剂有蔗糖、山梨糖、NaCl、KCl 等。基本上，真细菌多采用溶菌酶，真菌采用含纤维素酶和几丁质酶的商业酶制剂，如蜗牛酶和 Novozym 234。但是也不乏例外，所以，实验工作中若遇到新菌种，总是要查阅相关文献，并经预备实验确定。

而在完成实验操作后，必须在合适条件下完成原生质体再生过程，使之形成正常形态的细胞，并繁殖形成克隆。所以原生质体再生是另一个前提条件。原生质体再生培养基中使用的渗透压稳定剂，可能与原生质体化时使用的相同，也可能有所区别（见第十二章）。

2）原生质体转化的实验操作

细胞壁不仅决定细胞的形态，它对胞外物质进出细胞也有很强的选择性。细胞变为原生质体后，阻止 DNA 进入细胞的天然屏障被解除，因而使转化作用成为普遍适用的技术，是原生质体转化的最为明显的优势，而且有可能打破物种界限，实现远缘种间 DNA 转化。

影响转化作用的另一因素是不同菌株间的限制-修饰系统。由于不同菌种存在有不同的限制-修饰酶系统，进入细胞的外源 DNA 被切割，以阻止外源遗传物质进入体内，干扰自身固有的遗传代谢过程。有证据表明，在原生质体转化中使用的化学介导剂聚乙二醇（PEG）对 DNA 和相关的蛋白质可能有某种修饰或"掩护"作用，而能克服这一障碍。例如，在葡萄球菌、枯草芽胞杆菌和链霉菌的种间质粒转化中，发现不同来源的质粒的种间转化频度虽相差两个数量级，但仍可得到转化子；另外当质粒以限制性内切酶（如 *Bam*H I 或 *Hind* III）切成线性，仍可转化得到质粒转化子，说明它们可在胞内重新连接修复为环状 DNA 分子。与原生质体转化与接合作用导致基因重组、筛选重组子一样，实验开始前，首先必须诱变筛选不同的基因突变型，通常为营养缺陷型，作为遗传的筛选标记；若以质粒转化敏感的受体菌，则可直接以质粒的抗性基因为选择标记。

原生质体转化的一般操作为：①制备原生质体。以链霉菌为例，培养收集在含甘氨酸的培养基中生长的对数期晚期菌体，悬于含蔗糖的高渗稳定溶液，经溶菌酶处理，除去细胞壁，使其成为原生质体（见第十二章）。由于原生质体的表面带有负电荷，因此它们并不易黏结成团。②离心分离原生质体，洗涤并悬于原生质体稳定缓冲液中，使其浓度约为 4×10^8/ml。③取 0.5ml 悬液与供体 DNA 混合，加入等体积的 42%的 PEG4000 混合，30℃保温 5～10min。④离心，弃上清液，重悬于等体积的原生质体缓冲液。⑤适当稀释后，涂布基本再生培养基平板，培养数日，计算原养型菌落数和再生存活菌落数比，并对转化子作进一步鉴定。

转化用的 DNA 可以用常规方法制备，也可以直接使用原生质体裂解物。制备方法是在低温下，取 1ml 原生质体（8×10^8）直接离心，弃上清液，沉淀物以 1ml 冷蒸馏水休克裂解，冰浴 10min，并偶尔以混悬器混合，可见溶液变得黏稠，此时原生质体已裂解。加入高浓度稳定剂，如 0.2ml 的含 60%的蔗糖缓冲液，即可用来转化受体菌原生质体。

第二节　噬菌体转导作用

转导作用是在温和性噬菌体介导下，遗传信息由一个宿主菌株转移入另一个宿主细胞，通过同源重组将供体菌株基因引入受体菌基因组的过程。因不同噬菌体在宿主细胞内存在的状态（插入宿主染色体或附加体），及其成熟时的噬菌体基因组被包裹的机制不同，形成的转导噬菌体携带宿主 DNA 的片段和大小也不同，如大肠杆菌 λ 噬菌体总是插在大肠杆菌 *bio-gal* 操纵子之间，在错误切出时只能切出带有 *bio* 或 *gal* 操纵子片段；而以附加体状态存在的噬菌体 P1，则可包裹其基因组大小的任意片段宿主 DNA。前者导致局限性转导，而后者将导致普遍性转导。

1. 局限性转导

在携带原噬菌体 λ 的大肠杆菌中，噬菌体是通过点特异性重组，通过宿主染色体的 *bio-gal* 操纵子之间的特异性识别位点 attBOB′，与噬菌体基因组的附着点 POP′间点特异性重组整合到宿主基因组中（图 9.2），并随细菌染色体协调复制，这种关系是相对稳定的，在自然生长状态下大约只有 10^{-5} 概率从染色体上脱落，转为烈性生长，这时原噬菌体会通过点特异性重组机制环化，而精确地由插入点"---BP′- λ 基因组-PB′---"切出，环化为 λ 噬菌体基因组，再按滚环模型复制成头尾相连、包含若干基因组的共聚体（cocatemer），合成头部和尾部蛋白，再在其组装蛋白的作用下，切割 DNA 并装配为成熟的 λ 噬菌体粒子，这是 λ 噬菌体正常的自发释放过程。

λ 噬菌体由染色体切离时，在少数情况下也可能出现非精确切出，形成携带宿主染色体片段而丢失噬菌体 DNA 片段的缺陷型 λ 噬菌体（图 9.2），若携带 *gal* 基因，则所形成的噬菌体被称为 λ dgal。如果以 λ dgal 感染 *gal* 突变型菌株，在 DNA 进入宿主后，若与宿主基因组的 *gal* 基因间出现同源重组，供体菌的野生型 *gal* 基因替代受体菌的 *gal* 突变型基因，这样就会产生野生型 Gal+重组子。由于这是由噬菌体介导产生的，因此称为 Gal+转导子（transductant）。

由图可见，由于 λ 噬菌体总是通过噬菌体的 PP′位点的特异性重组作用，整合在细菌染色体的 *gal-bio* 之间的 BB′位点，因此发生错误切出时，只有两种可能：产生 λ dgal 或 λ dbio 转导噬菌体（图 9.2，1 或 2），因而在感染 *gal* 或 *bio* 宿主时，只能通过转导作用产生 Gal⁺或 Bio⁺转导子，由于 λ 噬菌体通常只能导致宿主有限的基因转移，因此被称为局限性转导（restricted transduction），或者也称特异性转导作用（specialized transduction）。利用 λ 噬菌体完成的大肠杆菌 *gal* 操纵子的精细的遗传学研究，对分子遗传学的发展起过重要的作用。

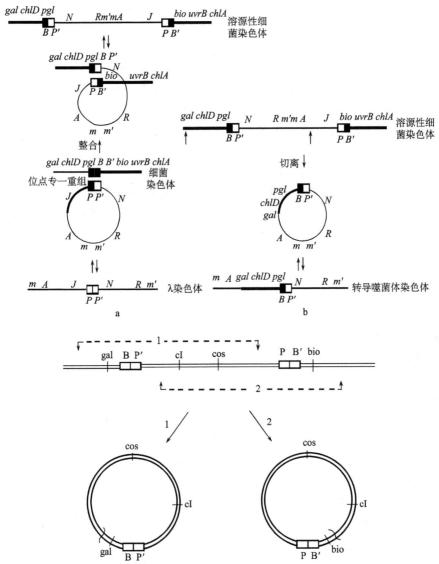

图 9.2　示局限性转导的 λ 噬菌体是因异常切出形成的（盛祖嘉，2007）。λ 噬菌体的整合与切出过程，通过点特异性重组，噬菌体基因组的 PP′位点整合于宿主的 BB′位点之间，在正常情况下，切出过程是精确的逆向过程（上，a）；特异性转导噬菌体的异常切离过程（上，b），形成转导噬菌体 λ dgal（下，1）或 λ dbio（下，2）

　　能使用 λ 噬菌体进行普遍性转导吗？答案是有可能。从图 9.2 可以推测，如果从大肠杆菌染色体上除去 BOB′序列，得到一个 ΔBOB′突变型（BB′缺失突变型）菌株，以这种突变型菌作为 λ 噬菌体受体，也会得到 λ 噬菌体的溶源性菌株，尽管溶源化效率较低。在这种情况下，由于它失去了正常的整合位点，而不得不插入到一些较少能插入的位点上。噬菌体的插入总会引起宿主染色体 DNA 序列改变，而成为插入突变型。如果能获得许多插入突变型，并做表现型检测，便可确定不同菌株的噬菌体插入的具体位置，就可按同样的方法制备噬菌体悬液，通过转导作用对这些突变型做相关基因的遗传学分析。

2. 普遍性转导

普遍性转导的发现在时间上早于局限性转导，人们的初衷是想以大肠杆菌近缘物种沙门氏菌为材料，研究其是否也有遗传重组作用。为此设计了一种 U 形管装置，中间以阻挡细菌通过的烧结玻璃隔开。实验中使用的两个菌株分别是沙门氏菌组氨酸缺陷型菌株 2A 和色氨酸缺陷型菌株 22A，将两菌株分别培养在 U 形管两侧，并以压力使两侧液体流通，结果在菌株 22A 一侧出现约 10^{-7} 原养型菌落，而菌株 2A 一侧并无原养型菌落出现。当单独培养时，它们也都不出现原养型。

进一步分析发现这是 22A 菌株携带的噬菌体能使 2A 菌株裂解，并释放能穿过 U 形管烧结玻璃的一种因子，22A 获得这种因子后改变了其遗传特性所致。接着做了多个类似的实验，发现其他遗传标记亦可以相同的概率转移，并且这种转移并不受 DNA 酶的影响，因而排除了 DNA 转化作用的可能性。进一步分析确定这种转移是由一种噬菌体介导的。原来沙门氏菌 22A 是噬菌体 P22 的溶源性菌。这是噬菌体普遍性转导的最初发现。

1）普遍性转导的机制

噬菌体 P22 与噬菌体 λ 不同，它可以整合在宿主染色体的多个不同位置，因而在原噬菌体被切出时，有可能形成携带宿主不同基因片段的噬菌体颗粒，当它感染敏感菌 2A 时，其裂解产生的噬菌体可以分别导致不同基因转移的现象，所以被称为普遍性转导作用（general transduction）。

类似地，后来又分离到了噬菌体 P1，其可以在大肠杆菌菌株及近缘物种，如沙门氏菌和痢疾志贺氏菌（*Shigella dysenteriae*）等不同菌种之间进行基因的横向转移。

噬菌体 P1 为什么能进行普遍性转导呢？这与它们和宿主染色体之间的关系有关。大肠杆菌噬菌体 P1 与沙门氏菌噬菌体 P22 和宿主的关系十分相似，在其溶源化以后，在宿主中都既可以以整合状态，也可以以质粒状态存在于宿主中，在进入裂解繁殖时并不像大肠杆菌噬菌体 T4 那样，将宿主菌的染色体降解并再利用，而是保持或基本保持了宿主染色体的完整性；此外，在成熟时，它的头部包装 DNA 的机制是采用"头部装满"（headful）的方法，并无如同 λ 噬菌体那样有特异性的识别切割机制，因此它不仅可以装入噬菌体 DNA，也可能装入宿主 DNA，这种错装概率为 $10^{-5} \sim 10^{-4}$，若装入宿主 DNA 就成为可转导噬菌体。

一个 P1 转导噬菌体能携带多少宿主 DNA 呢？噬菌体 P1 大约能包裹 1/50 长度的

大肠杆菌染色体，即约 90kb。所以在大肠杆菌遗传作图中，常以 P1 噬菌体转导作用验证 Hfr 接合转移得到的作图结果，并且转导结果比按分钟为单位的结果更准确，尤其是相邻基因的精细作图，P1 噬菌体转导是最好的方法，所以 P1 噬菌体在大肠杆菌遗传图的制作、精细遗传学分析和等基因菌株的构建上起过非常重要的作用。

2）普遍性转导机制的应用

普遍性转导在现在的实验中仍被经常用到，如可以用于构建等基因菌株。例如，在研究 *rec*A 基因对紫外线作用的敏感性时，实验中采用的两个菌株其一是野生型，另一为通过转导作用得到的 *rec*A 突变型，而不是由诱变得到的 *rec*A 突变型，因为只有这样才能保证二者的遗传背景除了人们所关心的基因外，其他背景一定是等同的。要做到这一点自然需要受体菌的染色体上有与 *rec*A 基因紧密连锁的突变型基因作为筛选标记，这样用 P1 噬菌体转导受体菌时，就不难筛选得到要做研究的 *rec*A 等基因菌株了。所以，P1 噬菌体转导是大肠杆菌构建等基因菌株的最佳方法。

如何进行 P1 噬菌体转导？为获得令人满意的转导结果，需阻止受体菌株被 P1 噬菌体溶源化，因为 P1 溶源性菌会限制接合作用时导入外源 DNA 和噬菌体感染，因而干扰遗传杂交。一种方法是采用低感染复数（如 moi<0.1）和加入柠檬酸盐（络合噬菌体吸附所需的 Ca^{2+}）以阻止噬菌体再感染；另一种方法是采用不能使受体菌溶源化的 P1 噬菌体的烈性突变型（P1*vir*）。

噬菌体 P1 的野生型分离子在大肠杆菌 K12 平板上形成噬菌斑的能力很弱，而其突变型 P1*kc* 在感染 K12 菌株时，平板效率高并形成小而清晰的噬菌斑。所以实验中采用 P1*kc* 感染受体菌，制备 P1*kc* 裂解液。这正是现在实验室常用的噬菌体株。此外，P1 噬菌体转导是通过同源重组作用实现的，在遗传学分析试验时要求受体菌为野生型 Rec⁺。

第三节 接合作用和质粒生物学

质粒是原核生物基因实现横向转移的主要机制，经改造后的质粒也是遗传工程中必不可少的分子生物学工具。质粒几乎存在于所有原核生物类群中，其编码的操纵子的作用与微生物许多方面的功能相关：包括对不良环境的适应能力、抗逆性、致病性、接合转移作用、参与次生代谢物合成及调控、携带的降解代谢途径的操纵子使宿主有可能适应特殊的微生态环境等。人们曾经认为质粒对宿主正常代谢和生存无关紧要，现在看来，这种观点并不准确，或者说那是仅限于实验室内的观察得出的结论，实际上，质粒直接参与了与宿主菌的进化和对生存环境的适应过程。在环境微生物种群间，质粒还是可以共享的基因资源，是微生物种群的一个可移动基因库。对不同物种的上千种质粒分析发现，在原核生物携带的质粒中 15%为自主接合转移质粒、24%为可移动质粒，61%为非移动质粒；另据革兰氏阴性变形菌门（*Proteobacterium*）菌分析过的 1700 多质粒的更精确的统计发现，其中 28%为接合转移质粒、23%为可转移质粒，而 49%为非转移质粒。这一结果表明质粒对原核生物接合转移和质粒编码的功能传播的横向转移的重要性。生态学研究已证明微生物多样性及其能实现在地球上不同环境中无所不在的适应能力，与这种染色体外可移动遗传因子的作用是分不开的。如果将所有原核生物的基因组总和比喻为一个基因库的话，那么核外遗传因子（质粒和噬菌体）就是基因组功能的核外互补因子。它们与基因组不同，就在于种间甚至跨域移动能力，能通过接合作用导致其在不同物种间基因转移和准性重组，这在微生物进化、对环境的适应、疾病的传播、对微生物有机物利用能力的开拓等都起着十分重要的作用。

与染色体一样，每个质粒都是一个复制子（replicon），能随细胞繁殖而复制，并在细胞分裂时分配入子细胞。质粒的大小变化在几 kb 至几百 kb，它们中的大多数为双链环状 DNA 分子，而只在少数细菌中是线性的，如博氏疏螺旋体（*Spirochaeta*）的质粒和天蓝色链霉菌质粒 SCP1。同一细胞内也可以有两种不同的相容性质粒共存。细胞内可以携带的质粒的拷贝数因质粒而异，可以由一至上百个拷贝不等。

现今的重组体 DNA 技术，从一开始就是以质粒载体的构建和应用为基础，所以在近代分子生物学研究中它们是必不可少的工具。

1. 质粒的命名

在未建立质粒命名规则前，质粒的存在是依其对细菌表现型的影响得名的，如 R 质粒是因为它们带有抗性基因，R 代表抗性。人们发现第一批质粒是在 20 世纪 60 年代，如由粪便中分离出的大肠杆菌和志贺氏菌的抗多种抗生素的抗性质粒，包括药物抗性质粒 RK2、RK4 等；ColE1 质粒携带大肠杆菌素 *E1* 基因，它能杀死不携带质粒的大肠杆菌；环境中分离的携带 TOL 质粒的菌株可以降解甲苯；致瘤农杆菌（*Agrobacterium tumefaciens*）的 Ti 质粒携带植物致瘤基因，并能实现原核生物-植物间遗传物质跨域转移等。

随着被发现质粒的增多，这种按质粒决定的表现型命名法，变得越来越不适用，于是人们商定出了一个命名系统，以小写的"p"代表质粒，随后以大写字母代表发现者或构建者的姓名的缩写，记述新发现或构建的质粒。例如，我们常用的载体质粒 pBR322，意为由 Bolivar 和 Rodriguez 构建，322 为记录衍生质粒号码（图 9.3）。

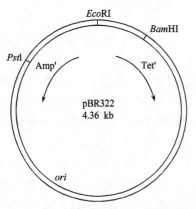

图 9.3　基因克隆载体 pBR322。*ori* 为复制起始位点；Amp^r 和 Tet^r 分别为氨苄西林和四环素抗性基因；*Eco*R I、*Bam*H I 和 *Pst* I 分别为用于基因克隆的限制性内切酶切点

2. 质粒的基本特性

质粒是核外遗传因子，是独立的复制子，它们与宿主间存在着复杂的关系，质粒的有些特性与噬菌体相似，如具有一定的宿主范围，能作为附加体插入宿主菌染色体。它们中有的具有很窄的宿主范围，如 ColE1，只能在大肠杆菌及其近缘物种中传代；也有的

宿主范围很广，如 RK4 和 PSF1010，可以在各种革兰氏阴性菌，甚至革兰氏阳性菌中传代。不同质粒可区分为不同的不亲和群，相同不亲和群的质粒不能共存于同一细胞内，而不同不亲和群的质粒可以共存于同一细胞内，这与质粒复制调控机制或分配机制异同有关。

1）质粒复制起始区的功能

每个质粒都是一个复制子，大多数质粒与复制有关的基因都位于复制起始区（*ori*）附近。所以，只有质粒 *ori* 附近很小的区域是复制功能所必需的，因而如果移去 *ori* 区外的 DNA，质粒仍然可以复制，虽然传代未必稳定。这就使将质粒改造为小分子质量质粒载体成为可能。当然，*ori* 区的基因还经常有其他功能，这将在后面讨论。

2）宿主范围

质粒的宿主范围是指一个质粒能在其中复制传代的所有类型的宿主，而这一特性是由质粒 *ori* 决定的。具 ColE *ori* 的 ColE 型质粒，包括实验室中常用的 pBR322 和 pUC质粒表现窄的宿主范围，只能在大肠杆菌及一些近缘物种，如沙门氏菌和克雷伯氏杆菌（*Klebsiella*）中复制；相反的，广宿主范围质粒明显不同，属不亲和群 IncP 的质粒 RK2 和具有 RK2 *ori* 的质粒，可以在大多数革兰氏阴性菌中转移复制；而不亲和群 IncQ质粒 RSF1010 质粒，甚至可以在某些革兰氏阳性菌和真核生物，如链霉菌、酵母菌和植物细胞间跨域转移和复制。由革兰氏阳性菌分离到的质粒如 pUB110，最初来自金黄色葡萄球菌，它可以在许多革兰氏阳性菌，如芽胞杆菌（*Bacillus*）和链球菌中复制。不过，多数革兰氏阴性菌的质粒只能在革兰氏阴性菌中复制，反之亦然。

那些可以在亲缘关系非常不同的宿主中复制的质粒，意味着该质粒能编码与其复制有关的所有起始复制的蛋白质，而无需宿主的其他复制功能，并且那些质粒的基因的启动子具有可以在不同宿主中表达等特性。换句话说，广宿主范围质粒的复制有关基因的启动子和核糖体翻译的起始序列可以被不同菌种的相关酶识别。

3）拷贝数的控制

质粒的另一特性是拷贝数，即在每个细胞中平均有多少个拷贝。这一特性主要也是由其 *ori* 决定的。每种质粒都必须调节控制它们的复制作用，否则会使细胞过载；或者可能因它们的复制跟不上细胞的繁殖速度而消失。有些质粒如天蓝色链霉菌质粒 pIJ101，在一个细胞内含有上百拷贝；而有的如大肠杆菌 F 质粒，在每个分裂周期只复制一次或很少次数，因而宿主菌只携带一两个拷贝。高拷贝数质粒的复制调控机制与低拷贝数质粒不同，高拷贝质粒如 ColE1，在细胞内当质粒数达到一定拷贝数时，才停止复制，因此被称为松弛型质粒（relaxed plasmid）。相反，低拷贝质粒，如 F 质粒，每个细胞周期只复制一两次，它们的复制必定由一种严谨的调控机制控制，因此被称为严谨型质粒（strigent plasmid），其分子机制已有深入的研究，这里不再深入介绍。

3. 质粒的复制

质粒是如何与宿主共存和稳定传递的呢？质粒是独立于染色体的复制子，要在细胞中独立存在必须至少具有一个复制起始区，也称 *ori* 位点，并且细胞内必须含有利用此位点起始复制的蛋白质。其实，许多质粒只需编码一种识别 *ori* 位点的蛋白质，而其他所有蛋白质，如 DNA 聚合酶、连接酶、引物酶、解旋酶等都是由宿主编码的。通常质粒复制有两种模式：θ 复制模式和滚环式复制模式（也称 σ 复制模式）（图 9.4）。具体采取哪种复制模式取决于复制子 *ori* 区周围基因的特性。质粒的复制起始区被称为 *ori*V。

1）θ 型复制模式

先在 *ori* 区解开双链 DNA，其形如同希腊字母 θ，在此过程中，由一 RNA 引物起始复制，复制终结于 *ori* 区相对应的分子叉相遇（图 9.4a）。

θ 复制模式是 DNA 复制的一种最通用的模式，不仅用于多数质粒，如 ColE1、RK2、F 因子等，细菌染色体复制也采用此模式。

2）σ 型复制模式

σ 型复制模式是在 *ori* 区切开，暴露 3′-OH 端，并起始复制，而被替代的链可作为另一双链合成的模板合成另一双链 DNA 分子（图 9.4b）。采用滚环模式复制的质粒如金黄色葡萄球菌质粒 pUB110 和 pC194 及链霉菌的质粒 pIJ101。而接合转移质粒如 F 质粒 DNA 的接合转移，是质粒 *tra* 区域编码的蛋白质因子作用于 *ori*T 位点并切开，在 *tra* 多个功能基因产物的作用下，以滚环复制模式起始 DNA 由供体细胞转移入受体细胞的过程。

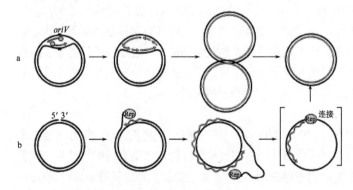

图 9.4　质粒复制的通用模式（Snyder and Champness，1997）。a. 双向复制，复制终结于 *ori* 区相对应的分子叉相遇处；b. 滚环型复制，由切开的 3′ 端起始复制，替换双链中的一条链，替换链的末端重新连接，替换链的互补链由一特异位点以 RNA 引物起始合成。*ori*V 为 *ori* 区

4. 质粒的不亲和性和不亲和群

由自然界分离到的许多细菌常带有一种以上的质粒，它们能共存于同一细胞内，但不要认为所有能在同一宿主中稳定存在的质粒，引入同一种宿主后都能稳定地共存于同一细胞内，它们可能因为在细胞分裂时两个质粒的复制或分配机制互相干扰，而使它们在同一细胞内不能共存，最终在一个细胞内只能是其中之一稳定地存在，这种现象被称为质粒间的不亲和性（plasmid incompatibility）。不能稳定地共存于同一细胞内的两个质粒是属同一不亲和群的质粒。如果两个质粒能稳定地共存，它们必定属于两个不同的不亲和群，自然界中质粒可能有上百的不亲和群。通常质粒是按不亲和群

分类的。例如，RP4 和 RK2 属于 IncP 不亲和群；类似地，RSF1010 属于 IncQ 不亲和群，因而它可与 RP4 或 RK2 稳定地共存于同一细胞内，但是，RP4 和 RK2 就不能共存于同一细胞内（表 9.1）。同一不亲和群质粒，因它们具有相同的复制控制机制和/或因为它们共有相同的分离分配（*par*）机制而表现互相排斥。

1）质粒不亲和性测验

为理解质粒的不亲和群对质粒在细胞内共存的关系，我们只需用一个已知不亲和群质粒测试与另一质粒是否能共存于同一细胞便一目了然。同一不亲和群质粒的不亲和性，可以用实验来说明。质粒 pSC101 是大肠杆菌的一个低拷贝质粒，通过克隆可构建成 pSC101-km 和 pSC101-amp 两个带不同抗性基因的衍生质粒，在加有卡那霉素（km）和氨苄西林（amp）的培养基中，可以得到同时携带 pSC101-km 和 pSC101-amp 两个质粒的菌株。同样，也可构建得到 ColE1-amp 和 ColE1-SmSu 两个衍生质粒，以及同时携带 ColE1 两个衍生质粒的菌株。现在将这些菌株分别在无选择压力的条件下培养，并定时检测质粒的动态变化，结果如图 9.5 所示，同时携带双质粒 pSC101-km 和 pSC101-amp 的菌数，随细菌世代数的增加而逐渐减少；携带 ColE1-amp 和 ColE1-SmSu 双质粒者亦然。然而，携带 pSC101-km 和 ColE1-SmSu 双质粒的菌株，在无选择压力的条件下培养时，质粒在传代过程中表现稳定。显然，这是因为前两个组合分别属于同一不亲和群，因而不能共存于同一细胞内；而 pSC101-km 和 ColE1-SmSu 属于不同不亲和群，所以可以共存于同一细胞内（图 9.5c）。

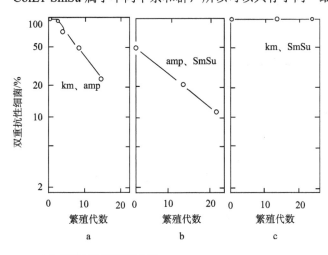

图 9.5　大肠杆菌中质粒的不亲和性和亲和性现象（盛祖嘉，2007）。a.质粒 pSC101-km 和 pSC101-amp 的不亲和现象；b.质粒 ColE1-amp 和 ColE1-km 的不亲和现象；c.质粒 pSC101-km 和 ColE1-SmSu 的亲和现象。km 为卡那霉素；amp 为氨苄西林；Sm 为链霉素；Su 为磺胺

2）质粒的不亲和群

同一不亲和群的两个质粒，在无选择压力的条件下，携带双抗性质粒的比例随传代而快速下降，并不意味着它们就不携带质粒了，而只是其中之一丢失，因为如果用影印平板法检测时，会发现所有菌落可归为三类：双抗性的和两个单抗性的。这就是同一不亲和群质粒的不亲和现象（图 9.5a，b）。质粒不亲和群的本质是什么？研究发现同一不亲和群的质粒实际上属于同源性质粒的衍生质粒。如此，可将已有质粒分为不同的不

亲和群（表 9.1）。表中的质粒间的这种不亲和性测验是以大肠杆菌为宿主完成的，就质粒的来源来说，有的来自绿脓杆菌，但也可在大肠杆菌中传代，说明它们的宿主范围较广。表中列在同一不亲和群的质粒，可能源于不同菌种，但是分析表明它们的基本架构是同源的。例如，由自然界分离到的不亲和群 P1 包含质粒 RP1、RP2、RP4、RP8、RP68 等，通过 DNA 退火–复性实验已证明它们之间的绝大部分 DNA 是同源的[13]。

表 9.1　质粒的不亲和群（以大肠杆菌 K12 为宿主）（盛祖嘉，2007）

不亲和群	性菌毛型	特异性噬菌体	质粒群
F I	F	f1, f2	F，Col V，R386，R455
F II	F	f1, f2	R100，R1
F III	F	f1, f2	ColB-K98
F IV	F	f1, f2	R124
F V	F	f1	F_0lac
Iα	I	1f1	R64，R144，Col1b-p9
Iβ	I	1f1	R483
Iγ	I	1f1	R621a
Iω	I	1f1	JR66a
Iξ	I	1f1	R805a
N	—	1Ke	N3，R15，R46
O	—	—	R^{16}，R723
H	—	—	R27（TP117），R726
P	D	PRR1	RP1，RP2，RP4，RP8，RP68，R751，R690
W	—	—	S-a，R7K，R388
C	—	—	R40a，R55，pHH1343a
A	—	—	RA1 R391，R997
M	—	—	R69，R446b，R471a
T	—	—	Rts1，R394，R401
X	—	—	R6K，TP233，TP228，TP231
Q	—	—	RSF1010

5. 质粒的接合转移

可接合转移质粒是极具基础研究、临床和应用价值的一类质粒，最早发现的大肠杆菌性因子——F 质粒是用于大肠杆菌遗传学图绘制的工具，由它介导完成的以时间为图距单位的大肠杆菌遗传学图定位了约 2000 个基因，这一巨大工程为大肠杆菌遗传学基础研究奠定了基础。在临床上，病原菌间质粒的横向转移成为疾病控制的难题。而环境微生物种间的质粒转移是多种不同环境微生物种能共享同一质粒资源的基础，使它们能开拓和适应新的生态环境（如严重污染的水体和土地的异生物质化合物），而又使宿主基因组因可共享核外遗传信息，而免于遗传物质过载；此外，在微生物群落菌种间，质粒作为附加体通过接合作用实现细胞间基因转移，成为微生物种群不同生物种间基因共享和功能进化的推动因子。

1）F 质粒的接合转移

原核生物无性别分化，因而无导致基因重组的有规律的有性生殖过程，但存在多种导致遗传重组的机制，其中之一就是质粒介导的接合作用（conjugation）。携带 F 因子（后来称之为 F 质粒）的大肠杆菌被称为 F⁺菌株，相当于雄性；不携带 F 因子的菌株相当于雌性或 F⁻菌株，当将这两种菌株混合培养时，F 因子就会由 F⁺菌株自主转移入 F⁻菌株，使之转变为 F⁺，同时还发现 F 因子能以低频度（10⁻⁶）将宿主基因转移入受体菌。F 质粒还可以以附加体（episome）的形式插入宿主菌染色体，成为宿主基因组的一部分，这样的菌株与 F⁻菌株混合培养时，宿主基因转移频度比 F⁺×F⁻高数百倍，是一个高频重组菌株，因而被称为 Hfr 菌株，促成高频染色体转移（图 9.6）。

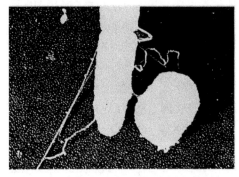

图 9.6　大肠杆菌的接合作用，细胞间为接合桥（Braun，1965）。长杆状具纤毛的为雄性细胞 Hfr，圆形的为受体细胞 F⁻

　　图 9.6 示只有当 F 因子插入宿主染色体，成为 Hfr 菌株后，才能使宿主的部分染色体 DNA 由供体（donor）菌株转移入受体（recipient）菌株，再通过同源重组使受体菌获得新的遗传特性，如使受体菌株由营养缺陷型变为原养型。

　　F 质粒为环状 DNA 分子，作为核外遗传因子，它具有若干与自身复制有关的功能基因，一组与接合转移有关的基因 *tra* 使其具有细菌基因接合转移的能力。接合作用是由一组基因促成的，包括编码性菌毛（sex pilus）组分的生物合成和组装的基因及其表达调节基因，以及与 DNA 转移有关的一组基因（*tra*-region）。性菌毛是携带质粒的供体细胞表面的附属结构，由它识别受体菌并形成最初的接触，形成 DNA 胞间转移的通道。

　　接合转移过程可分为几个步骤，除了由性菌毛起始的最初接触外，另有一些因子介入以加强接触的稳定性，使两个接合细胞紧密联系并在细胞壁间形成一个通道，然后，由质粒转移区编码的特异性 DNA 内切酶，在质粒的一个特异位点——转移起始点（origin of transfer，*ori*T）切开，依滚环复制机制由 DNA 单链的 5′端起始转移入受体细胞，此时供体细胞内的模板链立即以 5′→3′方向合成互补链，以恢复双链分子。而在受体细胞内转移过来的单链 DNA，再由 *tra* 基因产物将转入受体的质粒的 *ori*T 位点连接起来，恢复为双链 DNA 质粒，最终闭合成环状分子。在 Hfr 介导的接合作用中，供体菌染色体转移入受体菌并合成为双链 DNA 片段，经同源重组成为受体菌染色体的一部分。

2）大肠杆菌的遗传学图

　　由于 Hfr 起始的 DNA 转移是定向的，最初进入受体菌的必定是距 *ori*T 最近的基因，越远的基因越后进入，而整合在染色体上的 F 因子总是最后转移入受体细胞。由图 9.6 可见，供体与受体细胞间的连接是很脆弱的，随时可能断开，所以一次接合作用使细菌完整基因组转移入受体菌几乎是不可能的，而大肠杆菌的遗传学图总共为100min。那么大肠杆菌的 100min 的遗传基因定位图又是如何完成的呢？是采用不同的突变型 Hfr 菌株与不同突变型的 F⁻菌株，通过中断杂交完成的，可见这是一项巨大的遗传学工程。具体方法是将 $2×10^7$Hfr 菌株与 $4×10^8$F⁻菌株混合通气培养，定时取样，稀释，以搅拌振荡器处理，迫使接合着的菌分开，稀释涂选择性平板，再对不被选择标记进行分类，会发现不同重组子出现时间不同（图 9.7）。该实验使用的菌株组合最先出现的为 Az 接合重组子，随后为 T1，而最后出现的为 gal。作图时以标记出现的时间为准，所以 Az 定位于 9min，而 gal 被定位于 24min。以不同 Hfr 菌株与 F⁻接合，通过中断杂交的方法完成的大肠杆菌的以时间为距离单位的遗传学图，显示其染色体为环状，全图为 100min。

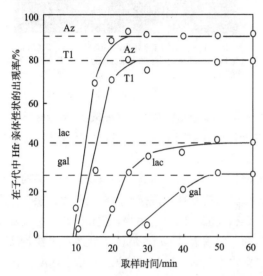

图 9.7　大肠杆菌中断杂交实验（盛祖嘉，2007）。Hfr T⁺L⁺Az.T1s Lac⁺Gal⁺str⁸ × F⁻ T L Az⁺T1⁺ lac gal str⁺。T 表示苏氨酸；L 表示亮氨酸；Az 表示叠氮化钠；T1 表示噬菌体 T1；lac 表示乳糖；gal 表示半乳糖

接合作用并不仅限于大肠杆菌，对大肠杆菌以外的细菌所做的广泛研究，已发现在其他细菌如沙门氏菌、假单胞菌和链霉菌中也有接合作用，并作成类似的以分钟为单位的遗传学图。

3）链霉菌染色体的遗传学图

天蓝色链霉菌（*Stretomyces coelicolor*）是链霉菌遗传学研究的模式菌种。自 20 世纪 60 年代，开始按大肠杆菌的模式开展天蓝色链霉菌 A3（2）菌株的遗传学研究，筛选营养突变型，寻找分离相关质粒和噬菌体，终于发现了接合转移质粒 SCPI。依质粒在细胞中的存在状态可分为三个类型：初级致育型（IF）、正常致育型（NF）和超致育型（UF）。IF 和 NF 菌株携带质粒 SCP1，并编码产生抗真细菌的抗生素；而 UF 不携带质粒。就基因型来说，IF 和 NF 相当于 F⁺和 Hfr，而 UF 相当于 F⁻。当 NF 与 UF 菌株的培养物混合，其结果是所产生的分生孢子 100%为重组子，而其他组合的杂交很少有致育性。这为遗传学作图提供了可能性。通过接合作用完成的天蓝色链霉菌的遗传学图最初也人为地认定为环形，但是进一步结合物理图谱、黏质粒克隆的重叠定位、DNA 序列分析和 DNA 资料库比对鉴定，最终确定其染色体为线状结构（Wang et al.，1999；Hopwood，1999）。

4）药物抗性质粒的接合转移

R 因子在致病菌间的接合转移已成为传染病学上十分令人头痛的问题。1957 年前，在志贺氏（Shigella）菌群体中，几乎没有抗生素抗性菌株，而后随着在临床上抗生素使用的增多，才出现抗生素抗性菌株并逐年呈指数增长的趋势（图 9.8）。这种多重抗性细菌的出现难以用药物抗性自发突变来解释，因为不同药物抗性菌株的抗性机制不同，同一个细菌怎么能发展出同时抗两种或更多种抗药性的能力呢？F 质粒在细胞间的转移作用使人们意识到，致病菌体内一定存在着一种类似于 F 因子的、携带药物抗性基因的可转移质粒，它们可以在病原菌之间转移传播，这就是当时被称为 R 因子的质粒，后来其被称为 R 质粒。

R 质粒携带多种抗生素抗性基因，可以通过质粒介导的接合作用使抗生素抗性基因在菌群中转移，才导致了自 1957 年起临床上出现的多重抗性致病菌指数增长的现象（图 9.8）。虽然染色体基因突变也可使病原菌产生抗药性，但是质粒编码的抗性类型明显不同于染色体自发抗性突变。染色体编码的抗性突变对野生型基因通常是隐性的，因为突变改变的是抗生素作用的靶位点。例如，抗链霉素基因突变是核糖体 30S 亚单位第 23 号蛋白的突变；而 R 质粒的抗性基因通常是编码一个新的基因产物，其作用是或者通过酶作用使抗生素失活（如卡那霉素、氯霉素、青霉素）或者干扰抗生素的穿膜运输（如四环素抗性）。基因突变引起对药物抗性的另一特征是一次突变只导致对一种药物的抗性，不可能一次基因突变导致对两种及以上药物的抗性，而事实上，由临床上分离的抗性细菌常常能抗两种和两种以上不同类型的抗生素（图 9.8）。

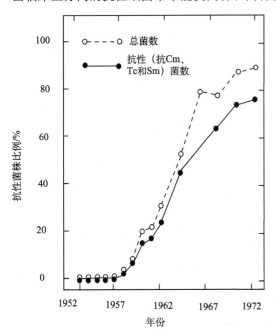

图 9.8　志贺氏菌（Shigella）抗生素抗细菌株增长的相关性（Glass，1982）。可见 1957 年前是平稳的，1960 年后临床分离的志贺氏菌的抗生素抗性菌株数急剧上升，而且这些菌株能抗多种抗生素（氯霉素、链霉素和四环素）。因为细菌对单一抗生素抗性突变率为 $10^{-10} \sim 10^{-6}$，同时抗 2 或 3 种抗生素的出现概率应为 $10^{-20} \sim 10^{-12}$，或 $10^{-30} \sim 10^{-18}$，所以如果事件是独立发生的，那么这样的事件出现的概率将是无限小的。所以这种多重抗生素抗性菌株的出现必定是染色体外编码药物抗性基因的遗传因子——质粒接合转移的结果

这种病原菌间抗性因子快速转移扩散是一个很可怕的现象，因而立刻引起了医学界的普遍重视，到 20 世纪 60 年代，由自然界分离新抗生素的产生菌，以及开发和应用新抗生素的速度已赶不上抗药性细菌出现的速度，促成了后来各种半合成抗生素的研制和生产。这也是如今在临床上已较少看到使用抗生素的原型的原因。抗药性菌与日俱增，在一定程度上与滥用抗生素而加速了抗性病原菌的传播有关，所以各国疾病控制中心一再向医疗单位和养殖业发出警示，要求不用或尽量少使用抗生素。我们必须认识到自然界所有生物都是相互依存的，不同菌种之间的遗传信息可以通过不同的遗传机制横向转移，其中具接合转移能力的 R 质粒起着极为重要的中介作用。

致病菌的抗药性基因的起源虽不很清楚，但是就时间来说，从 20 世纪 40 年代抗生素开始应用至 20 世纪 60 年代，仅仅 20 多年时间，在进化上还不足以从无到有，通过遗传性变异和自然选择产生一种新的抗性基因或抗性机制，尤其是重新产生一种如同抗万古霉素那样的多基因抗性机制。

但是，临床使用的大多数抗生素都来自微生物，主要是由真菌和链霉菌产生的，所有病原菌中发现的抗性机制，包括 RNA 甲基化酶、ATP 结合体转运子家族、氨基糖苷磷酸转移酶和 β-内酰胺酶都已存在于相关的抗生素产生菌中，它们本是抗生素产生菌自身的一种自保机制。所以，一个合理的推测是这些抗性基因通过转座子或其他转移机制转移到可移动质粒上，并导入病原细菌，此后经广谱可移动质粒扩散至革兰氏阴性菌，其中有的同时转移入革兰氏阳性细菌。

许多 R 质粒与 F 质粒一样，具有接合转移所需的全部功能，我们称它们为自身可转移质粒，而且它们往往都是广宿主范围质粒，因而进入受体细胞后，使原本的受体菌细胞也变为一个供体菌细胞，并可以与其他多种细菌为受体进行接合转移，于是在病原菌间迅速传播开来（表 9.1）。

5）质粒在远源物种间的转移

微生物遗传学和分子生物学已反复证明质粒的横向转移对细菌进化和对变化着的环境的适应是非常重要的，在这方面接合转移质粒起着重要作用。此外，在实验室已证明抗生素抗性质粒在环境微生物群体中的接触转移现象[5]。携带穿梭质粒的大肠杆菌，在固体培养基上通过共培养能转移入枯草芽胞杆菌，其转移频度为 $10^{-6}\sim10^{-5}$，而对照低于 10^{-8}。这种横向转移是单向的，因此更像是一种转化作用；由于在 DNA 酶存在的条件下，其转移效率有所降低（降 $1\sim2$ 个数量级），但仍与对照有明显区别，因此不能排除菌与菌紧密接触时出现质粒的横向转移，即接合转移（表 9.2）。结果证明，即使非接合转移质粒在远源物种间，甚至在革兰氏阴性与阳性菌间也可能横向转移。这一现象进一步提示带有活菌的实验室废弃物不可随意释放到环境中。

6）Ti 质粒的跨域转移

植物冠瘿病（crown gall）是致瘤农杆菌（*Agrobacterium tumefaciens*）引起的。致瘤农杆菌的 Ti 质粒携带 *tra* 基因，同时也具有与致病有关的 *vir* 基因，*vir* 基因与植物细胞互作，使植物细胞释放一种酚类化合物，而诱导 *tra* 基因表达，这样与植物

表 9.2　穿梭质粒在革兰氏阴性-阳性菌间接触转移（Wang et al., 2007）

供体/受体	转化频度/转化子（cfu）±SD	
	未经 DNA 酶 I 处理	DNA 酶 I 处理
E.coli HB101（pAPR8-1）/*B. subtilis* DB104	4.8×10^{-5}/95.0±25.239	1.819×10^{-5}/36.0±14.142
E.coli HB101（pMK4）/*B. subtilis* DB104	7.167×10^{-6}/64.5±18.738	$\ll10^{-8}$
E.coli HB101（pAPR8-1）/*B. subtilis* 168	0.375×10^{-6}/40.0±7.778	0.563×10^{-6}/6.0±2.828
E.coli TG1^m（pAPR8-1）/*B. subtilis* DB104	0.452×10^{-6}/30.7±9.687	1.474×10^{-8}/1.0±0.707
E.coli TG1（pAPR8-1）/*B. subtilis* DB104	0.555×10^{-6}/36.3±12.233	1.474×10^{-8}/1.0±0.707

注：*E.coli* HB101, *galK2, rpsL20 Xyl-5, mtl-1*；*E.coli* TG1, *supE hsd thi Δ*（*lac-proAB*）F'[*traD36proAB+lacI^{q}lacZ*ΔM15]；*E.coli* TG1^m, *traA::aphA*（TG1F⁻）。*B.subtilis* DB104, *his nprR2 nprE*18Δ*nprA3*, Km^s；*B.subtilis*168, *trp* Km^s.穿梭质粒 pAPR8-1, Ap^r.Km^r；穿梭质粒 pMK4, Ap^r, Cm^r. 转化频度表示为菌落形成单位（cfu）/受体菌；DNA 酶 I 浓度为250μg/ml。

细胞接触的农杆菌 Ti 质粒 *tra* 基因被启动，将质粒的被称为 T-DNA 部分由细菌细胞转移入植物细胞，并整合入植物染色体。经历复杂的生理生化过程，改变宿主细胞的生长行为，形成冠瘿并合成一种专供宿主菌利用的特殊化合物——冠瘿碱（opine）。农杆菌利用冠瘿碱生存繁殖，形成一种特殊的共（寄）生系统。

Ti 质粒已被改造为植物基因工程的克隆载体，将外源基因（如苏云金芽胞杆菌毒蛋白基因）克隆在 Ti 质粒的 T-DNA 区，便可使之插入植物染色体，经组织培养分化成为抗虫转基因植物，如抗虫棉等。Ti 质粒已发展成为一种广谱克隆载体，也可用于转化其他低等真菌的基因克隆载体。可见，原核生物与真核生物间的基因转移在自然界也时有发生，在生物进化中起着潜移默化的作用。

原核生物的接合作用并不局限于革兰氏阴性菌，已经在多种革兰氏阳性菌物种中发现接合转移质粒。实验表明，其与革兰氏阴性菌的主要区别在于起始细胞间接合转移的 *tra* 区域的核苷酸序列不同，转移机制与蛋白质分泌系统有关。

第四节　非常见有机化合物降解的生物学机制

如何修复和保护我们赖以生存的环境，从 20 世纪 70 年代就有微生物家开始寻找能有效降解环境污染物的微生物，研究其降解机制（Chakrabarty, 1972），成为当时微生物资源开发研究的热点之一。微生物为什么能用来修复被污染的环境呢？微生物修复生态环境的物质基础，就在于它们的多样性，在于它们所具有的涵盖各种生理代谢型，在于它们是适应各种微环境的无处不在的生物群落。

在自然界，微生物总是以群落结构分布于各种生态环境中，并以各自特有的方式利用环境中的物质繁殖自己。在遗传上，每种生境所特有的微生物群落（包含可培养的和未知的大多数微生物），在生态学上成为一个功能共合体。就遗传组成来说，各种微生物种的基因组组成一个巨大的基因库，包含它们的核基因组和可移动遗传因子两种成分，前者是每个物种相对独立的基因组，而质粒、转座子和噬菌体则是微生物种间共享的可移动的基因库，例如携带编码降解代谢途径操纵子的可转移质粒。它们不仅减低了微生物基因组的遗传负荷，更赋予微生物更广泛而灵活的适应能力，若不同不亲和群质粒共存于同一细胞内，还可能会通过遗传重组而形成具新代谢功能的质粒，也可能导致不同菌种间部分核基因转移，促进微生物多样性进化。

微生物对生物质包括蛋白质、淀粉、纤维素、木质素、几丁质、长链脂肪酸、烷烃、芳烃、木质素等，都能分解，虽然分解的难易程度不同，最终成为无机物和 CO_2，实现自然界物质循环。

但是随着现代科学和工农业的发展，为满足人类自身的需要生产出了大量的不同于天然产物的异生物质（xenobiotic）（如各种塑料单体、农药、火药等），其中有些可以被以天然化合物为底物的环境微生物的酶系降解，而另一些化合物则因已有酶系无力作用于异生物质特殊化合键，而在环境中积累起来，并由于未及时采取措施、治理无方而日积月累，最终破坏了人类赖以生存的环境，出现了水体不清，蓝天不蓝，守着河湖无水喝的窘迫局面。许多因环境污染引发的疾病（如发育畸形、癌症等）也与日俱增，从而迫使人们深思如何防止环境进一步恶化，以及如何修复已经恶化的环境这两个相互关联的问题。

1. 降解质粒在自然界的分布

与医学上发现抗药性质粒相类似，由不同生境，很快就分离到了能分解樟脑、辛烷或水杨酸的假单胞菌（Chakrabarty，1972），并证明这种降解能力多为其携带的质粒编码降解代谢途径酶的操纵子和染色体基因协同实现的。此后，由自然界不同生境或在不同实验室中以特殊化合物富集分离到许多编码难以降解化合物降解途径的质粒的菌种，其中有的是抗性质粒与降解质粒整合，或融合，或转座子插入产生的嵌合体质粒（表 9.3）。

表 9.3　原核生物的降解质粒（Sakaguchi and Okanishi，1980）

质粒	来源	表现型	分子质量/MDa
IncP1			
pTN1	RP4-tol	Tra Ch Km Tc Tol	74
pAC10::SAL		Tra Cb Sal	74
pTN2	pTN1	Tra Ch Km Tc Tol	56
RP4-tol		Tra Ch Km Tol	74
IncP2			
CAM	*P. putida*	Tra Fi$^+$（RP1）Fi$^-$（FP2）Cam UV Phi（B3 B39 D3 E79 G101 M6 PB1）	92,150
OCT	*P. putida*（*P.oleovorans*）	Alk Etb	>100
pfdm	*P. putida* pf16	Mdl	>100
CAM-R931		Tra Sm Tc Cam Hg	
CAM-R3108		Tra Sm Su Tc Hg Pma Cam	
Cam-pMG1		Tra Gm Sm Su Cam Hg	
CAM-OCT::Tn7		Tra Su Alk Tmp	
IncP9			
HAH	*P. putida*	Tra Nah	35,51
SAL	*P. putida*	Tra Fi$^+$（RP1）Fi$^-$（FP2）Sal	42,51

质粒	来源	表现型	分子质量/MDa
TOL	*P. putida*	Tra Fi⁻（RP1，FP2）Tol Xal	63,76～78
TOLH	TOL	Tra Tol Xal 活性突变型	28
TOL::Tn401		Tra Cb	
Inc（未知）			
XYL	*P. pxy*	Xal	10
ETB	*P. sp.*	Tra Tol Etb	～300
NIC	*P. convexa*	Nic Nct	
pOAD2	*Flavobacterium brevi*	AhxC-dimer，oligomer	29
pJP1	*Alcaligens paradoxus*	Tra Phs（PR11）24D	58
PAC21	*Klebsiella* sp.	Tra pCb	65
MER	*P. putida*（*P. oleovorans*）	Tra Hg Pma	
pKJ1	*P. sp.*	Tol Sm Sutra	～150
pADP1	*P. sp. ADP*，*Alcalegenes* sp.	2,4-D 降解作用	～42
pJP4	*Alcaligenes eutrophus*	Tra，2,4-D 降解作用	
pEMT1	*Ralstonia eutropha*	降解 1,2,4-三氯苯（TNT）	
pUB1::Tn5530	*Burkh. cepacia* 2a	2,4-D 降解作用	

注：质粒特性分别为，tra，接合转移；Fi，育性抑制；phi，噬菌体生长抑制；phs，噬菌体敏感。抗性标记分别为，Cb，羧苄西林；Gm，庆大霉素；Hg，汞离子；Km，卡那霉素；Sm，链霉素；Su，磺胺；Tc，四环素；Tm，妥布霉素；Tp，甲氧苄氨嘧啶；UV，紫外线。降解能力分别为，Ahx，6-氨基己酸；Alk 链烷烃；Cam，樟脑；Etb，乙苯；2,4-D，2,4-二氯苯乙酸酯；Mdl，扁桃酸盐；Nah，臭樟脑（卫生球）；Nct，占替诺烟酸盐；Nic，尼古丁；Oct，辛酮；pCb，p-氯联苯；Sal，水杨酸盐；Tmb，三甲基苯；Tol，甲苯；Xal，二甲苯；Atz，阿特拉津（一种除草剂）。转座子分别为，Tn401，Tn7，Tn5530。

与 R 质粒一样，它们也分为不同的不亲和群，如 CAM、OCT 和 pfdm 属 IncP2；而 SAL 和 NAH 属 IncP9。IncP2 不亲和群质粒的宿主范围较窄，只存在于假单胞菌属菌种；而 IncP1 不亲和群质粒能在不同的革兰氏阴性菌种中传代。也有的质粒天然插入有转座子（如 CAM-OCT::Tn7、TOL::Tn401 和 pUB1::Tn5530），而 Tn5530 就是携带编码 2,4-二氯苯氧乙酸酯降解酶操纵子的转座子，这表明在自然界质粒随宿主间转移互作，会出现遗传结构的改变；也有的本身就是复合质粒，是由两个以上质粒整合成的嵌合体。例如，由食油假单胞菌（*P.oleovorans*）分离得到的降解辛烷的质粒 OCT，在转移入恶臭假单胞菌后可分解为三个独立的质粒 OCT、MER 和 K。其中 MER 为汞抗性质粒，K 为可转移质粒。许多质粒具有细胞间接合转移的能力（IncP2、IncP9 不亲和群等），有的虽不能自主转移也可与助手质粒共转移，如质粒 XYL 和 NIC。

2. 异生物质降解途径酶的基因定位

质粒是复制子，可独立于宿主基因组世代传递，虽在实验室研究中曾经认为其对宿主生存是非必需的，而在自然界它们在生物适应环境、扩大宿主的生存空间上经常起着非常重要的作用，其存在本身就是生物进化的一种成功的设计，为宿主适应环境提供了一个可移动而有效的"求生"机制，而又减少了微生物基因组的遗传负荷。但是我们也不应过度强调它们的独立性，因为：①它们在一定条件下可以与染色体整合为基因组的一部分，如同大肠杆菌的 F 因子那样，是一类附加体；②不能忽视其他核外遗传因子（转座子、噬菌体等）在降解质粒和宿主菌间的互作和重组，出现多样性变化的可能性，这是一种看得见的进化现象；③就功能讲，质粒在对特异底物代谢途径的起始中起着主导作用，而后续代谢的基本生化反应过程则离不开与宿主染色体决定的宿主代谢系统间的契合。

降解代谢途径的基因（操纵子）不只定位在质粒上，也可能定位于染色体上（表9.4），这是因为基因组与不同可移动遗传因子之间的关系本来就是动态的，转座子在降解途径质粒的形成和进化中的作用不可低估。

表9.4　不同微生物菌种中发现的质粒/染色体杀虫剂降解基因定位（Verma et al.，2014）

细菌	被降解的底物	定位
富养产碱杆菌	2,4-D	质粒和染色体
产碱杆菌 sp.	聚氯联二苯（PCB）	质粒
粪产碱杆菌 12B	邻苯二甲酸酯	质粒
布克氏菌属 PS12	1,2,4,5-四氯苯	质粒
丛毛单胞菌属	对甲基苯磺胺	质粒
类诺卡氏菌属 KP7	菲	染色体
恶臭假单胞菌	萘	染色体
鞘氨醇单胞菌 sp P2	联苯、萘、菲、芘二苯并呋喃、芴、荧蒽	未确定
矢野口鞘氨醇菌 B1	甲苯、二甲苯、联苯、臭樟脑	染色体
鞘氨醇单胞菌 sp.	芘	染色体
洋葱布克氏菌 L. S. 2. 4	甲苯	质粒
大肠杆菌 AtzA	阿特拉津（除草剂）	质粒
荧光假单胞菌 HK44（Pnt142::TnMo-d-OTc）	萘	质粒
荧光假单胞菌 F113（rif pcbrrmBP 1::gfp-mut 3）	萘	质粒

降解质粒普遍存在于原核生物，尤其是变形菌门真细菌中，它们的功能多样，推测降解质粒出现较晚，其起源可追溯到光合微生物（蓝细菌）和有氧代谢开始后的地质年代，天然生物质的化学化合物中不乏芳烃、烷烃及其他难以分解的化合物（如木质素等），微生物在长期进化中出现了利用这类难以利用化合物的分解途径酶的基因，其在进化中逐渐演变产生，通过遗传物质种间转移和遗传重组，形成不同代谢途径的一组基因（操纵子），进而产生可在不同菌种间转移的降解质粒。这是质粒进化的一个方面。而无分解代谢功能的质粒也可通过插入携带降解途径基因（操纵子）的转座子演化为降解质粒，这是质粒进化的另一途径。所以同一降解途径的操纵子同时出现在基因组和质粒上就是很自然的了。

表9.5示自然界分离的由转座子编码降解途径的转座子同时插入质粒及插入染色体的菌株的例子。可见，染色体和质粒是相对独立而又相互依存的两个复制子，在遗传上，它们编码两个相互关联的代谢途径，只有当降解质粒编码的代谢途径与宿主菌的后续代谢途径相契合的情况下，在分子水平上才能真正形成一个与环境统一的生命活动体系。降解质粒的宿主范围及与代谢途径的契合，构成一个动态的微生物群落，直接与生物修复作用的进行与降解效率相关。

3. 异生物质降解的酶学机制

异生物质是化学合成的非天然有机化合物，而无论哪种异生物质被降解都是因有特定的酶系统的作用，降解质粒的重要性就在于它们携带编码相关酶系的操纵子（一

表 9.5　一些编码降解途径的转座子（Verma et al.，2014）

宿主菌	降解底物	转座子
假单胞菌（pP51）	氯苯	Tn5280
产碱杆菌 RR60	氯苯甲酯	Tn5271
恶臭假单胞菌 ML2（pHMT112）	苯	Tn5542
恶臭假单胞菌 mt-2（pWWO）	甲苯，二甲苯	Tn4651
恶臭假单胞菌（pWW53）	甲苯，二甲苯	Tn4656
恶臭假单胞菌 G7（NAH7）	臭樟脑	Tn4655
Ralstonia eutropha A5	氯联苯	Tn4371
洋葱布克氏菌 2a（pIJB1）	2,4 二氯苯氧乙酸酯	Tn5530

组基因），合成和启动一个特殊的降解途径的酶系。质粒基因与宿主基因组代谢功能的契合才能有效地将异生物质降解并转化为无机物直至 CO_2。这种降解作用是复杂的，其过程始于氧化还原作用或水解，先使母分子转变为易溶于水而毒性较低的化合物，这一作用不限于单一菌株，而与微生态环境内所有能导致相关化合物氧化、还原等作用的微生物（细菌、真菌）及植物产生的胞内/胞外酶有关。

　　污染物可被不同微生物脱毒并用作能源，地球上无处不在的微生物具有的污染物降解能力超出人们的想象，微生物能降解有毒化合物是因为在它们的遗传物质（染色体和质粒 DNA）具有特殊的基因（操纵子）（表 9.4）。有时参与代谢的基因簇包含在转座子中，可以在质粒与染色体间跳跃移动，在自然界，与异生物质降解相关的基因的变异和进化就是在这种遗传物质转移和重组中不断实现的。

　　在实际工作中若要区分相关代谢途径的基因是否由质粒编码，我们可以通过质粒消除剂，如以吖啶类化合物（吖啶芥）处理生长中的细菌，若处理后，在菌群中出现一定比例的失去相关表现型性状的菌落，而且不再回复，就说明相关代谢途径是由质粒编码的，反之即为染色体编码的。

　　4. 异生物质的分解代谢途径

　　以芳香族化合物为例，降解作用是环境中多种生物产生的酶参与作用的过程，已发现单氧酶、脱氢酶、水解酶和异构酶等能与有毒化合物作用，先将底物如原儿茶酚或儿茶酚类转化为不同的羟基化芳香化合物中间体，使之易被细胞吸收，并直接进入正位裂环或邻位裂环途径，从而进入中心代谢循环（三羧酸循环）（图 9.9）。例如，恶臭假单胞菌的 TOL 质粒编码与甲苯和二甲苯转化为其羧酸及其衍生物的操纵子；真养产碱杆菌（*Alcaligenes eutrophus*）携带的 pJP4 为 88kb 的可转移广谱质粒，具有 5 个操纵子，除了含有邻位裂环途径外，也有编码吸收 2,4-D 及编码将 2,4-D 转变为 2,4-二氯苯酚的加双氧酶基因。经多步反应后被导入中心代谢途径（Verma et al.，2014），都是这种降解的具体例子。

　　分解代谢质粒分子质量多为 50～300kb，它们的基因组除了编码与自我复制有关的基因和具接合转移的功能外，还编码与特殊化合物降解有关的系列操纵子，其编码的功能涵盖碳化合物的吸收，再由质粒编码的酶分步降解为可被宿主菌中心代谢途径接受的小分子化合物而被用作碳氮源，使有毒的异生物质最终分解为无机物。对这种

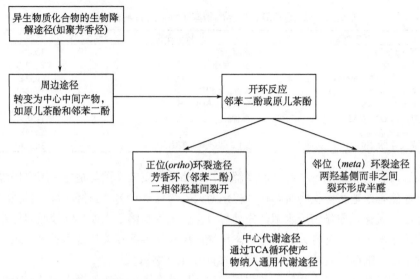

图 9.9　芳香族化合物异生物质的微生物降解途径（Verma et al.，2014）

不同化合物降解途径的酶促反应步骤已有相当深入研究，若有需要可登陆美国明尼苏达大学网站查找。

5. 被污染环境的生物修复

　　近几十年来，环境污染引起了环保科学家和各国政府的高度关注，异型生物质化合物，如杀虫剂、除草剂、杂环化合物、卤化物、火药（TNT）和各种塑料制品等，分布于全国各地的生产不同化学化合物产品的工厂区，遍布全国各地，所造成的污染物各不相同，它们中的许多是不能或不易被微生物降解的杂环化合物和卤化物，如DDT、666、2,4-D 等。其中 DDT（结构为二氯二苯三氯乙烷）作为杀虫剂在世界范围内被使用过 60 多年，直至 20 世纪 80 年代中期才停止使用，在我国大地上共喷洒过40 万吨，致使其在环境中大量积累。

　　人类开始认识卤化物造成公害也有一个过程。例如，DDT 是抑制昆虫几丁质合成的卤素类农药，认识它的公害是因为其被动物吸收后累积在脂肪内，通过食物链进入鱼、鸟、人体和其他动物体内积累起来，而在鸟中发现的特别伤害是影响鸟的卵壳形成，致使在小鸟孵出前卵壳破裂，明显影响鸟（如鹰和鸮等）的繁殖率；而对人体具有神经毒性、肝脏毒性，影响内分泌功能，具有致癌、致畸和致变作用，其作用也是慢性发生的。至今虽已停用 30 多年，在土壤和江河湖泊中仍可检测出该化合物的污染，在我国任何江河湖泊养殖的淡水鱼每公斤至少含有 40μg 以上的 DDT。可见它是多么难以降解的异生物质化合物。

　　如何除去这些有毒污染物，修复被污染的环境呢？科学家想过多种办法，如采用物理的方法（如高温热解）、化学方法如还原脱氯法和化学氧化法，然而这些方法都难以大规模实施。而只有生物修复法（bioremediation）最有可能胜任如此大规模土地河川污染的修复工程。

　　但是，说到底污染后采用的任何修复措施都已是一种补救措施，若要真正解决环境问题，保持绿水青山常在，应采取标本兼治措施。应从源头做起，大力推行绿色化工、绿色矿业，从工艺路线设计、开工至下游废弃物处理都提倡创新设计，防止污染或将污染的程度降至最低，这是未来最为重要的。

　　世界范围内生物修复工程是使用最早最富有成效的方法，如在农业上行之有效的堆积法，发达国家为此建起了大型的生物降解设施，在我国普遍采用的堆肥法也是用来处理农业废弃物十分有效的方法。分析起来，起作用的是微生物群落的作用，而非单一物种所为，其中包含有好氧性、厌氧性的真细菌，古生菌和真菌，也包括植物本身，所以是多种生物协同完成的。但是 DDT 和 666 这类卤化物杀虫剂与天然生物质不同，它们是卤化物，极难被生物降解，这可理解为在亿万年进化历程中，生物极少产生卤化物，也极少遇到这类化合物，因而还没有确立起利用它们的酶系，或者也可能能分解有机卤化物的菌类生境特殊、分布局限，相关微生物生存条件要求苛刻，难以在一般环境中繁殖，以至于至今还无法在实验室培养分离它们，而致使至今卤化物仍普遍存在于土壤和水体里，成为公害。

　　但近年来发现，并不只是地表微生物能降解卤素化合物农药，已在卤化物污染污泥中发现一种属于绿色非硫细菌纲的厌氧脱卤拟球菌属（*Dehalococcoides* spp.）菌种，具有降解利用有机卤素化合物的能力。深入研究表明，降解卤化物并非单一菌种完成的，而是由同一生态小境内几个菌种合力完成的，其中除了脱卤菌外，至少还发现脱硫弧菌（*Desulfovibrio desulfuricans*）和一种醋酸杆菌（*Acetobacterium woodii*），当它们共同生长时脱氯能力提高一倍。西方国家对卤素异生物质厌氧降解工程已有实施，并已取得很好的效果。进一步研究发现，实际参与脱氯作用的细菌群落中还包括 δ 变形菌纲和 ε 变形菌纲微生物。所以起作用的是微生态环境中的生物群落。不同污染水体的活性污泥中的厌氧微生物菌种也不同。例如，城市污水处理中的活性污泥的菌群有多种古生菌（产甲烷菌）和梭状芽胞杆菌。国内也已有利用厌氧菌修复环境的报道。

　　其实，在自然界存在着太多还未开发的具特殊特性的微生物种，不同污染环境的污染物多年的存在，已为人们富集了相应的与污染物降解有关的微生物群落，如果能创造特殊培养条件，就可能获得所需的微生物类群（参阅本书第二、三章）。例如，牡牛分枝杆菌（*Mycobacterium vaccae*）在丙烷中生长时，能移除卤化物三氯乙烷的氯，使之转化为乙醇；三硝基甲苯（TNT）是烈性炸药，由于常年战争，许多地方，尤其是军工厂和军火库附近受 TNT 污染严重，而难以清除，近年发现双酶梭菌（*Clostridium bifermentans*）在厌氧条件下能使之转变为无害化合物。研究发现，该菌并不能利用 TNT 作为碳源生长，而是在有淀粉存在的反应器中，厌氧培养可使之转化为无毒化合物。而携带降解质粒的恶臭假单胞菌能以 TNT 为氮碳源将它氧化分解，进入三羧酸循环，而另一些则只是部分利用它作为氮源（Esteve-Nunez et al.，2001）。

　　到何处去寻找用于修复环境的微生物？显然用于修复环境的微生物就在受到严重

污染的环境中。哪里的污染严重而时间又长，哪里就能分离到所需类型的微生物类群，这是生态环境富集的结果。从污染发生地采集地表和不同层次的土样包括深层的含厌氧菌的污泥，就可获得所需类型的微生物。所使用的培养基，当以无机盐培养基为基础，酌情添加少量营养物或电子受体等。但是，要铭记我们可能只能培养分离出与污染物降解相关的微生物类群中的一部分微生物物种，而大多数微生物物种不能在实验室培养，而修复作用却离不开它们的参与。原则上讲，只要通过更换碳源或氮源及控制培养条件，总有可能培养分离到一些能降解和利用相关化合物的优势菌种。

从污染环境（水体、土壤）样品分离降解污染物的菌种是从事环境的生物修复研究工作必须要做的，但是若直接使用分离的单一菌种修复被污染环境却未必是高效的，因为①所分离到菌种可能仅利用单一化合物，而污染点可能含有两种以上污染物；②即使需降解的是单一污染物，而在生态环境下，起作用的也绝不只是单一菌种，而是包含所分离菌种在内的生物生态群体，可见在实践中采用活性污泥加上所分离的菌种是一个合理的选择。

实验室菌种研究应兼顾应用与基础两个方面：①对从环境中分离降解异生物质菌种并进行分类，对降解异生物质代谢途径的基因进行定位，确定是否由染色体编码还是由质粒编码；②对携带的质粒作功能和生物学研究，包括能降解化合物的种类，质粒的可转移性及宿主范围，与携带已知不亲和群质粒菌种进行接合转移，确定能否自主转移或为可转移质粒，及所属不亲和群，以及编码降解酶的基因（操纵子）是否由转座子携带等，为实际应用和工程菌株的构建准备基础。在了解了降解质粒的这些特性后，工程菌株的构建有可能不一定要通过基因工程操作（当然也可以采用基因克隆技术）实现。例如，从污水富集培养得到能降解 s-三嗪类化合物的菌种和降解氯苯的菌种，和带有 TOL[*]（可转座因子）质粒的恶臭假单胞菌与降解 3-氯苯甲酸酯的假单胞菌，在恒化器（chamostat）中混合培养便可能筛选得到有降解 4-氯苯甲酸酯或 3,5-二氯苯甲酸酯的遗传特性的变异质粒（这可谓"质粒辅助的分子育种"）（图 9.10）。这是一种遗传演化作用，推测在自然界这种自发的菌株间的质粒转移与遗传重组会时有发生。这也就是我们寄希望于自然界通过基因突变和遗传重组产生具新降解异生物质功能菌种的理论依据。

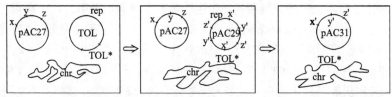

图 9.10　共存于同一宿主内两个属不同不亲和群质粒间重组产生 pAC29 和 pAC31 的模式图（Chartterjee and Chakrabarty，1982）。x，y，z 代表 pAc27 的降解氯苯酸盐基因（clb），x′，y′，z′代表三个重组子基因，它们中至少一个变为编码利用降解 3,5-二氯苯酸盐的基因。rep、TOL[*]和 chr 分别代表复制区、甲苯降解转座子和染色体

第五节 接合作用在生物工程研究中的应用

质粒接合转移是原核生物间的普遍现象，人们已利用 F 质粒的接合转移完成了大肠杆菌的以时间为单位的遗传学图，定位了大肠杆菌的约 2000 个基因；而在自然界因质粒的种间接合转移而扩展了微生物的适应范围，由于也能介导染色体基因转移，加速了微生物的进化历程；在临床上因接合转移而导致病原菌扩散传播，给疾病防治带来麻烦。然而我们能否和如何将可转移质粒进行改造，使之在分子生物学研究中发挥作用呢？为此，首先必须了解可转移质粒的转移机制及与转移有关的基因和功能。

并非所有质粒都是自身可转移的，自然界约有近半数质粒因为没有或缺失编码转移功能的基因而自身不能自主横向转移，研究表明，这些质粒未必只局限于做这个菌种细胞的"永久居民"，因为一个细菌可以带有一个以上的属于不同不亲和群的质粒，若其中之一可以为另一质粒提供所需的互补功能，就可能使之成为转移质粒。例如，在大肠杆菌中，一个形成性菌毛能力缺失的质粒，与另一可以使供体细胞形成性菌毛的质粒共存于同一宿主中，前者便可由供体细胞转移入受体细胞，所以后者被称为前者的"助手"（helper）质粒。注意，与自身可转移质粒不同，携带转入的转移功能不完全的质粒的细胞，不能成为质粒转移的供体，除非它同时携带"助手"质粒。

失去转移起始区 *ori*T 的质粒无转移能力，但是，因为它具有编码转移功能的 *tra* 编码区，因而可以用作"助手"质粒。如果将 *tra* 编码区 DNA 序列同时插入"助手"质粒和具有 *ori*T 而无转移功能的质粒，使它们同在一个宿主内，将有可能通过同源重组形成嵌合质粒（chimeric plasmid），成为一个可自主转移的质粒。

20 世纪 70 年代中期开创的大肠杆菌重组体 DNA 技术，其快速发展是以质粒 ColE1、p15A 和 pSC01 及噬菌体 λ 的研究为基础开始的，因为对这些质粒和噬菌体已有了比较深入的研究。它们的特点是分子质量较小，仅需少步改建就可以用作重组体 DNA 克隆载体，如 pBR322，并取得了巨大成功。然而由于用于大肠杆菌的载体存在着很大的使用局限性，它们的宿主范围都比较窄，在大多数革兰氏阴性菌中都不能复制，这促使人们积极开发广谱质粒载体的研究。

如何将以大肠杆菌为基础发展起来的重组体 DNA 技术，运用于多种多样的目标微生物（包括人类和动植物的各种病原菌、共生菌、环境微生物和工业微生物），成为分子生物技术急待解决的课题。科学家的目光不约而同地集中到广宿主范围的可移动的 R 质粒上。设想发展出来的新载体能适于采用大肠杆菌为操作平台的基因克隆载体，并能以转化和接合转移方法（而非仅可用转化方法）转移入其他广范围的目标菌株，那会给基因克隆工作带来诸多方便。

不同实验室不约而同地聚焦于三个不亲和群的复制子载体的构建：它们是 IncP 质粒 RK2、IncX 质粒 R6K 和 IncQ 质粒 RSF1010。它们都是革兰氏阴性菌广宿主范围质粒，所构建的以 RK2 和 RSF1010 为基础的衍生载体甚至可以用于某些革兰氏阳性菌，

以及蓝细菌 *Synechococcus* sp.和酵母菌。

这类载体的结构中必须包含有复制基因 *rep*、复制起始区 *ori*V、转移起始区 *ori*T 和 *tra* 功能区。以 RK2 和 R6K 为基础构建的最小复制子只含有 *ori*V、*trf*A 基因和接合转移起始位点 *ori*T，而 *tra* 基因的功能可以反式（*in trans*）方式提供；同时还应包含 *par*DE 基因以增强质粒在宿主中的复制和分配，增强质粒的传代稳定性。只有将上述功能组合在同一复制子中，才能成为小而可用的广宿主范围的克隆载体。

每个质粒都是一个复制子，所不同的是可转移质粒具有复杂的复制调控机制，使它们可以在不同的宿主中表达和独立复制，并是具有编码转移功能的 *tra* 基因和 *ori*T 位点的大质粒。在对它们的结构和功能区深入研究的基础上，这些质粒经适当改建便有可能成为基因克隆的载体或助手质粒，成为用于大肠杆菌以外的不同菌种基因克隆和可转移的质粒载体。而这样的质粒的分子质量也大于以前的克隆载体，如 pBR322。

以下具体介绍三个广谱可转移质粒系统。

1. 质粒 RK2 可转移系统

质粒 RK2 属不亲和群 IncP1，最初是由绿脓杆菌中发现的，其同源质粒包括 RP1、RP4、RP8 和 RP68 等（Burkardt et al.，1979），它是一个自主可转移质粒。若将 RK2 改造，保留复制起始区 *ori*V 及复制蛋白 *trf*A*（缺失 *kil*D 的 *trf*A）片段就足以在宿主菌中复制，成为一个衍生复制子，但它不能稳定传代。而传代稳定功能位于 3.1kb 的编码 *kor*A（*trf*B *cor*B1 *for*D）、incP-（Ⅱ）和 *kor*B 的 DNA 片段上（图 9.11a）。

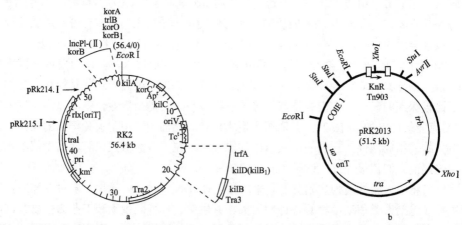

图 9.11　质粒 RK2 和 pRK2013 的遗传学图（Schmidhauser and Helinski，1985）。a. 56.4kb 的质粒 RK2。*tra* 区具接合转移功能，*rlx* 为松弛复合体（*tra*）位点，*pri* 为 DNA 引物酶。图中波浪线为质粒 RK290（20kb），包含由 *ori*V 至 *kil*B（8kb），以及 *tra* 区至超过 *Eco*R Ⅰ 0.3kb 的 12kb 的 KR2 片段。RK2 质粒是构建其他广谱转移质粒系统的基础。b. 助手质粒 pRK2013，是大肠杆菌质粒 ColE1 与 RK2 构建的杂种质粒，具有二者的特性，只能在大肠杆菌及近缘物种中传代

1）质粒 pRK290

质粒 pRK290（图 9.11a）是 RK2 的一个 20kb 的衍生质粒，具 RK2 复制起始区 *ori*V、接合转移起始区 *ori*T 和四环素抗性基因。虽有 *ori*T 但无 *tra* 功能区，所以能复制，但

不能自主接合转移，不过它可与 pRK2013 共同实现三亲接合转移[24]。pRK290 有两个单一限制性内切酶切点，*Eco*R I 和 *Bgl* II，可用作基因克隆位点。所得重组体质粒通过三亲接合作用在革兰氏阴性菌种，如苜蓿根瘤菌（*R. melitoni*）、致瘤农杆菌、甲烷杆菌（*Methylobacterium* sp.）等菌种间转移。表 9.6 是一个三亲接合转移的实例。由表可见，单一质粒 pRK2013 或 pRK290 都不能实现接合转移，或虽转移但不能在肠杆菌以外宿主中复制，只有供体和受体三个菌株共存时，才能出现 pRK290 接合转移。它们之间的互作是大肠杆菌 HB101（pRK013）的 *tra* 功能区的基因表达使宿主菌表面形成性菌毛，使菌株间有效接触，形成接合转移通道，使大肠杆菌 HB101（pRK290）菌株的质粒 pRK290，在 *ori*T 位点切开并以滚环复制模式转移入受体菌（表中组合 3），从而产生 Tet' 接合子；若以同时携带两种质粒的大肠杆菌 HB101（pRK2013，pRK290）与棕色固氮菌二亲接合（表中组合 4）时，结果与三亲接合转移相同，都只出现 Tet 抗性接合子，而无 Kam 抗性接合子出现，这并非质粒 pRK2013 不被转移入受体菌株，而是 pRK2013 不能在大肠杆菌以外宿主中复制而自动消失。

表 9.6 质粒 pRK013 和 pRK290 与棕色固氮菌（*Azotobacter vinelandii*）间的三亲接合转移（Dawid et al., 1981）

供体菌株	受体菌株	选择型培养基	抗生素抗性	接合子出现频度
1. *E. coli* HB101（pRK2013）	*A. vinelandii*	无氮	Kam	$<10^{-7}$
2. *E.coli* HB101（pRK290）	*A. vinelandii*	无氮	Tet	$<10^{-7}$
3. *E. coli* HB10（pRK2013） + *E. coli* HB101（pRK290）	*A. vinelandii*	无氮	Kam Tet	$<10^{-7}$ 5.7×10^{-2}
4. *E. coli* HB101 （pRK2013，pRK290）	*A. vinelandii*	无氮	Kam Tet	$<10^{-7}$ 1.8×10^{-2}
5. *E.coli* HB101（pRK2013）	—	无氮	Kam	$<10^{-7}$
6. *E.coli* HB101（pRK290）	—	无氮	Tet	$<10^{-7}$
7. —	*A. vinelandii*	无氮	Kam 或 Tet	$<10^{-7}$

2）助手质粒 pRK2013

助手质粒 pRK2013，这是由缺失 RK2 的 *ori*V 和四环素抗性基因的 42kb 的 DNA 片段，与大肠杆菌 ColE1 质粒，以内切酶 *Eco*R I 切点连接构建而成的分子大小为 51.5kb 的可自主转移质粒（图 9.11b）。

pRK2013 的复制起始区为 ColE1，所以是松弛型 ColE 衍生质粒，因此它是一个窄宿主范围的质粒，在肠杆菌以外宿主中不能复制，这一特性对其用作助手质粒是必需的。在三亲接合转移中它被作为助手质粒时，反式（*in trans*）提供 *tra* 功能，促成另一具 RK2 或其他广谱但缺失 *tra* 功能而具有 *ori*T 区的质粒（如 RSF1010）转移。许多革兰氏阴性和阳性细菌很难进行 DNA 转化，而三亲接合作用就是十分有效的质粒转移方法。

2. 以 RK2 和 R6K 质粒构建的转座子载体系统

R6K 是属不亲和群 X 的质粒，大小为 38.8kb，携带编码抗氨苄西林和链霉素的抗性基因。是在对数生长期每个细胞约携带 13 个拷贝的松弛型质粒，可稳定地存在于革

兰氏阴性变形菌 α、β 和 γ 纲的物种中并自主转移。与 RK2 不同的是，它们虽同是 θ 型复制，但 R6K 的 *ori*V 有三个复制起始位点：α、β 和 γ（Kolter and Inuzuka，1978；Ratnakar et al.，1996）。通常采用 *ori*V-α 和 *ori*V-β 起始复制，而只有当前二者不存在时，才以 *ori*V-γ 起始复制。R6K 的 *ori*V-γ 的复制起始依赖于由 *pir* 基因编码的 Pir 蛋白。

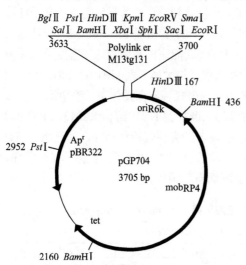

图 9.12 为利用 R6K 携带 *ori*V-γ 和 RP4 的 *ori*T 的 DNA 片段（mob）和 pBR322 连接组建成的一个新的可转移广谱质粒载体 pGP704。其最大特点是小型化，仅 3705bp；第二个特点是，它是一个条件致死型复制子，只能在携带有表达 *pir* 基因的菌株中复制，而避免了质粒在环境中传播的可能性；第三个特点是若有助手质粒（如 pRK2013）存在，可以在革兰氏阴性菌间接合转移。后来此质粒与转座子组合进一步改造构建成了 pUT 和 pLOF 系列转座子质粒载体，被广泛用于工程菌株的构建。该系统已在革兰氏阴性菌中广泛用于基因克隆和被克隆基因的种间转移，可用来构建工

图 9.12　质粒 pGP704 的功能区（Miller and Mekalanos，1988）。*ori*R6K 为依赖于 *pir* 功能的复制起始区；mobRP4 为来自质粒 RP4 的 *ori*T 区；氨苄抗性来自 pBR322

程菌株和分子育种，也可用作转座子插入诱变和未知基因的解译（详见本书第十章）。

3. 质粒 RSF1010 系统

质粒 RSF1010 属于不亲和群 IncQ 家族，它是小而多拷贝质粒，分子大小为 8.4kb，携带卡那霉素和氨苄西林抗性基因（图 9.13）。RSF1010 不能自主转移，但具有高效的 *mob* 编码区（*ori*T 区），IncP-1、IncX、IncP-2、IncP8 等多种可转移质粒可作为其助手质粒，反式提供 *tra* 功能，它便可在许多革兰氏阴性菌间接合转移，而现在使用的最佳助手质粒仍是 ColE 衍生质粒 pRK2013。

由于 RSP1010 是多拷贝的小质粒，功能区安排十分紧凑（图 9.13），广谱转移的 *mob* 编码区（*ori*T）在助手质粒 *tra* 的反式作用下，转移效率与 RK2 相当，所以受到构建其衍生质粒的科学家的重视。

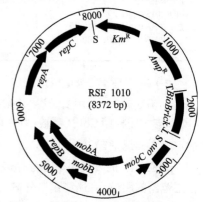

图 9.13　质粒 PSF1010 的遗传学图（Grimly and Julian，1991）

RSF1010 的复制需自身编码的三个基因 *rep*A、*rep*B 和 *rep*C，在复制调控中具独立性。已有以 RP4 反式提供 *tra* 功能，将 RSF1010 高频接合转移入革兰氏阳性菌的报

道（Gormi and Davies，1991；Grimly and Julian，1991）。以大肠杆菌 S17.1/RP4（基因组中整合有 RP4）为助手菌株，大肠杆菌 S17.1/RP4（RFP1010）与变铅青链霉菌（*S. lividans*）或分枝杆菌（*Mycrobacterium smegmatis*）共培养 24h 后，平板分离，结果接合转移入变铅青链霉菌的频度为 10^{-6}（对照为 10^{-9}）；接合转移入分枝杆菌的频度为 10^{-2}（对照为 10^{-9}）；如采用携带 pRK2013 的大肠杆菌为助手菌株也得到同样的结果。亦有通过 RSF1010 质粒 DNA 电激转化进入革兰氏阳性菌，并可稳定传代的报道。所以若构建的载体携带可在革兰氏阳性菌中表达的可选择标记，其衍生质粒可用作革兰氏阴性和革兰氏阳性菌间的穿梭质粒。

由此可见，广谱可转移质粒具有两个特性：①具有在不同宿主菌中自我复制能力。IncP1 和 IncQ 质粒有严谨的复制和调控机制，使它们的复制和 *tra* 功能能在不同的菌种中表达，适合于构建或用于广谱转移质粒。②供体菌株能形成接合通道（性菌毛），有效地沟通供体-受体菌株，实现 DNA 的转移。质粒 IncP 和 IncQ 在革兰氏阴性菌种间的接合转移几乎无障碍，这一方面说明它们的胞间接合转移的机制可能不同于 F 因子那样，接合转移要通过性纤毛搭建的通道，而另有其他的细胞接触和转移的机制；另一方面也说明它们的复制控制具有自主性。不依赖或较少依赖宿主的复制和调控功能，是广谱可转移载体的另一特性。

4. 三亲接合实验的一般操作

基于以上有关可转移质粒系统的基础研究和应用实例的简介，三亲接合实验操作变得很简单。首先准备好实验用的供体菌、受体菌和携带助手质粒的菌株。

（i）第一天晚上先将用于三亲接合质粒接合转移的供体菌（通常为大肠杆菌）、受体菌和携带助手质粒的 *E. coli*（pRK2013）的菌株，接种加有适当抗生素的 LB 培养基，30℃培养过夜。

接合转移的受体菌株，通常应携带一抗性突变（如利福霉素抗性）或其他能限制供体菌生长的选择标记，以便接合作用后，平板分离时消除供体菌。

（ii）次日转接新鲜培养基，培养至对数期。

（iii）三种菌悬液各取等量（如 0.5ml 或酌情调整比例），与 4ml LB 培养液混合。

（iv）用 0.45μm 微孔滤膜过滤（或采用其他方法），使三个菌株的菌体密切相贴。

（v）将微孔滤膜转移放置在 LB 平板上，30℃培养数小时或过夜，使之在繁殖过程中实现质粒接合转移。

（vi）将生长有菌层的微孔滤膜移入含 5ml LB 培养基的试管中，以混悬器振荡处理，制成菌悬液。

（vii）以生理盐水适当稀释，涂选择性培养基平板，采用限制性条件（排除供体菌株），只让接合作用中的受体细菌生长。

（viii）30℃培养过夜，或按要求培养一定时间，使其长成单菌落。

（ix）挑取单菌落鉴定遗传标记。

　　质粒接合转移已是一项成熟的操作技术，只要熟悉质粒转移机制和构建适当的携带目标基因质粒的菌株，操作过程并不比转化操作复杂，而且更容易将携带大片段DNA 的质粒通过接合作用转入受体菌株。其次，由于用于接合转移的质粒是广谱的，因而在分子生物学研究中，具有比感受态转化更方便快捷的优势。

参 考 文 献

常佳, 费学宁, 郝亚超, 等. 2013. 污水厌氧生物材料监控技术研究进展. 化工进展, 32: 1673.

盛祖嘉. 2007. 微生物遗传学. 3 版. 北京: 科学出版社.

宋蕾, 王慧, 施汉昌, 等. 2005. 1, 2, 4 三氯苯降解菌的分离及其降解质粒的研究. 中国环境科学, 25: 385.

Bates S, Cashmore AM, Wilkine BM. 1998. IncP plasmid are unusually effective in mediating conjugation of *Escherichia coli* and *Saccharamyces cerevisiae*: involvement of the Tra2 mating system. J Bacteriol, 180: 6538.

Bradley DE, Taylor DE, Cohen DR. 1980. Specification of surface mating systems among conjugative drug resistance plasmid in *Escherichia coli* K12. J Bacteriol, 143: 1466.

Bradley DF. 1980. Determination of Pili by conjugative bacterial drug resistance plasmid of incompatibility groups B, C, H, J, K, M, V, and X. J Bacteriol, 141: 828.

Braun W. 1965. Bacterial genetics. Philadelphia and London: W. B. Saunders Company.

Burkardt HJ, Riess G, Puhler A. 1979. Relationship of group P1 plasmid revealed by heteroduplex experiments: RP1, RP4, R68 and PK2 are identical. J gen Microbiol, 114: 341.

Chakrabarty AM. 1972. Genetic basis of the biodegradation of salicylate in Pseudomonas. J Bacteriol, 112: 815.

Chartterjee DK, Chakrabarty AN. 1982. Genetic recombination in plasmids specifying total degradation of chlorinated benzoic acids. Mol Gen Genet, 188: 279-285.

David M, Tronchet M, Denarie J. 1981. Transformation of Azotobacter vinelandii with plasmids RP4(IncP-1 group)and RSF1010(Inc Q group). J Bacteriol, 146: 1154.

Ditta G, Stanfield DM, Hetherington DR. 1980. Broad host range DNA cloning system for Gram –negative bacteria: construction of a gene bank of *Rhizobium meeliloni*. Proc Natl Acad Sci USA, 77: 7347.

Esteve-Nunez A, Caballero A, Ramos JL. 2001. Biological degradation of 2, 4, 6-Trinitro-toluene. Moicrob Molec Biol Reviews, 65: 335-352.

Figurski DH, Helinski DR. 1979. Replication of an origin-containing derivative of plasmid RK2 dependent on a plasmid function provided in *trans*. Proc Natl Acad Sci USA, 76: 1648.

Gao J, Ellis LBM, Wackett LP. 2010. The university of minnesota biocatalysis/ biodegradation database: improving public access. Nucl Acids Res, 38: D488.

Glass RE. 1982. Gene Function. *E. coli* and its heritable elements. London: Biddles Ltd., Guildford and King's Lynn.

Gormi EP, Davies J. 1991. Transfer of plasmid PSF110 by conjugation from *Escherichia coli* to *Streptomyces lividans* and *Mycobacterium smegmatis*. J Bacteriol, 173: 6705-6708.

Grimly EP, Julian D. 1991. Transfer of plasmid RSF1010 by conjugation from *Escherichia coli* to Streptomyces lividans and Mycobacterium smegmatis. J Bacteriol, 173: 6705.

Grohmann E, Muth G, Esoinosa M. 2003. Conjugative plasmid transfer in gram-positive bacteria. Microb Molec Biol Rev, 67: 277.

Guiney DG, Yakobson E. 1983. Location and nucleotide sequence of the transfer origin of the broad host range plasmid RK2. Proc Natl Acad Sci USA, 80: 3595.

He JZ, Holmes VF, Lee PKH, et al. 2007. Inference of vitamin B12 and cocultures on the growth of Dehalococcoides isolates in defined medium. Appl Envir Microbiol, 73: 2847.

Hedges RW, Datta N, Kontomichalou P, et al. 1974. Molecular specificity of R factor–determined Beta-lactamases: correlation with plasmid compatibility. J Bacteriol, 117: 56.

Herrero M, de Lorenzo V, Timmis KN. 1990. Transposon vectors containing non-antibiotic resistance selection marker for cloning and stable chromosome insertion of foreign genes in gram-nagative bacteria. J Bact, 172: 6557.

Hopwood DA, Wright HM. 1973. Transfer of a plasmid between Streptomyces species. J Den Microbiol, 77: 187.

Hopwood DA. 1999. Forty years of genetics with Streptomyces: from in vivo through in vitro to in silico. Microbiology, 145: 2183.

Hu Z, Hopwood DA, Khosla C. 2000. Directed transfer of large DNA fragments between *Streptomyces* species. Appl Environ Microbiol, 66: 2274.

Hutchison HT, Hartwell LH. 1967. Macromolecule synthesis in yeast spheroplasts. J Bact, 94: 1697-1705.

Itoh Y, Johnson R, Scott B. 1994. Integrative transformation of the mycotoxin-producing fungus *Penicillium paxilli*. Curr Genet, 25: 508.

Kolter R, Inuzuka M. 1978. Trans-complementation-dependent replication of a low molecular weight origin fragment from plasmid R6K. Cell, 15: 1199.

Miller VL, Mekalanos JJ. 1988. A novel suicide vector and its use in construction of insertion mutation: osmoregulation outer membrane protein and virulence determinants in *Vibrio cholera* requires *toxR*. J Bacteriol, 170: 2575.

Phadnis SH, Das HK. 1987. Use of the plasmid pRK 2013 as a vehicle for transposition in *Azotobacter vinelandii*. J Biosci India, 12: 131.

Ratnakar PVAL, Mohanty BK, Lobert M, et al. 1996. The replication initiator protein π of the plasmid R6K specifically interacts with the host-encoded helicase DnaB. Proc Natl Acad Sci USA, 93: 5522.

Sakaguchi K, Okanishi M. 1980. Molecular Breeding and Genetics of Applied Microorganisms//Yano K. Degradative plasmids: aspect of microbial evolution and ecological significance. New York, Tokyo: Elsevier, 47.

Sayler GS, Hooper SW, Layton AC, et al. 1990. Catabolic plasmids of environment and ecological significance. Microb Ecol, 19: 1-20.

Schmidhauser TJ, Helinski DR. 1985. Regions of broad-host-range RK2 involved in replication and stable maintenance in nine species of gram-negative bacteria. J Bacteriol, 164: 446.

Shousha A, Awaiwanont N, Sofka D, et al. 2015. Bacteriophages isolated from chicken meat and the horizontal transfer of antimicrobial resistant genes. Appl Environ Microbiol, 81: 3585.

Simon R, Priefer U, Puhler A. 1983. A broad host range molecular system for *in vivo* genetic engineering: transposon mutagenesis in Gram negative bacteria. Bio/Technology, 1: 784-791.

Smillie C, Garcillan-Barcia MP, Francia MV, et al. 2010. Mobility of plasmids. Microbiol Molec Biol Rev, 74: 434.

Smith MB, Rocha AM, Smillie CS, et al. 2015. Nature bacterial communities serve as quantitative geochemical biosensors. mBio, 6(3):e00326-15.

Snyder L, Champness W. 1996. Molecular Genetics of Bacteria. Washington: ASM press.

Tas N, van Eekert MHA, Wagner A, et al. 2011. Role of "*Dehalococcoides*" spp. In the Anaerobic transformation of hexachlorobenzene in European rivers. Appl Environ Microbiol, 77: 4437.

Thomas CM, Meyer R, Helinsk DR. 1980. Regions of broad-host-range plasmid RK2 which are essential for replication and maintenance. J Bacteriol, 141: 213.

Trieu-Cuot P, Carlier C, Martin P, et al. 1987. Plasmid transfer by conjugation from *Escherichia coli* to Gram-positive bacteria. FEMS Microbiol Letters, 48: 289-294.

Verma JP, Jaiswal DK, et al. 2014. Pesticide relevance and their microbial degradation: a-state-of-art. Rev Environ Sci Biotechnol, 13: 429.

Wang SJ, Chang HM, Lin YS, et al. 1999. *Streptomyces* genomes: circular genetic maps from the linear chromosomes. Microbiology, 145: 2209.

Wang X, Li M, Yan Q, et al. 2007. Across genus plasmid transformation between *Bacillus sublilis* and *Escherchia coli* on the transforming ability of free plasmid DNA. Current Microbiology, 54: 450.

Wang Y, Xiao M, Geng X, et al. 2007. Horizontal transfer of genetic determination for degradation of phenol between the bacteria living in plant. Appl Micribiol Biotechnol, 77: 733-739.

Wang Y, Xiao M, Geng X, et al. 2007. Horizontal transfer of genetic determinants for degradation og phenol between tne bacteria in plant and its rhizosphere. Appl Microbiol Biotechnol, 77: 733.

Willetts N, Crowther C. 1981. Mobilization of the non-conjugative IncQ plasmid RSF 1010. Genetic Res, 37: 311.

第十章　转座子与分子育种

　　前面介绍了原核生物中 DNA 片段在细胞间转移并整合到受体菌染色体或另一复制子上的三种机制——DNA 转化、噬菌体转导和接合作用，而它们都是通过 DNA 同源性重组作用实现的。同源重组需要在两个碱基序列相似或等同的 DNA 间互补配对，出现双链断开和再连接（重组）成为重组子。共性特点是都需有受体菌的 *rec* 系统参与。然而，转座作用（transposition）与此不同，它是通过另一种类型的重组作用——被称为非同源性重组（nonhomologous recombination）或点特异性重组作用实现的。这种重组并不需要相关的两个 DNA 分子间碱基序列的同源性，而是依赖转座子编码的转座酶识别受体 DNA 的特异性靶序列，并促成分子间的插入作用，这就是转座作用。转座机制不同于同源重组，它是通过由转座酶（transposase）主导组成的转座复合体（transpososome）催化完成的。

　　可转移遗传因子最早是 20 世纪 40 年代，在研究玉米籽粒花斑变异的遗传学基础时发现和证明的，当时并不被多数遗传学家接受。直到 20 多年后的 20 世纪 70 年代，在原核生物的不同物种中发现和证明了可转移遗传因子——转座子（transposon，Tn）的存在，才被遗传学家普遍接受。当年研究玉米可移动因子的遗传学家 McClintock 也因此于 20 世纪 90 年代被追授予诺贝尔医学奖。

　　转座子诱变对于那些遗传上尚未开发，或者无合适的遗传学工具可用的微生物种是特别有用的遗传学工具。由于对转座子转座作用的分子机制的阐明，现在许多转座子如 Tn5、Tn*10*、噬菌体 Mu 和真核生物的 *Mariner* 族转座子，已被用作革兰氏阴性、革兰氏阳性菌和真核生物的诱变发生、未知基因功能解译和分子育种的重要手段和工具。

　　所有转座子在未经分子改造前都不能用作分子生物学研究工具，这是因为：①有的自然分离的转座子，往往因为分子太大难以操作，或者带有的抗性基因不适于在某些细菌种上应用。②有些转座子的插入作用不随机，只能插入特殊的靶 DNA 序列，或有的转座子的宿主范围太过局限或倾向于质粒间转座，缺乏随机转座插入染色体的特性。③自然存在的转座子，在整合入靶 DNA 分子后，常由于它仍然可再次转座或在细胞内促使染色体 DNA 缺失和重排而表现不稳定，影响遗传分析。④因天然转座子常产生一种免疫蛋白，阻止同类转座子的第二次转座，而不利于转座子随机插入诱变。也就是说，要有效地利用转座子作为诱变因子或克隆工具，需对它们的转座机制做深入研究，对那些宿主范围广、无显著转座热点现象的转座子，进行分子改建，才有可能使它们成为有用的分子生物学和分子育种的工具。

　　微转座子是在对转座子及其转座机制深入了解的基础上人工构建的转座子，它们被改建成为转座子载体或质粒转座子（plasposon），其结构特点是将转座酶基因安排在转座酶识别的反向重复序列之外的特殊转座子载体。这样的安排使微转座子插入受体 DNA 后，因再无转座酶合成而能稳定地整合到靶 DNA 分子中，这不仅阻止了再转座和转座子插入引起的染色体 DNA 重排，而且因在细胞中无免疫蛋白，从而允许同一微转座子重复插入同一染色体的可能。因为人工组建的微转座子的分子质量变得小而稳定，并包含有正筛选的抗性基因，非常有利于用于微生物诱变发生，有利于插入突变型库的建立。如人工构建的转座子 Tn5、微型 Mu 和 mariner 族的微转座子质粒，其突出优点是对所有细菌种都具插入活性，并且其靶 DNA 插入点的碱基序列没有明显的特异性偏好，即没有明显的插入"热点"现象，这一特性对其用作外源基因的分子克隆和用作插入诱变的分子工具是非常有利的。改建后的真核生物 Mariner 族转座子，更由于其转座插入识别序列只有两个碱基对，并且其宿主范围极广，而成为可通用于原核生物和真核生物的转座子。

为扩展转座子在基因的分子克隆和菌种间的转移范围，一些学者在可转移 DNA 片段转座子内插入条件复制起始区，构建成了能"自我克隆"（self-cloning）的质粒转座子。这是因为在转座子的可转座区 DNA 片段内包含的条件复制起始区，使人们有可能快速克隆转座子插入位点邻接的 DNA，从而对被插入基因进行功能解译。

进入后基因组学时代，转座子的应用更发展为以转座作用为基础，对基因组、蛋白质和蛋白质-DNA 复合物分析的一项新技术。至今已完成了近千种微生物的基因组测序工作，预期进入微生物组时代后，这一数字将迅速倍增，但是对这些"天书"的解读还远未完成。在进化的漫长历程中，一方面，证明从原核生物到人类的基本代谢途径的共性，而另一方面又有各物种基因组的分化特殊性，这种差异的分子基础也正是我们要解读的任务之一。解读这些未知功能序列的方法之一，就是使用转座子进行体外饱和性插入突变，结合表现型及分子生物学方法分析，再做进一步解读。所有这些都将在下面的正文讨论中涉及。

第一节　转　座　子

原核生物的转座子，如革兰氏阴性菌的 Tn3、Tn5、Tn7、Tn10 等，革兰氏阳性菌的 Tn916、Tn917、Tn1545（肺炎链球菌）和 Tn5099（放线菌）都已进行过深入研究。在噬菌体研究中发现，大肠杆菌噬菌体 Mu 本身就是一个转座子型噬菌体，转座作用是它正常生活史的一部分，或者说是噬菌体 Mu 所特有的一种生存方式，其基因组除了编码噬菌体结构有关的蛋白质的基因外，也具有转座子转座作用所需的基因和特异的反向重复序列，也可以说，噬菌体 Mu 本身就是一个转座子。

在真核生物中，最早在玉米遗传学研究中发现籽粒花斑的遗传与可移动遗传因子有关，而后来又在黑腹果蝇（*Drosophila melanogaster*）及角蝇（*Haematobia irritans*）中发现和证明可移动遗传因子的存在，因转座子 *mariner* 的转座作用具有不依赖于宿主表达的功能，并具有插入位点随机的突出特性，已被开发并广泛用作原核生物和真核生物的分子生物学研究工具。

1. 原核生物的转座子

原核生物转座子按其结构可分为简单的可移动因子和复合型转座子，前者除了带有与转座功能有关的基因外并不携带其他功能基因，后者则带有转座功能以外的基因，如抗生素抗性基因。

1）插入序列

在原核生物中最简单的可移动因子是插入序列（insertion sequence，IS），它是一类最简单的转座子。在大肠杆菌及其他原核生物中已经鉴定出多种 IS，其大小为 700～5000bp。如大肠杆菌的 IS1 为 770bp。不同 IS 因子的共同特征是它们的两端都有 16～41bp 的反向重复序列（图 10.1），都至少编码一种蛋白质——转座酶（transposase，Tnp）的基因，在转座时，该酶识别并与插入序列结合，起始和参与转座作用的全过程。前面讨论过的大肠杆菌 F 因子，它可以以质粒和附加体两种状态存在于宿主基因组中，就是因为大肠杆菌染色体和 F 因子上都携带有一种以上拷贝的 IS，所以 F 因子可通过 IS 与染色体间的同源重组，插入宿主染色体而成为 Hfr 菌株。

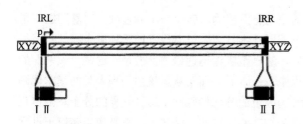

图 10.1　典型的 IS 的结构模式图（Mahillon and Chandler，1998）。两端分别为 IRL（左侧反向重复序列），IRR（右侧反向重复序列）。中间的空白区为 IS 的编码转座酶基因的编码框，侧面的 XYZ 代表 IS 靶 DNA 插入点的短的同向重复序列。P 为转座酶（Tnp）基因的启动子，与部分 IRL 重叠。Ⅰ 是 Tpn 识别的反向末端重复碱基对，并且是 Tnp 的切开点；Ⅱ 是 Tnp 特异性识别和结合必需的碱基序列

2）复合转座子

在自然界，如由临床上分离到的转座子与插入序列不同，如 Tn5，除了两侧的 IS50 元件（element）外，中央还插入了其他功能基因，如抗生素抗性基因，这类转座子被称为复合型转座子（composite transposon）。转座子 Tn5 就是自然分离的一个 5.8kb 的革兰氏阴性菌转座子，其两侧分别为 IS50L 和 IS50R 元件，每个元件的末端分别为反向重复序列，中央插入由抗生素抗性基因组成的抗性基因功能区（图 10.2）。IS50R 包含编码 Tn5 转座酶的基因（tnp），它是唯一参与催化 Tn5 转座的酶蛋白分子。

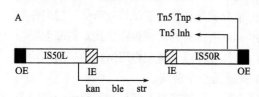

图 10.2　转座子 Tn5 的结构模式图（Naumann and Reznikoff，2002）。转座子 Tn5 由两个几乎等同的转座子元件（IS50L 和 IS50R）及抗生素抗性基因组成。IS50L 携带编码卡那霉素（kan）、博来霉素（ble）和链霉素（str）抗性基因。IS50R 编码转座酶（Tnp）及其抑制蛋白（Inh）基因。各 IS50 的两端为 19bp 的末端序列，它们是 OE 和 IE，是 Tn5 的 Tnp 转座作用的识别序列

2. 真核生物的转座子

真核生物中研究较多并被开发应用的是昆虫和线虫的转座子。果蝇中的转座子 P

在果蝇分子生物学研究中，是克隆的标记，增强子捕获、转化作用及体内诱变作用的重要工具，但是 P 元件在果蝇以外生物中无活性。因而开始了对其他昆虫的类似的插入元件的探索研究。

Mariner 族转座子：对真核生物转座子的进一步研究，发现了来自黑腹果蝇的 *Mos1* 和来自角蝇（*Haematobia irritans*）的 *Himar1* 转座子。*Himar1* 是 *Mariner* 转座子家族的一员，也是现在做过深入研究，并被开发应用于所有生物的分子生物学研究的转座子。转座子 *Himar1* 是一个 1291bp DNA 的简单转座子（按定义应为一个插入序列），编码单一的蛋白——*mariner* 转座酶，两侧为 28bp 的末端反向重复序列（ITR）（图 10.3）。后来不同实验室以 PCR 方法，由不同的昆虫、线虫（nemotodes）、扁形虫（flatworms），以及最近在人类基因组中亦发现它们的存在。在分类学上属于不同门物种的基因组中，也曾发现极为相似的 *Mariner* 族转座子，说明这些转座子早已横向转移插入其他物种的基因组中。能说明问题的一个例子是经系统发生分析显示角蝇的 *irritan* 亚族的元件，已由共同祖先分开了 2 亿年以上的两个亚纲中，比较各自合成的 *mariner* 转座酶的氨基酸序列，只有 6/348 的氨基酸不同，即它们的同源性仍大于 98%。由这些资料，我们推测 *mariner* 的转座作用只依赖它的转座酶活性，而无需另外的宿主因子参与。因而，推测这类转座子与其他转座子不同，它们应可用作跨域宿主的普遍性转座作用，因而应具有很好的应用前景，事实也正是如此。

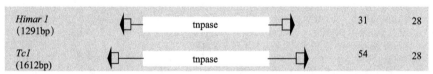

图 10.3　转座子 *Tc1/mariner* 的结构（Plasterk et al.，1999）。中央为转座酶基因（*tnp*），两侧为包含有 Tnp 结合位点的末端反向重复（TIR）。*Himar1* 和 *Tc1* 的反向重复序列分别为 31bp 和 54bp，*tnp* 识别位点都为 28bp

第二节　两种转座作用机制

若要使用好转座子工具就必须了解转座子的结构和转座子的转座原理。只有对它们的结构与转座机制有了深入的了解，才能对转座子工具运用自如，以及对它们进行改建，使之成为得心应手的分子操作工具。

现以转座子 Tn5 为模式系统，说明转座作用的两种基本模式：保守型转座作用和复制型转座作用。下面对它们的转座机制的差别与转换作简略讨论。

转座作用是一个特异性的 DNA 片段，自主完成由 DNA 的一个位置转移到另一位置（分子内或分子间）的转移过程。两型转座作用都始于 Tnp 对 DNA 的切割，复制型转座子的转座过程如图 10.4 左示；而保守型转座机制中，被切开的转座子的 3′-OH 末端不立即与靶 DNA 5′-PO4 末端连接，而是形成发卡结构（图 10.5），Tnp 只识别末端重复序列，转座子的移动是通过保守型的"切-贴"（cut-paste）机制完成的（图 10.4 右，图 10.5）。在相继的转座步骤中，Tnp 蛋白是关键因子，包括与转座子 DNA 的

ES 结合、通过酶蛋白同源二聚体的形成，将两个 ES 带到一起并形成联会复合体
（synaptic complex）、解开与 ES 邻接的 DNA，并将转座子插入靶 DNA。联会复合体
是 Tn5 转座的关键性供体中间体，因为催化反应都出现在供体分子上。在 Tn5 转座过
程中，所有催化作用都以反式方式出现，始于其中一个与 ES 结合的 Tnp 单体对另一
Tnp 单体结合的 ES-供体骨架边际的催化反应（图 10.4，图 10.5）。

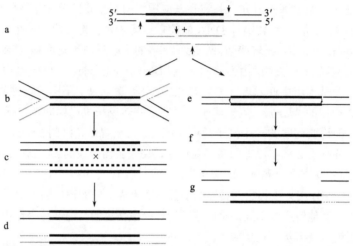

图 10.4　示复制型转座作用和保守型转座作用之间的区别（Ahmed，2009）。转座作用的两种模式都始于 Tnp 对
DNA 的切割，暴露出转座子 3'-OH 末端（a），并切开靶 DNA 的插入点，暴露出短的 5'-PO₄ 末端突出。复制型转
座作用（左），立即出现 3'-OH 末端与靶 DNA 5'PO₄ 末端连接反应，发生链转移，并起始复制作用，形成 "Shapiro
中间体"，起始复制作用（b），供体和受体复制子融合成为共合体（cointegrate）（c），在两个复制子汇合处出
现转座子同向重复。共合体是一种不稳定的结构，会因依赖于 recA 参与的重组作用而解离（但是在 RecA⁻ 中是稳
定的），或者如同 Tn3 那样由解离酶（TnpR）介导的点特异性重组而解离。供体与受体复制子分开，各自带有一
个拷贝的转座子（d）。如果靶 DNA 位于供体复制子内部（分子内转座作用），会出现复制型倒位，这是一个高
效过程。在保守型转座中（右），切开的转座子的 3'-OH 末端不立即与靶 DNA 5'-PO₄ 末端连接，而是形成发卡结
构（e），然后发卡解开（f），被切开的转座子 3'-OH 末端与靶 DNA 的 5'-PO₄ 端连接（g），其间的缺口被修补以
完成插入过程；而带有大缺口的供体 DNA 的命运并不明确：有可能被降解，或者经双链缺口修复再生转座子序列。
图中黑色为供体 DNA；加粗的为转座子序列；灰色为受体 DNA；复制和缺口修复示为虚线；×示共合体解离的同
源遗传重组

　　在离体条件下，Tn5 的转座作用看上去比较简单，转座酶 Tnp 分子识别的就只是
那 19bp 反向重复序列。在转座发生时，转座子完整地从供体 DNA 切出并插入到受体
DNA 分子中，在所有转座作用的几个步骤中，包括通过 Tnp 同源二聚体的形成，将转
座子 DNA 的两个 OS 结合在一起，形成联会复合体和切开与 OS 相邻的 DNA 结合点
并将转座子插入靶 DNA 位点的作用，Tnp 都是主导参与者（图 10.5）。

　　实际上，体内（in vivo）转座作用机制并不那么简单，转座子是独立的 DNA 片段，
它可以转移到基因组的多个位点并可能导致 DNA 重排。Tn5、Tn10 是同属保守型转座
机制的转座子，采用"切-贴"转座机制。遗传学研究显示，转座子 Tn5 的转座作用有
时也进行复制式转座，但是出现的概率很低。

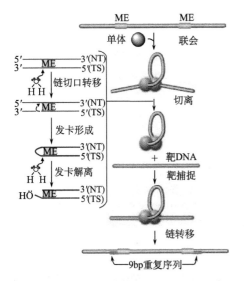

图 10.5　转座子 Tn5 转座机制（Gradman and Reznikoff，2008）。图中使用的是人工合成的 60bp 的转座子。转座作用始于 Tnp 与转座子特异的末端序列（ME）ES 结合，并通过联会（cynapsis）过程形成高度有序的核酸蛋白复合物（联会复合体），该复合体由两个 Tnp（二聚体）和两个末端序列组成。由活化的水分子和 Mg²⁺ 协同催化，使转座子两侧通过亲核攻击将转移链（TS）切开，出现一 3′-OH。游离的 3′-OH 作为亲核剂切开非转移链（NT），形成一个发卡。第二个活化水分子解离发卡，使形成双链断裂的 DNA 分子。断开的联会复合体通过靶捕捉与受体 DNA 结合，转座子末端的 3′-OH，在链转移时作用于靶 DNA 的磷酸二酯键骨架，实现链转移。Tnp 离开靶位点，链转移时出现的 9bp 缺口由宿主酶修复，成为两个同向重复序列

　　切-贴转座作用是转座子双链完整地由供体 DNA 分子切出，插入到受体 DNA 特异性识别序列，并在插入点两侧修复，这一机制解释了所有由 Tn10 观察到的特异性结构重排现象。而有证据表明，Tn5 的转座作用机制是混合型的，尽管生物化学的证据表明其转座机制类似于 Tn10，然而，遗传学证据表明，也存在与 Tn3 和噬菌体 Mu 非常相似的复制型转座作用。实际上，Tn5 的反常行为，可能并非相互独立的转座路径，而是同一途径转换的结果。深入研究显示，Tn5 的转座作用可以出现两种模式：与 Tn10 相同，采取“切-贴”机制约占 92%，而采取如同 Tn3 的复制型转座机制的概率约为 8%。所以它是混合型的，但主要采取保守型转座机制。

　　真核生物转座子 mariner 的转座模式也属于“切-贴”机制。来自黑腹果蝇的 Mos1 和来自角蝇的 Himar1 都是 mariner 转座子家族中被深入研究过的成员。Mos1 是在真核生物中最常用的 Mariner 族简单转座子，而转座子 Himar1 已被改建为用于微生物分子生物学研究的复合转座子，在其反向重复序列之间插入可选择标记（抗生素抗性基因的复合转座子），经改建后的转座子质粒可用于体内和离体的插入诱变、工程菌株的构建及对功能未知基因的解译。

　　图 10.6 示 mariner 转座子的转座机制。可见它不同于其他转座子的显著特点是：①mariner 转座酶的靶位点识别序列只有 TA 两个碱基对，意味着其转座插入点更为随机，即使用于高 GC 百分比的菌种（如链霉菌），其转座诱变也不表现插入热点现象，这一特性十分有利于转座子应用操作；②转座机制与 Tn10 相同，为保守型转座作用，采取“切-补”转座模式。由于它们在原核生物和真核生物中都能自主转座，因而已被用于不同目的的体内和离体转座子载体质粒构建的初始实验取材。

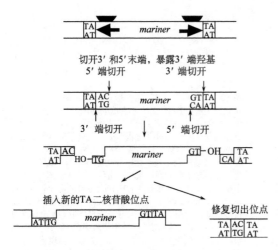

图 10.6　转座子 *Tc1/mariner* 转座机制的模式图（Robertson，1995）。转座酶在反向重复序列的末端切开转座子元件，末端呈交错状，呈现 CA 两个碱基突出。切出的元件的活性 3'-OH 末端整合入靶 DNA 的 TA 二核苷酸位点。单链 DNA 缺口经细胞内修复过程修复后，TA 加倍成同向重复序列出现在插入的转座子两侧。右侧为所形成的转座子末端核苷酸同向重复遗留在缺口处，此为转座子转座后的足迹

　　总之，不同转座子之间有共性，也各有其独特性，而转座作用的过程都遵循大致相同的模式。在最简单的情况下，可移动因子编码的转座酶 Tnp，识别转座子末端的反向重复序列，并形成一种蛋白质寡聚体-供体-受体 DNA 复合物，称为转座复合体（transpososome），催化促使 DNA 断裂-连接反应，实现转座作用。现在已用于插入诱变和分子育种工作的转座子质粒多是以保守型转座机制转座子改建的。

第三节　转座子质粒的构建

　　用于体内转座作用构建的 *mariner* 转座子，通常是改建为一个微型复合转座子，包含有被夹在 *Himar1* 反向重复序列间的抗性基因，以及由强启动子控制下的 *Himar1* 转座酶基因，使得在宿主细菌中，转座酶基因 *tnp* 有足够的表达产物。一个好的质粒转座子应为复合型转座子质粒，应是：①一个穿梭质粒，能在中介宿主大肠杆菌中稳定复制传代；②在受体菌中质粒应是条件致死性的，以利于进行插入突变型菌落筛选和防止带抗性质粒菌的抗性基因扩散造成环境污染；③转座酶基因不被包含在转座子内，以防止转座子插入后再次转座和导致染色体重组缺失和重排；④合适的抗性选择标记；⑤最好可以以一种以上转移方式，如转化作用和接合作用，实现转座子质粒在菌种间转移；⑥应有高表达的转录起始区，使 *tnp* 基因在新宿主菌中得以高表达，完成转座作用。按此要求，近年来，为克服转座子转座作用的局限性，已构建成 *mariner* 族和 Tn5 的多种新的用于革兰氏阴性和革兰氏阳性菌的转座子质粒。同时由于高活性突变型 *Himar1* 和 Tn5 转座酶的开发应用，该系统也已被广泛用于离体转座作用，已成功地建立了广泛用于离体转座的微型噬菌体 *Mu*、*Himar1* 和 Tn5 转座系统。

　　现以 *Himar1* 为例，说明如何构建一个用于革兰氏阳性菌的转座子质粒系统。枯草芽胞杆菌是革兰氏阳性菌遗传学研究的模式菌种，自 20 世纪 50 年代就用于微生物遗传、转化作用、L 型细胞的形成和再生及芽胞形成的研究，并取得许多重要成果，现

已完成基因组全序列分析，但是有一些编码区功能仍待解读。对此，转座子插入诱变应是首选方法，因为转座子插入后会破坏原有编码区的功能而成为突变型，因此为了确定被插入基因的功能，只需将转座子进行饱和插入诱变，做成插入突变型库，再经适当内切酶酶切，连同转座子两侧 DNA 克隆，并扩增作进一步分析，就有可能解译相关基因的功能。如何构建用于枯草芽胞杆菌的转座子载体质粒呢？

革兰氏阳性菌质粒 pE194，早先是由金黄色葡萄球菌中分离得到的质粒，在芽胞杆菌中也能稳定传代。pE194 是温度敏感性质粒，表现为在 30℃ 培养时，能正常复制传代，而在 40℃ 以上的培养条件下，就会自动消除。质粒 pE194 这一特性对转座操作十分有利，其作用可与革兰氏阴性转座子质粒 pUT 的复制依赖于 *pir* 基因，因而表现为条件致死的特性相媲美。我们不难将 pE194 的复制起始区与 *Himar1* 转座子功能区（转座酶及其被识别的反向末端序列）组合，经人工操作构建成为可以广泛适用于革兰氏阳性菌的转座子质粒 pMarA 和 pMarB（图 10.7）。

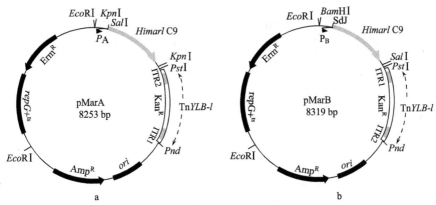

图 10.7　适用于革兰氏阳性菌 pMar 转座子质粒的物理图（Breton et al., 2006）。pMarA（a）和 pMarB（b）都是 *E. coli/B. subtilis* 穿梭质粒。TnYLB-1 为不含 *tnp* 基因的微型 *Himar1* 转座子（Tn mini-*Himar*）；P_A 和 P_B 分别为 pMarA 和 pMarB 的转座酶基因的启动子，它们分别被 σ^A 和 σ^B 识别（σ^A 为生长期的 σ 因子，σ^B 为热激反应 σ 因子）；复制起始区 *ori* 来自 pUC19；复制起始区 *rep*G+^{ts} 来自 pE194ts；*Himar*IC9 为转座酶基因 *tnp*；ITR 为末端反向重复序列；Erm^r、Kam^r、Amp^r 分别为红霉素抗性、卡那霉素抗性和氨苄西林抗性基因（该质粒系统可向美国俄亥俄大学 Bacillus Genetic Stock Center 索取）

质粒 pMarA 和 pMarB 是由高表达的 *Himar* 转座酶基因、*Himar* 的微型复合转座子及分别能在大肠杆菌和枯草芽胞杆菌中的复制起始区 *ori* 和 *rep*G+^{ts} 组成的大肠杆菌-枯草芽胞杆菌穿梭质粒。其中来自 pUC 的 *ori*，使它可以在大肠杆菌中稳定传代，而来自 pE194 的 *rep*G+^{ts}，使之在革兰氏阳性菌中成为一个温度敏感的条件致死质粒，因而可通过转换温度控制转座子的转座作用，而又能有效地消除未参与转座作用的转座子质粒。所以，预期转座后枯草芽胞杆菌菌株就只有携带 Kam 的 *Himar* 微转座子插入靶位点形成稳定 Kam^r 的插入突变型。

实验的操作程序是先通过转化作用将 pMarA/pMarB 质粒引入受体菌，筛选红霉素抗性菌落，将经纯化的 Erm^r 菌株接种含抗生素的 LB 培养液，30℃ 培养过夜，次日取样稀释涂布含有和不含有抗生素的 LB 平板，置 50℃温箱培养后，分别计数菌落数，结果见表 10.1。结果显示，两种不同启动子控制的转座酶基因表达酶活性的 pMar 转座作用频度相近，说明热激反应对转座作用并无影响，转座频度约为 10^{-2}。通过影印培养，90% Kam^r 菌落为红霉素敏感菌（Erm^s），约 10% 为双重抗性，推测它们可能来自 *ori*G+^{ts} 突变，或是质粒二聚体转座所致。

以上介绍了利用质粒和转座子为素材，构建用于革兰氏阳性菌转座子质粒的例子。

表 10.1　pMar 转座子质粒对枯草芽胞杆菌的转座作用*（Naumann and Reznikoff，2002）

质粒	活细胞计数/（cfu/ml）			转座频度	Erm^r/Kam^r
	LB，50℃	LB+Kan，50℃	LB+Erm，50℃		
pMarA	8×10^8	6.2×10^6	7.2×10^5	8×10^{-3}	11%
pMarB	6×10^8	6×10^6	2.5×10^5	1×10^{-2}	4.1%
pMarC**	7×10^8	0	0		

*结果示转座频度与所用 σ 因子无关。**pMarC 为不携带微 *Himar* 转座子的对照质粒。

如图 10.8 所示，构建的 *Himar* 转座子质粒 pMarA 和 pMarB 插入突变型菌株的 Southern 印迹分析结果，显示 pMarA 和 pMarB 的插入作用是随机的，说明它们可以作为枯草芽胞杆菌诱发突变的一个使用方便的生物诱变因子。pMarA 转座子也可用于其他革兰氏阳性菌，如链球菌、葡萄球菌等。pMar 质粒系的局限性在于它仅可用于插入诱变，若加以适当改造（参照 pUT 系统的构建）便可成为用于分子育种的转座子质粒载体，用于克隆外源基因，构建工程菌株。

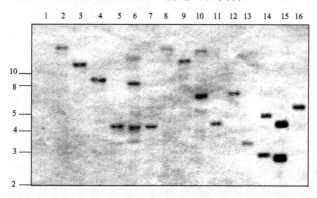

图 10.8　转座子质粒 pMarA/pMarB 对枯草芽胞杆菌的插入突变型的 Southern 杂交分析（Breton et al.，2006）。显示转座子插入的随机分布的特征。染色体 DNA 经 *EcoR*I 切割后与 *Himar* 特异性探针的 Southern 印迹分析。1 为受体菌对照；2～16 为 15 个经 50℃培养生长的 Kam^r 菌株。左侧数字为分子质量标记（kb）

可见，只要选择合适的质粒、筛选标记、微型复合转座子，将它们进行适当的分子安排和改造，就能按工作需要构建成适用的转座子载体，有关资料可从文献资料中找到，这里不再赘述。

第四节　转座子质粒载体在分子育种中的应用

导致生物遗传性变异的生物因子有多种，而作为诱变剂应用的生物因子首选就是转座子。它们普遍存在于原核生物和真核生物域，虽然它们的具体结构和特性各有不同，但它们的共性是能在各自转座酶的介导下，实现不依赖于 DNA 同源性的点特异性遗传重组作用。通过转座子插入受体 DNA，从而中断被插入基因的功能，使之成为诱发营养缺陷突变型、形态突变型或调控基因突变型的生物因子。在了解了各转座子的结构和转座机制的基础上，不同实验室改造和构建的 Tn5、Tn10、微噬菌体 Mu 和 *mariner* 转座子的衍生质粒，能满足不同的分子生物学研究课题之需。例如，为诱变作用提供了正筛选的可能性，凡是在染色体中插入转座子的受体菌，在选择性平板上都能形成抗生素抗性菌落，而那些敏感的受体菌直接被淘汰。这样，如果转座子转座效率足够高的话，不难一次实验获得上千个独立的插入突变型，因而转座子插入诱变成为构建突变型库的十分有效的方法，在基因组基因功能研究中，转座子插入诱变已成为发现新功能基因的技术之一。

随着转座子结构与功能研究的深入，自 20 世纪 80 年代，有两方面的进展对开拓转座子应用于分子生物学和分子克隆研究起到了重要作用：①利用人工构建的微型转座子质粒（plasposon）作为诱变因子，提高了转座子的插入效率，使突变型筛选和外源基因插入受体菌染色体变得更容易；并由于采用了自杀性质粒及 *tnp* 基因置于转座子之外的转座子质粒，因而增强了插入突变型的稳定性，也避免了因再次转座引起的染色体重排，更有利于获得稳定的插入突变型；②不难构建成携带外源基因的转座子质粒，用于基因的分子克隆；③建成离体转座作用系统，使用同一离体转座反应系统在原核生物和真核生物间跨越生物物种界限进行转座插入和基因转移，以及直接用作转基因生物的构建成为可能。例如，将苏云金芽胞杆菌毒蛋白基因克隆到人工构建的 *mariner* 微型转座子质粒上，利用其广谱、随机转座的特性，通过转座将外源基因插入如棉花基因组和其他受体菌种基因组，选育抗虫棉品种或替代农药的生物防治菌株，使采用转座子进行分子育种成为现实。以下以 Tn5 和 Tn10 转座子质粒的构建和应用为例介绍其使用方法。

1. Tn5 转座子质粒载体 pUT/Km 和 pLOF/Km 的构建

基于对 Tn5 的分子结构与转座机制的阐明，20 世纪 90 年代初，德国 Timmis K 实验室开发出了一套基于 Tn5 和 Tn10 的转座子载体系统（transposon vector system）（1990）（图 10.9，图 10.10）。它们与改造前的复合转座子截然不同，区别在于对 Tn5 转座子做了彻底改造：①将转座酶基因 *tnp* 置于转座酶识别位点（19bp 末端序列）之外，使实际转座的复合转座子只是末端反向重复序列和夹在其中间的 DNA 片段，如抗生素抗性标记；②外源基因可被克隆在反向重复序列之间，成为复合转座子的一部分，这样所克隆的基因将以转座子形式插入受体菌基因组的任何插入位点，而排除了 *tnp* 基因后续作用的可能，因而保证插入片段传代稳定性；③采用依赖于 Pir 蛋白复制起始区 *ori*~R6K~，使它们不能在野生型受体菌菌株内复制，因而当转座子质粒进入新宿主后，因不能复制而自动消除，防止了带抗性基因的质粒在自然界释放和传播的可能性；④携带质粒 RP4 的 *tra*（*mob*）区，使之除了可以通过转化方法引入受体细胞，也可经三亲接合转移进入几乎所有的革兰氏阴性细菌种。这些特性都十分利于转座子质粒系统，如 pUT/Km 和 pLOF/Km 在基因克隆和分子育种中的应用。

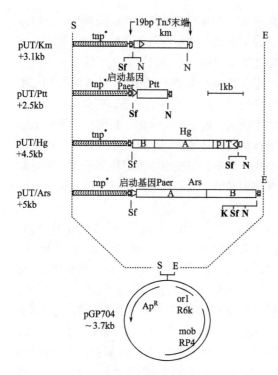

图 10.9 基于转座子 Tn5 的 pUT 转座子质粒系列（Herrero et al., 1990）。图示 4 个具有不同抗性标记的 Tn5 转座子质粒。结构的共同部分是质粒 pGP704。Tn5 转座系统的元件包括 19bp 的末端序列和微转座子外侧的 IS50R 的 tnp* 基因（消除了 NotI 切点）。抗性基因标在右侧及各结构的上方。Km 为卡那霉素抗性；ptt 除草剂（双丙氨膦）为除草剂抗性；Hg 和 Ars 分别为汞和砷抗性。重要的限制性内切酶位点为：N，NotI；E，EcoRI；Sf，SfiI；S，SalI；K，KpnI

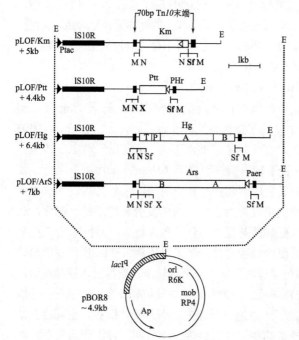

图 10.10 基于转座子 Tn10 构建的 pLOF 转座子质粒系列（Herrero et al., 1990）。转座作用系统的元件 IS10R 置于转座子之外，编码 Tnp 的基因受 ptac 启动子顺式控制。抗性标记两侧为 70bp 的 Tn10 的转座酶识别序列。各转座子质粒名称列于左侧。重要的酶切位点：M，MluI；X，XbaI；N，NotI；E，EcoRI；Sf，SfiI

为构建用于外源基因克隆的重组子质粒，需以质粒载体与转座子（Tn5 和 Tn10）限制性酶切位点进行全新的组合安排，首先以质粒 pGP704 为基础构建成 pUT 和 pLOF（图 10.9 和 10.10），分别插入只包含反向重复序列和选择标记的微型复合转座子 Tn5 和 Tn10，而将 tnp 基因置于复合转座子之外，使之成为 pUT/Km 或 pLOF/Km 系列转座子质粒。另外为克隆外源 DNA 片段，在反向重复序列内侧插入了适当的内切酶酶切位点。这里所采用的插入的酶切位点为在基因组中较少出现的内切酶（如 Not I 等）识别序列。与此相对应还专门构建了两个辅助质粒（helper plasmid），在其多酶切点中分别插入 Not I 和 Sfi I 单一切点，并调整读码框架，以利于被引入的外源基因表达。这些辅助质粒就是 p18Not I 和 p18Sfi I（表 10.2）。这样便可将任何外源 DNA 片段先克隆入辅助质粒（p18Not I 和 p18Sfi I），然后再以 NotI 或 SfiI 酶切，转移入转座子载体 pUT/Km 或 pLOF/Km，所以实际上它们起着"转接器"（adapter）的作用。

表 10.2　与转座子载体配套的菌株和载体（Herrero et al.，1990）

菌株和质粒	基因型和特性
大肠杆菌 CC118	Δ（ara-leu）araD Δlac X74 galK proA20 thi-1 rpsE rpoB argE（Am）recA1
大肠杆菌 CC118（λpir）	CC118 携带 λpir 的溶源菌
质粒 p18SfiI	与 pUC18 相同，但具多酶切位点 Sfi I EcoR I Sal I -HindⅢ-Not I
质粒 p18NotI	与 pUC18 相同，但具多酶切位点 Not I EcoR I Sal I -HindⅢ-Sfi I
pGP704	Ap^r: ori$_{R6K}$, mob$_{RP4}$, M13tg131 的 MCS
pUT	Ap^r: Tn5-IS50$_R$ 的 tnp*（消除 Not I 切点）插入在 pGP704 的 Sal I 切点
pRK2013	ColE I 衍生的 ColE1 型质粒，三亲接合中反式提供 tra 功能

注：MCS 表示多克隆位点；SY327 和 CC118（λpir）是携带质粒 R6K 的 pir 基因的 λ 噬菌体的溶源菌；SfiI 和 Not I 分别位于辅助质粒 pUC18/pUC19 MCS 两侧，并使它们处于正确的阅读框架。（若要自己制备允许 ori$_{R6k}$ 复制的大肠杆菌受体菌，可使用 λpir 溶源菌培养液，或溶源菌菌落浸出液与非溶源菌共培养，平板分离单菌落，以 pUC 质粒转化鉴定即可。）

2. 转座子质粒在分子育种中的应用

有了辅助质粒的酶切位点转换，任何外源 DNA 片段就不难插入转座子质粒 pUT/Km 或 pLOF/Km 的 Not I 或 Sfi I 切点，构建成携带外源基因的转座子质粒。由于 pUT 和 pLOF 系质粒都有 oriT 功能区，因而不难采用转化和三亲接合转移方法将转座子质粒引入受体菌，用作诱变因子成探知未知基因；也可将外源基因插入受体菌基因组，达到分子克隆的目的。

1）插入诱变

以 pUT/Km 质粒为例，采用转化或按三亲接合操作，将转座子质粒由供体菌转移入受体菌，平板筛选抗生素抗性（km^r）菌落。新宿主中不存在 Pir 蛋白，因而 pUT/Km 质粒不能复制，所以，平板上长出的抗性菌落就是插入突变型。可按实验目的直接鉴定抗性菌株的遗传特性。例如，可按生长谱法鉴定营养缺陷突变型等。

2）探测未知基因

举一个实际例子，20 世纪 90 年代末，在临床上出现了一种新的革兰氏阴性病原微生物嗜中温甲烷杆菌（Methylobacterim mesophilicum），它能感染免疫功能低下的患者，引起严重的组织炎症，而这种菌几乎对所有临床使用的抗生素都具有抗性，而且有趣的是，它对当时新开发的抗生素亚胺培南（imipenen）很敏感，但是对同类抗生素碳培南（carbapenem）却是抗性的。现在的问题是，为什么它对后者表现抗性呢？这确是一个难以解答的问题。但如果熟悉以转座子诱变探索功能基因，便可通过转座子质粒 pUT/Tet 诱变。已知质粒在该菌种中是可以接合转移的。所以，首先通过三亲接合将转座子质粒 pUT/Tet 引入甲烷杆菌，分离 Tc^r 抗性菌落，制备成该菌的转座子插入突变型库，然后采用影印培养法，由突变型库中分离对碳培南敏感的突变型，再通过克隆带有 Tet 抗性标记的 DNA 和与之毗邻的部分宿主 DNA 片段。经 DNA 序列分析，鉴定出相关基因。分析发现对碳培南的抗性与一种运输蛋白有关。

3）构建转基因工程菌株

利用植物生态菌种构建防治双翅目昆虫迟眼覃蚊（*Bradysia odoriphaga* Yang et Zhang）幼虫（韭菜蛆）的工程菌株。方法是先由韭菜根际分离鉴定出一种韭菜益生菌，经鉴定为荧光假单胞菌（*P. fluorescens*），然后按计划将苏云金芽胞杆菌以色列变种的毒蛋白基因克隆，并构建成携带 *cry*IV 基因的转座子质粒。具体操作为：将已克隆的 *cry*IV 基因先克隆入辅助质粒 pUC18/*Sfi* I，再以内切酶 *Sfi* I 切出带有 *cry*IV 的 DNA 片段，克隆入转座子质粒 pLOF/Km，所得质粒转化大肠杆菌 327/λ*pir* 或 CC118/λ*pir* 菌株，平板筛选 Km 抗性菌落；挑取若干单菌落，接种 LB 培养基，提取质粒 DNA，作酶切鉴定，保留符合预期的正确克隆（图 10.11）；提取质粒 DNA，并通过电激转化或采用三亲接合作用将携带目的基因的重组子质粒导入荧光假单胞菌。在受体菌株的基因组中无 λ*pir*，因而质粒在受体菌株中是自杀性的，所出现的菌落必定是插入突变型。因为质粒被自动消除，而受体菌中再无 *tnp* 基因，所以所得到的转座重组子传代稳定。由 Southern 印迹分析来证明，携带克隆基因的转座子。插入基因也可能因其在染色体上的位置不同，受上游基因的影响不同，而呈现不同的表达水平，所以进一步的工作将是由上百的转座重组子中选择具晶体蛋白基因（*cry*IV）高表达活性的菌株。

我们实验室曾用这个系统，成功地将携带苏云金芽胞杆菌IV型晶体蛋白基因的转座子插入荧光假单胞菌基因组，构建成控制迟眼覃蚊幼虫的荧光假单胞菌的转基因工程菌，经实验室及小范围大棚实验显示对韭菜蛆的生物防控效果良好。

第五节　离体转座系统的建立及应用

离体转座系统的开发应用是在对转座机制更为深入研究和了解的基础上的深度开发和应用，是转座子体内转座作用的扩展。因为在体外操作，可以突破微生物种属以至科、门的限制，进行远缘物种间基因转移和插入诱变。这一技术尤其可以用于尚未建立体内转座系统，没有或暂时难以建立起转座子质粒的菌种，可以以离体转座系统达到转座子诱变或与基因组分析相关的工作。体外转座系统的第二个用途是易于通过体外操作对离体 DNA 作饱和性插入，以便进行基因组功能基因的发现和功能解译。

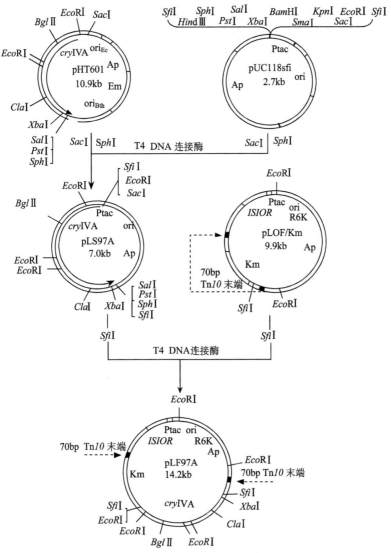

图 10.11　携带苏云金芽胞杆菌杀双翅目昆虫毒蛋白 CryIVA 的基因(*cry*IVA)转座子质粒的构建(刘国奇等,1999)

　　随着对转座子分子生物学遗传学研究的深入，证明所有转座子转座作用过程，仅依赖于转座子编码的能识别转座子各自特异性的末端反向重复序列的转座酶、被转座酶识别的转座子末端反向重复序列和受体 DNA 分子三要素。20 世纪 80 年代，就已有人以噬菌体 Mu 离体转座系统完成了离体转座作用，初步建立起离体转座系统，发现转座过程并不像体内那么严谨，无需胞内或其他蛋白质辅助因子参与，从而大大加速了开发利用离体转座系统的应用进程。而后其他转座子，如 Tn5 和 *mariner* 族转座子的离体转座系统的开发也取得成功。

1. 微型噬菌体 Mu 的体外转座系统

噬菌体 Mu 利用 DNA 的转座作用插入宿主基因组，转座作用是它生命周期的一部分。噬菌体 Mu 是研究得最清楚的可移动遗传因子之一，关于它发表的论文和专著颇多。后来，将它进行分子改建，除去与噬菌体 Mu 编码其结构蛋白和噬菌体功能有关的结构基因，只保留与转座作用有关的少数基因，并在末端重复序列间插入选择标记，组建成了最早的微型噬菌体 Mu（*mini-Mu*）复合转座子体外转座系统（图 10.12）。

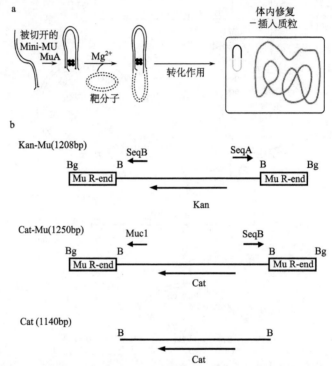

图 10.12　微型噬菌体 Mu 转座子的体外转座作用（Lamberg et al.，2002）。a. 在体内和体外两种条件下，MuA 转座酶四聚体与微型噬菌体 Mu 转座子末端装配成稳定的蛋白质-DNA 复合体，被称为 Mu 转座作用复合体或 Mu 转座体。在有 Mg^{2+} 存在时，转座子复合体的转座子的两个末端与靶 DNA 间出现整合作用。被整合的转座子 DNA 中间体所含的 5'核苷酸单链末端最终由体内宿主机制修复。线性微型噬菌体 Mu 转座子为包含有 50bp 的 Mu R-末端反向重复序列的 DNA 片段，在切开后，暴露的转座子 3'端（黑点）用于转座子整合反应（链转移反应）。b. 工作中使用的底物 DNA（图示并不按比例）。转座子末端的长方形，示转座子 DNA 的 50bp 的 Mu R-末端序列（R-end），Kan 和 Cat 分别为卡那霉素和氯霉素抗性基因。短箭头示 DNA 序列分析时，引物结合部位。Bg 和 B 分别为内切酶 *Bgl*Ⅱ 和 *Bam*HⅠ 切点

以质粒为底物时，噬菌体 Mu 在体内的转座作用是比较复杂的，涉及转座酶 MuA，转座体形成所必需的 MuA 识别的末端重复序列，若干种辅助蛋白和 DNA 转座的辅助因子，其中最为重要的辅助因子是宿主编码的 DNA 扭曲蛋白（bending protein）HU 和噬菌体编码的蛋白质 MuB，它们影响靶位点的选择，以及噬菌体基因组内部的辅助转座作用机制。所幸的是，实验表明，在离体转座系统中并不需要宿主蛋白及其他蛋白质因子参与，而仅需要噬菌体转座酶 MuA、转座酶识别的反向重复序列和受体 DNA。

　　人工构建的微型噬菌体 Mu 转座子的转座作用离体系统，最早于 1983 年建成。后经改进的离体转座反应系统变得更简单，只需加入插入抗性基因的微型噬菌体 Mu（mini-Mu）DNA、经提取纯化的转座酶 MuA 和受体 DNA 三种大分子成分，在离体反应系统中，三者结合并互作形成转座作用复合体，被称为转座体（transpososome），其间完成供体链切开，暴露出转座子的 3′端并捕捉受体 DNA；在供体 DNA 的靶位点处切开，在 Mg^{2+} 参与下，供体 DNA 的 3′端与受体 DNA 的 5′端连接，从而实现转座过程（图 10.12）。在两侧留下 5 个碱基的缺口。缺口修复后即成为两侧的同向重复序列。在转座子转座反应完成后的产物进行电泳分析确认反应结果后，提取转座体，通过电激转化进入受体菌株。插入受体 DNA 的转座子两侧的同向重复序列的 5 个碱基缺口将由体内机制修复（图 10.12）。将被转化的受体菌铺在适当的选择培养基上，经培养 1～2 天后，便可得到抗性的转座子重组体菌落。可见，体外转座作用与体内转座作用是不同的，在离体反应条件下，无需胞内及其他辅助因子参与，这使实验操作更简化。

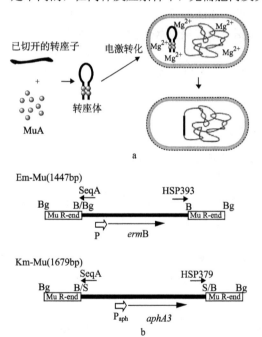

图 10.13　离体组装的转座子 Mu 转座体的体内整合作用（Pajunen et al., 2005）。a. 转座酶 MuA 四聚体在无 Mg^{2+} 的反应缓冲液中，与微型噬菌体 Mu 转座子末端组装成为稳定的蛋白质-DNA 复合物，转化入受体细胞内；在体内 Mg^{2+} 参与下，此复合物就会以两末端寻找靶序列并整合入宿主染色体。b. 实验中的底物为两末端 50bp Mu R 末端反向重复序列的线性 DNA 片段。插入红霉素抗性基因的 Mu（Em-Mu）和插入卡那霉素抗性 Mu（Km-Mu）都为微型噬菌体 Mu 复合转座子，可用于不同菌种的转座筛选标记。抗性基因是以 Bgl II 由质粒上切出，转座子的两端为 5bp 的 5′端突出。切出的转座子 3′端可用于转座子整合反应和链转移反应。ermB（红霉素抗性）和 aph3（卡那霉素抗性）分别为腺苷甲基化酶和氨基糖苷 3′磷酸转移酶基因。上方短箭头为用作 DNA 序列分析的引物结合位点。内切酶切点：Bg，Bgl II；B，BamH I；S，Sal I。克隆接点，B/Bg、B/S 和 S/B 为所使用内切酶的连接组合

　　改变反应系统条件，也可使转座作用的过程分两步完成，在体外完成与供体 DNA 联会反应，然后在体内完成转座作用。只要在离体反应系统中不加入 Mg^{2+}，转座酶四聚体与转座子末端形成的蛋白质-DNA 复合物（转座体）是稳定的（图 10.13），经电激作用将所形成的复合物转化入受体菌，在细胞内，在 Mg^{2+} 参与下，在体内自动完成转座作用。这就使用微型 Mu 进行种间插入诱变成为可能，条件是选择标记要能在受体菌中表达。

　　以大肠杆菌为受体，经电激转化可得到约 10^6 整合子/μg 转座子 DNA，比质粒的高效转化约低三个数量级。所有转座子整合子都能稳定传代。在所检测的革兰氏阴性菌多个物

种都得到类似结果。并且当以质粒 pUC19 为受体时，结果显示其插入是相当随机的。

人工组建的微型噬菌体 Mu 转座子，也可用于革兰氏阳性细菌。构建的转座子只要包含有在革兰氏阳性菌中有可被筛选的抗性标记及与 MuA 转座酶末端结合的反向重复序列，就能组装成 Mu 转座子复合体，这时转座子复合体事实上就是 Mu 转座子的一个可移动活性复合体，进入受体菌后它会在 Mg^{2+} 的作用下，自动寻找靶位点。因此可以预期噬菌体 Mu DNA 转座复合体，可以有效地将基因引入革兰氏阳性细菌基因组中，完成转座作用。在革兰氏阳性菌中，微型噬菌体 Mu 转座子的离体转座的基本操作与革兰氏阴性菌相同，是由限制性内切酶切割产生的微型噬菌体 Mu 转座子 DNA 片段，在体外与 MuA 转座酶组装为稳定的转座体，再经电激转化进入革兰氏阳性细菌，如金黄色葡萄球菌、酿脓链球菌（*Streptococcus gyogene*）和猪链球菌（*Streptococcus suis*）中。在细胞内，离体组装好的转座复合体，在 Mg^{2+} 参与下，自主完成转座反应，整合入受体菌基因组中，并利用体内机制修复两端的 5 个碱基系列的缺口，形成单拷贝转座子插入突变型。在上述不同革兰氏阳性菌种中的转座整合作用效率为 $1 \times 10^{1} \sim 2 \times 10^{4}$/μg 转座子 DNA。预期若经条件优化，包括电激转化的感受态细胞的制备，以及电激转化的物理参数等的优化，转座效率会更高。离体转座作用扩展了 Mu 转座体的利用范围，有可能用于各种重要的革兰氏阳性菌的基因组的研究，如病原菌的致病基因的分子基础的研究。

2. 微型 Tn5 转座子的体外转座系统

最早开发应用的噬菌体 Mu 离体转座系统现在仍在使用。而现时用得更多的是 Tn5 和 *Himar1* 离体转座系统。正如基础知识中介绍中所述，Tn5 的体内和离体的转座作用机制已有了深入研究，借鉴微型 Mu 转座子离体转座系统的构建经验，完成了微型 Tn5 转座系统，结果发现 Tn5 离体转座作用与之十分相似，在其转座作用缓冲液中只需加入转座酶、含 Tn5 转座酶识别的 19bp 的末端反向重复序列和可被选择标记的 DNA 微型 5 转座子、质粒 DNA 和 Mg^{2+}，就可以在试管内完成转座作用全过程，再经聚合酶修复合成并连接酶处理，成为携带有转座子的质粒；若用作构建转基因生物，则可在无 Mg^{2-} 的反应系统内，将通过基因克隆，在 Tn5 转座酶识别的 19bp 的末端反向重复序列之间，插入目标基因和抗性基因的 DNA 片段，就能与在 Tn5 转座酶作用下形成转座复合体，这样的复合体实为一个具转座活性的分子复合物，通过转化引入受体细胞，在胞内 Mg^{2+} 参与下它能自动寻找靶位点，完成插入受体细胞基因组的转座过程，而且其插入作用是相当随机的。只需在构建的 DNA 片段中包含有适当的可被选择的遗传标记，就可用作广谱转座子，用作分子克隆或制备转座子诱变的基因突变型库，或用作跨域转基因生物的构建。

现在，在 Tn5 离体转座系统中采用的是具有三个点突变的高活性突变型 Tnp（图 10.14b），EK54 增强了其与 OE 结合活性并提高转座活性 10 倍，MA56 阻断抑制蛋白 Inp 的合成，LP372 可能通过影响 Tnp 二聚体形成能力而增强 Tnp 的活性 10 倍，从而大大提高了体外转座活性。

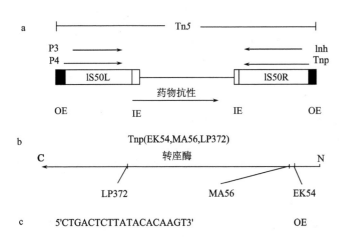

图 10.14　Tn5 体外转座作用的转座子系统及高效转座酶基因突变型（Naumann and Reznikoff，2002）。a. 转座子 Tn5 除抗性基因外包含有编码转座酶 Tnp 的基因和转座作用的抑制蛋白 Inh 的基因、19bp 末端序列（外末端序列 OE，内末端序列 IE），以及 IS50L 编码的 P3 和 P4 蛋白的基因，它们是 Tnp 和 Inh 的无活性转录产物。b. Tnp 的高活性突变型：LP372 为第 372 位亮氨酸被脯氨酸取代，使转座效率提高 10 倍，并降低二聚体形成；MA56 为第 56 位甲硫氨酸被丙氨酸取代，阻止 Inh 合成；EK54 为谷氨酸被赖氨酸取代，增强 OE 结合和将转座作用活性提高 10 倍。c. 为 19bp 外侧末端序列

3. 微型 *Himar1* 转座子体外转座作用与未知基因解译

真核生物转座子 *Himar1* 的最大特点是：①转座酶插入点识别序列仅为 TA 两个碱基，因此它可随机插入靶 DNA 分子，而不受生物基因组 DNA 高 GC 比的影响；②*Himar1* 转座酶的表达不受物种的限制，这一天然特性决定了它是一个无亲缘关系限制的广宿主范围的转座子，经适当改建已成为用于不同生物种的转座子工具。

1）转座子 *Himar1* 体外转座作用

转座子 *Himar1* 的被两个氨基酸置换的突变型转座酶，使其在大肠杆菌中的转座活性比野生型高 50 倍（Picardeau，2010），这一超高活性突变型已用作诱发许多真细菌和古生菌突变型库。转座酶能特异性地与末端反向重复（TIR）序列结合并解开元件的 5′端和 3′端，形成转座复合体，作用于受体 DNA 并转座插入受体 DNA 分子，其机制与过程与转座子 Tn5 和 Tn10 的保守型转座机制相同（Lampe et al.，1996）。

在离体转座作用中，*Himar1* 介导的离体转座作用与 mini-Mu 和 Tn5 相同，无需其他细胞因子参与，因此这个系统特别适合自然感受态生物中饱和插入诱变的需要，已用于嗜血杆菌（*Haemophilus*）、链球菌（*Streptococcus*）、螺杆菌（*Helicobacter*）、奈瑟氏杆菌（*Neisseria*）和弯曲杆菌（*Campylobacter*）等的遗传学分析。离体转座作用系统是由染色体为靶 DNA、*mariner* 微型转座子和纯化的 *Hariner* 转座酶组成。*mariner* 转座子插入到靶序列 TA 二核苷酸位点，其结果是在插入片段两侧出现 TA 同向重复序列。在离体转座系统中，由转座酶引入的转座子两侧的单链缺口经体外修复后，通过自然感受态转化将插入突变的 DNA 转化入受体菌，再经同源重组整合入染色体。

2）用于未知基因解译

现在，已有近千种真细菌基因组完成了全序列分析，而且这个数目还与日俱增。对如此大量的资料急需一种快速而有效的方法来对"天书"中一些功能未知的基因进行解读，而转座子能随机插入微生物基因组，可以用于解读基因的功能信息的遗传学工具，转座子系统对鉴定未知功能基因是特别有用的技术。

　　尽管许多细菌转座子已通过改建成为用于细菌不同物种体内和离体转座插入的诱变系统，但是 mariner 元件仍是优于其他转座子的选择，这是因为：①它们具有高效转座作用，而又无需物种特异性的宿主因子参与。②mariner 转座酶催化全部主要反应步骤，这是非常重要的特性。已证明它们可以用于昆虫、斑马鱼、原生动物、鸡及人的培养细胞，显然它也适用于真核生物和原核生物域内和域间转座作用。③其转座酶的靶位点识别序列仅为 TA 二核苷酸，所以与其他转座子相比，具有更高的插入随机性，能进行饱和性插入，有利于对基因组功能基因的分析。

　　虽然许多微生物的基因组全序列都已被测序，但是由于缺乏相关资料，尚有相当数量的编码序列（基因）与其生物化学和生物学功能对应关系无法确定，成为从事基因组学研究的科学家必须解决的一道难题。为此必须用一种方法对基因组全序列或局部序列进行饱和插入诱变，再依据表型改变将未知序列资料转译为有意义的生物信息。这里以对微生物生长和存活必不可少的一类基因为例，介绍是如何用转座子插入诱变方法对两个人类病原菌的自然可转化的、分属革兰氏阴性和阳性微生物——嗜血流感杆菌（H. influenzae）和肺炎链球菌（S. pneumoniae）的未知基因的功能进行发现和解译的。

　　按传统方法确定必需基因是通过分离和鉴定条件致死突变型（如温度敏感突变型），或者在互补的野生型等位基因存在的情况下进行转座子诱变（平衡致死）来鉴定，而这类方法不仅十分费时费力，而且对有些菌种也难以实施，因为这需要针对特定基因分离或构建个体化突变型，这显然不能适应基因组学研究快速发展的需要。Himar1 离体转座作用技术成为一个理想的基因组未知基因探知的工具，使用时仅需构建 Himar1 的小至仅约 100bp 的 Himar1 转座子两个末端反向重复序列，加上中央插入卡那霉素抗性基因（为嗜血流感杆菌）或氯霉素抗性基因（为肺炎链球菌），即可成为转座子转座工具。

　　本实验的特殊性是以染色体 DNA 为转座作用的靶分子，DNA 的分子应大于 10kb，以便插入扫描较多的基因，也因而要采用自然感受态细胞，使通过转化向受体细胞引入 10kb 以上的 DNA 片段成为可能。已知自然感受态转化与电激转化不同，其转化作用进入感受态细胞的只是单链 DNA 片段，所以如果转化自然感受态的菌种，如肺炎链球菌、嗜血流感杆菌或枯草芽胞杆菌等，必须是完整的双链 DNA 分子，因此用于转化的 DNA 需在离体转座反应步骤中，增加缺口修复这一步，使其成为完整的 DNA 双链，这样的 DNA 分子才具有转化活性。另外与电激转化不同，自然感受态细胞能吸收较大 DNA 分子（大于 10kb），而其他类型感受态细菌细胞较难吸收大分子质量 DNA，因而自然感受态更有利于利用转座子的插入作用进行基因组分析工作。若无自然感受态则需采用其他方法，如原生质体转化法。

　　由于转座子 Himar1 的插入是高度随机的，因此在体外反应条件下，不难做到饱和性插入诱变，使转座子 Himar1 成为强有力的基因鉴定的工具。对于鉴定那些对细菌生长和存活必不可少的基因，其中除了基本生物过程，如基因表达、细胞分裂、DNA 复制或蛋白质运输等尚未鉴定的必需基因外，还将鉴定出某些新的，用常规方法无法发现的与基本生物学过程有关的基因，因为这些必需基因若突变将是致死的，而通过体外转座作用进行的基因组分析和作图，绕开了基因突变致死的表现型筛选，直接观察因转座子插入而失活留下的"足迹"（foot printing），尤显饱和诱变方法的优势（图 10.15）。

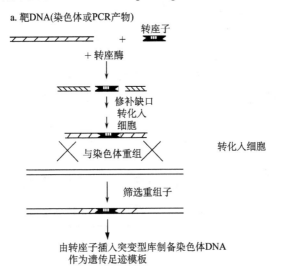

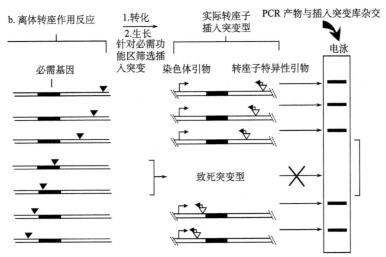

图 10.15　用于基因组分析的体外转座作用模式图解（Akerley et al.，1998）。a. 以体外转座子插入的方法获得染色体基因突变型。反应系统为转座子、靶 DNA、转座酶和含 Mg^{2+} 的缓冲液。体外修复转座子两侧缺口。通过自然感受态转化入受体菌，经同源重组整合入受体菌基因组，筛选重组子。b. 分子生物学足迹法发现必不可少（必需）基因。经离体 *Himar1* 转座子饱和插入诱变的靶 DNA，通过自然转化作用，经同源重组插入细菌细胞基因组，以转座子编码的抗性基因为标记筛选重组子，插入必需基因的转化子将会由生长的转化子库的 PCR 产物中消失。同位素标记的转座子引物与突变型库中每个特异性插入突变的染色体位点杂交（PCR on pool），在电泳胶上不含转座子插入的 DNA 区域（无杂交带）显示为空白区，即为致死突变的足迹。由失活足迹反推相关部位的 DNA 序列必定为编码重要功能的基因，这是发现新基因方法的突破，会导致未知的新功能基因的发现

3）解除必须用天然感受态细胞的局限性

但是，天然感受态毕竟是少数微生物中出现的一种生理状态，而绝大多数菌种都无天然感受态，我们应如何将大分子质量 DNA 通过转化作用引入细菌细胞？这是一个需要思考而又不难解决的问题。随着分子生物学的发展和新技术的开发和应用，我们并不难找到解决向受体菌引入 10kb 以上大片段 DNA 普遍实用的方法，这就是原生质体转化。不同物种生物细胞的原生质体化和再生技术都已很成熟，已被开发应用于原生质体融合杂交育种，也已成功地用于 DNA 转化作用。原生质体的特点是除去了阻挡 DNA 进入细胞的细胞壁屏障，打破了物种界限，并已被证明可作为受体进行近缘和远缘 DNA 的转化作用，而且少有限制–修饰系统的障碍，所以不妨尝试采用原生质体转化法。

参 考 文 献

刘国奇, 蒋如璋, 张自立. 1999. Tn*10* 介导的 Bti cryIVA 基因在荧光假单胞菌染色体中的整合及表达. 遗传学报, 26: 720.

Ahmed A. 2009. Alternative mechanisms for Tn*5* transposition. PLoS Genetics, 5(8): e1000619.

Akerley BJ, Rubin EJ, Camilli A, et al. 1998. Systematic identification of essential genes by *in vitro* mariner mutagenesis. Proc Natl Acad Sci, 95: 8927.

Boucher Y, Cordero OX, Takemura A, et al. 2011. Local mobile gene pools rapidly cross boundaries to create endermicity within global Vibrio cholerae populations，mBio，2(2): e00335-10.

Breton YL, Mohapatra NP, Haldenwang WG. 2006. *In vivo* random mutagenesis of *Bacillus subtilis* by ues of TnYLB-1, a *mariner*-based transposon. Appl Envi Microbiol, 72: 327.

Cartman ST, Minton NP. 2010. A *mariner*-based transposon system for *in vivo* random mutagenesis of *Clostridium difficile*. Appl Envir Microbiol, 76: 1103.

Goryshin IY, Reznikoff WS. 1998. Tn*5 in vitro* transposition. J Biolo Chem, 273: 7367.

Gradman RJ, Reznikoff WS. 2008. Tn*5* synaptic formation: role of transpose residue W450. J Bact, 190: 1484.

Herrero M, de Lorenzo V, Timmis KN. 1990. Transposon vectors containing non-antibiotic resistance selection marker for cloning and stable chromosome insertion of foreign genes in Gram-nagative bacteria. J Bact, 172: 6557.

Lamberg A, Nieminen S, Qiao M, et al. 2002. Efficient insertion mutagenesis strategy for bacterial genomes involving electroporation of *in vitro* assembled DNA transposition complexes of bacteriophage Mu. Appl Environ Microbiol, 68: 705.

Lampe DJ, Churcgill MEA, Robertson HM. 1996. A purified to *mariner* transposase is sufficient to mediate transposition *in vitro*. EMBO J, 15: 5470.

Mahillon J, Chandler M. 1998. Insertion sequences. Microbiol Mol Biol Review, 62: 725.

Murray GL, Morel VM, Cerqueira GM. 2008. Genome-wide transposon mutagenesis in pathogenic *Leptospira* species. Infec Immun, 77: 810.

Naumann AT, Reznikoff WS. 2002. Tn*5* transposon with an altered specificity for transposon ends. J Bact, 154: 233-240.

Pajunen MI, Pulliainen AT, Finne J, et al. 2005. Generation of transposon insertion mutant libraries for gram-positive bacteria by electroporation of phage Mu DNA transposition complexes. Microbiology, 151: 1209.

Picardeau M. 2010. Transfprmation of fly mariner elements into bacteria as a genetic tool for mutagenesis. Genetics, 138: 551.

Plasterk RA, Izsvak Z, Ivics Z. 1999. Resident aliens: the Tc1/mariner superfamily of transposable elements. TIG August, 15(8): 326.

Randazzo R, Sciandrello G, Carere A, et al. 1976. Localized mutagenesis in *Streptomyces coelicolar* A3(2). Mutat

Research, 36: 291.

Rholl DA, Trunck LA, Schweizer HP. 2008. *In vivo* Himar1 transposon mutagenesis of *Burkholderiz pseudomallei*. Appland Microbiol, 74: 7529.

Rholl DA, Trunck LA, Schweizer HP. 2008. *In vivo Himar1* Transposon Mutagenesis of Burkholderiz pseudomallei. Appl Env Microbiol, 74: 7529.

Robertson HM. 1995. The Tc1-mariner superfamily of transposons in animals. J Insect Physiol, 41: 99.

Sassetti CM, Boyd DH, Rubin EJ. 2001. Comprehensive identification of conditionally essential genes in mycomacteria. Proc Natl Acad Sci USA, 98: 12712.

第十一章　微生物杂交育种

回顾微生物遗传学的发展，已经历了 4 个阶段：①初始期。20 世纪 40 年代前，微生物遗传学领域几乎是一片空白，已知的只有肺炎链球菌的荚膜型转化实验，而对该实验的内涵直到 1944 年才被证明为遗传物质 DNA 的转化作用。所以在现代微生物工业兴起时，支撑微生物育种的遗传学知识和技术只有基因诱发突变技术。②成长期。微生物遗传学取得突破性发展始于 20 世纪 40 年代，首先以粗糙脉孢霉和酵母菌为试验材料，采用营养缺陷型菌株做的杂交实验证明遗传基本法则也适用于真核微生物，为啤酒酵母杂交育种建立了理论基础。后来，通过彷徨测验（1943 年）证明原核生物的遗传性与高等生物一样是由基因决定的。③成熟期。20 世纪 50 年代微生物遗传学研究成就是多方面的：遗传物质 DNA 分子结构的阐明、DNA 复制机制的证明、初生代谢产物代谢途径的遗传和生化分析和阐明；原核生物细胞间基因的转移机制的发现和证明，其中包括 λ 噬菌体的局限性转导、P1 噬菌体的普遍性转导、F 质粒的接合作用及大肠杆菌的以时间为单位的遗传学图的绘制。在实验室采用遗传学方法揭示了真菌中的半知菌的准性生殖周期，这是一种隐秘的导致基因重组的机制和过程，为重要抗生素生产菌提供了遗传重组的可能性，预示着工业微生物杂交育种前景。20 世纪 60 年代的主要事件是遗传密码子的破译和大肠杆菌乳糖操纵子模型的提出及遗传学证明，以及基因表达调控机制的阐明。至此原核生物的遗传学研究从方法到理论都已日臻成熟。④腾飞期。自 20 世纪 70 年代，生命科学终于迈入了分子生物学时代，其标志之一是重组体 DNA 技术的发明和应用，使科学家可以在分子水平上证明生物界的同一性和统一性，表现为在离体条件下，任何来源的遗传物质 DNA 都可进行酶的切割和连接，再以质粒为载体转化入受体细胞，如大肠杆菌，使被克隆基因表达产生其编码的蛋白质，如多肽激素和抗体等生物活性物质；与之相关的另一分子生物学成就是 1977 年 DNA 序列分析方法的建立；于 1995 年美国基因组研究所终于完成了流感嗜血杆菌（*H. influenzae*）基因组 DNA 全序列分析，从此生命科学进入了基因组学和分子信息学世代。

几乎同时，另一分子生物学上的重大成就是细胞水平上的。它始于单克隆抗体（1975 年）技术，后来发展为在实验室受控条件下，以适当酶制剂处理植物、真菌或细菌的活细胞，使之脱去细胞壁成为原生质体，无胞壁的原生质体在聚乙二醇和二价离子（Ca^{2+} 和 Mg^{2+}）的介导下实现原生质体融合，经原生质体再生使之回复为具繁殖能力的正常细胞。若以不同基因型的原生质体融合，形成异核体，经诱导便可能得到遗传重组子，从而使科学家能按实验设计，获得打破物种界限的杂种融合子，为专行无性繁殖的微生物杂交育种建立了基本方法和技术，使微生物杂交育种真正成为微生物常规育种技术的一部分。

第一节　微生物杂交育种技术的发展过程

经过多年多轮的诱变-筛选育种过程，使青霉菌的青霉素产生能力快速提高。美欧青霉素产生菌的诱变育种协作计划一直延续到 20 世纪 70 年代中期，30 多年间使青霉素的生产能力提高到了 40 000 单位/ml，在微生物育种史上，这不能不说是一个奇迹。在其他次生代谢产物生产菌的育种及酶制剂和有机酸产生菌等的诱变育种研究，也取得了类似的成功。这是在普通微生物实验室，使用简单设备做到的。这也就是诱变育种技术至今仍被微生物工业和研究单位久用不衰的原因。

然而，经历长期诱变筛选过程后，也给育种工作者带来了许多困扰和难题：①由于长期的诱变和筛选出现了所谓的基因突变"饱和"现象，获得产量正变株的概率越来越低，经常表现为费了很长的时间和精力，却收效甚微；②眼见被选出的高产菌株，随产物产生能力的提高，其生活力也日益下降，表现为菌落生长势减弱和生孢子能力下降。因而急需通过遗传重组方法改变高产菌株的遗传背景，使之重新恢复生机和活力。已知改变遗传背景的最为有效的方法是通过不同菌株间遗传重组，也就是有性杂交，但是由于抗生素生产菌种为半知菌或链霉菌，并无有性生殖机制，而无法实施。

在原核生物中，基因重组作用是通过三种不同的机制实现的：接合作用、转导作用和转化作用。这三者的共性是只能使供体基因组的片段进入受体细胞，而全无细胞质参与，所以都是局限性重组。由于技术原因，主要是因为工业微生物多缺乏有效而易于操作的导致遗传重组作用的机制，在工业上，遗传重组技术的应用在很长时间里几乎可被忽略。

随着生命科学和遗传学研究的进展，自 20 世纪 50 年代，可用于微生物杂交育种的遗传学原理和技术也已经历了与时俱进的变化，丝状真菌的准性生殖周期的发现[6]预示着杂交育种技术应用的可能性，但是经多年的探索，并未取得大的成效。原生质体融合技术的发明[15]，使得在细胞水平上突破了生物种属局限，可通过原生质体融合将遗传上不同的无胞壁细胞（原生质体）融合形成异核体，进而出现核融合和基因重组，为原核生物及无有性生物过程的生物种内、种间，甚至跨越生物域实现遗传物质的交流，终于实现了在人力干预下杂交育种应用的生物种全覆盖（见第十二章）。

在本书中，微生物杂交育种的原理与方法将分两章介绍，本章将介绍有性杂交和准性重组技术在半知菌杂交种中的应用和操作方法。

第二节　酵母菌的有性杂交育种

工业微生物中，具有有性生殖机制的菌种主要是高等真菌类和酵母菌。工业上有重要意义的真菌，有酵母菌（如啤酒酵母、裂殖酵母等）和少数丝状真菌（如根霉）和高等真菌具有有性生殖机制，可以通过有性杂交方法对它们进行遗传改良，也可以通过种间杂交将不同物种的优良特性重组到同一个菌株的基因组中。

　　酵母菌的种类很多，分布极广，有人估计有 1500 余种，约占真菌的 1%。酵母菌与人类的关系十分密切，其中以啤酒酵母（*Saccharomyces cerevisiae*）应用最广，历史最为悠久，已被人类自觉或不自觉地应用了 4000 多年，在中国可以追踪到公元前 2000 年以前开始的酿酒。现在，啤酒酵母的具不同生理特性的菌株，已被用于馒头和面包的制作，以及啤酒、葡萄酒、白酒、黄酒和乙醇等的生产。

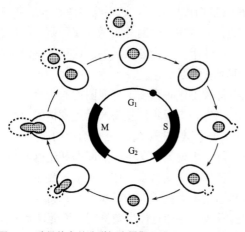

图 11.1　酵母的有丝分裂细胞周期（Herskowitz，1988）。母细胞以实线表示；子细胞以虚线表示；阴线区示细胞核；S 期 DNA 合成；M 期有丝分裂（细胞核分裂）；G_1 期内的小黑圈示接合因子作用使酵母细胞周期停止的位置

1. 啤酒酵母的生活史

　　啤酒酵母是单细胞真菌，它可以以三种特异性细胞型存在，并且三种细胞型在细胞周期中起着不同的作用（图 11.1）。特异性细胞型中的两种是接合型（mating type）a 和 α，使两个不同接合型细胞邻接生长，几乎 100% 出现融合。因为接合过程的结果是两个细胞间细胞质和细胞核融合，所以为二倍体细胞。接合作用形成的产物为接合子（zygote）（图 11.2），二倍体细胞 a/α 属第三种特异性细胞型，它不能与 a 或 α 细胞接合，但是可行减数分裂，产生 4 个单倍体减数分裂子代细胞（子囊孢子），被包裹在外膜内，形成一个子囊（ascus）。三个细胞型

分裂子代细胞（子囊孢子），被包裹在外膜内，具有不同的形状，但都以芽殖产生子细胞。

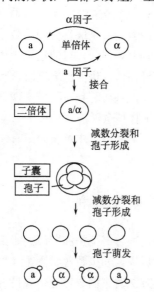

图 11.2　酵母生命周期细胞型的转换（Herskowitz，1988）。酵母的三个细胞型（a，α 和 a/α）都能行有丝分裂。图示其生命周期中的倍性转换：单倍体接合产生二倍体，而二倍体细胞减数分裂产生单倍体细胞。二倍体 a/α 细胞经减数分裂产生 4 个单倍体产物——子囊孢子。为分析研究个体孢子，可以用酶降解子囊壁，通过显微操作将单孢子分开，分别培养在平皿中，使其形成菌落。可对它们的接合型及其他性状进行测验。细胞为椭圆形，大小分别为 4.76μm×4.19μm（单倍体细胞），6.01μm×5.06μm（二倍体细胞），所以二倍体细胞的体积约为单倍体细胞的二倍（83%）

　　啤酒酵母具有完整的生活史，生产上应用的所有的酵母菌都是二倍体细胞。它具有原始的性别分化，单倍体细胞分为两个接合型：接合型 a 和接合型 α。不同接合型细胞在形态上并无区别。现代研究接合过程时，发现 a 和 α 细胞各产生特异性信号肽分子并具有相应的受体系统，每个单倍体型细胞产生一种分泌到胞外的多肽接合因子，使细胞能有效地感受到相对接合型细胞的存在。因为这些信号分子负责细胞间通讯，所以又被称为信息素（pheromone）。信息素不是激素，a 细胞产生的 a 因子，是一个由 12 个氨基酸组成的肽，而 α 细胞产生 α 因子，是一个由 13 个氨基酸组成的肽。接合因子作用使对方细胞周期停止在细胞分裂周期的 G_1 期（正好在 DNA 合成前）。因此，接合因子起着抑制细胞生长，起负生长因子的作用。接合因子致使细胞生长抑制是测定这些因子存在的基础。随着细胞周期停止，两个参与接合的细胞的细胞质和细胞核融合，保证了单倍体细胞精确携带单一拷贝的基因组，融合形成二倍体细胞。

　　接合因子也激活了其他对接合必需蛋白质的合成。例如，刺激细胞产生对细胞和细胞核融合所需的蛋白质。所以，接合型信息素系统使得参与接合的两个细胞周期同步化，并保证接合过程有序进行。在营养充足时，酵母细胞的倍增时间约为 100min。在有丝分裂周期中，单倍体细胞基因组的 17 条染色体进行复制并分配入子细胞。酵母菌细胞与细菌细胞的一分为二的裂殖方式不同，通过在母细胞表面突出（芽殖）产生出一个全新的细胞，随着细胞的增大最终分成两个细胞。子细胞比原来的母细胞小些，在染色体复制前必须增大体积。在营养环境不良的条件下，如营养缺乏，酵母细胞停止芽殖，并停留在细胞分裂周期的 G_1 期，这时，细胞仍存活，一旦营养充足便恢复生长。二倍体细胞与单倍体细胞是很容易区分的（表 11.1）。所以在啤酒酵母的不同菌株杂交时无需筛选突变型作为强制性筛选标记。

表 11.1　啤酒酵母单倍体和二倍体细胞的区别

观察项目	二倍体	单倍体
细胞大小	$6.01\mu m \times 5.06\mu m$	$4.76\mu m \times 4.19\mu m$
菌落	大，形态一致	小，形态多变
液体培养	繁殖较快，细胞分散	繁殖较慢，常聚集成团
生孢子培养基	形成子囊	不形成子囊

　　二倍体细胞通过芽殖形成二倍体细胞群——二倍体无性系，在营养失调的情况下，行减数分裂产生包裹在子囊内的 4 个子囊孢子。经显微操作可对一次减数分裂产生的 4 个产物进行遗传学分析，研究相关基因的分离比例。例如，就接合型基因来说其比例为 2a：2α，这正好符合孟德尔遗传学分离定律，所以，啤酒酵母还是经典遗传学研究的好材料。

　　2. 酵母菌杂交育种的准备工作

　　啤酒酵母菌有许多不同的生理型菌株和近缘物种，在这里我们的目的是要通过有性杂交，使两个或多个不同基因型的菌株通过有性杂交和基因重组，筛选得到具有我们预期的优良特性组合，而去除那些不良生产性状和特性的具有新特性的生产菌株。通常在实施杂交实验前总是要进行出发菌株的选择，并通过接合作用产生子囊孢子进行接合型测定，这些是杂交育种的预备工作。

1）出发菌株的选择

在开始工作前首先要收集亲本菌株，第一步是鉴定亲本菌株的遗传特性。例如，不同菌株有不同的温度适应范围、不同的糖利用/发酵能力、不同的产生乙醇/或耐受乙醇的能力，以及发酵产品的不同口感和风味特征等。根据育种计划，选择特定的菌株组合。这一步至关重要，因为只有选择好正确的亲本，才能通过杂交育种筛选出遗传特性互补，并使某些不良性状得以消除的优良酵母菌株。

2）制备两个接合型的子囊孢子

采用 YPK 生孢子培养基，成分为（g/L）：乙酸钾，10g；酵母浸提物，0.5g；葡萄糖，0.05g；腺苷，0.05g；尿苷，0.1g；色氨酸，0.1g；亮氨酸，0.1g；组氨酸，0.1g。具体操作是将亲本二倍体细胞分别接种生孢子培养基斜面，30℃培养 2～3 天；以 3～5ml 生理盐水洗下子囊，用蜗牛酶（50μg/ml）或者 Novozyme，30℃处理，以使释放孢子，并以显微镜观察孢子释放情况，当 50%以上子囊消失，悬液中可见大量游离孢子时，离心并以生理盐水洗涤，稀释，涂平板。30℃，培养两天。平板上可见多数菌落生长势弱而较小，而二倍体的菌落较大（表 11.1），前者即为单倍体形成的菌落。

3）接合型测试

挑取若干单倍体菌落，分别与已知接合型的单倍体菌株测试，将它们区分为不同接合型（a 或 α），为实施杂交做准备。

4）接合

将二杂交亲本相对接合型细胞分别接种 YPD（酵母膏，1%；蛋白胨，1%；葡萄糖，2%）液体培养基，30℃培养 16～18h，使处于中对数期（无芽殖细胞占 40%～50%）。

相对接合型细胞等量混合，接种加 10%葡萄糖的生孢子培养基。30℃通气培养约 3h，即可得到大量呈哑铃形接合子（2n）。

5）单菌株分离

可在双目镜下直接挑取哑铃形细胞单独培养，也可涂布 YPD 培养基平板，待长成菌落后，分离长势旺的菌落，留作进一步筛选。

3. 酵母菌的杂交育种操作

酵母菌的杂合二倍体是很稳定的，在通常培养条件下，只进行无性繁殖，保持双亲的遗传特性，因而有可能从中筛选得到不同亲本的优良性状组合在一起的具有新特性的菌株；并且这种杂合二倍体还常表现出生活力提高、繁殖快和发酵能力强等杂种优势现象。还有可能由于基因互补出现双亲没有的新性状。

因不同目的，酵母菌杂交育种可分为：①菌株内的。方法是通过诱发突变，使之成为遗传上异质性的酵母细胞群体，相当于人为地构建一个基因库，再反复通过单倍体/二倍体世代交替，并经筛选获得高产或具新特性的重组子，达到育种目的；②也可以是菌种内菌株间的不同生理型菌株间杂交，通过遗传重组，筛选获得具新遗传特性的菌株；③也可以是近缘物种种间杂交，集合不同物种的遗传特性，达到改进工艺和扩大碳源利用等的目的。以下对这三种类型的杂交方法做一一介绍。

1）啤酒酵母菌株内诱发突变型群体的杂交育种

杂交育种的出发材料一定是一个菌种的具遗传异质性的群体。同一菌株在遗传上是同质的，杂交育种方法便无用武之地；但是，若与诱发突变技术相结合，首先使出发菌株成为带突变基因的群体，相当于人为建成一个物种遗传基因库，然后利用其有性生殖的重组机制，经多轮筛选将不同菌株基因组的突变型基因组合到同一菌株的基因组中，从而得到具优良特性的重组子，达到杂交育种的目的。这是一个利用酵母菌株自身的世代交替特性与诱变育种相结合的育种方法，适用于多基因控制的产量性状育种。

举一个实例，啤酒酵母的发酵特性是由多基因控制的，高产燃料乙醇菌株，必定具有耐高浓度乙醇、耐高渗透压和具高乙醇转化率的特性。将这三种特性结合在同一酵母菌株的基因组中，以达到高产燃料乙醇是该育种的目的。可是由基因组学分析，每个性状都是由多基因控制的复杂而综合的表现型，据分析只是与酵母乙醇耐性有关的基因就有多达 250 个。这些性状的改进难以通过代谢工程或其他分子遗传学方法解决，只有采用诱发突变–有性杂交相结合或不同菌株间原生质体融合重组的方法，通过基因重组才有可能将多基因整合到同一菌株的基因组中，获得高度抗逆性（耐高浓度乙醇、耐高渗透压）并高产燃料乙醇的重组子。

酵母菌种内有性重组是一个十分有效的实现多基因重组获得高产乙醇的遗传学方法（Hou，2010）。为此首先要对出发菌株进行诱发突变，在胁迫（如先在高浓度乙醇）条件下，筛选出耐性突变型菌株群体（突变株数>100）；诱导耐性突变型群体酵母菌株进入生孢子周期，形成子囊孢子，再经随机接合形成杂合二倍体，涂布含更高胁迫物浓度的培养基，从而筛选出耐更高浓度胁迫因子的二倍体重组子。如此往复数个筛选周期后，对所得高耐性菌株进行形态、生理和乙醇发酵能力测验，便有可能从中筛选出若干高产燃料乙醇菌株。这是利用酵母菌自身有性生殖机制实现遗传重组，将与产量性状有关的多基因通过基因重组组合到同一基因组的过程，其效果与原生质体融合重组相似。

通过这种诱发突变群体自身接合重组的方法，已筛选得到可用于工业生产燃料乙醇的菌株，比出发菌株产乙醇能力提高 10.96%。这是一项诱变–杂交育种技术相结合获得优良生产菌株的育种例子。

2）酵母菌菌株间的杂交育种

啤酒酵母及其近缘物种是工业乙醇、酿酒及食品工业的重要菌种，同一菌种的不同菌株的种性及生理特性各有不同，杂交育种就是采取有性杂交的方法有目的地将分布在不同菌株基因组内的有利基因组合到同一分离子的基因组中，获得具有新特性的杂种菌株。啤酒酵母菌株间杂交育种已有不少成功的例子。例如，面包酵母不同菌株间杂交，获得了繁殖能力与发酵能力比亲本高的菌株；面包酵母与乙醇酵母杂交得到了产乙醇能力不下降，而发酵麦芽糖的能力比亲本更强的菌株。如果将二倍体接合子转接生孢子培养基，便可使之行减数分裂，从而得到单倍体重组子，这种遗传上异质的子囊孢子，也可以选作与不同菌株组合进行复合杂交的材料。

3）近缘酵母菌种间杂交育种

糖蜜中含有棉籽糖，啤酒酵母不能完全利用，而巴斯德酵母（*S. pastorianus*）（啤酒酵母的近缘物种），能全发酵棉籽糖，两菌种杂交选出了生长速度快、棉籽糖利用好，并且乙醇产力提高的菌株；以能发酵糊精的淀粉酵母（*S. diastaticus*）与卡尔斯伯酵母（*S. carlsbgensis*）杂交，以改良后者分解麦芽汁中糊精的能力，所得杂种能发酵约 20 个葡萄糖分子的聚葡萄糖，这是一个明显的改进，只是这种杂种菌株生产的啤酒味道欠佳，需进一步改进。

可见，与诱变育种的随机性突变不同，杂交育种往往具有定向性，通过对亲本特性的选择、有性杂交和遗传重组，将不同亲本的优良特性结合到同一菌株上，达到菌种改良的目的。杂交育种的直接效果是改变遗传背景，通过基因功能的互补，提高杂种菌株的生理活性，从而提高菌株的生产能力，表现为杂种优势现象。

第三节　丝状真菌的准性生殖与杂交育种

通过诱变育种使青霉素产生菌的产生能力提高了上千倍，可谓成就非凡。而主要工业微生物中，只有酵母菌和能产生青霉素的少数几种真菌——构巢曲霉（*Aspergillus nidulans*）和青霉菌的近缘物种翅孢壳属菌（*Emericellopsis*）具有有性繁殖机制，而那些重要的工业微生物菌种都属于半知菌类，都无典型的有性生殖过程。

为什么我们总是强调杂交育种方法的应用呢？那是因为在生物界，有性生殖是遗传性变异的主要源泉之一，在生物进化和高等动植物育种中，起到了极为重要的作用。所以在微生物育种中，若要取得更快、更大的进展，自然离不开杂交育种技术的开发和应用。实际工作中，我们并不是要以遗传重组作用取代诱发突变的技术，而是要将其作为微生物育种计划的一部分，使二者相辅相成，达到更富有成效育种的目的。一个平衡而高效的育种计划，应是诱变筛选和遗传重组两者相结合的筛选高产菌株的计划。在这样的计划中，处于诱变育种的不同阶段的菌株，或者由不同祖先演变来的菌株，可选作杂交亲本，因为这些菌株无疑各自会携带多个不同的影响产量和自身生活力的基因，通过从遗传重组所产生的不同分离子中，必可选择到不同于只限于诱变产生的两个亲本各自的后代分离子。显然，在工业微生物育种中，遗传重组技术的应用是相对滞后了。

20 世纪 50 年代，遗传学家 Pontecovo（1952）通过遗传学方法发现和证明了构巢曲霉（*A. nidulans*）和黑曲霉（*A.niger*）的准性重组作用（parasexual recombination），证

明半知菌中存在着准性生殖周期，在当时算得上是半知菌遗传学研究的一项重大成就。

实验是这样进行的，先将用于实验的两个菌株做上遗传标记，通常为营养缺陷型，再将两个遗传上不同的菌株在基本培养基上混合培养，使菌丝体间发生接触，使有可能出现细胞融合，并因而细胞核可以在菌丝间迁移，形成在同一细胞内两种不同基因型细胞核共存的细胞，但是它们并不融合为二倍体，这种状态的细胞被称为异核体（heterokaryon）或异核体菌丝体。因为两个亲本单独接种在基本培养基上，都不能生长，所以这种异核体又被称为强制性异核体。在异核体细胞中偶尔也会出现两个核融合形成体细胞杂合二倍体，继而出现准性重组（有丝分裂重组）；可能性之一是通过细胞因遗传上的不稳定性而出现个别染色体丢失，导致进入单倍体化过程，出现遗传分离现象；也可能出现体细胞在有丝分裂时染色单体间互换导致的基因重组，称为体细胞重组（图 11.3）。自那以后，准性重组现象在不同实验室相继在多种曲霉菌，以及青霉菌（Penicillium）和头孢霉菌（Cephalosporium）上得到了证实。

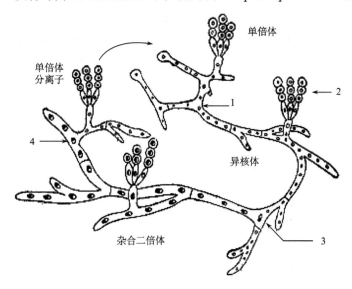

图 11.3　产黄青霉菌准性生殖周期（Sermonti, 1968）。1. 质配，两个不同基因型细胞质融合形成异核体；2. 异核体形成孢子时，两种基因型核分开分别形成相应基因型的孢子；3. 核配，异核体内二基因型不同的细胞核融合，形成杂合二倍体，并能无性繁殖形成可以在基本培养基上生长的二倍体分生孢子；4. 杂合二倍体分离，经历单倍体化过程形成单倍体重组子

发现丝状真菌准性生殖周期的意义在于，在理论上使人们有可能对半知菌进行遗传学研究，对基因进行遗传学定位作图和分析；另一个重要意义显然是提供了通过准性重组进行菌种改良的方法，因而 20 世纪五六十年代，准性重组成为半知菌遗传学研究的热点。

实验中发现，曲霉菌一般比较容易形成异核体，有的甚至无需加遗传标记，不经诱导就能自然形成异核体，但是也有的菌株间表现为不亲和性，不能形成异核体。更有的反复实验证明不同菌株间几乎从不形成异核体的，粗糙脉孢霉就是一个难以形成强制异核体的例子。

准性生殖过程具有与有性生殖相似的遗传重组效果，从理论上讲，可以对工业上重要的菌种进行遗传学研究，进行基因定位，绘制遗传学图；在育种实践中有可能将分立在不同菌株的遗传性状通过遗传重组结合到同一菌株上，达到如同上述酵母菌那样的杂交育种的目的。然而在工业微生物育种中却遇到了预想不到的困难：①难以形成异核体。虽在曲霉菌中比较容易得到异核体，并用作遗传学分析，但以同样方法对青霉菌和头孢霉菌工作时，异核体形成就不那么容易。因为在自然状态下，许多真菌细胞为单核，而细胞核也极少移动，因而局限在异核体细胞中，难以形成二倍体核，而且即使形成杂合二倍体也不稳定；②由于异核体是基于不同营养缺陷型菌株间强制性形成的，在亲本经过诱变筛选成为营养缺陷型后，除少数突变型外，产量性状都明显下降，而严重影响杂交育种效果；③以经历过多次诱变筛选得到的高产菌株为准性重组亲本时，即使得到异核体，并偶然形成杂合二倍体，也因不出现基因随机组合的分离子，而无法得到多样性重组子，终因无法从大量重组分离子中筛选高产重组子，致使实验劳而无功。

1. 丝状真菌的准性生殖周期

半知菌类可以以不同于有性生殖途径进行细胞融合和基因重组，而出现与有性生殖相同的遗传现象——形成二倍体核、同源染色体间的部分交换导致遗传重组，以及染色体不分开，继而经单倍体化（haploidization）回复为单倍体，表现染色体重组和分离现象。所不同的是这一过程是在营养生长过程中，菌丝体内偶然发生，因而在自然界是隐秘地进行的。自从实验室发现构巢曲霉的准性生殖现象以后，以相同的方法相继在其他丝状真菌中也发现了这一过程，从而证实在半知菌中准性生殖过程的普遍性。

所以，准性生殖周期是一个经体细胞融合、偶发性的体细胞核融合、体细胞染色体重组和单倍体化导致的遗传重组和分离的过程。由于事件的偶发性，需要有特殊的实验设计才能对其内在规律有所了解。实验室中实现丝状真菌准性生殖需经以下三个步骤。

1）异核体不亲和性与营养体形成

丝状真菌的菌丝典型为单核细胞，细胞之间的分隔并不完全，生长在一起的具有不同基因型的两个菌株的菌丝可以出现质配（plasmogamy），使菌丝之间的细胞质互相沟通，使遗传上不同的细胞核有可能在细胞间穿越，因而，使同一细胞内并存着遗传上不同的两种细胞核。异核体也可因基因突变而形成。但在自然界也并不是相同菌种只要生长在一起而相遇的菌丝都能质配形成异核体，常因不同机制，造成菌株间的不亲和现象。研究发现，即使是同一菌种的不同分离株间，也未必都能形成异核体。

什么是异核体不亲和性？在丝状真菌中有性和准性生殖的个体之间都存在着相互识别的系统，这是一个识别异己的遗传系统，它会引起遗传上不同的个体间产生特异性拮抗作用，表现为体细胞不亲和，不能形成异核体，阻止遗传上不同的体细胞间的融合，以保证物种在遗传上的独立性和稳定性。

真菌中的营养体不亲和性现象在黏菌、担子菌、子囊菌和半知菌中普遍存在，它们是由一个或多个异核体不亲和基因（het）控制的。不同菌的不亲和性控制也不同，有时，特异的 het 基因间，等位基因相同的菌株能形成稳定的异核体，而等位基因不同的菌株间不能形成稳定的异核体（图 11.4b）；另一种情况是多 het 基因中的一个与另一 het 基因互作，从而阻止其异核体形成，这被称为非等位基因不亲和（图 11.4c）。大多数营养体不亲和系统是独立于接合型系统的，但是粗糙脉孢霉是一个例外，其接合型基因具有双重功能，在有性生殖中决定接合型间的接合，而在营养生长时参与菌丝融合后的异核体不亲和性；实验证明粗糙脉孢霉（N. crassa）有 11 个 het 基因，相同接合型菌株不能形成异核体，而不同接合型菌株间只有适当 het 粗糙脉孢霉间才能形成异核体，这也就是粗糙脉孢霉难以形成异核体的原因。

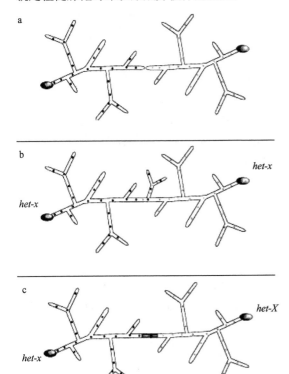

图 11.4　异核体不亲和性模式类型（Saupe，2000）。a. 当两个不同真菌菌株相遇，自然出现细胞融合或质配；b. 若两个真菌菌株具相同 het 型，可形成异核体；c. 若两个菌株的 het 基因型不同，异核体细胞将凋亡或其生长被严重抑制

如何检测营养体不亲和性？真核生物中营养体识别由异核体/营养体不亲和性系统控制。营养体自我/非自我识别对这些生物的相容性非常重要，因为异核体的生存能力受到被称为 het 或 vic（营养细胞不亲和性）基因控制，het 位点可以定义为在异核体中异等位性（heteroallelism）不耐受。两个遗传上不同的 het 位点的细胞融合形成的异核体细胞，会因 het 基因不同而表现为程序性死亡（凋亡）或表现为生长被严重抑制（图 11.4c）。这类不亲和性已有人做过分子水平的研究。

也有一种被称为表型不亲和的现象，二菌株的菌丝体相遇表现为相安无事，其间不能形成异核体是因为相接触的菌丝间细胞壁不出现沟通，所以不能出现质配所致。这可通过原生质体融合方法形成异核体。

所以，在进行杂交前应先进行亲和性测定。方法是将两个营养要求不同的突变型，用衔接法接种在基本培养基平板上，如果在衔接处形成异核体菌丝丛；或用混合孢子接基本培养基液体试管，如果液体培养管底部形成异核体菌丝层，即表明这两个被测突变型间具有亲和性，可以出现质配，形成异核体，反之则判断为不能。

　　另一种方法是将营养缺陷型孢子混合接种有机培养基平板，30℃培养数天（7～10天不等）后，以生理盐水洗下菌丝体，离心洗涤，以玻璃珠振荡打碎菌丝体，适当稀释，涂布基本培养基平板，培养后，长出的菌落即为异核体。这对难以形成异核体的菌种，如青霉菌和头孢霉菌尤为有效。

　　当我们着手进行新分离的不同来源菌种之间的异核体形成或原生质体融合研究时，应对工作菌种进行亲和性检测，以了解它们的基因型和表现型的特性，这对实验工作的顺利进行是必不可少的。

　　在原核生物（如放线菌科）中尚未发现明显的异核体不亲和现象。

2）异核体形成的操作方法

　　由于异核体形成通常是偶发性的，必须有一种强力的筛选方法才能发现它们，所以在实验室中异核体多是强制性形成的。这就要求首先要对相关的实验菌株通过诱变，筛选突变型基因作为遗传标记，通常引进的标记为营养缺陷型，也可采用抗性标记；此外还可考虑采用形态标记，如孢子颜色、生长习性等，以利于直观分析有丝分裂分离。

　　第二是培养条件。为提高菌丝间质配概率，要注意选择最适培养条件，实验发现降低营养，如营养成分降至正常的10%可促使异核体形成；也可使用限制培养基，即加入的营养物质只能满足孢子萌发，不允许形成菌丝的培养基，以迫使其形成异核体。此外，碳氮比（C/N）也很重要，氮源绝对量要减少。培养基的最适pH一般为5.4～6.0。

　　将不同突变型菌株的孢子等比例混合成孢子悬液（10^5～10^6孢子/ml），接种在补加微量所需营养物质的基本培养基平板（要注意接种量对异核体形成时间的长短、生长快慢都有影响），30℃培养5天，挑取生长菌丝，在基本培养基平板上分离，长出的菌落即为异核体。也可采用液体试管法：取1ml生理盐水孢子悬液，加入10倍稀释的10ml营养培养液的大试管中，30℃培养5～10天后，产生毡绒状生长物。将生长物移出，用生理盐水洗涤，移入玻璃珠三角瓶内，振荡打碎成菌丝片段，将悬液加入100ml融化好的、冷却至45℃的半固体基本培养基中，倒平板，30℃培养7天。将新长出的菌落的菌丝转接基本培养基，如果在转接基本培养基后长出的孢子，分离为两个亲本类型，即为异核体。

3）体细胞杂合二倍体的形成

　　当采用产生单核分生孢子的菌种（如黑曲霉、青霉菌）的异核体为形成异核体的出发菌株时，异核体形成的孢子，在基本培养基平板上不形成菌落，可是当将数以百万计的孢子涂布在基本培养基平板上，会出现少数表现型与野生型相同的菌落，通常它们就是异核体细胞中偶然发生的细胞核融合形成的杂合二倍体。

　　为便于判断杂合二倍体菌株形成，一般采用形态的和营养要求双重突变型。例如，产黄青霉菌的黄色和白色（野生型为绿色）菌株的营养缺陷型形成的异核体，产生的分生孢子为黄色和白色相混杂的，而杂合二倍体的分生孢子头为绿色，因而便于由异核体形成的分生孢子头的颜色识别出杂合二倍体。

在倍性鉴别中，分生孢子的大小是首选特征。如果一个菌种在本质上，形成的分生孢子是单核的，其杂合二倍体形成的分生孢子的体积比单倍体的约大一倍（表 11.2）。所以，在一般操作中，总是首先检测分生孢子的大小，来判断是否形成了杂合二倍体或单倍体分离子。但是，大豆曲霉（*A. sojae*）是一个例外，它的分生孢子本质上是多核的，其二倍体分生孢子的体积不变，只是细胞核数目减半。然而，这一规律也非一成不变，在产黄青霉或点青霉中，并非是可靠的倍性指标。有时引入突变基因后，可能对分生孢子体积有明显的影响，所以，二倍体菌株孢子的直径总是应与直接亲本比较来判断。

表 11.2　霉菌单倍体菌株与二倍体菌株的分生孢子的体积

菌种	单倍体分生孢子			二倍体分生孢子		
	直径/μm	体积/μm³	细胞核数	直径/μm	体积/μm³	细胞核数
构巢曲霉	3.15	16.3	1.0	4.0	33.5	1.0
黑曲霉	4.5	47.7	1.0	5.4	82.5	1.0
产黄青霉	3.7	26.9	1.0	4.9	61.9	1.0
大豆曲霉	—	135.0	4.22	—	128.0	2.21

4）有丝分裂分离与单倍体化

尽管霉菌的杂合二倍体是稳定的，但有时也出现分离现象，这与异核体分离现象不同，会出现亲本型以外的不同性状的分离子（图 11.5）。杂合二倍体的重组分离是

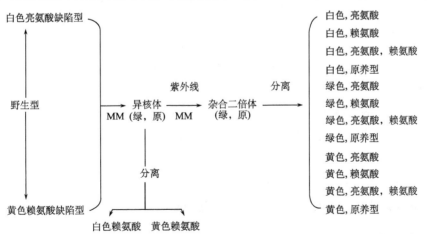

图 11.5　米曲霉的（*A. oryzae*）异核体分离和杂合二倍体的分离现象（Ikeda et al.，1957）。异核体分离回复为二亲本类型；米曲霉的杂合二倍体分离，分离子中包含有丝分裂分离子（二倍体）和单倍体化分离子，后者含有经遗传重组形成的不同基因型的重组子。分离子表现各种组合基因型，呈自由组合状，这正是杂交育种分离子筛选所期待的。MM：基本培养基

由两种独立的机制导致的：一种机制为单倍体化，通过染色体逐步丢失，最终形成单倍体分离子。在这一过程中，经染色体随机丢失而出现不同基因型的单倍体分离子；另一机制是在杂合二倍体有丝分裂时，同源染色体的染色单体间互换，使子染色体自交换点以远遗传标记同质化，而出现二倍体分离子。由于这两个过程是在有丝分裂时独立发生的，所以统称为有丝分裂分离。染色体交换和基因重组是有性生殖的特有现象，而这个过程并非在有性生殖的减数分裂时发生的，这种非有性过程发生的个别染色体间的重组，而具有有性重组效果的重组现象被称为准性重组。其机制如图 11.5 和图 11.6 所示。

单倍体化：单倍体化将导致非整倍体和单倍体分离子的产生。单倍体化始于有丝分裂时染色体异常不分开，从而导致形成多一至几条染色体（2n+x）和少一至几条染色体（2n−x）的异倍体（aneuploidy）菌株。这些菌株因基因剂量失衡通常表现为生活力低下，生长缓慢，出现孢子量少，易产生生长快的稳定分离子，而形成角变区。因为（2n+1）的多体生物趋向于失去多余的染色体产生稳定的二倍体，这样就染色体组合来说，就有两种可能：或者恢复为原来的杂合二倍体（A/a）；或者形成二倍体纯合子（a/a）。而单体生物（2n−1）则趋向染色体继续丢失，最终形成单倍体（图 11.6）。非整倍体通过有丝分裂过程中染色体随机分配及单倍体化出现遗传性状的分离，但是不涉及同源染色体交换导致的遗传重组。

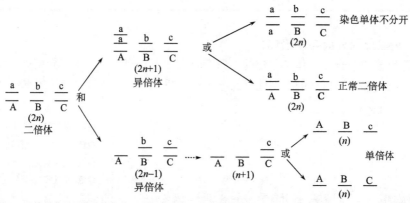

图 11.6　构巢曲霉异倍体染色体不分开导致的二倍体和单倍体形成过程的模式图（Sermonti，1968）

体细胞染色单体互换：体细胞染色体交换是同源染色体的染色单体间发生的遗传物质的对等交换，这种交换总是倾向于发生在染色体臂的远端部分，这样，如果一个发生过交换的染色单体与其同源染色体的染色单体移向同一极，则位于互换点以远的全部基因将同质化，染色体上所携带的隐性遗传标记就会表达出新性状，成为二倍体分离子（图 11.7）。

2. 丝状真菌准性重组在杂交育种中的应用

准性生殖周期是一个过程，起始于异核体的形成，经历杂合二倍体形成和有丝分裂分离阶段。

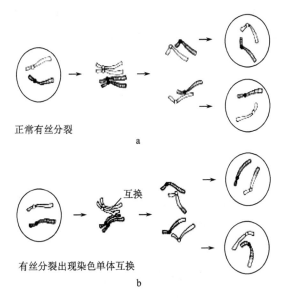

正常有丝分裂
a

互换
有丝分裂出现染色单体互换
b

图 11.7　通过有丝分裂交换同源染色体的染色单体远端片段间互换模式图（Sermonti，1968）。a.正常有丝分裂时的染色体行为，染色单体各自分向两极，形成两个子细胞；b. 两个染色单体间发生交换，形成遗传重组体染色单体，形成的两个细胞将会因染色体远端基因同质化，成为二倍体分离子

1）强制性异核体的形成

准性生殖周期为半知菌类杂交育种提供了一种遗传学方法，并且已证明那些有重要经济价值的菌株，包括青霉素产生菌、头孢霉素产生菌及曲霉菌和木霉等多种主要酶制剂产生菌，都具有准性生殖周期，能形成异核体，尽管形成异核体的能力和杂合二倍体的难易程度各不相同。例如，构巢曲霉的营养缺陷型间不难形成"强制"性异核体，甚至有的如阿姆斯特丹曲霉（*A. amstelodami*），无需强制条件，很容易在原养型菌株间形成异核体。而青霉菌和头孢霉菌这两个最重要的抗生素产生菌的异核体形成比较困难，通常需将两个营养缺陷突变型亲本的分生孢子，混合培养在补充培养基或完全培养基上生长 10 天以上，然后打碎菌丝体，接种在基本培养基平板上或培养液中，才可得到能在基本培养基上生长的异核体菌落。这就提出了一个如何提高异核体形成效率和提高杂合二倍体重组子分离频度，以便获得基因型多样性的杂种分离子的问题。

2）人工诱发体细胞二倍体形成及重组子分离

异核体不稳定，在形成分生孢子时，还原为亲本型菌株。只有在形成杂合二倍体后，才相对地具传代稳定性，但是在半知菌中，这种杂合二倍体的稳定性也是相对的，在传代过程中，因单倍体化或体细胞分裂时同源染色体的染色单体间偶尔出现交换，出现重组体分离子，或单倍体化形成单倍体分离子，而这些分离子正是遗传学研究和杂交育种的素材。

青霉菌属（*Penicillium*）和头孢霉菌属（*Cephalosporium*）难以出现质配形成异核体，在自然情况下，为提高杂合二倍体形成的概率，必须人为诱发分离。采用樟脑蒸汽处理或在含有 0.1%樟脑的培养基培养是提高二倍体形成的行之有效的方法之一，具体操作是将生长着菌丝体的平衡异核体的培养皿，倒扣在放有樟脑结晶的玻璃皿上，以樟脑蒸汽处理若干分钟后，继续培养。若携带颜色突变型基因标记，可能出现具有野生型颜色的生长点或角变区，收集角变区分生孢子并铺基本培养基平板，这时就只有杂合二倍体孢子才能形成菌落，而且孢子梗是绿色的。樟脑处理约可提高二倍体形成频度 1000 倍，此法曾成功用于构巢曲霉、黑曲霉及青霉菌等。此外，有人用紫外线照射米曲霉异核体，可提高二倍体形成率达 30%（图 11.8）。紫外线诱发大豆曲霉二倍体孢子有丝分裂见图 11.9。采用诱变剂亚硝酸（存活率 0.20%）、氮芥（存活率 0.47%）、紫外线（存活率 6.2%）和 X 射线（存活率 0.34%）都能明显增加杂合二倍体的分离频度，使我们有可能从大量的分离子中，筛选出所期望的高产菌株。但是在遗传学分析研究中，还是应该使用无诱变作用的化合物。有些对霉菌尚未发现具有诱变作用的化合物，如对氟苯丙氨酸（PFA）、苯菌灵（benlate）和低浓度（0.03%～0.05%）的甲醛也能提高有丝分裂分离的频度，其机制可能与促使有丝分裂时染色体不分开有关。为与诱变剂区分，有时将这类诱发因子称为重组合剂。

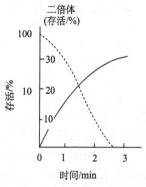

图 11.8 紫外线诱发米曲霉的异核体形成杂合二倍体。虚线表示存活孢子；实线表示二倍体分离子

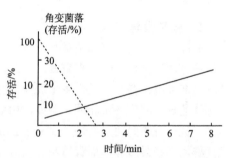

图 11.9 紫外线诱发大豆曲霉二倍体孢子有丝分裂分离。虚线表示存活孢子；实线表示二倍体分离子

非诱变剂苯菌灵是好的诱发单倍体化化合物，也可提高产黄青霉菌单倍体化效率，而苯菌灵是比 PFA 更为有效的单倍体化诱发因子。为避免引入新的突变而使分析困难，自然以采用无诱变作用的化合物对氟苯丙氨酸和苯菌灵为佳。

由引发形成的菌落扇形区可分离出基因型不同的分离子，它们是有丝分裂分离和单倍体化的产物，可能是单倍体分离子，也可能是二倍体分离子。其中不乏因遗传重组产生的不同基因型的分离子。从杂交育种的角度考虑，杂合二倍体经诱导产生的单倍体分离子和二倍体有丝分裂分离子正是我们筛选高产菌株的材料，尤其是单倍体分离子更具筛选价值，因为从种性考虑单倍体才是丝状真菌最稳定的状态。

第四节　曲霉菌的杂交育种

在半知菌中，利用准性重组筛选优良生产菌株，从发现准性生殖周期时就开始了，但并未取得重要进展，原因有二：①出发菌株必须带有筛选标记，多数为营养缺陷型，而一旦成为营养缺陷型菌株，通常高产性能就失去了，杂交后无论是异核体或杂合二倍体的产物产生能力都恢复不到高产出发菌株水平，偶有高产的也难以超过其中高产出发菌株。这一现象似乎表明产量性状相关的基因多是隐性的；②按高等植物杂交育种，亲缘关系较远的两个亲本，经过杂交会因基因互补表现杂种优势，这在准性重组的分离子中的菌体生长优势确有表现，但是对产物产生通常并不表现杂种优势。所以，多少年来，利用准性重组进行杂交育种，除曲霉菌等少数情况外，在抗生素产生菌的育种上，一直处于停滞不前的状态。

1. 黑曲霉菌的杂交育种

曲霉菌是发酵工业中的重要菌种，在我国传统的发酵制品，如酱油、腐乳、米酒等的生产都离不开曲霉菌；在现代工业中利用曲霉菌生产酶制剂、有机酸和抗生素等。过去一直采用自然分离菌种或诱变育种，并已筛选出了不少高产菌株。按预期杂交育种的直接效应有两方面：一是来自不同亲本的产量基因间遗传互补，有利于提高产量和杂种优势的利用；二是基因剂量效应，通过杂交育种如能选出稳定的杂合二倍体，遗传组成由一个基因组（N）变成了两个基因组（$2N$），所有的基因都增加一倍，相应产物产量也应提高，但是，也可能由于相关产量基因间的显隐性，而表现相反。现在，我们先以产生葡萄糖淀粉酶（糖化酶）的和产生柠檬酸的两个曲霉菌种为例，考查在丝状真菌中，异核体和杂合二倍体是否可以用作直接提高发酵产物产量的育种方法。

1）营养缺陷突变型的一因多效性

在所获得的产生柠檬酸的黑曲霉和产生葡萄糖淀粉酶的臭曲霉（A. foetidus）的所有营养缺陷突变型分离子中，除少数外，全都表现为产物产生能力低于亲本，其中有些还伴有形态变异。产生柠檬酸的不同营养缺陷型菌株产酸能力变异显著，其中也有个别的较野生型高的；突变型产生柠檬酸的能力变动为亲本（原养型）的30%～100%（表 11.3）。营养突变型的共性是打破了体内的代谢平衡，因为80%～90%的营养缺陷型都表现为对产物产生能力的负效应，这一现象只能理解为一因多效现象。

表 11.3　臭曲霉和黑曲霉原养型与不同营养缺陷型的葡萄糖淀粉酶

和柠檬酸产生能力（Chang and Terry，1973）

菌株	原始菌株	孢子颜色	营养要求	葡萄糖淀粉酶产量/（U/ml）	柠檬酸产量/%
B	野生型	黑色	—	4.9	
UV-21	B	棕色	—	5.1	
UV-22	B	橄榄色	—	5.3	
B42	B	黄褐色	—	11.5	
21/42	UV-21	棕色	脯氨酸	1.0	
22/203	UV-22	橄榄色	精氨酸	1.7	
A-57	B42	棕色	精氨酸	5.7	
A-223	B42	棕色	组氨酸	3.3	
119	B42	棕色	烟酸	3.1	
AN4	AN-1	棕色	—		11.0
230	AN-4	棕色	组氨酸		4.0
232	AN-4	棕色	组氨酸		4.6
234	AN-4	棕色	甲硫氨酸		12.8

续表

菌株	原始菌株	孢子颜色	营养要求	葡萄糖淀粉酶产量/（U/ml）	柠檬酸产量/%
337	AN-4	棕色	赖氨酸		5.8
407	AN-4	棕色	半胱氨酸		3.6
408	AN-4	棕色	组氨酸		10.8
409	AN-4	棕色	组氨酸		8.0

注：B 和 B42 为臭曲霉的两个亲本原养型菌株；AN4 为黑曲霉的亲本原养型菌株。

2）形成强制性异核体

经紫外线诱变，按常规方法筛选得到营养缺陷型。在基本培养基上，促使两个缺陷型菌株形成强制性异核体，并在基本培养基上保存；曲霉菌自发形成二倍体的频率为 $10^{-7} \sim 10^{-5}$。所以，以 10^6 异核体孢子铺基本培养基平板，筛选原养型孢子的菌落，即杂合二倍体；检测孢子直径确认孢子的倍性。通常杂合二倍体是相对稳定的，在以孢子传代时，单倍体和二倍体分离子的分离率小于 10^{-2}，而遗传标记的自发回复率很低（小于 10^{-6}），排除了回复子干扰的可能性。

3）异核体与杂合二倍体

为确定营养突变型基因的多效性的遗传性本质，按组合使两个菌种的不同营养缺陷型间形成强制性异核体，并在基本培养基上纯化，采集异核体形成的分生孢子，并分析各异核体形成的分生孢子的表现型，结果表明它们都表现正常的异核体分离现象，而且葡萄糖淀粉酶和柠檬酸的产生能力也分别与异核体的两个亲本相同，说明尽管经历过异核体过程，两种遗传上不同的细胞核共存于相同的细胞质中，但是产量特性并未受到细胞质的影响而改变异核体分离子的表现型，换言之，突变型表现的葡萄糖淀粉酶和柠檬酸的产量特性是受细胞核基因控制的。这与孟德尔遗传预期一致。葡萄糖淀粉酶产生菌臭曲霉和柠檬酸产生菌黑曲霉的单倍体营养缺陷型，以不同组合形成的强制性异核体和杂合二倍体分离子中，二倍体的葡萄糖淀粉酶的产量高于组成二倍体来自的单倍体缺陷型菌株（直接亲本），表现为产量基因间有互补效应（表 11.4）；柠檬酸产生菌的异核体和二倍体的产量表型也一样，以不同组合形成的柠檬酸产生菌的营养缺陷型的异核体（$N+N$）和二倍体（$2N$）的产酸能力也并不高于组成它们的单倍体亲本菌株（表 11.4）。而产量较低的营养缺陷型形成的异核体和二倍体的生产能力明显提高，可以解释为基因组间遗传互补。而在产柠檬酸的黑曲霉形成的杂合二倍体（$2N$）中，有的产酸能力还低于直接亲本，这可理解为野生型基因对产量突变型基因表现显性效应。由于不能得到臭曲霉营养缺陷型间的稳定异核体，无法检测其异核体（$N+N$）产生淀粉酶的能力。

2. 大豆曲霉杂交育种

酿造酱油的主要原料是大豆，而酱油的质量优劣取决于菌种和酿造工艺，其中最重要的是采用什么样的菌种将大豆蛋白质水解成氨基酸，这直接决定着酱油的营养和鲜度。用来发酵生产酱油的菌种是大豆曲霉（*A. soyae*），通过准性重组进行蛋白酶高

表 11.4　臭曲霉和黑曲霉二倍体及其他倍性分离子的葡萄糖淀粉酶和柠檬酸产量变异（Chang and Terry，1973）

菌株	倍性	表现型	基因型	葡萄糖淀粉酶/(U/ml)	柠檬酸产量/%
22-42	N	橄榄色，需要脯氨酸	$Olv \quad pro$	1.0	
21-203	N	棕色，需要精氨酸	$Brw \quad arg$	1.7	
Dp-1	$2N$	黑色，原养型	$\dfrac{olv \quad + \quad pro \quad +}{+ \quad brw \quad + \quad arg}$	4.3	
A-57	N	棕色，需要精氨酸	$Fwn \quad arg$	5.7	
A-223	N	棕色，需要组氨酸	$fwn \quad his$	3.3	
Dp2	$2N$	棕色，原养型	$\dfrac{fwn \quad arg \quad +}{fwn \quad + \quad his}$	8.7	
119	N	棕色，需要烟酸	$fwn \quad nic$	3.1	
1112	N	棕色，需要半胱氨酸	$fwn \quad cys$	3.8	
Dp-3	$2N$	棕色，原养型	$\dfrac{fwn \quad nic \quad +}{fwn \quad + \quad cys}$	9.1	
408	N	棕色，需要组氨酸	$fwn \ his$		11.1
234	N	棕色，需要甲硫氨酸	$fwn \ met$		13.5
408+234	$N+N$	棕色，原养型	$(fwn \ his+)+(fwn+met)$		9.5
Dp1	$2N$	棕色，原养型	$\dfrac{fwn \quad his \quad +}{fwn \quad + \quad met}$		12.5
407	N	棕色，需要半胱氨酸	$fwn \quad met$		3.1
208	N	棕色，需要组氨酸	$fwn \quad his$		11.1
407+408	$N+N$	棕色，原养型	$(fwnhis+)+(fwn+cys)$		9.5
Dp2	$2N$	棕色，原养型	$\dfrac{fwn \quad + \quad cys}{fwn \quad his \quad +}$		12.3
337	N	棕色，需要赖氨酸	$fwn \quad lys$		5.8
232	N	棕色，需要组氨酸	$fwn \quad his$		4.6
337+232	$N+N$	棕色，原养型	$(fwn+lys)+(fwn \ his+)$		9.3
Dp5	$2N$	棕色，原养型	$\dfrac{fwn \quad + \quad lys}{fwn \quad his \quad +}$		7.6
230	N	棕色，需要组氨酸	$fwn \quad his$		3.8
234	N	棕色，需要甲硫氨酸	$fwn \quad met$		13.5
Dp3	$2N$	棕色，原养型	$\dfrac{fwn \quad + \quad met}{fwn \quad his \quad +}$		9.9
407	N	棕色，需要半甘氨酸	$fwn \quad cys$		3.1
234	N	棕色，需要甲硫氨酸	$fwn \quad met \quad +$		13.5
Dp4	$2N$	棕色，原养型	$\dfrac{fwn \quad cys \quad +}{fwn \quad + \quad met}$		11.2

产菌株的杂交育种，得到了高产蛋白酶的杂合二倍体菌株（表 11.5）。操作过程是将生产菌大豆曲霉 51 菌株诱变得到两株营养缺陷型突变型：一株为白色赖氨酸缺陷型（w leu），其蛋白酶活性和曲酸的产生能力都低于原菌株；另一株为黄色赖氨酸缺陷型（y lys），它的产酶和产酸能力比原菌株高。以二者为亲本形成强制性异核体，再用紫外线处理异核体孢子（注意大豆曲霉的分生孢子是多核的），在基本培养基上分离得到稳定的杂合二倍体。再经紫外线处理促使其出现有丝分裂分离，产生二倍体和单倍体分离子，这些分离子经纯化而成为独立的菌株。同时也可得到稳定的三倍体和四倍体

菌株。

测定其曲酸产生能力的结果为：13 株异核体的产酸能力与高产亲本相当；11 株杂合二倍体的产生能力偏向于低产亲本；由杂合二倍体中随机选取的 206 个分离子中，多数趋向于低产菌，只有 5 个菌株高于亲本，其中之一比亲本高出 40%（资料未列出）。

蛋白酶活性也有提高，由表 11.5 可见，杂合二倍体中，大多数二倍体分离子的蛋白酶产生能力都高于亲本菌株，显示杂种优势现象。

表 11.5　大豆曲霉单倍体和杂合二倍体的蛋白酶产生能力

菌株	基因型					蛋白酶活性		
						平均值/U	提高/U	比例/%
原菌株 51	(*n*)	W	y	Leu	Lys	40～82	25.3	100
突变株 23	(*n*)	w	Y	leu	Lys	20～26	22.7	88
突变株 22	(*n*)	W	y	Leu	lys	27～40	33.1	130
杂合二倍体 7	(2*n*)	w/+	+/y	leu/+	+/lys	41～51	45.7	180
杂合二倍体 37	(2*n*)	w/+	+/y	leu/leu	+/lys	24～43	39.3	132
杂合二倍体 116	(2*n*)	w/+	+/y	leu/+	lys/lys	38～52	45.1	178

由大豆曲霉的结果可见：①经诱导大豆曲霉不难形成异核体，并形成稳定的杂合二倍体菌株；②经紫外线诱发可以获得不同基因型的重组子，并且其杂合二倍体在细胞分裂时，姐妹染色单体间的交换是相对随机的，因而能够形成多样性基因型的重组子。这为杂交育种提供了选择的可能性。这个例子表明准性周期用于曲霉菌育种的可能性。但是由于本研究采用紫外线为诱导剂，难避免诱变之嫌。

以上是以曲霉菌为例完成的准性重组研究的成果，当它们诱变成为营养缺陷型后，多数都表现为产物产量降低，而成为杂合二倍体后的特点是，产量性状表现倾向为低产菌株或野生型亲本；杂合二倍体和多倍体通常是不稳定的，传代过程中会出现分离，因为难以获得遗传上稳定的杂合二倍体菌株，所以难以用作生产菌株。由于半知菌类天然为单倍体生物，获得高产单倍体分离子菌株应是筛选的重点。

第五节　抗生素产生菌的杂交育种

通过诱变筛选，产黄青霉菌的青霉素产生能力已有成千倍的提高，而与此同时，菌种的营养生长和繁殖能力在逐渐降低。这似乎是产量性状基因突变的负面效应。那么，是否能通过杂交育种方法将不同菌株的高产性能及其他优良特性重新进行组合，产生具有双亲优良特性的菌株，而同时消除双亲各自的缺点呢？这正是我们想要通过杂交育种计划要解决的问题。也是从事产量性状育种工作者孜孜以求的目标。

准性重组机制一直受到遗传学家和育种学家的高度关注。20 世纪 50 年代，筛选得到青霉菌营养缺陷型和形态突变型菌株，并按曲霉菌的在基本培养液中形成强制异核体的方法，很快证明产黄青霉菌也有准性重组机制。但是与曲霉菌相比，其异核体形成较为困难，按构巢曲霉的形成强制性异核体方法，难以得到异核体菌落，原因是突变型菌株生长太慢，而失去形成异核体的能力。后来改变方法，将两种缺陷型菌株混合培养在完全培养基平板或液体培养液试管中，先让混合的亲本突变型菌株充分生长，再收集菌丝体，打碎，铺基本培养基平板，才终于成功地得到了青霉菌的异核体。

有人曾专门研究过营养缺陷突变对青霉素产生能力的影响，结果表明其中只有约10%突变型的青霉素产生能力与原菌株相当或略高于原菌株，其余营养缺陷型的生产能力都不同程度地低于原养型出发菌株。在遗传上这种现象属于一因多效性，因为，如果认为营养缺陷突变型的青霉素产生能力降低总是伴随有另一个基因突变，这在统计学概率上是不可能的。

1. 青霉菌的准性重组

与曲霉菌产生酶制剂和柠檬酸的遗传基础不同，它们并非次生代谢产物，产物本身分别是单基因或寡基因决定的，虽然可以按多基因育种的方法诱变筛选其高产菌株。青霉素是次生代谢产物，其合成是由多基因参与的，所以它的遗传基础不同于酶制剂和柠檬酸。在准性重组研究中已显示与曲霉菌相比有明显的差别。现在，我们具体分析青霉菌生产菌株的准性重组用于杂交育种的可行性。

现今在工业生产上使用的所有产黄青霉菌菌株都源于美国 Wisconsin 菌系，原始菌株为 NRRL 1951，经氮芥、X 射线和紫外线等多轮诱变筛选得到了青霉素高产菌株，如 Wis 54-1255，在实验室条件下较原菌株 NRRL 1951 的生产能力提高了 20 多倍，其间经历了 17 个筛选周期，包括 8 次诱变剂处理。图 11.10 示 VD734 和 Wis 54-1255 的谱系。按预期尽管谱系中各菌株间亲缘关系远近不同，但是彼此之间形成异核体并无障碍，并可进行遗传学分析。

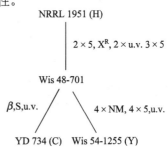

图 11.10　产黄青霉菌菌株的谱系（截录）(Macdonald, 1971)。S 表示自然分离；X^R 表示 X 射线处理筛选；β 表示 β 射线处理筛选；u.v. 表示紫外线处理筛选；NM 表示氮芥处理筛选；诱变筛选步骤的次数示于诱变剂的左侧，如 4×NM 表示以 NM 连续处理 4 次；菌株代码分别为 H、C 和 Y

如同曲霉菌那样，通过诱变筛选营养缺陷型或颜色突变型作为遗传标记，结果表明产黄青霉菌营养突变型中大约 90% 的菌株表现为产量下降，大约 10% 的突变型仍保持亲本菌株的抗生素产生能力水平。那么，不同突变型菌株间形成的杂合二倍体的表现型会是怎样呢？

实验分别采用菌株：VD 734（C），NRRL 1951（H），Wis 54-1255（Y），以它们作为出发亲本菌株，分别经紫外线诱变筛选获得的突变型衍生株，并用于形成杂合二倍体的直接亲本菌株，它们为：C13 和 C51；H54 和 H55；Y10（表 11.6）。

表 11.6　用于产黄青霉菌杂合二倍体合成的亲本和直接亲本（Macdonald et al., 1963）

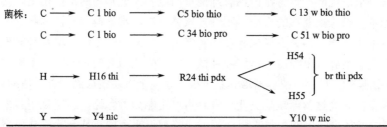

注：菌株突变型基因的缩写为：bio, 生物素；br, 棕色孢子；nic, 尼克酰胺；pdx, 吡多辛；pro, 脯氨酸；thi, 维生素 B$_1$；thio, 硫代硫酸盐；w, 白色孢子

　　以表 11.6 右侧列出的 5 个菌株为亲本，将它们的孢子两两组合，等比例混合，在完全培养基培养 12 天，收集菌丝体，打碎，洗涤，铺基本培养基平板，使之形成强制性异核体和杂合二倍体菌落。若为杂合二倍体则应能形成呈绿色野生型颜色的孢子。经分离纯化，分别得到杂合二倍体 Dp1、Dp2 和 Dp7（表 11.7），在显微镜下，它们的孢子的大小明显大于双亲，确认为杂合二倍体。

　　用于形成杂合二倍体的 5 个直接亲本中的 C18 和 Y10 的青霉素产量明显低于原始菌株 C 和 Y（表 11.7），推测是因为突变基因的多效性，可能是由于代谢途径失衡所致。广泛研究发现突变基因多效性是一个普遍现象，在链霉菌的遗传学研究中亦如此。由三个二倍体的原养型特性推测营养缺陷型标记的效应是隐性的，因而推测营养突变对青霉素产量的影响也是隐性的（表 11.7），这与预期一致。

表 11.7　产黄青霉菌的杂合二倍体及其亲本的青霉素生产能力（Macdonald et al., 1963）

原始菌株		实验菌株		杂合二倍体	
菌株	产率/（U/ml）	菌株	产率/（U/ml）	菌株	产率/（U/ml）
H	115	H54	105 ⎫	Dp1	280
Y	3410	Y10	845 ⎭		
H	115	H54	105 ⎫	Dp2	115
C	3110	C18	375 ⎭		
H	115	H55	170 ⎫	Dp7	175
C	3110	C51	3289 ⎭		

　　三个杂合二倍体的青霉素产生能力都与低产野生型菌株 H 相近，全部三个二倍体的青霉素产量都明显低于 C 和 Y 菌株，而更接近 H 菌株，这表明野生型菌株 H 基因组，对诱发突变筛选出的青霉素高产突变基因具有显性效应。这种效应在二倍体 Dp7 尤为明显。按预期只有重组子单倍体分离子，才可能出现高产菌株虽然抗生素产生能力低下，但是生长势却与快速生长的亲本相当或高于快速生长的亲本。产黄青霉菌的杂合二倍体很稳定，表现为在平板上生长的菌落很少呈现生长速度不同的或显现不同颜色的扇形区。

2. 青霉菌杂合二倍体的基因组分离现象

但是，当以经历过多次强力诱变剂处理和筛选周期获得的青霉素高产菌株为亲本形成的杂合二倍体，诱发产生的绝大多数分离子都还原为亲本型出发菌株的表现型，而不表现两个基因组间基因重新组合，尤其是以高产菌株为亲本时更是如此，很少出现重组体分离子，这一结果是出乎意料的。这一现象被研究者称为"亲本基因组分离"。

分析导致这种现象的原因，可能是因为用于工业生产的高产菌株，都曾经经历过使用不同诱变剂，尤其是像 X 射线和氮芥处理，这样经历多个诱变筛选周期筛选得到的高产菌株，伴随着它们的产物产生能力的提高，菌株的基因组不可避免地会发生染色体畸变，导致染色体结构重排，如出现染色体倒位、重复或易位等，从而阻止了不同来源菌株同源染色体间的随机重组和染色单体间的遗传交换产生重组分离子的几率。

为此曾经有人以只经很少次数诱变的姐妹菌株为直接亲本，做同样的实验，发现确能部分克服倾向于亲本基因组分离的现象，这也部分地说明强力诱变筛选引起基因组内染色体重排，从而影响基因组间随机重组的推断。而更为有力的证据来自 Tahoum（Tahoun，1993），以产黄青霉菌的非生产菌株为出发菌株，并为避免使用与初生代谢途径有关的营养缺陷突变型基因为标记，转而通过诱发突变使之分别为硝酸盐不利用突变型 *cnx* 和乙酸盐不利用突变型 *fac* 为亲本，进行准性重组育种，得到了与以前不同的广范围产量变异的重组子的结果。

实验采用产黄青霉菌高产青霉素的菌株 4/95 和 26/818。通过诱变分别使它们成为硝酸盐不利用突变型 *cnx* 和乙酸盐不利用突变型 *fac*，其青霉素产生能力分别由 84 单位/ml 降至 51 单位/ml（*cnx*），以及由 51 单位/ml 降至 41 单位/ml（*fac*）。二突变型菌株经原生质体融合、再生，在以硝酸盐为氮源、乙酸盐为碳源的基本培养基上获得平衡异核体，并分离得到杂合二倍体。按准性重组方法以苯菌灵诱导杂合子单倍体化和有丝分裂分离，获得了 10^3 稳定的单倍体重组子，从中分离鉴定了 19 个高产分离子，测定其青霉素产生能力，结果显示青霉素产生能力表现广范围的分离现象（图 11.11），其中一些分离子的青霉素产生能力达到出发菌株的 290%～390%。

由此可见：①经过长期诱变育种筛选得到的高产菌株，确实可能是因诱变引起其基因组的结构发生了深刻的改变而阻碍了杂合子细胞内基因重组的随机性；②与初生代谢途径相关的营养缺陷型，因其影响细胞体内代谢平衡而表现一因多效性，而不利于高产菌株的出现，但若改用其他非初生代谢基因突变决定的性状（如氮源利用、抗拮抗物）为标记，仍有可能绕开突变型标记影响产物产量的困扰。另一启示是避免使用经多轮（分别 4 轮以上）诱变筛选得到的高产菌株作为杂交育种的亲本。

总之，以丝状真菌发展起来的准性重组技术的应用已经历了近 60 年，它在半知菌类的遗传学研究方面取得了一些重要成果，完成了构巢曲霉、黑曲霉和青霉菌等的部分体细胞染色体基因定位。在曲霉菌的淀粉酶、蛋白酶和柠檬酸产生菌的杂交育种中

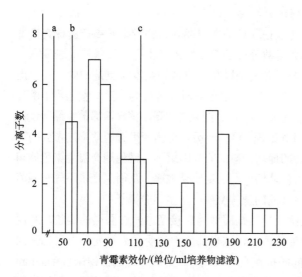

图 11.11　重组分离子的青霉素产生能力（Tahoun, 1993）。图中分别为：a. 亲本 *fac*；b. 亲本 *cnx*；c. 重组分离子的平均效价。纵坐标为相应分离子的出现频度

也取得过一些成果，但是在青霉素和头孢霉素产生菌杂交育种方面进展不大，究其原因可能是多方面的，除了菌种的种性不同外，过度诱变和筛选造成染色体畸变，导致杂合二倍体倾向于出现亲本型基因组分离，而非遗传重组也是一个重要原因。另一个值得考虑的原因就是次生代谢产物合成途径及其调控机制的多基因本质。往往在对菌株做遗传标记时，破坏了高产菌株体内已建立的代谢和表达调控的平衡状态，而在后来的杂合二倍体单倍体化产生的分离子中，难以产生一个有利于高产的基因组的新平衡所致。

综上所述，经多轮诱发，尤其在使用导致染色体大损伤的诱变剂（如电离射线和氮芥等），诱变筛选得到的青霉素高产菌株间形成的体细胞杂合二倍体，在准性重组时，表现为基因组分离现象，而非正常的准性重组，终导致准性重组失败。这是否暗示若采用作用特异性强的诱变剂，如 MNNG、EMS，而避免使用引起染色体畸变的诱变剂，会有利于杂交育种中随机重组子的形成，值得进一步试验。

参 考 文 献

微生物育种学术讨论会文集. 1975. 北京: 科学出版社.

Chang LT, Terry CA. 1973. Intergenic complementation of glucoamylase and citric acid production in two species of *Aspergillus*. Appl Microbiol, 25: 880.

Chang LT, Terry CA.1973. Intergenic complementation of glucoamylase and citric acid production in two species of *Aspergillus*. Appl Microbiol, 25: 890.

Clutterbuck AJ. 1996. Parasexual recombination in fungi. J Genet, 75: 281.

Herskowitz I. 1988. Life cycle of budding yeast *Saccharomyces cerevisiae*. Microbiol Rev, 52: 536.

Hou L. 2010. Improved production of ethanol by novel genome shuffling in *Saccharomyces cerevisiae*. Appl Biochem Biotechnol, 160: 1084.

Ikeda Y, Ishitani G, Nakamura K. 1957. A high frequency of heterozygous diploid and somatic recombination induced in imperfect fungi by ultra-violet light. J Gen Appl Microbiol(Tokyo), 3: 1.

Macdonald KD, Hutchinson JM, Gillett WA. 1963. Heterokaryon studies and the genetic control of penicillin and chrysogenin production in *Penicillium chrysogenum*. J gen Microbiol, 33: 385.

Macdonald KD. 1971. Segregants from heterozygous diploid fo *Penicilium chrysogenum* following different physical and chemical treatments. J Gen Microbiol, 67: 247.

Ogawa K, Tsuchimochi M, Taniguchi K, et al. 1989. Interspecific hybridization of *Aspergillus usamii* mut. *shirousamii* and *Aspergillus niger* by protoplast fusion. Agric Biol Chem, 53:2873.

Pontecorvo G, Sermonti G. 1954. Parasexual recombination in *Penicillium chrysogenum*. J gen Microbiol, 11: 94.

Pontecovo G. 1952. Non-random distribution of multiple mitotic crossing-over among nuclei of heterozygous diploid *Aspergillus*. Nature, 170: 204.

Saupe SJ. 2000. Molecular genetics of heterokaryon incompatibility in filamentous *Ascomycetes*. Microb Molec Biology reviews, 64: 489.

Sermonti G. 1968. Genetics of antibiotic-producing microorganisms. London, New York, Sydney, Toronto:Wiley Interscience, a division of John Wiley and Sons Ltd.

Tahoun MK. 1993. Gene manipulation by protoplast fusion and penicillin production by *Penicillium chrusogenum*. Appl Biochem Biotechnol, 39/40: 445.

第十二章　原生质体融合与杂交育种

原生质体融合技术的使用，始于通过电激作用使人的骨髓瘤细胞（myeloma）与产生特异性抗体的 B 淋巴细胞融合成为杂交瘤细胞（hybridoma），从而在医学上第一次获得了单克隆抗体。这是医学免疫学研究方面的一项重大成就。此后，植物和微生物不同物种的细胞，经酶解去除细胞壁成为原生质体，在化学化合物介导或电激作用促使两种遗传上不同的或跨域物种间的细胞融合成融合子，并可再生为正常的生物个体，从而为生物体细胞融合杂交育种展现了广阔的应用前景。这是一项与重组体 DNA 技术齐名的现代生物学技术。这两项分子生物学技术对生命科学的深远影响是不言而喻的。

从本质上说，无论是重组体 DNA 技术还是原生质体融合技术，都是人力干预下导致的 DNA 重组技术，前者为精准育种提供了可行性，科学家可以通过分子操作使异源基因在目标生物中表达产生高附加值生物产品（如大肠杆菌生产胰岛素等）；可以准确地改变或置换代谢途径中特定反应步骤的基因，打破代谢途径的瓶颈效应，使代谢流向预期方向集中，提高相关产物产量，为初生代谢产物育种另辟蹊径。而原生质体融合技术，使有可能跨越生物种属界限，实现细胞原生质体融合和基因组间重组或重排，从而产生新的基因组合、新的基因组，以至在人工干预下产生新的微生物物种。可算作生物遗传重组作用在人力干预下的极度延伸。二者的区别只在于前者是分子水平上的操作，而后者则是细胞水平上的操作，而这两种操作经常是相通而又相辅相成的。这两个水平上的两项现代生物学技术，已成为现代分子生物学的基础理论和应用研究的技术支撑点。

但是，转基因生物和原生质体远缘融合重组子也存在有安全性问题。如今虽然随着现代生物技术的和生产力的发展，转基因生物在生产上的应用已势在必行，但安全性仍是一个有争论的问题。远缘物种间基因转移产生的转基因生物可分为两类：①为了获得某种难以以常规方法获得的生物活性物质，如胰岛素、各种生长因子等，因为利用的是代谢产物，转基因生物本身不会对人体健康造成影响，已顺利通过审批上市；②为获得抗虫、抗菌、抗除草剂、改变产品品质的具新遗传特性品种，如转基因大豆、玉米、转基因鱼等，在实际应用或释放入环境前，必须首先要经过严格检测以保证其对人畜无害，其次还要证明不会破坏环境中物种的生态平衡，在科学地解决这些问题前，不应急于推广应用释放到环境中。以转基因大豆、玉米为例，为什么总有人反对推广呢？因为：①虽说在离体实验中显示对人畜无害，但并未经致畸致病效应的传代观察，故总有人对其安全性提出质疑；而且一个外来基因转入受体生物后，在受体基因组内的定位是否会激活原本无害的基因表达产生对人有害的产物？②是否转基因生物会释放出对生态环境有害的产物（如毒杀有益昆虫），而造成生态危害或因强的生存竞争优势，而致使自然群落失衡？这都是应在推广前做严格考查和评价的。

与转基因生物不同，远缘物种原生质体融合是全基因组参与的遗传重组过程，这种融合可以跨种、属、科、目、门、域的物种原生质体间实现（Borghi et al.，1990），应用时则更应小心。因为，这有可能形成新特性的物种，如乳酸杆菌（*Lactobacillus delbruekii*）与淀粉液化芽胞杆菌（*B. amyloliquefaciens*）通过原生质体融合获得能利用淀粉的乳酸杆菌（Rojan et al.，2008）；马克斯克鲁维酵母（*Kluyveromyces marxianus*）与啤酒酵母（*S. cerevisiae*）原生质体融合重组分离产生一种其基因组与双亲显然不同的利用乳糖发酵产生乙醇的酵母菌（Krishnamoorthy et al.，2010），由基因组分析，它应是一个新物种。在原核生物和丝状真菌中，远缘和超远缘原生质体融合不乏产生具新特性的遗传重组子，对此从事这类育种的工作者，在为达到育种目和丰富基因库的同时，有时确实应考虑重组子的释放的后果问题。

第一节　原生质体融合技术的发明

原生质体融合（protoplast fusion）技术在遗传学研究和育种中的实际应用，始于20世纪70年代中期Kao（Kao and Michay，1974）建立起的一套原生质体诱导融合和再生的完整操作方法。他以植物为材料，在高渗缓冲液中，用纤维素酶和果胶酶处理植物体细胞，除去细胞壁，制备成原生质体，然后，在含聚乙二醇（PEG）和钙离子的高渗缓冲液中，实现了种内及更远缘物种间原生质体融合，并在合适条件下使融合子再生，形成异核体融合子。通过遗传重组再生为杂种生物个体。如此，这一技术很快被开发用于不同生物种，包括真细菌、真菌、藻类及高等植物。原生质体融合技术适用于凡能形成融合子并能再生为正常细胞的生物。因而成为一项用于细胞生物学、遗传学、分子生物学研究，用于植物和微生物杂交育种的一项新技术。

真菌原生质体融合过程的模式如图 12.1 所示，双亲原生质体融合子，经再生重新形成正常的菌丝体。在异

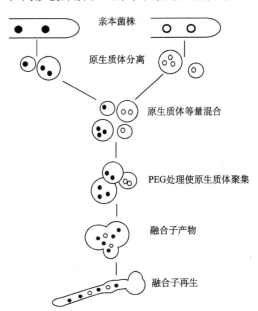

图 12.1　半知菌原生质体融合再生过程的模式图（Sebek and Laskin，1979）。分为亲本菌株原生质体化、PEG 处理促使原生质体集聚、原生质体融合、融合细胞再生 4 个步骤

核体形成及菌丝体生长过程中，有可能出现核融合，形成杂合二倍体，若经诱导剂（如苯菌灵）诱导，便出现高频有丝分裂重组和单倍体化，产生重组子。所以，原生质体融合与准性生殖周期不同，就在于人为可控性并极大地提高了异核体形成频度，使偶发性的准性生殖周期成为必然，因而提高了获得遗传重组子的概率。

　　Zhang 等（Zhang et al.，2002）于 2002 年发表的一篇有关原生质体融合技术用于链霉菌杂交育种的论文，提出了基因组重排（genome shuffling）的概念，从生物进化的观点说明其导致基因组重组的意义，并应用该技术快速提高弗氏链霉菌（S. fradiae）的泰乐菌素合成能力，为原生质体融合法杂交育种操作方法作了演示，对原生质体融合技术最终被普遍接受和采用，起到了良好的推动作用。由于真核生物的遗传物质的组织结构与原核生物有明显区别，因而基因组重排这一概念，似乎更适合用于描述原核生物的原生质体融合重组过程和结果。

第二节　原生质体融合的诱导因子

　　原生质体融合技术的出现和广泛应用为遗传学和微生物育种学开创了一条全新而有效的导致基因重组的途径，从此可将诱变育种与杂交育种二者结合起来，使育种工作者有了进一步施展才智的天地。而该技术的关键之一是原生质体融合诱导剂的使用。

　　原生质体融合是原生质体杂交技术的关键一步，虽然自发融合也能发生，但频率极低（约 10^{-6}），而无实用意义，只有在采用原生质体融合诱导剂促使融合率提高后，才得以广泛应用。判断一个良好的融合诱导剂和再生系统的重要指标是融合频度和融合子再生率。在经优化的实验条件下，在链霉菌菌株间原生质体融合频度可达再生原生质体的 50%以上，而重组频度可达存活原生质体的 10%。促成原生质体融合的因子有物理的和化学的——电激融合（electrofusion）和化学化合物诱导融合（chemofusion）两种。

　　1. 电激融合

　　以青霉菌为例，酶降解除去细胞壁，使之成为原生质体，再以高渗山梨醇溶液洗涤，除去离子，并最终将原生质体悬于高渗山梨醇溶液中，以备电激处理。

　　最初实验采用直流脉冲电源促成原生质体融合，后来经改进被用于细菌、真菌和植物细胞融合的是一种方波电融合装置（square-wave electrofusion apparatus）。这类仪器多数都是为电激转化（电穿孔）（electrooration）设计的，在实施融合脉冲前不能使细胞排列成行，而方波电融合器的脉冲发生器比指数脉冲发生器具有更广范围的条件设定，可以用作原生质体的电融合，亦可用作电激转化。最初实验中使用的方波电穿孔仪为 Eletro Cell Manipulator Model 200（BTX, inc. San Diego, CA, USA），设定队列时间为 20s，场强为 40～80V/cm；融合场强为 1.250kV/cm，脉冲 25～35μs。青霉菌采用 3～4 次脉冲，每次相隔 60s，以利于原生质体按脉冲方向排列成链，并引起膜蛋白横向扩散，使紧密接触点形成无蛋白质区，从而导致接触区穿孔使细胞融合。电融合优于化学剂融合，就在于无融合剂毒性，原生质体再生率高（约 60%）。

现在，专用细胞融合仪可由 Eppendorf 公司（德国）购买，型号为 4308。刘波等用此型号融合仪对麦角甾醇酵母菌育种研究，并对电融合操作条件做了演示（刘波等，2007）。

2. 化学化合物诱导融合

可用于诱导原生质体融合的化合物有聚乙二醇（polyethylene glycol，PEG）和聚乙烯醇（polyvinyl alcohol，PVA）。它们都是亲水化合物。实验室最常用的化学融合诱导剂是聚乙二醇。依其聚合度不同，水溶液 pH 为 4.6～6.8。PEG 的化学结构通式为 $HOCH_2（CH_2-O-CH_2）_nCH_2OH$，分子中的醚键使之略带负电。通常在实验中使用的 PEG 的分子质量为 1000～6000Da，溶液的黏度随分子质量的增高而增高，以分子质量 1000～4000Da 的较为常用。正常情况下，分开的原生质体互相之间并不融合，这是因为细胞膜的磷酸基团使细胞膜带有负电荷（-30～$-10mV$）而相互排斥的缘故。PEG 或电休克能降低原生质体表面的负电性，而诱使原生质体聚集，在有诱导剂和 Ca^{2+}和/或 Mg^{2+}的情况下，可使原生质体融合频度较自然融合频度提高 1000～10 000 倍。

单独 PEG 处理能诱导原生质体非特异性聚集，并通过吸收水分使原生质体皱缩，有助于细胞膜紧密接触，也可能导致低频度原生质体融合。但在 PEG 和 Ca^{2+}同时存在时，PEG 能与 Ca^{2+}形成 PEG-Ca^{2+}，与带负电性的蛋白质和磷酸基团间形成桥，而使聚集的原生质体紧密黏结。以 PEG 处理一定时间（1～20min）（通常 1～5min 足矣）后，需以渗透压稳定剂进行离心洗涤，除去直接或间接地与质膜结合的 PEG 分子。在洗涤过程中，会搅乱原生质体表面荷电，使之重新分布，致使两个原生质体表面密切接触的质膜交融，促成原生质体融合。用于洗涤的稳定剂中 Ca^{2+}和 pH 是提高原生质体融合频度的重要因素。通常使用氯化钙，而在有些情况下，乙酸钙和丙酸钙比氯化钙更好。此外，在洗涤时，渗透压变化在原生质体融合中也可能有一定作用，因为在与 PEG 溶液保温时，原生质体有一定程度的皱缩，而在洗涤时又重新得以扩展。

在以 PEG 诱导原生质体融合时，PEG 的分子质量和浓度都是要考虑的因素，通常分子质量 4000Da 使用较多。低分子质量 PEG 在低浓度时诱导融合的能力很低，毒性低，因而再生率较高，但是融合重组子的频度较低；而分子质量 6000Da 的 PEG 溶液黏度较高，操作有些不便。

为获得高频度融合子，PEG 的纯度很重要。使用的 PEG 应重结晶，以除去有毒杂质；另外高温灭菌会使 PEG 降解，产生有毒物质，所以最好采用过滤灭菌，或至少采用低温短时间灭菌（如 105℃灭菌 10～15min）。

第三节　原生质体融合与基因组重组概述

任何科学技术的发展都是沿着基础研究与应用研究两个领域互相促进和互为依存地平行发展的，原生质体融合技术也如此。虽说在实验室中，在人工设定的条件下，原生质体融合是随机的，不同物种的原生质体相遇都可能成为融合子，似乎全无物种特异性，似乎我们可以为所欲为的使不同物种的原生质体融合并形成杂种融合子，但是事实并非如此。实际上，原生质体融合是一回事，不同来源的细胞核能否实现核配，出现遗传重组并形成稳定的重组体分离子就未必了。也有核源性原生质体融合不亲和现象。实验表明即使是菌株间原生质体融合和遗传重组的过程也不是想象的那么简单。对此将以不同生物类群一一分析介绍。

　　原生质体融合技术可分为三个相继步骤：原生质体制备、原生质体融合和原生质体再生。这三者必须都取得成功，才能达到预期效果。细胞的原生质体化，就是要在设定条件下，以酶解方法将微生物细胞壁降解，使成为以细胞质膜包裹的细胞——原生质体或球质体（protoplast or spheroplast）。由于不同物种细胞壁的结构和组成不同，因而采用的酶制剂、高渗缓冲液、pH 等也不相同；而原生质体再生率则是判断原生质体融合技术是否可行的关键，原生质体再生同样对环境因子很敏感。原生质体化和再生操作的共性条件要求是合适的用于原生质体分离的高渗缓冲液，而融合重组子形成还需合适的再生培养基和培养条件。

　　形成的原生质体必须悬于高渗溶液中才能保持其完整并具有再生能力。缓冲剂通常采用磷酸盐，而高渗稳定剂则因菌种而异。纵观使用过的缓冲液成分可大致分为两类：一类是无机盐，其中常用的有如 NaCl、KCl、MgSO$_4$ 等，浓度一般为 0.5mol/L 左右，常用于真菌；另一类为糖类溶液系统，其中采用的有蔗糖、甘露醇、山梨醇、木糖等，浓度大致与盐类的相当，多用于酵母菌、细菌和放线菌。此外，细菌中也有常用琥珀酸盐，效果亦佳。那些易被细胞分解的或易渗入细胞膜的化合物不宜使用。

　　以酶降解法除去细胞壁是分离制备原生质体的通用步骤。采用哪种酶降解胞壁物质，依物种的细胞壁组成而定。不同类生物的细胞壁的生化组成不同，如真细菌的细胞壁主要成分是肽聚糖组成的胞壁质，采用溶菌酶处理，就可得到细菌的原生质体。怎样操作才能更有效地制备细菌原生质体呢？原则上讲，待细菌生长到中对数期（约 5×10^7cfu/ml），加入亚致死剂量青霉素（0.3 单位/ml）处理一定时间，对原生质体形成具有明显的效果，尤其是对那些对溶菌酶不太敏感的细菌，如棒杆菌、短杆菌效果更明显。有的如枯草芽胞杆菌无需青霉素预培养。而有些细菌由于进化过程中，长期适应于特殊的生存环境，细胞壁的结构组成变得不同于一般的细菌，因胞壁物质被修饰而变得对溶菌酶不敏感，因而需用其他种酶或其他辅助方法处理才能得到原生质体。例如，链球菌 B 族和双歧杆菌采用变溶菌素（mutanolysin）更有效。放线菌和棒杆菌需在含有甘氨酸的培养基中培养，其细胞壁才对溶菌酶更敏感。

　　以下是不同类型菌种的原生质体融合、再生和遗传重组的研究概述。

　　1. 枯草芽胞杆菌原生质体融合再生和遗传重组

　　自 20 世纪 50 年代，多组微生物学家着手微生物原生质体研究，大肠杆菌和枯草芽胞杆菌是原核生物中最早开展这种研究的经典菌种。在含青霉素的高渗培养液中培养，因细胞壁合成被抑制而成为无细胞壁的细胞，因为是被英国李斯特（List）研究所在 40 年代发现的，故又称为 L 型细胞，在枯草芽胞杆菌原生质体制备时发现，随着溶菌酶处理深度不同，又可区分为原生质体（protoplast）和球质体（spheroplast），在电镜下观察原生质体的质膜外无胞壁物质附着，而球质体仍有残留胞壁物质附着。二者都表现渗透压休克。实验表明，二者的再生能力和再生条件并不相同，枯草芽胞杆菌原生质体只有在含有 0.4%酪素高渗溶液中培养 1h，再在含 25%的明胶培养基中培养 1h，才能再生为杆状细胞（Ladman et al.，1968），而球质体则无需这种预培养，就能形成正常的杆状细胞。说明在新细胞壁形成时，原胞壁物质作为新细胞壁合成的引物也是重要的。

与革兰氏阳性菌不同，大肠杆菌也能形成 L 型细胞，但至今还难以创造合适的培养条件实现原生质体再生为杆状细胞，而只有球质体才可以再生，说明残留的胞壁物质对革兰氏阴性菌再生是必需的。

原生质体融合技术的发明及应用立即引起从事微生物遗传学研究的多组遗传学家的关注，力图打破过去只能采用转化和转导方法进行枯草芽胞杆菌遗传学研究的局限性，转而采用原生质体融合重组方法，因为这将可以观察两个菌株的全基因组参与遗传重组，进行遗传学研究。不料却遇到了预想不到的困难。

1）融合重组子的间接筛选

20 世纪 70 年代中期，多组遗传学家从纯遗传学角度着手研究枯草芽胞杆菌原生质体融合和遗传重组的过程，试验初期多套用已有的原生质体研究的培养基和培养条件，实验结果表明枯草芽胞杆菌原生质体融合和再生并不难做到，但是直接采用在基本培养基或补充培养基上，筛选融合子的遗传重组分离子确遇到了困难（Gabor and Hotchkiss，1983；Hotchkiss and Gabor，1980）。在基本培养基平板上，难分离到原养型重组子，只有将原生质体先在有机培养基平板上再生，然后采用影印平板法筛选，才能得到稳定的遗传重组分离子，所以被称为重组子的间接筛选。

在当时实验条件下，枯草芽胞杆菌融合子不仅融合后是异核体，而且其中一部分融合子在长时间内仍处于双亲型（biprentals）（BP）状态（Hotchkiss and Gabor，1980）。表现为能在双亲营养补充培养基上生长，但在基本培养基上不能生长（非互补二倍体，NCD）；另一种类型是互补二倍体（CD），在基本培养基上生长，但即使在基本培养基上传 30~50 代，仍能分离到亲本型分离子。实验结果也依不同实验室采用的试验程序和分离方法、培养基和培养条件而异：在采用丰富营养的再生培养基平板再生的融合子中，许多为重组子和非互补二倍体（NCD）（约 10%）及少数为二倍体（CD）（约1%）菌落；而在基本培养基上再生时，产生的基本上为 CD 和重组子克隆。CD 和 NCD 是杂合二倍体，它们遗传上不稳定，具有产生不同的重组分离子的能力，而只有单倍体才是遗传上稳定的重组子，才是我们遗传学研究或育种所需要的重组子。这个现象说明在融合子中异核体并不很快出现核配与遗传重组，而存在着核配和遗传重组延滞现象。

遗传学家为解决枯草芽胞杆菌的原生质体融合和重组延滞做了大量的分析实验，

这一探索过程为我们提供了一个范例,因为它是欧美多个遗传学研究组经历 20 多年时间的反复试验,才最终确定了直接筛选原生质体融合分离子的培养基和培养条件。这一探索过程值得从事其他菌种采用原生质体融合技术的育种工作者思考和借鉴。对此,作者想作一点简略的回顾,以助开拓思路。

间接筛选法的试验操作如下。

(i)培养基及溶液:菌体培养的完全培养基、基本培养基、原生质体再生培养基及溶菌酶和 PEG 的配制溶液如下。

肉汤培养液(NB):用于菌体培养。每升采用:牛肉汁,10g;多胨 10g;NaCl,2g(pH7.0);$MgSO_4$,25mmol/L。有时也采用高渗 NB 培养液:在 NB 中加 0.5mol/L 蔗糖用作再生原生质体计数。

Spizizen 基本培养基(S 培养基)(每升):$(NH_4)_2SO_4$,2g;K_2HPO_4,14g;KH_2PO_4,6g;$MgSO_4$,0.2g;葡萄糖,5g;用作原养型重组子筛选。或采用修改的 S 培养基 PC(每升):$(NH_4)_2SO_4$,2g;K_2HPO_4,14g;KH_2PO_4,6g;$MgSO_4·7H_2O$,2g;柠檬酸盐·$2H_2O$,1g;葡萄糖,5g;除按需加入营养需求物外,添加 L-谷氨酸,2.5μg/ml;L-赖氨酸,5μg/ml;L-天门冬酰胺,12.5μg/ml;L-缬氨酸,2.5μg/ml;微量元素 $MnCl_2$,$2.5×10^{-4}$mol/L;$CaCl_2$,$1.5×10^{-4}$mol/L;$FeSO_4$,$2.5×10^{-5}$mol/L。用于原养型重组子筛选。

有机再生培养基(每升):明胶,5g;琥珀酸盐,0.5mol/L;葡萄糖,5g;$MgCl_2$,20mmol/L;酸解酪素,5g;K_2PO_4,3.5g;KH_2PO_4,1.5g;色氨酸,0.04g;pH 调至 7.3.

SMM 稳定缓冲液:蔗糖,0.5mol/L;顺丁烯二酸(maleate),0.02mol/L(pH6.5);$MgSO_4$,20mmol/L。这是芽胞杆菌通用的原生质体稳定缓冲液。

SMMA:为 SMM 加入牛血清蛋白(BSA)0.05%。用于原生质体悬液、配制溶菌酶和 PEG 溶液。

(ii)原生质体化:亲本菌株以 NB 培养基培养至中对数期,离心,重悬于 SMMA,菌浓约为 $3×10^8$cfu/ml。以相同高渗缓冲液配制溶菌酶(200μg/ml)处理菌悬液,30℃ 保温 60min。

(iii)原生质体融合:各取 0.5ml 原生质体悬液,混合后离心,悬于 SMMA(约 0.1ml),加入 0.9ml 40% PEG4000 溶液,混合,室温 2min,以 SMMA 稀释,铺再生完全培养基平板,37℃培养 48h,菌落计数;影印基本培养基平板,培养 24~40h 后计数菌落。

实验结果显示原生质体稀释液及再生培养基组成可显著改进再生率并增加可重复性。稀释液中加入 1% BSA 可增加再生率 10~100 倍,而再生培养基中加 0.5%明胶可增加再生率 3 倍。此外,不同时期的温度效应也不同,这可能与影响细胞质膜的流动性,因而影响原生质体融合有关;溶菌酶在高温(42℃)处理,能增加再生菌和原生质体融合子数。0℃进行原生质体融合时,降低原生质体融合和再生率。延长 PEG 处理时间对原生质体再生率有负面影响,而对重组子数影响很小,甚至导致重组子数增加 2～3 倍/存活菌数。通过将完全培养基平板上再生的融合子，影印到基本培养基平板，筛选原养型及分离子（Schaeffer et al.，1976），分析来自完全培养基上的融合子再生菌落的基因型，很容易发现 NCD 型菌落。在再生菌落中有 1%～4%可以在双亲补充培养基上生长，但是不能在基本培养基是生长，这些 NCD 菌落可被视为亲本原生质体确已融合，而又不表现原养型生长，在继续传代过程中出现分离。说明融合子可能是杂合二倍体或多倍体，而染色体间在相当长时间里（几代以至几十代）都可能处于独立状态，而后在传代过程中，随培养条件而异，会出现重组分离，产生不同基因型的分离子。这种现象虽是遗传学家在枯草芽胞杆菌中，采用遗传学方法深入研究时分析和证明的，预期若以其他菌种为材料做同样深入的遗传学分析，也会观察到类似的现象。

2）互补二倍体的直接筛选

无论从理论研究还是从育种的角度考虑，人们总是希望采用直接筛选方法获得稳定的融合重组子。一种含马血清、低磷酸盐无机盐培养基[19]可以实现高频度原生质体再生（30%），其中原养型达 1%，不同的营养缺陷型重组子达 10%。所分离的原养型分离子中包括稳定的重组子和互补二倍体，未发现非互补二倍体（NCD）。进一步以 *spoOA* 显性突变型分析，原养型融合子中至少 50%为互补二倍体（CD），因而有别于上述 Gabor 和 Hotchkiss（1983，1980）的结果。

以下介绍互补二倍体直接筛选（Sanchez-Rivas，1982）用的培养基、培养条件和操作过程。

（i）培养基。

肉汤培养液（NB）用于菌体生长。

原生质体再生培养基（R 培养基）（每升）：酪素氨酸（casaminoacids），5g；K_2HPO_4，3.5g；KH_2PO_4，1.5g；琥珀酸盐，0.5mol/L；pH7.3；另加 $MgCl_2$，4g；葡萄糖，5g；马血清，5ml。

mR1（每升）：R 培养基除去酪素氨酸。组成为 K_2HPO_4，3.5g；KH_2PO_4，1.5g；琥珀酸盐，0.5mol/L；pH7.3；琼脂，25g。无菌加入 $(NH_4)_2SO_4$，1g；$MgCl_2$，4g；葡萄糖，5g；马血清，5ml。用作原养型重组子筛选的基本培养基。这是根据以前改进再生率的培养基组成成分整合的培养基，特点是磷酸盐含量较低，并含马血清。

mR2（每升）：与 mR1 相同，但琥珀酸盐量降至 mR1 的 2/3；琼脂降至 8g；另加入柠檬酸盐，1g。用于原养型筛选的基本培养基。

S 培养基用作原养型重组子筛选和鉴定。

SMMA：为蔗糖-顺丁烯二酸-硫酸镁高渗稳定缓冲液，并加入 5%马血清，用于原生质制备，以及配制溶菌酶和 PEG 溶液。

LB 培养基（每升）：胰蛋白胨，10g；酵母浸提物，5g；NaCl，10g；pH7.2.

（ii）原生质体融合和融合子的平板筛选：二亲本原生质体（浓度为 4×10^8）按 1：1 混合，离心悬于 0.2ml SMMA，与 0.8ml 的 40% PEG4000 混合，室温 1min，以含 0.1

体积的 LB 培养基的 SMMA 稀释 10 倍，37℃振荡培养 1h，作为后 PEG 培养，以增加再生和重组频度。铺再生培养基 R 和 mR1 平板。37℃培养 3 天。

（iii）分离子检测：由再生平板影印至 S 培养基，待长出原养型菌落。收集原养型菌落并分别转入 S 培养基，37℃培养 6h；以 NB 稀释 100 倍，继续培养 10 世代，使其中的 CD 融合子（互补二倍体）重组子分离。分别涂布平板，37℃培养两天，影印 S 培养基平板，鉴定重组分离子。

结果显示采用 mR1 培养基不仅可增加融合子产生量（表 12.1），而且所有在 mR1 平板上生长的菌落在 S 培养基上都生长，即都是原养型融合子或重组子。试验也显示 mR1 培养基中加入马血清是必需的。在此培养基上，亲本型的营养缺陷型无显著生长，而原养型频度较 R 培养基高 10～40 倍。

表 12.1　再生培养基组成对原生质体融合原养型重组子形成频度的影响（Sanchez-Rivas，1982）

杂交组合	再生原生质体/ml[*]	平板再生后原养型克隆/ml[**]	
		R	mR1
A：S1×S3	$2.2×10^7$	$2.6×10^3$	$2.8×10^4$
B：S8×S9	$4×10^7$	$2.5×10^3$	$7.7×10^3$
C：S1×S15	$4×10^7$	$2.0×10^3$	$5.6×10^4$
D：MO220×S15　a）	$1.6×10^6$	$0.8×10^3$	$2.2×10^4$
b）	$1.0×10^6$	$1.6×10^3$	$6.0×10^4$

注：S1，S2，S8，S9，S15 分别为不同的多重营养缺陷型菌株。
*，R 培养基平板计数；**，由再生平板影印至 S 培养基平板的菌落计数。

为直观分析重组子基因型，实验采用遗传学方法鉴别原养型融合子的遗传本质，确认原养型融合分离子的基因型。已知在 NB 培养基上枯草芽胞杆菌野生型菌落生孢子后呈褐色，而生孢子基因 *spoOA* 突变型在 NB 培养基上不形成芽胞并且不产生色素，而当 *spoOA* 与野生型 *spoOA* 处于杂合子状态时，菌落的表现型与突变型相同，即突变型对野生型为显性，所以 *spoOA*/+ 杂合子为突变型表型。因而易于区分亲本型、原养型二倍体（CD）和原养型分离子：那些无色素的菌落是互补二倍体融合子（CD），而形成孢子的原养型为重组子。

所以，生孢子突变型 MO220（*metB5 thr-5 spoOA5NA*）菌株与 S15（*rfm-486 purB34 ura-1 trpC7*）菌株进行原生质体融合，便可区分单倍体重组子与互补二倍体融合子（表 12.1D）。试验结果表明，原生质体形成率正常，原养型分离子中 89% 的表现型为 Spo[-]，它们是二倍体；对收集的 80 个 Spo[+] 和 97 个 Spo[-] 再次做分离子检测，无一 Spo[+] 分离子产生 Spo[-] 或营养缺陷型菌落，说明它们是单倍体分离子；相反的，在 97 个 Spo[-] 中有 60 个分离子出现 Spo[+] 的分离子并为 Trp[+]，说明它们是 spo/+ 互补二倍体（CD），可见，此原生质体再生培养基有利于 CD 融合子形成（占 50% 以上）。

遗传学分析说明，mR1 培养基是利于原生质体再生及重组子形成的培养基，虽然 mR1 培养基上只能形成微小的菌落，但当影印到补加甲硫氨酸或色氨酸的 S 培养基上，生长得相当好，菌落数比在 S 培养基上高 4～10 倍（表 12.2）。

表 12.2　mR2 培养基上再生后融合子产物（原养型和重组子）数量比较（Sanchez-Rivas，1982）

PEG 处理	再生培养基	菌落数/ml			再生菌落总数/ml
		S 培养基	S+甲硫氨酸	S+色氨酸	
+	R	1.7×10^3	9×10^4	1.6×10^5	2×10^7（R 培养基）
+	mR2	1.3×10^5	5×10^5	1.2×10^6	1×10^8（mR2+6F）
	mR2	1.2×10^2	3×10^2	5×10^2	

注：枯草芽胞杆菌 MO224 和 S15 的原生质体各取 2×10^6/ml 细胞混合，PEG 处理后，铺 R 和 mR2 培养基平板，培养 3 天后影印 S 培养基和补充 S 培养基，统计原养型及其他类型重组子。

从间接筛选使用的 R 培养基平板再生的融合子，影印到 S 补充培养基上，其缺陷型重组子比例较低，而原养型分离子的比例也因过度生长被覆盖而降低。它们中的多数为 Spo⁻，传代会分离 Spo⁺和缺陷型的二倍体，只有少数为稳定的不分离的 Spo⁺菌落；而 mR2 培养基更利于融合子的原养型分离子筛选，比 R 培养基提高效率约 100 倍。已知原养型融合子在遗传上是异质的，其中多数是稳定的单倍体重组子，少数可能是二倍体融合子。按 Hotchkiss 报道的结果[18]，与在以完全培养基再生融合分离子中，NCD 占再生菌落数 10%、缺陷型占 1%~3%、原养型占 0.01%结果显然不同，在 mR1 和 mR2 培养基上未发现 NCD，并因为在此培养基上亲本型不生长，在长时间（5 天）培养过程中 CD 和 NCD 基因型的融合子，可能已重组分离为稳定的重组子。因而，在 mR1 培养基平板上不出现 NCD 分离子，mR1 和 mR2 极少出现 CD 融合子，所以可用作直接筛选原生质体 CD 融合子和重组子的培养基。

由此可见，原生质体融合和遗传重组实为两个过程。再生培养基的组成和培养条件对融合子的再生和重组有明显的影响。不同实验室因所使用的条件和操作不同，而结果和结论可能差别甚远。

3）芽胞杆菌原生质体融合和重组子的直接筛选

重组子直接筛选是否成功是原生质体融合技术能否实际用于遗传学和育种研究的关键。在前人实验工作的基础上，Akamatsu 等（1983）设计了一个用于芽胞杆菌属菌种的原生质体融合及直接筛选遗传重组子的培养基和操作程序。他们所采用的培养基的特点是含酪素氨酸、低磷酸盐、聚乙烯吡咯烷酮（polyvinylpyrrolidone），而无马血清的半合成基本培养基。

（i）培养基。

肉汤培养液（NB）和用作高渗缓冲液，配制溶菌酶和 PEG 溶液的缓冲液 SMM 与上述相同。

HCP 培养基（每升）：葡萄糖，5g；酪素氨酸，5g；L-色氨酸，0.1g；K_2HPO_4，3.5g；KH_2PO_4，1.5g；琥珀酸盐 2mol/L，250ml（pH.7.3）；$MgSO_4$ 2mol/L，10ml；聚乙烯吡咯烷酮，30g；琼脂，8g。用于原生质体再生。

mHCP 培养基：以 HCP 培养基为基础修改为（每升）：酪素氨酸，20mg；柠檬酸钠，1g；$(NH_4)_2SO_4$，2g；其余与 HCP 相同。此为半合成基本培养基，用于直接筛选原养型重组子。补充培养基按需加入氨基酸 50μg/ml。

（ii）原生质体制备。以 NB 培养基 37℃培养菌株至 A_{570}=0.5，20 倍稀释入 25ml 新鲜 NB，37℃培养至对数生长期（A_{570}=0.5）。取 20ml，离心，以 SMM 洗涤，悬于 4ml 含 250μg/ml 溶菌酶的 SMM 溶液；42℃处理 45min，使成原生质体；6000r/min 离心 10min；取样检测原生质体再生率。

（iii）原生质体融合。取等量原生质体混合，6000r/min 离心 10min，悬于 0.2ml SMM，加入 1.8ml 的 40% PEG4000 溶液，0℃保温 1min，取 0.1ml 适当稀释的原生质体悬液，铺 HCP 或 mHCP 再生培养基平板，置温箱 30℃培养 4～6 天。在 mCHP 培养基上，其再生频度为 10^{-3}～10^{-2}，融合子出现频度 10^{-5}～10^{-4}。直接以 mHCP 培养基筛选原生质体融合重组产生的原养型重组子，所得结果表明重组作用似出现在融合子分裂早期。对枯草芽胞杆菌 LMHA（*purA16 leuB5 metB5 hisA3*）×YS11（*purB6 leuB8 arg-15*）的 50 个初级融合子克隆，分别划线 NB 培养基平板，分离单菌落，对每个初级融合子检测 100 个克隆，检测它们的营养需求，结果是来自同一初级菌落的克隆显示相同表现型（包括不被选择标记），未发现 CD 和 NCD 融合子，表明使用上述原生质体融合培养基和培养条件实现了融合分离子的直接筛选。

这一原生质体重组子直接筛选方法，已用于枯草芽胞杆菌的近缘物种：淀粉液化芽胞杆菌、地衣型芽胞杆菌、巨大芽胞杆菌和短小芽胞杆菌的种内和种间原生质体融合，并取得同样结果。

HCP 和 mHCP 培养基中以酪素氨酸取代蛋白胨，但含量不同，前者为 5mg/ml，而后者仅为 20μg/ml，已不足以支持氨基酸缺陷型的生长，但是二者的原生质体再生频度相近，而筛选再生融合子的时间增加了 2 天。由于仅含有 20μg/ml 酪素氨酸，不足以支持氨基酸缺陷型的生长，因此能存活生长的应是原养型。有意义的是在这两种培养基上的再生率相近，如地衣型芽胞杆菌 FD0120（*met-1 pepA1*）和 FD0250（*his6 pepA1*）原生质体，在 mHCP 和 HCP 再生培养基上的再生率分别为 $9×10^{-4}$ 和 $1.8×10^{-3}$，以及 $1.1×10^{-3}$ 和 $1.6×10^{-3}$。酪素氨酸含量降低只影响融合子再生培养时间。如果比较再生培养基 mHCP 和 HCP 与上面介绍的用于直接筛选互补二倍体克隆的再生培养基 mR1 和 R，会发现其主要区别是前者不含马血清，看来这是影响融合子中产生少数 CD 融合子的主因。二者的共同点是融合子再生培养时间延长（5～7 天），有充裕的时间完成基因组间互作和遗传重组过程，利于直接筛选重组分离子。而值得一提的是原生质体融合子，在极低浓度酪素氨酸的半合成培养基上经长时间培养仍保持再生能力，完成基因重组过程。

HCP 和 mHCP 原生质体再生培养基已用于枯草芽胞杆菌染色体基因定位，并取得成功（Akamatsu and Sekiguchi，1987），说明该系统对芽胞杆菌是一个不错的选择。应该指出的是不同菌种原生质体化、融合与再生及融合子内遗传重组过程有共性的一面，也有特殊性的一面，不可一概而论。当我们着手一项新的原生质体融合研究时，应基于前人的经验做若干条件优化研究，不可一切照搬别人的成功经验。

2. 革兰氏阴性菌球质体的制备融合和再生

大肠杆菌属革兰氏阴性菌，除了具有与革兰氏阳性菌相同的由胞壁质组成的细胞壁外，还有一层由脂多糖（LPS）组成的外膜，而且脂多糖分子间还结合有二价离子使结构更稳定，所以革兰氏阴性菌细胞壁实际是由细胞外膜和胞壁质双层组成，这就使它们一方面表现为对溶菌酶及有毒化合物具较强的抗性，需先行对细胞进行螯合剂（EDTA）预处理，才使之对溶菌酶更敏感；另一方面，原生质体再生时又需有胞壁物质作为引物，若完全除去细胞壁成为原生质体，便失去再生能力，所以在溶菌酶处理时要控制反应条件和处理时间，使之形成球质体，而非原生质体，才能再生为杆状细胞。

实验表明大肠杆菌的球质体是可以再生的，虽然再生频度比革兰氏阳性菌低。这意味着革兰氏阴性菌原生质体再生需要有原细胞壁物质作为引物才能实现，所以革兰氏阴性菌原生质体融合和再生的关键问题是如何控制去除细胞壁的条件和处理时间，不让细胞壁充分降解，变成原生质体。那么如何控制酶解条件，使实验菌处于球质体状态呢？下面以洋葱布克氏菌（*B. cepacia*）为实例说明这个问题。

布克氏菌属（*Burkhoderia*）属变形菌门 γ 纲的革兰氏阴性菌，该属菌种对环境的适应能力很强，有时我们看到电视广告上，宣传某香皂能杀死 99% 的细菌，为什么不是 100%，就是因为布克氏菌和假单胞菌，尤其是布克氏菌总会残存下来，说明这类机会性病原菌的抗逆性很强。布克氏菌属的许多菌种是条件性致病菌，但是不同菌株有不同的遗传特性，其中洋葱布克氏菌（*B. cepacia*）物种中有的菌株能产生一种诱导植物组织肥大、促进水稻颖花快速开放和促进乙烯生成的生物活性物质——冠菌素（coronatine），在农业上具有应用价值，因而国内外都有实验室在进行洋葱布克氏菌冠菌素高产菌株的育种工作。以下以吴晓玉研究组（2011）的关于该菌原生质体融合育种报告为背景，介绍革兰氏阴性菌原生质体融合育种的方法和过程。

1）洋葱布克氏菌球质体的制备

洋葱布克氏菌细胞壁组成包含由脂多糖组成的外膜和细胞壁，外膜与二价离子结合成。外膜有较强的防护作用，阻止胞外有害物质进入细胞，以及溶菌酶对肽聚糖的酶解作用，因而对溶菌酶不敏感，所以在制备球质体时，需采用 EDTA（二价离子螯合剂）处理，螯合除去二价离子，使外膜失去稳定性，溶菌酶易于透入并作用于胞壁质层，再在受控条件下以溶菌酶处理至遗留下少量的胞壁物质，使成为球质体。以下为操作过程。

出发菌株：二亲本株的筛选标记分别为卡那霉素抗性（Km^r）和谷氨酸缺陷型（Glu^-）。

原生质体稳定缓冲液（SMM）为：蔗糖，0.5mol/L；顺丁烯二酸，0.02mol/L；$MgSO_4$，0.02mol/L；pH7.0。用于配制 PEG6000（40%）和溶菌酶溶液。

基本培养基：葡萄糖，10g/L；NH_4Cl，1.0g/L；$MgSO_4 \cdot 7H_2O$，0.02g/L；KH_2PO_4，4.1g/L；$K_2HPO_4 \cdot 3H_2O$，3.6g/L；$FeSO_4$，$2\mu mol/L$；pH6.8。

高渗再生培养基为：含 0.6mol/L 甘露醇加 6μg/ml Km 的基本培养基。

完全培养基（g/L）：牛肉膏，3.0；酵母膏，1.0；蛋白胨，5；葡萄糖，10；pH7.0。

再生完全培养基：完全培养基加入甘露醇 0.6mol/L；MgCl₂ 0.02mol/L。

补充培养基为基本培养基加 0.2g/L 谷氨酸。

实验采用对数生长中期细菌，分装若干小管，离心洗涤，并重悬于 SMM，调菌浓至 10^8/ml。先以 0.25mol/L EDTA 处理 30min，以松弛细胞壁和外膜结构，使溶菌酶易于与底物结合并作用于底物。经 SMM 离心洗涤后，重悬于 SMM 高渗溶液中，分装小管并分别加入不同浓度的溶菌酶（μg/ml）：10、50、100、500、1000、2000，35℃处理 90min，其间每隔 5min 轻微振荡一次，每隔 20min 取样镜检观察球质体形成情况，以确定合适的溶菌酶浓度。再以确定的酶浓度，分别处理不同时间，观察球质体形成情况，确定合适的酶处理时间，同时考查酶浓度与酶解时间的球质体形成率和再生率，表 12.4 示以不同浓度酶处理 90min 所得结果。可见 10μg/ml 溶菌酶处理 90min 时，球质体形成率只有 37%，而 50μg/ml 处理时，球质体形成率达 65.5%，而再生率为 30.4%，再提高酶浓度，球质体再生率便急剧下降，所以确定采用 50μg/ml 溶菌酶为最适浓度。那么，以 50μg/ml 溶菌酶处理多长时间为宜？经如同表 12.3 实验，所得结果如表 12.4。由表可见随着处理时间的延长球质体形成率增高，而 100min 后，球质体再生率急剧下降，说明进一步处理会使球质体迅速变为原生质体而丧失再生能力，因而确定采用溶菌酶浓度为 50μg/ml，酶解时间定为 100min，此时的球质体（含原生质体）形成率为79.1%，而再生率为 12.8%。而此时的营养体细菌数（B/A）仍高达 21%。可见，在革

表 12.3　溶菌酶浓度对原生质体形成和再生的影响（王晓飞等，2011）

酶浓度/（μg/ml）	A/（×10⁸cfu/ml）	B/（×10⁷cfu/ml）	C/（×10⁷cfu/ml）	球质体*形成率/%	球质体再生率/%
10	22.5	140.4	176.0	37.0	42.1
50	22.5	77.6	122.4	65.5	30.4
100	22.5	31.7	52.2	85.9	10.8
1000	22.5	22.1	32.7	90.2	5.2
1500	22.5	10.4	20.3	95.4	4.6
2000	22.5	2.9	9.8	98	3.1

注：A. 溶菌酶处理前的菌落计数；B. 酶处理后以无菌水稀释涂布所得菌落数（未形成球质体菌数）；C. 酶处理后高渗溶液稀释涂布菌落数（存活菌总数）。球质体形成率=（A−B）/A×100%；球质体再生率=（C−B）/（A−B）×100%。
*表中的球质体数值其实为球质体与原生质体的和。

表 12.4　溶菌酶处理不同时间对原生质体形成与再生的影响（王晓飞等，2011）

酶解时间/min	A/（×10⁸cfu/ml）	B/（×10⁷cfu/ml）	C/（×10⁷cfu/ml）	球质体*形成率/%	球质体再生率/%
40	22.5	92.7	97.3	58.8	73.5
60	22.5	88.4	92.5	60.7	30.0
80	22.5	74.5	80.9	71.3	24.4
100	22.5	47.1	69.8	79.1	12.8
120	22.5	43.7	20.8	80.6	8.6
140	22.5	5.2	15.1	97.7	4.5

注：同表 12.3。

兰氏阴性菌球质体融合再生实验中，球质体悬液中高比例营养体细胞难以避免，采用某种选择标记是必需的。

2）球质体融合和再生

取两亲本菌株原生质体各 0.5ml 混合，加入促融合剂 2.8ml 和 $CaCl_2$ 溶液 0.2ml，35℃保温 30min，洗涤，经适当稀释，取样涂融合子筛选平板高渗 MM（加 6μg/ml Km）和高渗完全培养基平板。30℃培养 24～48h 后，挑取在选择性培养基上生长的融合子做进一步鉴定。通过球质体融合成功地获得两株融合子重组子，其冠菌素相对产量较出发菌株分别提高 184.1%和 519%。

但是，如果采用无标记原生质体融合法（见本章第五节），在球质体融合前以紫外线处理至存活率 10%～1%；或采用热-紫外线复合处理，供体亲本（野生型）热处理至致死率 100%，而另一亲本以紫外线处理至存活率 10%～1%，再进行球质体融合，这时球质体将因不能再生而致死，而存活菌数也会相应下降只有野生型融合子通过再生和遗传重组而存活，这不仅减少了筛选工作量，而且可因 DNA 修复机制的作用使基因组间的重组率大大提高，有利于重组子筛选。值得进一步试验。

另据报道以聚乙烯醇（PVA）诱导大肠杆菌球质体融合再生的频度较聚乙二醇高100 倍以上。与 PEG 相比，PVA 对原生质体毒性较低，更适合于革兰氏阴性菌的原生质体融合和 DNA 转化。

3. 链霉菌原生质体制备融合和再生概述

链霉菌为革兰氏阳性真细菌，多数为土壤微生物，极少为人和动植物的病原菌。链霉菌属菌的次生代谢物多样，其生活周期可明显分为生长期和发育分化阶段，而且发育分化期与次生代谢产物产生紧密相关，所以也为基础理论研究提供了一个模式系统，如天蓝色链霉菌（*S. coelicolor*）的遗传学研究。正因为如此，自 20 世纪 70 年代以来链霉菌的遗传学、发育生物学和育种研究，始终受到生命科学界和育种工作者的重视。

为了寻找链霉菌有效的遗传重组途径，遗传学家曾经以与原核生物和半知菌类相同的方法，通过接合作用对链霉菌进行遗传重组分析、遗传学作图，并取得成功；也曾力图采用准性重组方法对抗生素产生菌作杂交育种，但收效甚微，究其原因与半知菌的相同。而原生质体融合技术一问世，立刻被用于链霉菌育种研究，并取得了许多重要成果。

这里首先结合实例介绍链霉菌细胞原生质体化、原生质体融合和再生所采用的实验培养基、培养条件、原生质体稳定缓冲液、原生质体化和再生的实验操作方法。至今各实验室使用的放线菌科菌种的原生质体制备、融合和再生的培养基和条件都是基于 Okanishi 等（1974）确定的培养基及条件（表 12.5），一般操作如下。

1）菌体培养

实验菌株接种 S 培养基（g/L）：葡萄糖，10；蛋白胨，4；酵母浸物，4；$MgSO_4\cdot7H_2O$，0.5；KH_2PO_4，2；K_2HPO_4，4；pH7.2。28℃，摇瓶培养 2 天。将培养物转移入新鲜的

表 12.5 链霉菌原生质体形成和再生培养基（Okanishi et al., 1974）

组成成分	培养基		
	P	R1	R2
蔗糖/g	103（0.3mol/L）	103～171（0.3～0.5mol/L）	103～171（0.3～0.5mol/L）
K_2SO_4/g	0.25	0.25	0.25
微量元素/ml	2	2	2
$MgSO_4·6H_2O$/g	2.03（0.01mol/L）	4.07（0.02mol/L）	10.12（0.05mol/L）
$CaCl_2·2H_2O$/g	3.68（0.025mol/L）	7.37（0.05mol/L）	2.95（0.02mol/L）
葡萄糖/g	—	10	10
L-天冬酰胺/g	—	2	—
L-脯氨酸/g	—	—	3
酪素氨酸/g	—	0.1	0.1
TES 缓冲液/ml（0.25mol/L，pH7.2）	100	100	100
琼脂粉	—	22	22
蒸馏水/L	1	1	1

注：微量元素（每升）：$ZnCl_2$，40mg；$FeCl_3·6H_2O$，200mg；$CuCl_2·2H_2O$，10mg；$MnCl_2·4H_2O$，10mg；$Na_2B_4O_7·10H_2O$，10mg；$(NH_4)_6Mo_{24}·4H_2O$，10mg。

含 0.8%～2%（浓度因菌种而异）甘氨酸的 S 培养基，继续摇瓶培养至中对数期，离心收集菌丝体，以 0.3mol/L 蔗糖溶液洗涤。

2）原生质体制备

洗涤过的菌丝体悬于含 1mg/ml 溶菌酶的 P 培养基（表 12.5），32℃保温 1～2h，镜检若发现菌丝体消失，即停止反应。以脱脂棉花过滤，再以 5μm 孔径的滤器过滤，以除去菌丝体。经滤过的原生质体再以 P 培养基洗 3 次，在相差显微镜下用血球计算器计算原生质体浓度。

3）原生质体再生

将原生质体悬液，以 P 培养基稀释至 10^4/ml，取 50μl 涂布 R 培养基平板，待表面干后，28℃，培养 2～3 天。计菌落数。再生率表示为再生原生质体数占原生质体总数的百分比。

4）原生质体融合

原生质体融合是实现不同菌株或菌种间形成融合子的重要过程，在促融合剂 PEG 和 Ca^{2+}、Mg^{2+} 介导下完成。其融合效率与实验中所采用的试剂、培养温度和 PEG 处理时间密切相关。不同菌种也有不同。以下结合不同菌种作具体讨论。

4. 罗沙微单胞菌原生质体的制备融合与再生

这里以罗沙微单胞菌为例（Ryu et al., 1983），具体介绍其原生质体制备、融合和再生条件的确定和操作。

1）培养基与培养条件的优化

罗沙微单胞菌是放线菌纲菌种。首先以诱变剂处理获得营养缺陷型作为遗传标记。为获得最佳结果未直接采用上述 Okanishi 培养基，而是以链霉菌原生质体形成和再生培养基及操作方法为基础，对菌体培养、原生质体化和再生条件优化，确定原生质体融合和遗传重组的最佳条件。经优化，再生培养基（R1）为：蔗糖，125g/L；天冬酰胺由 2g/L 增至 4g/L；$MgCl_2\cdot6H_2O$ 由 4.1g/L 增至 5.1g/L；$CaCl_2\cdot2H_2O$ 由 7.4g/L 降至 3g/L；pH 由 7.2 增至 7.7；再生培养温度由 28℃增至 32℃。

为制备原生质体，自保存菌种接种 S 培养基，培养至晚对数期，菌浓 5～5.5g（干重/L）收集菌体；悬于 S 培养基，进行超声波适当处理，使成菌丝片段，按 5%体积比接种含 0.075%甘氨酸的 S 培养基，培养数小时，以抑制细胞壁合成，提高对溶菌酶的敏感性。收集菌丝体，悬于 P 培养基中（菌浓约为 5×10^9/ml），以 2mg/ml 溶菌酶（19 950U/mg），32℃处理至在显微镜下很少见到菌丝体片段。

2）原生质体融合

两个不同的营养缺陷突变型菌株的原生质体，无论是单独或混合后，铺再生培养基平板，都不出现原养型菌落（小于 10^{-6}），说明突变基因回复率很低。各取 0.5ml 原生质体悬液（1×10^9～2×10^9 原生质体）混合，离心洗涤后，弃上清液悬于剩余的上清液中，加入一定浓度 PEG 和 Ca^{2+}、Mg^{2+}的稳定缓冲溶液混合保温一定时间，加入 6ml P 培养基，以停止 PEG 作用；离心（4℃，3000g，10min），适当稀释后，铺选择性再生培养基平板。实验中使用的 PEG 的分子质量和浓度都是重要的。实验显示，不同分子质量的 PEG 对原养型重组子形成的频度有明显影响（表 12.6）。由表可见以 PEG1000（50%）处理时，重组子出现频度最高，PEG4000 次之，PEG6000 略差。而融合分离子的筛选也与再生培养基成分有关。

表 12.6　PEG 相对分子质量对重组子频度的影响（Ryu et al.，1983）

PEG 相对分子质量	存活菌落数/ml	原养型菌落频度
未处理	4.5×10^7	1.1×10^{-6}
1000	2.5×10^6	1.4×10^{-1}
4000	2.6×10^6	8.8×10^{-2}
6000	1.5×10^6	3.6×10^{-2}

注：以浓度 50%（w/v）的 PEG 处理 10min，离心，重悬于原生质体稳定剂缓冲液，铺补充培养基（存活菌）和基本培养基平板。

那么，以 PEG 处理多长时间可达到诱导原生质体融合的最佳效果？实验表明诱导原生质体融合所需时间实际上是很短的。以 PEG1000（50%）处理不同时间的结果见表 12.7。可见只需 0.5min 就可达到很高的融合频度，2min 达最高。最高融合频度可达 10%以上，而对照仅约 10^{-7}；而 PEG 处理可提高遗传重组频度达 5 个数量级以上。长时间（20min 以上）处理，原生质体再生率下降，而重组频度保持不变。这是很有意义的现象。比较 PEG1000 和 PEG4000 对原生质体融合的诱导效应，可见在低浓度时 PEG4000 的诱发原生质体融合的效应比 PEG1000 高（图 12.2），而在低浓度（12.5%）时，PEG1000 并不诱导原生质体形成聚集。这一结果与在显微镜下观察到的在低浓度 PEG4000（如 12.5%）处理时，原生质体更容易集聚的现象相一致，并明显观察到多个原生质体（两个以上原生质体）融合并发生重组的原生质体较多。这强烈暗示多重融合高于重组体的发生。在以最适浓度（50%*m/V*）PEG1000 和 PEG4000 处理后，二者的最佳诱导融合的效率相近，原生质体的存活率约为 10%，而重组子的出现频度约为存活原生质体的 10%。处理时间超过 20min，原生质体再生频度急剧下降，似乎表现出 PEG 对原生质体的毒性作用，但在处理 50min 时间内重组子出现频度未见明显影响，这可能与融合子的多核本质有关。

表 12.7　PEG1000 处理原生质体的时间与原养型重组子出现频度的关系[1]（Ryu et al.，1983）

处理时间/min[2]	存活菌落总数/ml	原养型菌落出现频度
0	2.7×10^8	2.3×10^{-7}
0.5	3.5×10^6	5.7×10^{-2}
2	5.6×10^6	8.9×10^{-2}
5	2.9×10^6	7.3×10^{-2}
20	2.9×10^6	12.4×10^{-2}
30	1.2×10^6	10.8×10^{-2}

注：1）PEG 浓度为 50%（m/V）；2）以加入原生质体缓冲液终止 PEG 反应。

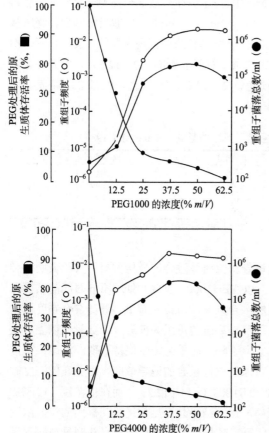

图 12.2　不同浓度 PEG1000 和 PEG4000 对原生质存活与重组子产生频度的影响（Ryu et al.，1983）。以不同浓度 PEG 处理 5min，以原生质体稳定缓冲液稀释终止作用，适当稀释后铺原生质体再生平板和补充培养基平板。■表示在补充再生培养基再生率；●表示重组子菌落数/ml；○表示重组子频度。自发重组子出现频度约 10^{-6}；而原养型重组子频度最高时达 10%。PEG 浓度以 37.5%～50% 为宜。在以最适浓度 PEG 处理后，原生质体存活率约 5%

这一现象并不局限于放线菌，在枯草芽胞杆菌原生质体融合杂交育种中，也表现出较长时间 PEG 处理对融合子形成的频度影响不大，而原生质体再生频度下降的现象。

3）不同营养缺陷型菌株间融合子的遗传重组

原生质体融合为遗传重组作用提供了一个高效方法，遗传重组可以发生在同一融合子内的两个或多个基因组的同源 DNA 之间，因而是导致基因重组的十分有效的方法。突变型基因自发回复为原养型的回复率小于 10^{-7}，而通过原生质体融合出现的原养型回复率最高达到近 10^{-2}，比自发回复率高出 $4 \sim 5$ 个数量级（表 12.7）。与真菌准性周期类似，链霉菌属菌种的两个遗传上不同的菌丝体在接触生长过程中，会出现菌丝间的质配，形成异核体，偶发形成杂合二倍体，产生准性重组子，而这种重组子出现的概率同样也极低，约为 10^{-6}（表 12.8）。而在原生质体融合的情况下，由于形成异核体的频度大为提高，极大地提高了重组子出现的频度。这表明由 PEG 介导的原生质体融合形成的融合子内，罗沙微单胞菌在全基因组范围内出现多重 DNA 遗传重组，而这正是原生质体融合技术的优势所在，也是在原核生物中，该技术可以实现基因组重组/重排（genome suffering）的基础。

表 12.8 罗沙小单胞菌营养突变型间原生质体融合杂交的原养型重组子形成频度（Ryu et al., 1983）

杂交组合	重组子频度	
	准性重组	原生质体融合
MR212（*ade his*）×MR221（*arg hisB*）	0.9×10^{-7}	1.2×10^{-2}
MR212（*ade his*）×MR217（*arg ura*）	2.4×10^{-6}	2.0×10^{-2}
MR210（*ade ilv*）×MR221（*arg hisB*）	2.8×10^{-6}	0.7×10^{-2}
MR217（*arg ura*）×MR28（*his trp*）	1.4×10^{-4}	4.3×10^{-2}
MR221（*arg hisB*）×MR22（*ade trp*）	NT	1.1×10^{-2}
MR28（*his trp*）×MR218（*arg*）	NT	5.1×10^{-2}

注：各杂交组合都以 PEG1000（50%，*w/v*）处理 3min；NT，未检测。

实验中发现在链霉菌原生质体融合研究中，去除原生质体悬液中的菌丝体很重要，因为如不注意就可能会干扰实验结果的判断。例如，Hopwood 实验室（1979）在确定天蓝色链霉菌、变铅青链霉菌、灰色链霉菌、*S. parvulus*、*S.ocrimycini* 等 5 个菌种的原生质体制备和再生条件时，实验中未形成原生质体（菌丝体）的比例低于 0.1%～1%。

通过将原生质体沉淀物以水或 P 培养基（含 0.3mol/L 蔗糖）稀释，并分别铺再生培养基平板。用水稀释的原生质体悬液，在 R 培养基上形成的菌落来自抗渗透压的细胞，因而是菌丝体片段形成的，它们生长快，形成大菌落（图 12.3a，c）；而 P 培养基稀释的原生质体悬液铺的再生平板生长出的菌落，为原生质体悬液中含有的所有存活原生质体及少数菌丝体形成的，其中小菌落为原生质体再生菌落（图 12.3b，d）。有趣的是，快速生长的大菌落抑制生长较慢的由原生质体再生生长起来的小菌落，致使在高浓度原生质体悬液涂布的平板上，生长出的大小菌落数逆转的现象，其实质是先长出的大菌落抑制了融合子菌落的生长。所以应注意，制备原生质体时应尽可能除去菌丝体，以避免在再生培养时对结果的干扰。其次，在融合子平板分离时，稀释度要合适，以及实际筛选工作中应注意菌落的这种形态差别。

5. 真核微生物原生质体的制备融合和再生

真核微生物与原核生物间最大区别在于遗传物质的组织形式不同，随着生物进化水平的提高和基因组包含的基因数增多，基因组的组织方式发生了巨大改变，DNA 不再为单一的拟核状态，而被分割为若干复制单元，并被组蛋白包裹，分别固缩成为独立的染色体，各染色体因复制和分离机制的需要分化出端粒和与纺锤丝连接的着丝点，将染色体分为两个臂，染色体通过有丝分裂分裂分离机制，保证染色体的传代稳定性。

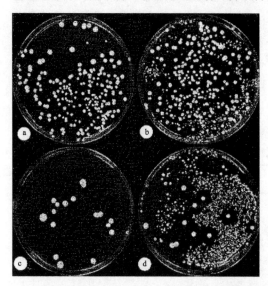

图 12.3　*S. acrimycini* 原生质体经水稀释（a，c）或 P 培养基稀释（b,d）后培养在再生培养基（Hopwood et al.，1977）。a，b. 稀释度为 10^{-1}；c，d. 稀释度为 10^{-2}。可见以 P 培养基稀释的（b，d）产生更多的菌落。原生质体再生菌落被非原生质体形成的早熟菌落抑制。低稀释度时更明显

每个物种的染色体形态和数目成为物种的分类特征之一，如啤酒酵母的基因组为 17 条染色体，构巢曲霉为 8 条，它们被包裹在核膜内，成为与细胞质隔开的细胞核，这些都暗示真核生物原生质体融合形成异核体后，其核配和重组过程也会与原核生物不尽不同。

在自然界丝状真菌的准性生殖偶有发生，只有在人力干预下才能对少数真菌进行遗传学和育种研究；而原生质体融合可上千倍地提高质配概率，才使准性重组成为可行的应用技术，以至使很难形成异核体的头孢霉菌（*Cephalosporium acremonium*）也可以通过体细胞重组进行遗传学作图。但重组作用过程分析发现，与上章介绍的体细胞内发生的准性重组过程并无区别，仍需经历异核体形成（质配）-核配-体细胞重组过程，仍需采用重组合剂诱导，才能得到分离子，区别只在于质配几率提高，并可打破物种隔离，实现远缘物种间原生质体融合获得远缘杂种，达到特殊育种或丰富基因库的目的。

就原生质体化来说，真菌和酵母菌细胞的细胞壁的组成不同于原核生物，其主要成分为几丁质（聚氨基葡萄糖），也有为纤维素的（如毛霉）。一般要以含有纤维素酶和几丁质酶的 Novozym 234 或 Glucanex（含有葡聚糖酶和几丁质酶）或者蜗牛酶（snailnase）脱壁处理。然而，尽管理论上讲真菌细胞壁的主要成分是几丁质，用含

几丁质酶的酶制剂处理真菌细胞就可以得到原生质体，而实际上也并非一成不变。例如，哈茨木霉菌（*Trichoderma harzanium*）就不能以 Novozym 234 处理获得原生质体（实际上该酶是哈茨木霉生产的），而酵母状解纤维素真菌——短梗菌（*Aureobasidium* sp.）产生的降解酶处理很有效。所以，有可能用于一种菌种很有效的酶，而用于另一菌种未必就好，也就是说不同菌种的细胞壁可能有明显的差异。但是，对绝大多数真菌来说，采用任何一种含有几丁质酶和纤维素酶的商品酶制剂，都可用来处理真菌细胞制备原生质体。以下以短密青霉（*P. brevicompactum*）为例，说明如何以实验确定原生质体化和再生条件（Uaravallo et al., 2004）。

1）短密青霉原生质体的制备

为实验确定短密青霉原生质体制备和再生的最佳条件，有 5 种化合物可作为稳定剂的选择：0.8mol/L KCl，1.2mol/L MgCl$_2$，0.8mol/L 蔗糖，0.6mol/L 甘露醇和 0.8mol/L NaCl。全部稳定剂溶液都以 100mmol/L 磷酸缓冲液（pH5.8）配制。实验结果表明，在用胞壁降解酶 Glucanex（丹麦 Novo Nordisk 公司商品名，来自哈茨木霉）制备短密青霉菌原生质体时，采用 0.8mol/L NaCl 为原生质体稳定剂最佳，原生质体的分离率最高，并且并不需要在稳定缓冲液中加入牛血清蛋白（BSA）（表 12.9）。

表 12.9 去胞壁酶和稳定剂对短密青霉菌原生质分离的影响（Uaravallo et al., 2004）

培养基	酶制剂	酶浓度/（mg/ml）	渗透压稳定剂/（mol/L）	BSA	原生质体数/（10⁶/ml）
PDA	Glucanex + 纤维素酶	15.0+10.0	0.8 KCl	—	0.35
			1.2 MgSO$_4$	—	0.00
			0.6 甘露糖	—	0.00
			0.8 NaCl	—	4.10
			0.8 蔗糖	—	0.94
	Glucanex	15.0	0.8 KCl	—	1.04
			1.2 MgSO$_4$	—	0.73
			0.6 甘露糖	—	0.03
			0.8 NaCl	—	57.50
			0.8 蔗糖	—	0.95
		15.0	0.8 NaCl	5.0	58.20
		10.0	0.8 NaCl	5.0	6.65
				—	6.48
		5.0	0.8 NaCl	5.0	3.81

注：300mg 菌丝体悬于含有不同裂解酶制剂和渗透压稳定剂的 100mmol/L 磷酸缓冲液中，30℃，80r/min 振荡保温 3h。采用 PDA（马铃薯、右旋糖琼脂）培养基。

2）短密青霉的原生质体再生

原生质体再生频率对获得重组子至关重要。原生质体稀释后，取含 1×10³ 原生质体悬液铺于含有不同稳定剂的 PDA 培养基平板，25℃培养 2～3 天，进行单菌落计数，并以不含稳定剂的 PDA 平板作对照，以计算原生质体再生率。图 12.4 中列出的经检验过的几种稳定剂中，当使用 0.8mol/L KCl 为稳定剂时，短密青霉菌原生质体再生频度最高，达到 36.58%。蔗糖被用作原生质体再生的稳定剂的，已见于黑曲霉（*A. niger*）、扩展青霉（*P. expansum*）、球孢白僵菌（*Beauveria bassiana*）、嗜热棉毛菌（*Thermomyces lanuginosus*）

等,但用于短密青霉菌原生质体再生时,再生频度很低。可见,不同真菌原生质体再生时,最佳稳定剂的要求并不相同。

　　实验中采用 0.8mol/L NaCl 作为制备原生质体的渗透压稳定剂,以胞壁降解酶 Glucanex 制的相同的原生质体,在含有不同稳定剂的 PDA 平板上再生,结果表明当以 0.8mol/L KCl 为稳定剂时,再生频度最高,达到35.58%(图12.4)。可见原生质体化与原生质体再生所用的最佳稳定剂也可能有差别。

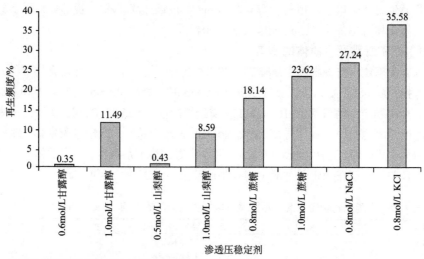

图12.4　不同渗透压稳定剂对短密青霉菌原生质体再生频度的影响(Hopwood and Wright,1978)。原生质体再生培养基为以不同稳定剂配制的 PDA 培养基,培养温度为25℃

3)影响原生质体再生频率的因素

　　原生质体融合技术克服了因胞壁阻隔而无法形成异核体,真菌原生质体已是遗传学研究的一项新技术,已成功地用于酵母菌、青霉菌、头孢霉菌等较难形成异核体的真菌物种。深入研究真菌的原生质体化、原生质体再生条件,有助于改进和确定不同组合菌株间原生质体融合的概率。Santiago 等(1991)以青霉菌为材料对此做过深入的对比研究。对原生质体化、原生质体再生的培养基、培养条件、菌龄、菌体浓度和稳定剂等做过系统的比较。结果显示高渗稳定剂 0.3mol/L、0.6mol/L 和 0.8mol/L 浓度相比,以 0.6mol/L 浓度为佳;$MgSO_4$ 与 KCl 相比,以 $MgSO_4$ 为佳;菌龄以晚对数期为佳;菌丝体浓度以 32mg/ml,脱壁酶(Novogen)处理为佳;缓冲液 pH 以 5.5 为佳;再生培养基以 PDA 为佳;碳源中以葡萄糖为佳;氮源以酵母提取物为佳。按上述对影响原生质体再生因子的组合将会得到最佳原生质体形成率和再生频率。这一结果值得在其他菌种原生质体再生和融合杂交研究工作开始时的参考。

6. 丝状真菌种间原生质体融合与遗传重组

　　物种间的不亲和性在进化上是物种保持独立性和遗传隔离的机制,而在准性生殖周期中,物种间的不亲和性经常是质配的一种障碍,尤其对远缘物种间的质配更是如此。而原生质体融合技术，因在高渗稳定缓冲液中，通过酶解方法除去了细胞壁，从而除去了形成异核体的质配障碍，开拓了不同菌株或菌种间远缘物种形成异核体的可能性，从而使准性重组机制在遗传学研究及微生物杂交育种研究方面取得了长足的进展。但是核源性（如 *het* 基因控制）的不亲和性仍无法通过原生质化和原生质体融合克服。

为进行丝状真菌原生质体融合研究，一般说来，首先要诱变筛选获得营养缺陷型菌株，这些已是常规操作。丝状真菌的原生质体融合操作，大多采用 Anne 和 Peberdy 的方法和程序（Kevei and dan Peberdy，1977）为基础加以修改。

原生质体融合技术在育种上的应用实质上就是准性重组技术与原生质体融合技术二者的结合，所以在获得融合子后，准性重组技术是进行后续遗传学和育种研究的主要手段。下面将结合实例介绍其用于真菌远缘种间育种的程序。

1）黑曲霉与乌沙密曲霉种间原生质体融合

曲霉菌属菌种是多种酶制剂和柠檬酸的生产菌育种菌种，也包含多种与酿造工业有关的重要菌种，如米曲霉、红曲霉、大豆曲霉等。其中构巢曲霉和黑曲霉在微生物准性生殖周期研究中又是经典菌种，有较好的遗传学研究基础。

用于酶制剂和柠檬酸生产的曲霉菌，以与上述大致相同的方法和过程经原生质体融合不难得到淀粉酶产生菌乌沙密曲霉（*A. usamii*）T2（*arg* 棕色）与柠檬酸产生菌黑曲霉（*A. niger*）IN2（*lys* 黑色）种间原生质体融合子。现以此二菌种为例介绍融合重组子的筛选。

原生质体制备：以完全培养基培养亲本菌株至对数生长中后期，离心，洗涤，使 200mg（湿重）菌丝体悬于含 2%水解真菌细胞壁的酶制剂的 5ml 高渗缓冲液，32℃作用 1～2h，以 G2 或 G3 滤器过滤，离心，悬于 1ml 0.6mol/L NaCl 缓冲液中。

原生质体融合：各取 1ml 1×10^6 原生质体悬液，混合，离心，弃上清液，悬于最低量剩余的稳定缓冲液中，并与 1ml 35% PEG4000 混合，25℃保温 10min，稀释铺 MM 培养基平板。二者的融合频度约为 1%，较亲本营养缺陷型回复率高 10^4 倍（表 12.10）。

表 12.10　曲霉菌营养缺陷型间原生质体融合（Ogawa et al.，1989）

亲本菌种	回复率	原生质体再生（CM）	融合子形成率（MM）	融合频度
黑曲霉 IN2（*lys*，黑色）	<3.6×10^{-6}			
＋		2.25×10^{-5}	2.3×10^{-3}	1.2×10^{-2}
乌沙密曲霉 T2（*arg* 棕色）	<1.8×10^{-6}			

注：基本培养基（MM）为 Czapek-Dox 合成培养基；完全培养基（CM）组成为 MM 培养基加 0.5%酵母浸出液，0.5%酪氨酸；原生质体混合悬于 35% PEG4000 融合缓冲液（按 Anne 和 Peberdy，1976，修改），25℃，5min。以 0.6mol/L NaCl 缓冲液洗涤，适当稀释，铺高渗 MM 和 CM 平板。*lys*，赖氨酸缺陷型；*arg*，精氨酸缺陷型。

2）融合子为异核体

将在 MM 培养基上生长的融合子菌落转接新的 MM 斜面，显示生长良好。由融合子产生的分生孢子，经培养鉴定分离为亲本型 IN2（*lys*）和 T2（*arg*）两种类型。这说明在 MM 平板上生长的融合子菌落为异核体，并未出现我们所期待的细胞核融合，可见丝状真菌原生质体融合子，双亲本细胞核仍是独立存在于共同的细胞质内，并未经历核配和遗传重组；而当将大量分生孢子直接涂布含 0.1%樟脑的 MM 平板，其中 5.8×10^{-3} 形成菌落，由所产生的分生孢子的 DNA 含量和体积判断，它们是杂合二倍体。

3）由杂合二倍体诱导出现重组分离子

为由杂合二倍体获得遗传重组分离子，需采用准性周期遗传重组研究中采用的方法，对原生质体融合子，在基本培养基上形成的杂合二倍体进行诱导，使之出现有丝分裂分离和单倍体化，产生多样性重组子。方法是将杂合二倍体分生孢子接种在含 $0.20\sim2.00$ppm 苯菌灵的 CM 平板。25℃培养 5 天，可见菌落显现不规则状，出现多个角变区（图 12.5），随机取单菌落孢子重新涂布含有苯菌灵 CM 平板，培养后可见明显的分离现象（表 12.11）。

表 12.11　杂合二倍体的苯菌灵诱导产生的分离子（Ogawa et al.，1989）

苯菌灵浓度 /ppm	单一营养缺陷型*		双重营养缺陷型	原养型	合计
	Arg⁻	Lys⁻	Arg⁻，Lys⁻		
0.75	2	19	0	1	22
0.50	21	28	11	40	100
0.25	0	2	0	98	100

*单一营养缺陷型为亲本分离子。

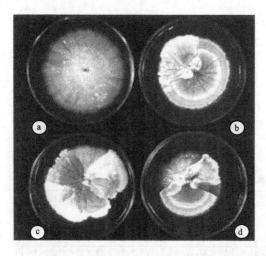

图 12.5　杂合二倍体在含苯菌灵的 CM 平板上的分离现象（Santiago et al.，1991）。a. 对照平板；b～d. 不同分离子或杂合二倍体生长区

经鉴定表现型可分为单一基因突变的营养缺陷型、双重基因突变的营养缺陷型和原养型分离子。另一值得注意的现象是不同浓度苯菌灵的诱导效应不尽相同，在本实验中，似乎低浓度苯菌灵更趋向诱导产生原养型分离子。

原养型分离子的倍性又如何呢？挑取 6 个原养型分离子，做孢子大小和 DNA 含量测定，结果发现其中 5 个为单倍体分离子，只有一个为二倍体分离子。这意味着通过诱导杂合二倍体体细胞染色体重组和单倍体化，产生了遗传上多样性的分离子。

在本实验中显示苯菌灵是一种很好的有丝分裂分离诱导剂，诱导后产生了不同基因组合的营养缺陷型菌株和不同基因组合的原养型基因组的菌株（表 12.11）。并且，在含苯菌灵平板上也出现颜色分离子，在 MM 斜面上，黑曲霉分生孢子梗为黑色，乌沙密曲霉为棕色，分离子中除了双亲颜色外，还出现了颜色略有区别的分离子（图 12.6）。

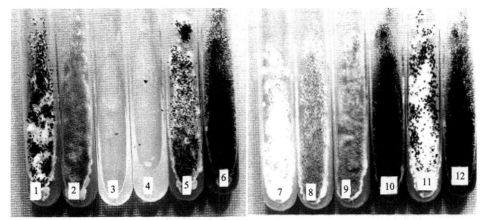

图 12.6　曲霉菌杂合二倍体经单倍体化处理后出现的分离子（Lazim et al.，2008）。1. 黑曲霉 CA；2. 乌沙密曲霉 R1-B11；3. T2（*arg*），不生长；4. IN2（*lys*），不生长；5. IN2-T2-H（异核体）；6. IN2-T2-D（二倍体）；7～12. 分离子 No.1～No.6

表 12.12 示杂合二倍体 IN2-T2-H 的产物产生能力略有提高。所有 6 个原养型分离子，除了 4 号外都是以 0.75ppm 苯菌灵诱导分离得到，而二倍体分离子 4 号是以 0.50ppm 苯菌灵处理条件下分离到的。原养型分离子 5 号显示产酶和产酸能力明显高于原菌株及二倍体菌株，并且菌体生长和分生孢子形成正常。显示原生质体融合子杂交技术用于杂交育种的可行性。

表 12.12　曲霉菌种间融合子、异核体、杂合二倍体及单倍体化分离子的表现型（Ogawa et al.，1989）

菌株	孢子直径 /μm	DNA /(10^{-6}mg /孢子)	营养要求 （表现型）	孢子颜色 （CM 培养基）	生长（MM 培养基）	柠檬酸 /（mg /清酒曲）	淀粉酶 /（单位 /ml）
乌沙密曲霉 RI-B11	4.4	12.33	+	棕色	良好	147.5	169.6
黑曲霉 CA	4.6	12.77	+	黑色	良好	162.0	160.3
IN2（*lys*）	4.6	12.77	Lys⁻	黑色	不长	32.1	1.2
T2（*arg*）	4.6	12.77	Arg+	棕色	不长	137	170.7
IN2-T2-H（异核体）	4.4	12.28	+	黑色/棕色	良好	156.5	163.9
IN2-T2-D（二倍体）	5.8	24.74	+	黑色	良好	161.4	186.5
分离子：							
1	4.6	12.26	+	棕色	良好	159.6	163.7
2	4.2	12.18	+	棕色	良好	152.9	160.1
3	4.1	12.16	+	棕色	良好	151.7	163.3
4	5.4	24.56	+	黑色	良好	144.0	165.6
5	4.3	12.26	+	黑色	良好	215.0	195.4
6	4.5	12.32	+	黑色	良好	157.1	169.9

由上述曲霉菌原生质体融合杂交中，二倍体的产量性状表现基因互补或杂种优势现象，产生量高于亲本的分离子；经单倍体化诱导剂处理杂合二倍体产生的单倍体分离子是多样性的，包括不被选择的颜色标记也表现自由组合现象（表 12.12），表明两个基因组间发生了准性重组，并形成多样性重组子，这是近缘物种间远缘杂交的特点。苯菌灵诱导形成的二倍体经苯菌灵诱发产生的单倍体分离子应是经历基因组在有丝分裂时出现过染色单体间交换和重组分离的过程，最终才形成的稳定的分离子基因组。

7. 酵母菌属间原生质体融合杂交育种

已有通过原生质体融合成功地得到渗透压耐性的蜂蜜酵母（*Saccharomyces mellis*）与高乙醇发酵能力的啤酒酵母种间原生质体融合子，获得能发酵高浓度葡萄糖（49% *m/V*）的稳定融合子杂种的报道；类似报道还有啤酒酵母菌与不能发酵产生乙醇的接合酵母（*Zygosaccharomyces fermentati*）进行属间原生质体融合，得到能利用纤维二糖的融合重组子（杂种分离子），成为一种值得进一步开发的以纤维素水解物为碳源、发酵生产燃料乙醇的菌株。

酵母菌属间原生质体融合育种也还有一些其他类似报道，如我国宁夏酿造工程生物技术重点实验室，以啤酒酵母（*Saccharomyces cereviciae*）与红酵母（*Rhodotoyula* spp.）通过原生质体融合得到了既能酿酒又产生类胡萝卜素的杂交种菌株（张琇等，2011）。但未见深入的分析。

下面举一个酵母远缘属间原生质体融合杂交育种的具体例子。

1）马克斯克鲁维酵母与啤酒酵母的属间融合与遗传重组

欧美国家每年生产约 10^5 t 奶酪，产生乳清液约 10^8 t。乳清液中含有 5%～6%的乳糖和 0.8%～1.0%的蛋白质，如不利用不仅是一种浪费，还将造成水体严重污染。如何利用乳制品工业废水就成为一个难题。利用酵母菌将乳糖转化为燃料乙醇是一最佳选择。如果能用酵母菌发酵将乳糖转化为乙醇，就能变废为宝。已知啤酒酵母是工业生产乙醇的优良菌种，但是它不能利用乳糖；而马克斯克鲁维酵母（*Kluyveromyces marxianus*）能利用乳糖，但不能使乳糖发酵产生乙醇。两个菌种属于不同属，它们的种性差别很明显，对抗生素、结晶紫、乙醇和温度的耐性各不相同（表 12.13）。所以，可直接使用它们自身的遗传特性作为选择标记，而无需采用突变基因作为杂种融合子的选择标记，即可有效地筛选原生质体融合子。

表 12.13　亲本菌种的特性（Krishnamoorthy et al.，2010）

酵母菌种	环己酰亚胺/ppm	结晶紫/ppm	温度耐性	碳源	乙醇耐性/%
啤酒酵母	<10	<100	39	葡萄糖	>14
马克斯克鲁维酵母	<100	<10	42	乳糖	<10

原生质体融合的基本步骤与上节介绍的相近，采用 1mol/L 山梨醇为原生质体稳定缓冲液为稳定剂，以降解酶 Glucanex 处理，除去细胞壁，制备它们的原生质体，以 PEG4000 为原生质体融合诱导剂并获得融合子。培养在环己酰亚胺（100ppm）和结晶

紫（100ppm）的平板上，筛选酵母菌属间杂种融合子。

实验得到了 12 个产生乙醇的原生质体融合子，其中的高产菌株，培养在以乳清液为碳源的培养基，42℃培养 72h 的乙醇产量达 12.5%（18g/L 生物量）。而在同样条件下，啤酒酵母显示微弱生长，而马克斯克鲁维酵母在 6%乙醇时生长就被抑制。

2）融合子的分离和鉴定

酵母菌属间原生质体融合与近缘物种不同，其融合子出现频度很低，为 $10^{-7} \sim 10^{-5}$，在得到的 12 个融合重组分离子中，对分离子 12 与亲本基因组 DNA 进行引物随机扩增得到的 DNA 片段进行琼脂糖电泳分析，带型显示它是两亲本之间的基因组融合重组产生的后代。所得 12 个融合子的表现型也各不相同，具有明显的重组分离现象，从乳糖发酵产生乙醇的能力看，只有 12 个重组子能产乙醇；由传代稳定性看，其中只有融合子 FC3 和 FC12 传代培养 20 周，仍表现生长和产乙醇能力不变，而另 10 个融合分离子在传代过程中失去产乙醇能力。推测这种不稳定性与异核体融合子的有丝分裂分离和染色体丢失，并最终达到新的遗传平衡有关。只有当形成遗传上稳定的新基因组出现，才能得到有价值的远缘原生质体融合重组子，而融合重组子 FC12 就是最终获得的具进一步开发价值的融合重组子。

融合重组子的另一个遗传学证据是基因组 DNA 含量，双亲分别为 456.4ng DNA/基因组和 571.4ng DNA/基因组，而融合子 FC12 为 892.5ng DNA/基因组，DNA 含量明显高于双亲（表 12.14）。采用 DNA 随机扩增多态性（random amplified polymorphic DNA，RAPD）分析进一步证明融合重组子为属间杂种。扩增产生的 DNA 片段的电泳图的带型与两个亲本的带型独特而又具有互补性的新菌株（图 12.7）。显然，啤酒酵母与马克斯克鲁维酵母之间的属间基因组融合后经历了细胞质融合、异核体形成、核

表 12.14　亲本与融合子菌株 12 的 DNA 定量分析（采用 nanodrop 法）（Krishnamoorthy et al., 2010）

酵母菌株	啤酒酵母	马克斯克鲁维酵母	融合子 12
DNA 含量/（ng/基因组）	456.4±19.02	571.4±12.52	892.5±15.68

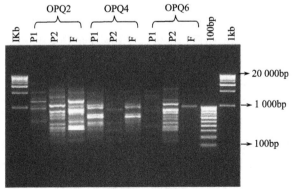

图 12.7　亲本与融合重组子随机扩增 DNA 片段的多样性（Krishnamoorthy et al., 2010）。图上 OPQ2、OPQ4、OPQ6 为不同的扩增引物；泳道：P1，啤酒酵母；P2，马克斯克鲁维酵母；F，融合重组子 12

融合、染色体倍性变化（包括染色体丢失、不同异倍体的出现和二倍体或近二倍体的形成）、遗传重组的过程，以及基因组结构与功能的再平衡，才产生了如同融合子 12 那样的具独特特性的传代稳定的融合重组子。这是远源原生质体融合杂交的共性规律。

经鉴定通过属间原生质体融合得到的融合分离子 FC12 实应视为一个新物种，是一株利用奶酪工业废液高效生产乙醇的菌种，它能耐高温并具有利用乳糖高产乙醇的能力，可用作有效地处理奶酪工业废水降低 BOD 的菌株。

第四节　原生质体融合和遗传重组最佳条件的确定

以上结合实例分别介绍了原生质体融合技术在各类菌种上的应用原理和操作，但是从原生质体融合和遗传重组子分离的双重角度考虑，还缺少如何用实验方法系统地确定实验菌株的最佳原生质体融合和遗传重组条件的分析和确定，虽然也有涉及，但是并未讲透。这是一项专门的、具针对性的预备实验，就像我们在诱变育种中选择和使用诱变剂及诱变效果那样，也应优化原生质体制备、再生与融合子形成和重组子分离的介质、培养基及培养条件，以便更有成效地工作。这些实验包括考查：高渗缓冲液介质、pH、温度、PEG 的浓度、PEG 分子质量、PEG 处理时间及再生培养基的选择等。这看似难事，但对以后工作效率却是重要的，直接与有活力原生质体的制备、再生频度、融合子形成频度、重组子形成率相关联。这可被视为是一个系统性的预备实验，实验仍采用突变型基因标记，以便跟踪在不同条件下原生质体的形成、融合、再生遗传重组过程每步的效率。下面仍以链霉菌为例，以实例解析这个问题。

1. 链霉菌的原生质体制备融合和再生的合成培养基系统

为分析原生质体融合、再生和遗传重组的最佳条件，往往以合成培养基为基础，以便更好操作和更直观。实验中采用微小链霉菌（*Streptomyces parvulus*）和抗生链霉菌（*S. antibioticus*）两个菌种，分别以 MNNG 诱变筛选分离得营养缺陷型菌株，以它们为出发菌株进行原生质体制备、融合、再生和遗传重组作用的条件进行优化分析。

1）原生质体缓冲液和再生的合成培养基

为解析提高营养缺陷型原生质体再生率和融合子遗传重组率，自然离不开合适的高效合成培养基，以便比较在不同条件下，原生质体的再生率。虽然 Okanishi 已设计了很好的链霉菌原生质体稳定缓冲液和合成培养基，但是原生质体再生率仍偏低（1%～2%）。而只有再生频度足够高，才便于研究不同因子（如 PEG 的不同分子质量、不同处理时间等）对融合子形成率和原养型重组子频度的影响。

为提高原生质体再生率，先以野生型微小链霉菌为材料，对已有合成培养基做优化改进（Ochi, 1982; Williams et al., 1977）。先对培养基中的蔗糖、KH_2PO_4、$CaCl_2$ 和 $MgCl_2$ 的浓度优化，并在培养基中增加了果糖、组氨酸和谷氨酸，形成了以下高频度原生质体再生的合成培养基。这里采用的原生质体稳定缓冲液为：蔗糖 10%（m/V）；

果糖，1%（m/V）；$CaCl_2 \cdot 2H_2O$，25mmol/L；$MgCl_2 \cdot 6H_2O$，10mmol/L；KH_2PO_4，0.37mmol/L；TES 缓冲液，0.25mmol/L；pH7.6。用于再生的合成培养基（RM）组成为（每升）：蔗糖，150g；D-果糖，40g；$CaCl_2 \cdot 2H_2O$，3.7g；$MgCl_2 \cdot 6H_2O$，5.1g；KH_2PO_4，0.05g；L-谷氨酸·HCl，2.5g；L-组氨酸，0.776g；$MgSO_4 \cdot 7H_2O$，0.05g；$ZnSO_4 \cdot 7H_2O$，0.025g；$FeSO_4 \cdot 7H_2O$，0.025g；TES 缓冲液（0.1mol/L），250ml；pH7.2；琼脂20g；蒸馏水至 1L。RM 培养基的组成已经过实验优化。其中蔗糖，60%（m/V）；D-果糖 50%（m/V）；$CaCl_2 \cdot 2H_2O$ 0.1mol/L；$MgCl_2 \cdot 6H_2O$，0.1mol/L；KH_2PO_4，0.5%，于120℃ 分别灭菌 20min，在倒平板前加入培养基。

实验表明 RM 培养基中的果糖、谷氨酸和组氨酸对原生质体再生是必需的，而 Ca^{2+}、Mg^{2+} 和磷酸盐浓度对原生质体的稳定、融合和再生不可缺少并对提高再生频度也很重要。为满足营养缺陷型的营养需求，可在再生培养基中加入相应的氨基酸或维生素配制成补充培养基（RM+）。

2）原生质体在 RM 和 RM+培养基上的再生与遗传重组

实验采用微小链霉菌和抗生链霉菌的双重营养缺陷型的原生质体进行再生和异核体融合子分析。以 RM+平板计再生频度，RM 平板为原养型融合子计数。采用营养缺陷型和合成培养基，可以直接平板筛选原养型融合子，并与 RM+平板上的再生菌出现的频度比，得出原养型占再生菌的百分数，并观察不同因子对原生质体形成、再生和融合子形成的影响。由表 12.15 可清楚地判断不同分子质量的 PEG 对原生质体再生的影响，并且显示对两个菌种有明显的差别。例如，在相同处理条件下，PEG4000 对微小链霉菌的原养型融合子出现频度为 2%，而抗生链霉菌为 25.3%。

表 12.15　不同分子质量 PEG 对原养型菌落形成的影响（Ochi et al.，1979）

杂交	PEG 相对分子质量	菌落形成/ml（$\times 10^5$）		原养型/%
		RM	RM+	
S. parvulus (303×330) (*ura lys*×*rib met*)	—*	<0.02	320	<0.006
	1540	0.07	180	0.04
	4000	1.3	65	2.0
	6000	0.14	32	0.4
S. antibioticus (500-01×500-02) (*pro, thi*×*pro ura*)	—*	0.006	220	0.03
	1540	1.2	31	3.9
	4000	4.3	17	25.3
	6000	1.1	9.6	11.5

注：RM 为合成培养基；RM+为补充培养基；PEG 以原生质体缓冲液配制，浓度为42%（m/V），单独灭菌；每次 PEG 处理 5min。
*以 4.5ml 原生质体缓冲液取代 PEG 溶液加入 0.5ml 原生质体悬液。RM 平板菌落为重组子；RM+平板菌落为原生质体再生频度。

3）PEG 对原生质体再生与原养型融合子形成的影响

以微小链霉菌和抗生链霉菌的营养缺陷型为材料，孢子悬液浓度约为 2×10^7/ml。采用合成培养基系统，有可能对本节开始时提出的问题作较为仔细的分析，首先是采用哪种分子质量的 PEG 为佳。由表 12.15 可见，以相同浓度（42%）PEG 诱导原生质体融合时，PEG1540 诱导原生质体再生频度比 PEG4000 和 PEG6000 频度高 3～7 倍，但是其原养型重组子出现频度却低 6～50 倍；采用 PEG4000 诱导原生质体融合，虽然在 RM+出现的融合子明显低于 PEG1540，但是原养型重组子却数十倍地提高了。这表明对诱导融合子遗传重组来说，PEG4000 优于其他两种分子质量的 PEG。另外也显示在 RM 上融合子频度虽低，但是有利于异核体融合子中的核配和出现遗传重组。这一点对微小链霉菌的原生质体融合子遗传重组更明显（相差 50 倍）。这一结果充分显示 PEG 的聚合度在原生质体融合和遗传重组过程的重要性。

PEG1540 对再生原生质体的毒性较低，再生频度最高，但是不利于原养型融合子的形成，因而不宜作为原生质体融合重组的诱导剂，至少对链霉菌是如此。在细菌实验中，同样以 PEG4000 42%浓度为佳；而对真菌来说以 30%浓度的 PEG4000 获得重组子比例最高。

另一方面，若观察不同浓度 PEG4000 处理相同时间对原养型融合子出现频度的影响时，会发现随着 PEG 浓度的增高，在 RM 上，尽管原养型菌落绝对数仍随 PEG 浓度而增高，而浓度达 67%时，原养型菌落形成单位达到 39%，而相反，原生质体再生菌落数急剧下降至约 6%（图 12.8）。最终，原养型菌落最高值出现在 PEG 42%浓度的位置。图中明显表现出原养型重组子与再生原生质体间的区分存活现象。推测这与融合子异核体的多基因组本质有关，多核融合子对 PEG 具较强的耐受性。这一现象也出现在真菌和细菌原生质体融合实验中。这对我们筛选融合子有利。

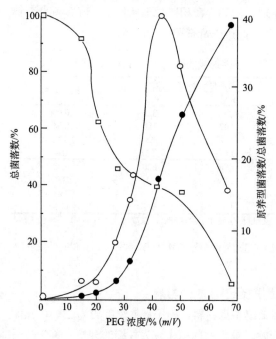

图 12.8　PEG4000 的浓度对原养型重组子形成频度的影响（Williams and Katz，1977）。微小链霉菌菌株 30（*ura*）和 44（*tyr*）原生质体混合，以不同浓度的 PEG4000 处理 5min，经洗涤后，适当稀释，平板在 RM 和 RM+培养基。○，RM 平板菌落数；□，补充营养基 RM+平板菌落数；●，原养型占菌落形成单位的比例

　　PEG 处理时间是影响原养型融合子形成的另一重要因素。如图 12.9 所示，原养型菌落形成的最高值出现在处理 15~20min，然后相对平稳。这说明原生质体间的有效融合几乎是在加入 PEG 后即刻发生的，而后来由于进一步的融合事件（如聚集作用）增多，而融合的原生质体的再生菌落数反而减少了。似乎 PEG 较长时间处理，更有利于多重细胞融合子形成，有利于出现多基因组重组/重排。但是处理时间最长应控制在 30~40min 内。

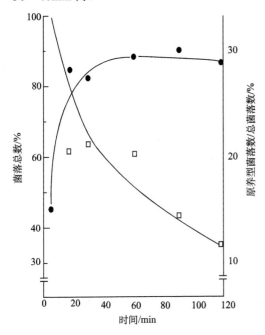

图 12.9　PEG4000 处理时间对原养型菌落形成频度的影响（Williams and Katz, 1977）。微小链霉菌菌株 30（*ura*）与菌株 44（*cys*）原生质体混合，以 42% PEG4000 处理不同时间。□，在 RM 平板上菌落形成；●，在 RM 上生长出的原养型菌落占补充 RM+上长出的菌落总数的比

4）原养型融合子未必是原养型重组子

　　RM 平板上长出的原养型融合子是否是真正的遗传重组子，可由它们的分生孢子的表现型判断。随机挑取微小链霉菌菌株 303（*ura lys*）×330（*rib met*）在 RM 平板上长出的 15 个原养型融合子菌落，分别将它们形成的孢子铺在 RM 培养基和不同的补充培养基平板上，培养后若在不同平板上长出大致相同数目的菌落，说明它们不表现营养缺陷型分离，它们是纯的野生型融合重组子，可见由微小链霉菌原生质体融合产生的原养型重组子是稳定的。而抗生链霉菌的情况不同，经检测在抗生链霉菌的不同营养缺陷型间，原生质体融合形成的原养型融合子中，相当比例的原养型菌落表现亲本型分离现象，这说明它们是异核体或杂基因子，而不是原养型重组子。在 RM 平板上，原养型融合子菌落的形态也不一致，有明显的大小之分（图 12.10a），若取不同大小菌落的分生孢子，分别涂布基本培养基和不同的补充培养基平板上，会发现那些小菌落的分生孢子在基本培养基上失去形成菌落的能力，分离为亲本型。而那些大菌落产生的分生孢子仍能在基本培养基上生长（图 12.10b），它们才是纯的原养型重组子。如同第一节讨论的那样，这说明原生质体融合后，并不是如同我们想象的那样，

基因组间就立即出现核融合和遗传重组或重排，而是依菌种而异，有的可能二亲本核始终共存于细胞质中，以异核体状态存在，有的只出现局限性重组形成杂基因子（即部分二倍体）。同时说明即使是原核生物，原生质体融合子中遗传重组也要经历一个过程，这一过程会依培养条件而变。形成异核体是原生质体融合后的普遍现象，而后的培养条件（培养基成分和培养温度等）对重组子形成和稳定性都有明显影响。

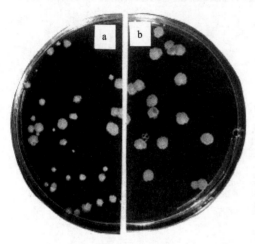

图 12.10　抗生链霉菌在原生质体融合子，在无机再生培养基上长出的原养型菌落（Ochi，1977）。a. 两个双重营养缺陷型分别取等量原生质体混合，以 38% PEG4000，30℃处理 5min，稀释 10^5 倍后，铺无机盐再生培养基平板，出现大小不一的菌落；b. 原养型经同样处理涂布 RM 培养基平板的原生质体再生平板（对照），菌落形态一致

那么，怎样才能提高融合子的遗传重组频度呢？

5）再生培养基的选择

为了分析原生质体融合和基因重组的过程，并显示融合重组子分离和遗传重组的最适培养基，这里我们不妨回忆一下在诱变育种一章中，曾介绍过的突变延滞现象，即菌株经诱变剂处理后，基因由预突变到突变固定之间，有一个时间延滞，其间可区分为突变延滞、分离延滞和表型延滞几个阶段。只有创造合适的培养基和培养条件，满足这几个阶段的条件要求，才能得到较高的突变率，这一点已为诱变育种工作者所接受，并取得了很好的应用效果。原生质体融合导致的基因重组或基因组重排过程是否也应考虑这一点呢？融合子再生时的培养条件，对基因重组和分离子类型的比例确有明显的影响。这里我们再以枯草芽胞杆菌原生质体再生、融合和遗传重组的培养基和培养条件的改变为例，分析培养基和环境因子对融合子遗传重组的影响。

枯草芽胞杆菌原生质体融合遇到的困难：我们应该还记得前面介绍过的枯草芽胞杆菌的原生质体融合和重组子分离的研究，那是做过如此深入融合子遗传学分析研究过的唯一的一种原核生物，原生质体融合后，融合子内基因组间的重组作用显然并不立即发生，可以长时间（甚至几十个世代）保持异核体状态，而这一状态与所使用的再生培养基成密切相关。

原生质体融合研究始于 20 世纪 70 年代，几乎同时西方多家从事微生物遗传学研究的一流实验室，都不约而同地力图将该技术用于遗传学基础研究，发现原生质体化再生并不难，而融合子基因组间的基因重组却遇到了困难，难以正常地通过原生质体融合得到融合子的遗传分离子，尤其是对等交换产生的互补重组子，总有一定比例的融合子可以在传数代以至数十代，仍处于异核体状态，仍出现分离子，即所谓的亲本双型（BP）和非互补二倍体（NCD）（Schaeffer et al.，1976；Gabor and Hotchkiss，1983；Hotchkiss and Qabor，1980）。这些异常现象令人不解，这说明原生质体融合与基因重组是两个不同的过程，融合子内是否出现基因重组依采用的培养基和培养条件而定。这是一个必须解决的问题，否则难以将原生质体融合技术应用于枯草芽胞杆菌的遗传学和育种研究。

原生质体技术的特殊性就在于能导致：①全细胞融合；②基因组的高频重组作用；③用于尚未发现遗传重组机制的工业菌种的遗传与育种研究；④用于种内和种间的原生质体融合和基因组间的遗传重组作用。所以，确定一个适合于融合子内基因组间重组的培养基及培养条件至关重要。如前节所述，直到1983年枯草芽胞杆菌原生质体融合重组研究才最终取得进展（Sanchez-Rivas，1982；Akamatsu and Sekiguchi，1983；1987）。与以往不同的是培养基中引入了酪素氨酸为再生完全培养基，其半合成基本培养基改为酪素氨酸20mg/L。结果是使融合子再生培养时间大大延长，培养7天仍只形成极小的菌落。这时采用影印平板法将菌落转移至含不同补充营养的培养基平板，便可筛选到不同基因型的稳定传代的融合子重组分离子。在这里低营养、低磷酸盐的半合成培养基显得很重要，而正是在低营养条件下，在延滞培养时间内完成了异核体内基因组融合和遗传重组过程。

枯草芽胞杆菌原生质体融合和遗传重组子的分离的研究，可说是一个范例，表明PEG促成了原生质体融合，而融合子内基因组间的遗传重组则与融合子所处的环境（培养基和培养条件）分不开，只有为融合子创造适合遗传重组的条件，才能得到多样性的融合重组子，才使原生质体融合技术可以真正用于芽胞杆菌遗传学和育种研究。

在合适的无机盐再生培养基上，原生质体再生和生长较为缓慢，推测这意味着有较充裕的时间进行异核体基因组间的互作和遗传重组，而且重组作用有可能是多次的，有两个以上基因组参与的过程，这与在PEG诱导原生质体融合时，在显微镜下常可观察到两个以上原生质体融合形成多细胞融合子的现象一致。所以我们应将融合子再生与遗传重组理解为是一个特殊过程，采用低营养半合成培养基并在较低温度培养，可能更利于融合子中不同基因组间互作和重组，但前提条件是在特定的培养基平板上原生质体要能保持存活和再生能力，这是在今后使用筛选无标记重组子筛选中应注意的一个要点。

真核微生物融合子的再生与重组的条件应如何控制？真菌通常采用马铃薯汁-右旋糖-琼脂培养基（PDA）取得很好的原生质体再生效果，未见有论文比较是否采用用于遗传学研究的基本培养基[如Czapek-Dox合成培养基，其组成为（g/L）：蔗糖，30；硝酸钠，3；磷酸氢二钾，1；硫酸镁，0.5；氯化钾，0.5；硫酸亚铁，0.01；终pH调至 7.3]为基础，优化培养基及培养条件，寻找更利于原生质体融合、再生和遗传重组最佳条件的报道。这也许是因为真核微生物的遗传结构体系不同于原核生物，而融合分离子的筛选依赖于准性重组过程有关。

第五节　微生物育种的最终方案

高等生物育种过程是基因突变和不同品种间杂交交替使用和人工选择，促使分散在不同个体的优良特性的基因集中到子代生物基因组中，而最终选育成现在的用于商业化生产的动植物品种，迄今原核生物和半知菌类育种基本上仍采用诱变育种法。所以原生质体融合技术在微生物杂交育种上的开发应用，意味着已可能做到与高等生物一样，将诱变育种与杂交育种方法结合并交替使用，这样就能与高等生物一样，快速地达到优良菌种选育的效果。这就是我们将本节定名为"微生物育种的最终方案"的缘由。

1. 生物进化的机制

世间所有原核生物包括病毒和噬菌体在内，它们的遗传性变异多源于基因突变，但也都会偶尔有遗传重组；高等生物体制复杂，有性别分化，生命周期可分为生长期和分化发育期两个阶段，有性生殖是高等生物生命周期的一部分，基因重组总是不期而至地发生，人们早已习以为常了。但对原核生物和许多真菌（如半知菌）来说就不同了，它们没有性别分化，没有有性生殖过程，通常行营养体分裂和无性孢子繁殖子代，而遗传重组往往只是隐秘地进行。由于缺乏规律的有性生殖机制，它们的进化基本上由基因突变和自然选择驱动，长期以来为了育种的目的，我们也只能利用同一机制——基因突变与人工选择循环往复地进行着。这是事情的一个方面。而另一方面，70多年来，微生物遗传学家和育种学家，从未停止过寻找和开发利用驱动生物进化的另一机制——基因重组作用的探索，相继发现了转化、转导、质粒介导的接合作用和丝状真菌的准性生殖周期。但由于机制的局限性，在应用上始终未获大的进展。

原生质体融合技术的发明，人为地为本无有性杂交机制的生物提供了遗传重组的可能性，实验证明只要能形成原生质体，而又能在特定条件下再生为正常细胞的，就有可能实现遗传重组，产生遗传特性不同的生物，而且由于是在人力干预下进行的，克服了远缘原生质体融合的障碍，为以原生质体融合技术进行杂交育种开拓了极为广阔的天地。

以实验实施微生物人工进化的标志性论文是 Zhang 等发表的一篇诱发突变与原生质体融合技术交替使用，实现了快速育种目的的报道（Zhang et al.，2002），能在相对短的时间内，在诱变育种的基础上经过两轮原生质体融合筛选周期，使弗氏链霉菌（*S. fradiae*）产生的聚酮类抗生素泰乐星（tylosin）产生能力提高 60%，从而显示基因重组作用无论是在自然进化，还是人力干预下的进化中的作用和意义。

该人工进化方案是基于自然界生物进化原理（图12.11）直接将诱发突变与原生质体融合重组相结合，出发菌株经数轮诱变筛选后保留5～8个高产株；进行连续数轮原生质体融合和遗传重组，经分离子筛选，保留若干高产菌株（5～8株），再以它们为出发菌株进行新一轮融合子重组子筛选，如此往复。通过基因重组和筛选使分散在不同高产菌株中的正变基因逐步集中到同一阶段性菌株的基因组中；此后又进入一个新的育种周期，对所得高产菌株进行诱发突变-原生质体融合重组子筛选的过程以达到高产育种的目的。

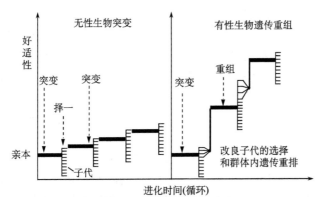

图 12.11　无性生殖生物的进化和有性生殖生物的进化过程差别示意图（Zhang et al., 2002）。图左：无性生殖生物进化是个别基因突变的长期积累过程，每次经历"物竞天择，适者生存"自然选择而改进适应能力。但因群体中的个体只是群体中的一员，即使出现一个有利突变，也不能与其他成员通过遗传重组而共享，这就使群体丧失了通过遗传重组出现多样性的可能性，不能消除不良个体所以进化是缓慢的。图右：若群体中基因突变与有性生殖能交替进行，群体内生物可以共享遗传信息（基因库）。一个特定群体内个体间的随机结合（杂交），通过遗传重组使有利突变在竞争中得以固定，而有害突变在竞争中被逐渐消除。因此，在具有性生殖周期的生物群体中，子代群体比它们的亲代对环境更具好适性和反应范围，加速了生物进化的进程

　　原生质体融合与一般的准性重组不同就在于融合频率高、全基因组参与和无种属特异性限制。模拟自然进化过程（图 12.11），在实施原生质体融合前，先行诱变筛选得正变菌种，即人工建成一个基因库。这是进行原生质体融合重组的遗传学基础，然后开始原生质体融合操作。这样经数轮融合重组子筛选，逐步使分布在群体内不同基因组的正变基因，集中到同一菌株的基因组中，使相关性状的表达水平逐步提高，达到杂交种的效果。可见，实质上这是人力干预下的进化过程。在这里诱发突变这一步应理解为丰富一个群体的基因库，而原生质体融合正是群体内个体间通过杂交和遗传重组共享群体内基因资源的过程。而筛选起着人干预下的进化的作用。

　　2. 最终育种方案的践行

　　虽然原生质体融合技术对所有生物都适用，但是它对以无性繁殖方式为主的原核生物和真菌中的半知菌来说，本质上，该育种方案是模拟了高等生物的育种过程，效果也可相比拟。将基因突变和遗传重组两个推动生物进化的机制人为地结合在一起，符合了高等生物自然进化的过程和规律，这就是微生物的最终育种方案。这在微生物育种研究上无疑是一项技术突破，实际上，这一方案用于行无性繁殖的农作物（如马铃薯、山芋等）的育种也已取得了成功。

　　就重组子菌株筛选这一步来说，与诱变育种工作相同，对高产融合分离子的鉴定仍然是工作进度的瓶颈，为提高筛选效率可参照诱变育种产量性状筛选一节。

　　次生代谢产物合成的遗传基础是多基因（涉及上百至数百不同作用的基因）控制

的，因此不能寄希望于直接通过基因克隆或代谢工程获得可以用于生产的高产菌株。例如，按基因组学可以找出相关次生代谢途径的基因簇及相关基因的 DNA 序列，可将它克隆并转移到受体菌（如大肠杆菌或酵母菌）中，并且也可能表达产生某种或某些化合物（如乙醇、聚酮类化合物），可以通过组合生物合成创造出新结构聚酮类化合物，但至今多半还只是具吸引力的实验室前瞻性研究。如果真的想将自己构建的新遗传结构的基因簇的产物产生能力提高到工业化生产水平，最好还是将新构建的基因簇转回到原菌种或与之相近的受体菌中，并得到传代和基因簇稳定表达的菌株，然后采用诱变-杂交育种方法，将产物产生能力提高到能为工业生产接受的投产水平，否则也许就只能停留在实验室研究水平上，在科学论文中欣赏自己的成果。

1）遗传标记问题

在原生质体融合和重组子筛选操作中，我们会遇到与采用准性周期杂交育种时同样的问题——亲本的遗传标记问题。这是一直困扰我们的问题之一，因准性周期是偶发事件，不得不在亲本菌株上添加可被选择标记，而这类带有遗传标记的菌株，多因突变基因作用的多效性，而严重影响次生代谢产物的产生能力，最终导致杂交育种失败。这是在主要工业微生物育种中，经 30 多年努力也未能在杂交育种上有所突破的原因之一。在原生质体融合育种中，通过原生质体融合使形成异核体的频度提供了 1000～10 000 倍，我们是否还要使用遗传标记，以及应如何考虑和使用遗传标记？如不采用筛选标记，我们应如何操作来筛选原生质体融合产生的重组子呢？

那么，实验中能否及如何规避使用营养缺陷型对产量性状筛选的不利作用？若不采用营养缺陷型标记，还有哪些遗传标记可用于重组子筛选标记？其实，也不应一概而论。实验中若将营养缺陷型突变标记用作反向筛选原生质体重组子，就可规避营养缺陷型突变对产量性状筛选的负面效应，达到重组子筛选目的。

可作为遗传标记的基因很多，除了初生代谢途径相关的营养缺陷型外，氮源或碳源不利用突变型，也是一类营养缺陷型，如硝酸盐不利用突变型、乙酸盐不利用突变型等。已有人（Tahoun, 1993）以这类突变型为标记，用于次生代谢产物产生菌株的杂交育种，并取得与使用初生代谢途径营养缺陷型标记有所不同的效果，表明这类标记是可用于杂交育种的选择标记。另一类可作为杂交育种筛选标记的突变型是抗拮抗物突变型，包括抗生素（链霉素、利福霉素等）抗性。这类突变型不仅不影响次生代谢物产生能力，而且可能使菌株的产物产生能力有所提高。此外。生物的次生代谢产物多种多样，而次生代谢产物总是在转入分化期时才开始大量合成。次生代谢产物合成的前体的共同特点是，它们总是由初生代谢产物之一或中心代谢途径产物延伸和衍生的代谢途径产生。如聚酮类抗生素、大环内酯抗生素等的前体与脂肪酸合成途径有关，是由活化的乙酸等简单化合物脱羧缩合形成的长链；青霉素与支链氨基酸合成代谢途径有关；氨基糖苷类抗生素与糖类和嘌呤合成途径有关等。所以，若已知某一次生代谢产物合成代谢前体，我们便可针对前体物寻找一种或一些结构类似物，并筛选其具有抗性或耐性的突变型，这类突变型多属于抗反馈调节突变型，而且它们对微生物次生代谢产物的产生，往往表现为正变效应或对产物产生量影响不大，因而采用拮抗物抗性突变型，作为杂交育种中重组子筛选的遗传标记也是可行的。

以下就举一个这样的例子，来看是如何采用拮抗物抗性突变型菌株筛选原生质体融合重组子，进行糖肽类抗生素杂交育种的。

带遗传标记亲本原生质体融合重组子的筛选：多数抗生素的分子结构已知，不难分析出其前体物或其中心代谢物的分支点化合物，从而确定采用哪种化合物作为筛选拮抗物抗性突变型的化合物。替考拉宁（teicoplanin）是替考游动放线菌（*Actinoplanes teichomyseticus*）产生的一种新的糖肽类抗生素。分析发现其发酵产生能力依赖于培养基中加入的亚油酸，抗生素的合成与脂肪酸利用有关；此外，分支氨基酸能促进其抗生素产生。由替考拉宁分子结构的分析，推测脂肪酸和氨基酸类似物的拮抗突变型，可能不仅不影响替考拉宁的产生或者还可能提高其产生能力。

徐波等（2006）在实验中采用了 4 种侧链化合物抗性突变型为亲本，经原生质体融合和重组子筛选，经三轮原生质体融合重组，在一年时间内由 648 个分离子菌株中，筛选出一个具三重抗性的高产菌株，使其产量提高了 65.2%。这是一个采用抗性标记进行原生质体融合子高产菌株筛选的一个例子。

方法是：①亲本菌株的诱变和筛选，将菌丝体打碎，以紫外线与 MNNG 复合处理，处理后的菌悬液分别涂布丁酸钠、乙酸钠、甘氨酸和二甲胺的浓度梯度平板（不同化合物浓度不同，由 0.1%～1% 不等），挑选在极限浓度平板上生长的抗性菌落，经传代和摇瓶发酵筛选抗性高产突变型菌株；②按链霉菌操作方法制备原生质体；③原生质体融合和再生；④重组子的分离和鉴定（图 12.12）。研究采用诱变与循环原生质体融合法（recursive protoplast fusion）。由于采用抗性突变型亲本，使由抗性重组子中筛选高产遗传重组子成为可能，而大大提高了筛选效率，仅经三轮原生质体融合，从 648 个分离子中就筛选得到抗三重抗性标记的三个菌株，其中之一 SIIA-05-03-136（抗乙酸钠、甘氨酸和二甲胺）菌株的产量达 3016 单位/ml，较原始出发菌株 SIIA-05-03-25 产量（1825 单位/ml）提高 65% 的重组子高产菌株，已用于生产。

该研究中以抗性菌株为亲本，通过原生质体融合，由融合子中筛选次生代谢产物高产重组子菌株获得成功的操作过程值得借鉴。类似的可作为筛选标记的还可以考虑抗生素抗性，如对链霉素、庆大霉素、利福霉素等抗生素抗性突变型。已发现多种抗生素产生菌对这些抗生素的抗性菌株，往往因其特殊的抗性机制，还表现为自身抗生素产生能力的提高。另有报道，碳、氮素利用缺陷型，如青霉菌的硝酸盐不利用和乙酸盐不利用缺陷型，对产量性状表达水平并无大影响，可作为遗传筛选标记使用。此外，若进行远缘原生质体融合杂交，因不同菌种对一些常用的抗菌药物抗性天然就明显不同，可直接用作融合子的筛选标记。如上章中啤酒酵母菌与马克斯克鲁维酵母间的原生质体杂交组合那样，直接采用对乙醇、结晶紫和环己酰亚胺浓度的差别抗性为筛选标记。另一值得推荐使用的遗传标记是菌种的形态差别（包括菌落形态、孢子梗和孢子的颜色及色素产生等），这在种间及远缘原生质体融合杂交研究中，也很具应用价值。

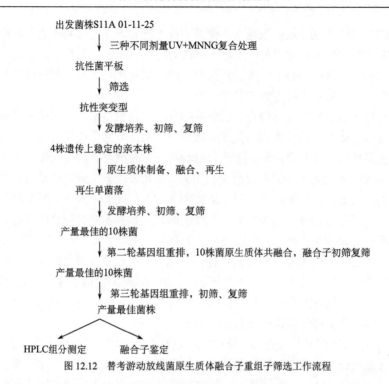

图 12.12　替考游动放线菌原生质体融合子重组子筛选工作流程

此外，革兰氏阴性菌，采用球质体为双亲融合亲本，因为在球质体制备中必然含有较高比例的营养体，选择性标记的应用更显得必要。所以，一般来说若有可能和需要，不应排除寻找合适的筛选标记，毕竟这可以提高筛选效率。

在生物属间或更远缘菌种间的原生质体融合的情况下，由于其原生质体融合再生率很低（为 $10^{-7}\sim10^{-6}$），这时若无筛选标记便难以获得融合子，也应优先考虑采用适当的遗传标记。

2）无遗传标记亲本间原生质体融合及重组子筛选

若直接采用无选择性遗传标记的亲本原生质体融合，重组子筛选会受绝大多数再生菌落为亲本型的干扰，在链霉菌的同一菌种的不同菌株间，在最佳条件下融合子频度也只占再生原生质体的约 10%。而如果在筛选第一步就将占绝大多数的亲本型再生菌淘汰，必定会大大减少筛选工作量。为此在实践中常采用原生质体亲本灭活法提高融合子筛选效率。其原理是在原生质体融合前，对参与融合的原生质体之一或二者进行理化因子处理，致使绝大多数原生质体失活，失去再生能力，在 PEG 介导下，它们只能通过原生质体融合和遗传重组才能再生为融合子，而未融合和融合而未实现有效重组的原生质体的融合子将被淘汰，因而大大提高了融合子筛选效率。以下仅以高温处理和紫外线处理过的原生质体融合为例，介绍无遗传标记原生质体融合法。

（i）原生质体的热灭活：此法是基于 Fobor（1978）以巨大芽胞杆菌的营养缺陷型为材料，以 50℃保温 120min 灭活亲本之一的原生质体，与另一正常菌株的原生质体融合，通过遗传标记反向筛选法成功地获得了原养型融合子。而且亲本的任一方作为原生质体灭活供体都得到相同结果，并在不同实验中原养型重组子出现的相对频度最高可达 30%。此后被用于无选择标记原生质体灭活和融合子筛选的常用方法之一。

　　原生质体热灭活显然与诱变剂灭活的机制不同，通常采用的灭活温度为 50～60℃，高温处理会使细胞质蛋白质和酶变性，致使菌体失去代谢、细胞壁合成和 DNA 转录和复制的能力，但是并不致使 DNA 变性，也不会对 DNA 碱基的分子结构有明显的影响，因此无诱变作用。热灭活采用的剂量通常为 99%（图 12.13）。如果高温对残存活菌和原生质体具相同灭菌效应，也因为残留活菌的基因组不可能参与原生质体融合，不能通过原生质体融合而复活，而将大大降低残存活菌对融合重组子筛选的干扰。国内已见多篇采用单亲原生质体热灭活法进行原生质体融合育种，并取得成功的报道。

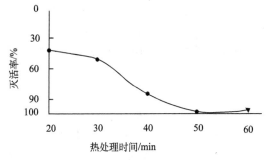

图 12.13　曲霉菌原生质体热灭活。横坐标为热（60℃）处理时间；纵坐标为灭活率。实验采用灭活时间定为 50min

　　采用单亲热灭活原生质体融合的融合子筛选时，常采用反向选择法，受体菌由供体菌的失活原生质体的完整基因组获得相关遗传特性。例如，供体菌为野生型，受体菌为营养缺陷型或供体菌为抗性菌株而受体菌为敏感菌株，采用反向筛选可排除亲本型，通过选择原养型重组子或抗性菌株，从而提高融合重组子筛选效率。

　　（ii）原生质体的紫外线灭活：紫外线是具杀菌和诱变双重作用的因子，是各实验室都有的装置，十分易得也易于操作，用于原生质体灭活实为最佳方法之一。在原生质体融合实验中，采用紫外线灭活有双重目的：①灭活绝大多数原生质体（通常达到 99%）（图 12.14）。如此，若考虑紫外线诱变问题，采用什么剂量合适，最好按第六章的方法和过程对待，应采用不高于 99% 的致死率的剂量处理原生质体为宜，而为筛选次生代谢物高产菌株的诱变-原生质体融合结合处理时，尤应以较低剂量为宜，如以致死率 80%～90% 即可。此外，原生质体灭活自然也使所制备的原生质体悬液中的少数营养体细胞减至更低，有利于融合子筛选。②紫外线诱变作用。经紫外线处理的原生质体悬液，应按紫外线诱变操作的要求，在紫外线处理的过程中及处理后，要避免光复活作用。在原生质体融合操作后，在高渗完全培养基中预培养 2h 或更长，以完成 DNA 修复过程。

　　从遗传重组作用和诱发机制考虑，诱变与原生质体融合操作相结合，是一个科学的安排，紫外线处理能激活细胞对基因组 DNA 的损伤修复机制，尤其是 *lexA* 调节子启动的 SOS 修复系统，这有利于提高融合子内的遗传重组/基因组重排效应。这一点已由 Hopwood（1979）以蓝色链霉菌为材料，探索影响原生质体融合的理化因子的实验所

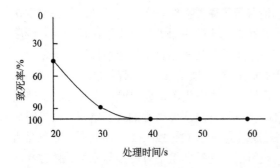

图 12.14 曲霉菌原生质体的紫外线灭活。纵坐标为高渗培养基上的致死率。紫外线灭活时间采取 30～40s

证实。实验中，比较了在 P 培养基（见链霉菌原生质体融合）中，原生质体悬液经紫外线处理 4min（存活率约 1%）和 2min（存活率约 30%），分别比较了两种不同剂量紫外线处理过的原生质体的融合重组子出现的频度，并对融合重组子的不被选择标记做分类鉴定，结果发现紫外线处理过的原生质体融合子的重组子出现频度，全都显著高于未经紫外线处理的相同组合。三组实验中分别为由 1.5%增至 12.5%；12.6%增至 25.7%和 19.9%增至 38.1%，都提高了一倍以上（表 12.16）。而且多重交换重组子的频度也明显增加。由紫外线诱变损伤修复机制，这一结果是预料之中的。这为我们采用紫外线原生质体灭活法，以及以灭活原生质体融合重组子操作的优点提供了理论支持。据此推理即使不是为紫外线灭活，而为对不带遗传标记菌株进行原生质体融合育种，也可对双亲之一作紫外线处理，以激活受体菌株的 DNA 损伤修复系统，达到提高融合子基因组间遗传重组率的目的，也是一个很好的实验设计。

表 12.16　紫外线处理对融合重组子形成和重组频度的影响（Hopwood and Wright, 1979）

亲本	紫外线剂量/min	测验菌落数	重组子数	重组子比例/%	4～6 次交换重组子/%
M124×M130	0	3358	400	11.2	24
2692×E104	0	375	6	1.5	16
	4	389	49	12.5	31
M124×M130	0	277	35	12.6	31
	4	369	95	25.7	34
2692×E104	0	282	56	19.9	27
	2	286	73	25.7	34
	4	189	72	38.1	33

　　具体操作可分为两种：①双亲紫外线灭活原生质体融合，这时，在原生质体再生平板上，不仅双亲融合重组子存活，而且存活的亲本原生质体也能再生形成菌落，但往往因难以控制亲本型再生菌量，这样，或因亲本型再生菌比例太高而增加工作量，或因再生菌落和融合子菌落太少而使试验失败，因而需要很好地掌握处理剂量；②采用反向筛选。将带有遗传标记（如营养缺陷型或抗性标记）的受体原生质体深度灭活与野生型原生质体融合成融合子，筛选原养型或抗性融合重组子。这样，只有融合重组子能再生形成菌落，如此，控制适当（例如，获得不多于 300 融合子），使融合子数在可行工作量之内。若要提高融合重组子几率，可对受体原生质体施以

的紫外线处理至存活率 0.37（平均致死剂量为 1），激发受体菌 SOS 修复机制，当可提高获得融合重组子的几率。亦可尝试以带选择性标记的双亲进行双反向融合重组子筛选。

（ⅲ）热灭活与紫外线灭活联合使用：如果将诱发突变与原生质体融合联合使用，双亲原生质体分别采用紫外线灭活和热灭活是一个值得推荐的无标记原生质体融合重组子筛选方案，这样的安排实际上是以热灭活原生质体为基因组供体，而紫外线灭活菌的原生质体为受体。因为通过紫外线处理激活了受体胞内的 DNA 修复机制，利于在原生质体融合子再生过程中，不同基因组间的互作和促成高频遗传重组，而热灭活原生质体为融合子提供了一个完整、未经诱变剂处理的基因组，利于反向选择提高重组子筛选效率，也可直接筛选融合重组子，两种方法均可获得高比例的重组子。所以热灭活与紫外线灭活联合使用是值得推荐的无选择标记原生质体融合子筛选的最佳方案，Zhang 等（2014）的乳酸乳球菌（*Lactococcus lactis*）的乳酸链球菌素（nisin）育种就是按此方案操作的一个例子，可以借鉴。

以上只介绍了热处理和紫外线在灭活原生质体融合方面的应用，其他物理（如激光）和化学诱变剂（如亚硝酸、EMS）用于灭活原生质体的实例亦有报道。实验中究竟采用哪种因子，由各实验室经验决定。

3. 诱变育种和杂交种二者在育种计划中的安排

诱变育种与杂交育种二者是相互关联相辅相成的两种机制的结合。前者为后者提供一个遗传性变异的生物群体，而后者是提供人工构建的有性重组的平台，二者结合就是一个完整的人工进化过程。所以该育种计划总是由诱变育种开始，经诱变筛选得到若干阶段性高产菌株，建成一个突变型基因库，为下一步杂交种准备条件。操作可按诱变育种一章介绍的方法步骤进行，可采用紫外线或化学诱变剂，如 MNNG 或紫外线诱变，进行比如三轮诱变筛选，使产物产生能力提高（一般可提高 10%～20%），并从中选留 5～10 个高产菌株，这里我们应将这些菌株视为携带不同正变基因，并具不同遗传背景的出发菌株群体，在此基础上便可进行数轮（3～4 轮）原生质体融合和融合分离子的筛选过程。每次循环筛选出 5～10 个高产菌株，再进入第二个原生质体融合和重组分离子筛选过程，如此往复，以期在此过程中，通过遗传重组将分散在数个不同菌株基因组中的正变基因集中到最终筛选出的高产菌株的基因组。如此往复地进行，便可获得更高产的菌株。

参 考 文 献

常登龙, 洪玉, 杨永军, 等. 2012. 同种接合型酵母菌株 Y2HGood 的原生质体融合研究. 食品工业科技, 33: 233.

贺建超, 贺榆霞. 2002. 木耳灭活原生质体融合育种研究. 中国食用菌, 22: 16.

李铁, 刘瑞华. 2002. 应用双亲灭活原生质体融合法选育林可霉素高产菌株. 上海医药, 23: 554.

林峻, 施碧红, 施巧琴. 2007. 基因组改组技术快速提高扩展青霉菌碱性脂肪酶产量. 生物工程学报, 23: 672.

刘波, 薛冬桦, 王红蕾, 等. 2007. 电融合原生质体构建麦角甾醇酵母菌株的研究. 食品科技, 32: 22-25.

刘月, 王璐, 许赣荣. 2012. 种间双亲原生质体灭活融合选育高产 Monacolin K 红曲霉. 工业微生物, 42: 54.

罗剑, 杨民和, 施巧琴. 2008. 微生物菌种选育中的基因组改组技术及其应用进展. 生物技术, 18: 81.

宋安东, 谢慧, 王风芹, 等. 2000. 双灭活原生质体融合构建纤维燃料乙醇全糖发酵高产菌株研究. 林产化学与工业, 29: 20.

孙宇辉, 邓子新. 2006. 聚酮化合物及其组合生物合成. 中国抗生素杂志, 31: 6.

唐洁, 车振明, 王燕. 2006. 紫外线灭活原生质体融合选育米曲霉新菌株的研究. 食品工业科技, 27(8): 66.

王晓飞, 吴晓玉, 刘好桔, 等. 2011. 原生质体融合选育冠菌素高产菌株. 中国酿造, (6): 65.

徐波, 王明蓉, 夏永, 等. 2006. 应用基因组重排育种新方法筛选替考拉宁高产菌. 中国抗生素杂志, 31: 237.

张琇, 王永娟, 马爱瑛, 等. 2011. 灵武长枣果酒酿酒酵母与红酵母原生质体融合的研究. 西北农业学报, 20: 164-167.

Adrio JL, Demain AL. 2010. Recombination organisms for production of industrial products. Bioengineered Bugs, 1: 2, 116.

Akamatsu T, Sekiguchi J. 1983. Selection methods in Bacilli for recombinants and transformants of intra- and interspecific fused protoplasts. Ach Microbiol, 134: 303.

Akamatsu T, Sekiguchi J. 1987. Genetic mapping by means of protoplast fusion in *Bacillus subtilis*. Mol Gen Genet, 208: 254-262.

Anne J, Peberdy JF. 1976. Induced fusion of protoplasts fusion following treatment with polyethylene glycol. J General Microbiol, 92: 413.

Bennett RJ, Johnson AD. 2003. Completion of a parasexual cycle in Candida albicans by induced chromosome loss in tetraploid strains. ENBO J, 22: 2505.

Borghi A, Edwards D, Zerilli LF, et al. 1990. Factors affecting the normal and branched-chain acyl moieties of teicoplanin components produced by *Actinoplanes teichomyceticus*. J Gen Microb, 137: 587-592.

Chang S, Cohen N. 1979. High frequency transformation of *Bacillus subtilis* protoplast by plsmid DNA. Molec Gen Genet, 168: 111.

Chen W, Ohmiya K, Shimizu S. 1988. *E. coli* Spheroplast-mediated transfer of pBR322 carring the cloned *Ruminococcus albus* cellulose gene into anaerobic mutant strain FEM29 by protoplastfusion. Appl Envir Microb, 54: 2300.

Chen W, Ohmiya K, Shimizu S. 1988. *Escherichia coli* spheroplast-mediated transfer of pBR322 carrying the cloned *Ruminococcus albus* cellulase gene into anaerobic mutant strain FEM29 by protoplast fusion. Appl Enviro Microbiol, 54: 2300.

Fodor K, Demiri E, Alfoldi L. 1978. Polyethylene glycol-induced fusion of heat-inactivated living protoplasts of Bacillus megaterium. J Bacteriol, 135: 68.

Gabor MH, Hotchkiss RD. 1979. Parameters governing bacterial recombination and genetic recombination after fusion of *Bacillus subtilis* protoplasts. J Bacteriol, 137: 1346-1353.

Gabor MH, Hotchkiss RD. 1983. Reciprocal and nonreciprocal recombination in diploid clones from *Bacillus subtilis* protoplast fusion: association with the replication origin and termination. Proc Natl Acad Sci USA, 80: 1426-1430.

Hopwood DA, Wright HM, Bibb MJ. 1977. Genetic recombination through protoplast fusion in *Streptomyces*. Nature, 268: 171.

Hopwood DA, Wright HM. 1978. Bacterial protoplast fusion: recombination in fused protoplasts of *Streptomyces coelicolor*. Mol Gen Genet, 162: 307.

Hopwood DA, Wright HM. 1979. Factors affecting recombinant frequency in protoplast fusions of *Streptomyces coelicolor*. J gen Microbiol, 111: 137.

Hopwood DA, Wright HM. 1979. Factors affecting recombination frequency in protoplast fusion of *Streptomyces coelicolar*. J Gener Microbiol, 111: 137.

Hotchkiss RD, Gabor MH. 1980. Biparental products of bacterial protoplast fusion showing unequal parental chromosome expression. Proc Natl Acad Sci USA, 77: 3553-3557.

Ikeda Y, Ishitani G, Nakamura K. 1957. A high frequency of heterozygous diploid and somatic recombination induced in imperfect fungi by ultra-violet light. J Gen Appl Microbiol(Tokyo), 3: 1.

Kao KN, Michayluk MB. 1974. A method for high-frequency intergeneric fusion of plant protoplasts. Planta(Berl.), 115: 355.

Kevei F, dan Peberdy JF. 1977. Interspecific hybridization between *Aspergillus nidulans* and *Aspergillus rugulosus* by fusin of somatic protoplasts. J Gen Microbiol, 102: 255.

Kevei F, Peberdy JF. 1979. Induced segregation in interspecific hybrid of *Aspergillus nidulans* and *Aspergillus rugulosus* obtained by protoplast fusion. Molec Gen Genet, 170: 213.

Koukaki M, Giannoutsou E, Kargouni A, et al. 2003. A novel improved method for *Aspergillus nidulans* trasformatiom. J Micribiol Methods, 55: 687.

Krishnamoorthy R, Narayanan K, Vijila K, et al. 2010. Intergeneric protoplast fusion of yeast for high ethanol production from cheese industry waste-whey. J of Yeast and Fungal Research, 1: 81-87.

Ladman OE, Ryter A, Frehel C. 1968. Gelatin-induced reversion of protoplasts of *Bacillus sublilis* to the bacillary form: Electron-microscopic and physical study. J Bacteol, 96: 2154-2170.

Lazim H, Slama N, Abbassi M, et al. 2008. Protoplasting impact on polyketide activity and characterization of the interspecific fusion from *Strepomyces* spp. African J Biotechnol, 7: 3155.

Lee YK, Tan HM. 1988. Interphylum protoplast fusion and genetic recombination of the algae *Porphyridium* and *Dunaliella* spp. J General Microbiol, 134: 635.

Nobushige N, Kimio I. 2004. Efficient selection of hybrids by protoplast fusion using drug resistance marker and reporter genes in *Saccharomyces cerevisiae*. J Biosciense and Bioengineering, 98: 353.

Ochi K, Hitchcock MJM, Katz E. 1979. High-frequency fusion of *Streptomyces parvulus* or *Streptomyces antibioticus* protoplasts induced by polyethyllene glycol. J Bacteriol, 139: 984.

Ochi K. 1982. Protoplast fusion permits high-frequency transfer of a *Streptomyces* determinant which mediates actinomycin synthesis. J Bact, 150: 592.

Ogawa K, Tsuchimochi M, Taniguchi K, et al. 1989. Interspecific hybridization of *Aspergillus usamii* mut. *shirousamii* and *Aspergillus niger* by protoplast fusion. Agric Biol Chem, 53: 2873.

Okanishi M, Suzuki K, Umezawa H. 1974. Formation and reversion of *Stretomyses* protoplast: culture condition and morphological study. J General Microbiol, 80: 384.

Pina A, Calderon IL, Benitez T. 1986. Intergeneric hybrids of *Saccaromyces cerevisiae* and *Zygosaccharomyces fermentatii* obtained by protoplast fusion. Appl Envir Microbiol, 51: 995.

Rojan PJ, Gangadharan D, Nampoothiri KM. 2008. Genomic shuffling of *Lactobacillus delbruekii* mutant and *Bacillus amyloliquefaciens* through protoplastmic fusin for L-lactic asid production from starchy wastes. Bioresource Technology, 99: 8008.

Ryu DDY, Kim KS, Cho NY, et al. 1983. Genetic recombination in *Micromonospora rosaria* by protoplast fusion. Appl Environ Microbiol, 45: 1854.

Sanchez-Rivas C. 1982. Direct selection of complementing diploids from PEG-induced fusion of *Bacillus subtilis* protoplasts. Mol Gen Genet, 185: 329.

Santiago CM, dela Pena JrR, Regis GP, et al. 1991. Intraspecific hybridization between *Penicilium aurantio-brunneum* by fusion of somatic protoplast. Philipine J of Science, 120: 397.

Schaeffer P, Cami B, Hotchkiss RD. 1976. Fusion of bacterial protoplasts. Proc Natl Acad Sci USA, 73: 2151-2155.

Sebek OK, Laskin AI. 1979. Genetics of Industrial Microbiology. Washington: ASM Press.

Tahoun MK. 1993. Gene manipulation by protoplast fusion and penicillin production by *Penicillium chrusogenum*. Appl Biochem Biotechnol, 39/40: 445.

van Solingen P, Johannes B, ven dee Plaat. 1977. Fusion of yeast spheroplasts. J Bact, 130: 946.

Varavallo MA, de Queiroz MV, Pereira JF, et al. 2004. Iandsolation and regeneration of *Penicillium brevicompactum*, Acta Sientiarum. Biological Sciences, Maringa, 26: 475.

Varavallo MA, de Queiroz MV, Pereira JF, et al. 2004. Isolation and regeneration of *Penicillium brevicompactum* protoplasts. Acta Scientiarum, Biologicl Sciences, Maringa, 26: 475.

Williams WK, Katz E. 1977. Development of a chemical defined medium for the synthesis of actimomycin D by Strptomyces parvulus. Antimicrob Agen Chemothe, 11: 281.

Wyrick PB, Rogers HJ. 1973. Isolation and characterization of cell wall-defective variants of *Bacillus subtilis* and *Bacillus licheniformis*. J Bacteriol, 116: 456-465.

Zhang YF, Liu SY, Du YH, et al. 2014. Genome shuffling of *Lactococcus lactis* YF11 for improving nisin Z production and comparative analysis. J Dairy Sci, 97: 2528.

Zhang YX, Perry K, Vinci VA, et al. 2002. Genome shuffling leads to rapid phenotypic improvement in bacteria. Nature, 415: 644.